U0304220

中国果树科学与实践

柑　橘

主　编　周常勇
编　委　(按姓氏笔画排序)
王日葵　王进军　龙　力　伊华林　刘永忠
江　东　江才伦　孙中海　李　娟　李太盛
李中安　吴厚玖　何利刚　何绍兰　陈杰忠
周志钦　周常勇　赵晓春　洪添胜　洪棋斌
徐建国　黄　森　彭抒昂　彭良志　程运江
程绍南　焦必宁

陕西新华出版传媒集团

西　安

图书在版编目（CIP）数据

中国果树科学与实践．柑橘/周常勇主编．—西安：陕西科学技术出版社，2020.7

ISBN 978-7-5369-7796-9

Ⅰ.①中…　Ⅱ.①周…　Ⅲ.①柑橘类－果树园艺　Ⅳ.①S66

中国版本图书馆 CIP 数据核字（2020）第 079791 号

中国果树科学与实践　柑橘

ZHONGGUO GUOSHU KEXUE YU SHIJIAN GANJU

周常勇　主编

出 版 人　崔　斌
责任编辑　杨　波
责任校对　秦　延
封面设计　曾　珂
监　　制　张一骏

出 版 者　陕西新华出版传媒集团　陕西科学技术出版社
西安市曲江新区登高路 1388 号陕西新华出版传媒产业大厦 B 座
电话（029）81205187　传真（029）81205155　邮编 710061
http：//www.snstp.com
发 行 者　陕西新华出版传媒集团　陕西科学技术出版社
电话（029）81205180　81206809
印　　刷　西安牵井印务有限公司
规　　格　720mm×1000mm　16 开本
印　　张　27.5
字　　数　500
版　　次　2020 年 8 月第 1 版
2020 年 8 月第 1 次印刷
书　　号　ISBN 978-7-5369-7796-9
定　　价　135.00 元

总　序

中国农耕文明发端很早，可追溯至远古8 000余年前的“大地湾”时代，华夏先祖在东方这块神奇的土地上，为人类文明的进步作出了伟大的贡献。同样，我国果树栽培历史也很悠久，在《诗经》中已有关于栽培果树和采集野生果的记载。我国地域辽阔，自然生态类型多样，果树种质资源极其丰富，果树种类多达500余种，是世界果树发源中心之一。不少世界主要果树，如桃、杏、枣、栗、梨等，都是原产于我国或由我国传至世界其他国家的。

我国果树的栽培虽有久远的历史，但果树生产真正地规模化、商业化发展还是始于新中国建立以后。尤其是改革开放以来，我国农业产业结构调整的步伐加快，果树产业迅猛发展，栽培面积和产量已位居世界第一位，在世界果树生产中占有举足轻重的地位。2012年，我国果园面积增至约1 134万hm^2，占世界果树总面积的20%多；水果产量超过1亿t，约占世界总产量的18%。据估算，我国现有果园面积约占全国耕地面积的8%，占全国森林覆盖面积的13%以上，全国有近1亿人从事果树及其相关产业，年产值超过2 500亿元。果树产业良好的经济、社会效益和生态效益，在推动我国农村经济、社会发展和促进农民增收、生态文明建设中发挥着十分重要的作用。

我国虽是世界第一果品生产大国，但还不是果业强国，产业发展基础仍然比较薄弱，产业发展中的制约因素增多，产业结构内部矛盾日益突出。总体来看，我国果树产业发展正处在由“规模扩张型”向“质量效益型”转变的重要时期，产业升级任务艰巨。党的十八届三中全会为今后我国的农业和农村社会、经济的发展确定了明确的方向。在新的形势下，如何在确保粮食安全的前提下发展现代果业，促进果树产业持续健康发展，推动社会主义新农村建设是目前面临的重大课题。

科技进步是推动果树产业持续发展的核心要素之一。近几十年来，随着我国果树产业的不断发展壮大，果树科研工作的不断深入，产业技术水平有了明显的提升。但必须清醒地看到，我国果树产业总体技术水平与发达国家相比仍有不小的差距，技术上跟踪、模仿的多，自主创新的少。产业持续发展过程中凸显着各种现实问题，如区域布局优化与生产规模调控、劳动力成本上涨、产地环境保护、果品质量安全、生物灾害和自然灾害的预防与控制等，都需要我国果树科技工作者和产业管理者认真地去思考、研究。未来现代果树产业发展的新形势与新变化，对果树科学研究与产业技术创新提出了新的、更高的要求。要准确地把握产业技术的发展方向，就有必要对我国近几十年来在果树产业技术领域取得的成就、经验与教训进行系统的梳理、总结，着眼世界技术发展前沿，明确未来技术创新的重点与主要任务，这是我国果树科技工作者肩负的重要历史使命。

陕西科学技术出版社的杨波编审，多年来热心于果树科技类图书的编辑出版工作，在出版社领导的大力支持下，多次与中国工程院院士、山东农业大学束怀瑞教授就组织编写、出版一套总结、梳理我国果树产业技术的专著进行了交流、磋商，并委托束院士组织、召集我国果树领域20余位知名专家于2011年10月下旬在山东泰安召开了专题研讨会，初步确定了本套书编写的总体思路、主要编写人员及工作方案。经多方征询意见，最终将本套书的书名定为《中国果树科学与实践》。

本套书涉及的树种较多，但各树种的研究、发展情况存在不同程度的差异，因此在编写上我们不特别强调完全统一，主张依据各自的特点确定编写内容。编写的总体思路是：以果树产业技术为主线和统领，结合各树种的特点，根据产业发展的关键环节和重要技术问题，梳理、确定若干主题，按照“总结过去、分析现状、着眼未来”的基本思路，有针对性地进行系统阐述，体现特色，突出重点，不必面面俱到。编写时，以应用性研究和应用基础性研究层面的重要成果和生产实践经验为主要论述内容，有论点，有论据，在对技术发展演变过程进行回顾总结的基础上，着重于对现在技术成就和经验教训的系统总结与提炼，借鉴、吸取国外先进经验，结合国情及生产实际，提出未来技术的发展趋势与展望。在编写过程中，力求理论联系实际，既体现学术价值，也兼顾实际生产应用价值，有解决问题的技术路线和方法，以期对未来技术发展有现实的指导意义。

本套书的读者群体主要为高校、科研单位和技术部门的专业技术人员，以及产业决策者、部门管理者、产业经营者等。在编写风格上，力求体现图文并茂、通俗易懂，增强可读性。引用的数据、资料力求准确、可靠，体现科学性和规范性。期望本套书能成为注重技术应用的学术性著作。

在本套书的总体思路策划和编写组织上，束怀瑞院士付出了大量的心血和智慧，在编写过程中提供了大量无私的帮助和指导，在此我们向束院士表示由衷的敬佩和真诚的感谢！

对我国果树产业技术的重要研究成果与实践经验进行较系统的回顾和总结，并理清未来技术发展的方向，是全体编写者的初衷和意愿。本套书参编人员较多，各位撰写者虽力求精益求精，但因水平有限，书中内容的疏漏、不足甚至错误在所难免，敬请读者不吝指教，多提宝贵意见。

编著者

2015年5月

前 言

柑橘是世界第一大水果，2018 年全球产量为 1.52 亿 t(联合国粮农组织统计数据)，迄今有 139 个国家生产柑橘。进入 21 世纪以来，柑橘产量的净增长来自亚、非两大洲的发展中国家，其中中国的贡献最大。受土地、劳动力成本上升甚至黄龙病等因素的影响，柑橘产业发展的总体态势是从发达国家(地区)向发展中国家(地区)转移，比如日本在 20 世纪 70 年代柑橘的年产量曾超过 400 万 t，现在长期保持在 110 万 t 左右；美国产量最多的年份曾超过 1 800 万 t，如今已减半；中国浙江的柑橘面积和产量近 15 年来一直处于缓慢下降趋势，正朝高投入、高产出方向发展。

中国是世界上第一大柑橘生产国，资源极为丰富，栽培史可追溯约 4 000 年，2018 年我国柑橘产量达 4 138.1 万 t(中国统计年鉴数据)，约为 1978 年的 109 倍。柑橘已成为南方广大农村地区的支柱产业，也是我国周年有鲜果挂树的唯一果种，在乡村振兴尤其是扶贫工作中具有重要的地位。进入 21 世纪以来，我国农业农村部在持续调整品种结构的基础上，更注重对产业布局的调整，2003 年颁布《全国柑橘优势区域布局规划》，并于 2008 年做了修订，对引导产业向优势区域集中发展作用显著：我国柑橘年产量突破 1 000 万 t 的时间是 1997 年，当时位居世界第三；后历经 10 年发展，突破了 2 000 万 t 的门槛，跃居世界首位；随后每增长 1 000 万 t，耗时缩短一半，现产量比位居世界第二的巴西高出一倍多；我国柑橘年产量自 2018 年后超越苹果，成为全国产量最大的水果产业，在世界柑橘总量中的占比略高于我国人口的世界占比。

我国柑橘产业进入 21 世纪后发展迅猛，得益于诸多因素：一是政府的正确引导和高度重视，使得产业中多方力量的积极性得到充分调动；二是比较效益优势的市场拉动，产业链条借助传统栽培经验得到不断延伸，并融入社会力量支持，特别是近期有工商资本不断介入；三是科技支撑，许多环节融入了工程化、标准化、绿色化、机械化、信息化等理念，建设了 10 余个国家相关研究中心(分中心)和百余个现代化苗木繁育场(圃、中心)，与柑橘相关的 3 个国际学术性组织的会议相继在我国召开，全国现代柑橘产业技术体系队伍不断壮大，新品种特别是近年晚熟杂柑品种得到较大面积的推广，其间 5 项关联柑橘的科技成果获得国家科技进步二等奖；四是组织化、规模化和文化建设等不断得到强化，其间建立了 4 个各具特色的柑橘相关博物馆，等等。

在发展过程中，注重将一定的前瞻性和诸多的可行性相结合，“多的不好、好的不多”的格局得到一定程度的改观，展现了持续的市场竞争力。由此可见，21世纪以来我国柑橘产业发展紧跟国家大发展的步伐，为改善人们生活质量做出了积极贡献！

在大发展的同时，我国柑橘产业也面临着诸多挑战：一是产业链条上各环节板块的发展存在阶段性差异，缓解后的结构性矛盾仍将不同程度地持续存在，加工占比和出口占比长期还处于个位数，早熟、晚熟品种的占比有待提升，知识产权保护意识仍需要加强；二是优质果率、商品化率和前述“八化”理念仍有不小的提升空间，目前我国与柑橘生产强国还有一定的差距；三是大发展后，大病大虫安全预警体系亟待完善，大批大宗品种的老果园亟待改造；四是大数据、智能控制等信息化技术也亟待在产业上普及应用，柑橘文化还亟待深入发掘和弘扬，等等。这些挑战为广大柑橘科技工作者提供了更大、更多的发展空间与实践机遇，持续借力于科技支撑是柑橘产业由大变强的必然要求。

为系统归纳总结21世纪以来我国柑橘的科技成就与实践经验，在陕西科学技术出版社的积极倡议下，在中国工程院院士、山东农业大学束怀瑞教授的殷切嘱托下，我组织了部分国内经验丰富的、老中青相结合的柑橘科教人员，承担了该书的编写任务。在编写过程中，按照“中国果树科学与实践”全套书的总体要求和“总结过去、分析现状、着眼未来”的基本思路，以柑橘产业技术为主线，按照产业链条及重点环节进行章节划分，编写的重点内容力求突出21世纪以来的科技成就，体现实践过程中的区域特色，注重理论联系实际和有别于其他专著，兼顾产业发展历史和前瞻性，同时借鉴国外先进技术经验，系统梳理、比对发展中存在的重要技术问题及其发展趋势，突出应用性，以期让读者能把握现阶段柑橘科技发展与实践的主旋律，并力求对未来发展有一定的指导意义和参考价值。

参与本书编写的单位有西南大学/中国农业科学院柑橘研究所、华中农业大学、华南农业大学、浙江农业科学院柑橘研究所和食品科学研究所、湖北农业科学院果茶研究所、仲恺农业工程学院。本书共计15章，编写人员是：第一章黄森、周常勇，第二章孙中海、何利刚，第三章江东、伊华林，第四章李太盛、洪棋斌，第五章彭良志、江才伦，第六章彭抒昂、刘永忠，第七章江才伦、彭良志，第八章李娟、陈杰忠，第九章李中安、王进军，第十章焦必宁、周志钦，第十一章程运江、王日葵，第十二章吴厚玖、程绍南，第十三章赵晓春，第十四章何绍兰、洪添胜，第十五章徐建国、龙力。我负责全书编写提纲的拟定、编写过程中的组织协调，并对全书进行统稿、多次校对和最后定稿。

最后，衷心感谢束怀瑞院士的热情鼓励和陕西科学技术出版社负责本系列丛书的杨波先生的友好帮助！感谢全体作者的通力合作！特别感谢章谨先生2018年2月以前为本书的文字及格式编校所做的大量工作，令人痛惜的是他两年多前在新西兰休假期间遭遇车祸不幸逝世！感谢科研助理申太琼的大力协助！在写作过程中，也得到赵学源研究员的不吝赐教和作者们所在单位许多同仁及学生们的协助，在此一并致谢！本书出版年份巧遇中国农业科学院柑橘研究所建所60周年，更添一份喜庆色彩。

各位作者虽力求精益求精，统稿时亦顾及了全书风格的尽量一致，但本书篇幅长、体量大，编写时间跨度长，难免会有不足、疏漏与谬误之处，敬请业内同仁和广大读者包涵并不吝指正！

周常勇

2020年6月

目　录

第一章　柑橘产业概况

中国柑橘栽培历史悠久，西汉时期即有个别县设置橘官岗位，4 000 多年来，积累了大量的品种资源和栽培经验。新中国成立后，建立了一大批国有农场，提倡规模经营、果树上山，中国农业科学院 1960 年在重庆北碚成立了柑橘研究所，开展资源收集、品种改良和区划、土壤改良、病虫害防控、贮藏加工等的研究和技术示范。柑橘一度是二类统购物资，供销社收购 500 g 柑橘需付 1 分钱的技术改进费。20 世纪 80 年代后期至 90 年代，柑橘主产县增设柑橘办。改革开放后 40 余年的发展，实现了由柑橘资源大国向柑橘生产大国转变的目标，其中技术推广示范发挥了重要作用。如何推进柑橘科技创新、提升成果转化效率，如何继续完善产业结构、延伸产业链条，如何提升组织服务水平、发挥市场驱动和引导资源配置作用等，是柑橘大国过渡到柑橘强国中需要解决的科学与实践的关键问题。

第一节　柑橘产业的地位

一、柑橘的起源和分布

对柑橘原产地的认识，早期学者意见并不统一：德康多尔(De Candolle)认为原产于中国；怀特(White)认为原产于印度；而斯文格(Swingle)则认为原产于东南亚、澳洲、新西兰一带，其中具有栽培价值的种类则均原产于东南亚。

中国云南、四川、湖南、广西等地 20 世纪均发现有成片的野生柑橘林。其中，在湖南山区发现的道县野橘被认为是柑橘亚属的野生祖先，中国西部高原特别是云贵高原，既有柑橘类的原生植物(如在云南南部海拔 800～2 000 m 的山区发现有红河大翼橙百年老树)，也有宜昌橙和香橙的野生种，还有野生柚、枸橼、藜檬以及近缘属的枳和金柑等。经考证，公认原产中国的柑橘植物有宽皮柑橘中的柑和橘，金柑、枸橼和宜昌橙等，公认我国为原产地之一的柑橘种类有柚、甜橙、酸橙等。目前世界上栽培的主要柑橘种类，除柠檬原产印度外，其余的原产地或原产地之一均为中国。

柑橘种类甚多，我国很早就有柑橘分类方面的文献记述，战国时期即知橘、香橙、枳等属同一类果树。南北朝的古籍《异苑》中分出了"柑、橘、橙、柚"。唐代《本草拾遗》中记载了"朱柑、乳柑、黄柑、石柑、沙柑"等5种柑类和"朱橘、乳橘、塌橘、山橘、黄淡子"等5种橘类。世界上第一部柑橘专著《橘录》将柑橘先分为柑、橘、橙三大类，依次将柑分为8种，橘分为14种，橙分为5种，合计27种。依据果实大小、形状，果皮色泽，剥皮难易，囊瓣数目，风味，种子多少，成熟早晚，以及树冠形态等描述品种特性，并指出命名依据。近代柑橘分类大致形成了斯文格系统、田中系统和曾勉系统。现代分类还融入了核酸等分子特征和数字化信息等。经过长期栽培和品种选育，柑橘栽培种类及品系繁多，目前除我国在国家果树(柑橘)种质资源圃保存有1 500多个品种(系)的柑橘种质资源外，保存超过1 000个品种(系)的国家还有法国、美国等。

我国有4 000多年的柑橘栽培历史，如在《尚书·禹贡》《周礼·冬官考工记》《吕氏春秋》中都有柑橘栽培的记载。柑橘在我国分布甚广，分布在北纬16°～37°之间，海拔最高达2 600 m(四川巴塘)，南起海南的三亚市，北至陕、甘、豫，东起台湾，西到西藏的雅鲁藏布江河谷。但我国柑橘的经济栽培区主要集中在北纬20°～33°之间，海拔1 000 m以下。其流传路径很可能是自云贵高原，经长江而下，传向淮河以南、长江下游及岭南地区。全国包括台湾在内有20个省(自治区、直辖市)的985个县(市、区)种植柑橘，其中主产省(自治区、直辖市)有浙江、福建、湖南、四川、广西、湖北、广东、江西、重庆和台湾等10个，其次是上海、贵州、云南、江苏等省(直辖市)，陕西、河南、海南、安徽、甘肃和西藏等省(自治区)也有零星种植(图1-1)。

柑橘自原产地向世界其他地区传播。最早向欧洲传播的柑橘种类是枸橼，其在欧洲的栽培历史可以追溯至公元前3世纪。酸橙于公元922年传入阿拉伯，先后传至伊拉克、巴勒斯坦和埃及。宽皮柑橘传入欧洲较晚，1805年英国人从广州带了2个品种到伦敦，直至1828年才继续引种。金柑于1848年从浙江传到欧洲。甜橙于15世纪由葡萄牙人从中国带到地中海沿岸栽培，当地称之为"中国苹果"，随后传至拉丁美洲和美国。1892年，美国从中国引进椪柑，称作"中国蜜橘"。唐代日本和尚田中间守到浙江天台山进香时带回柑橘种子，在日本鹿儿岛、长岛栽植，变异选择获得温州蜜柑。现在，柑橘栽培遍及五大洲，有139个国家或地区栽培(图1-2)。按联合国粮农组织(FAO)

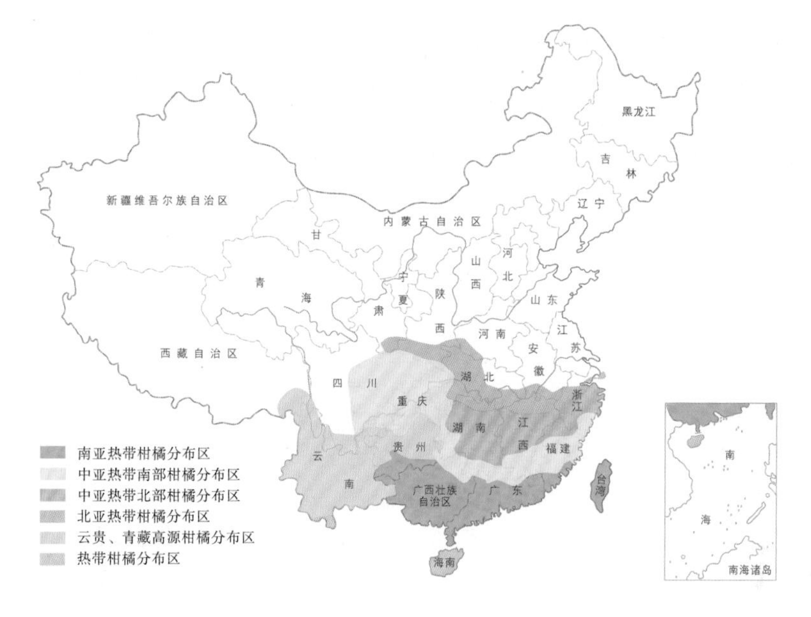

图 1-1 中国柑橘分布示意图(根据陈竹生等的资料整理)

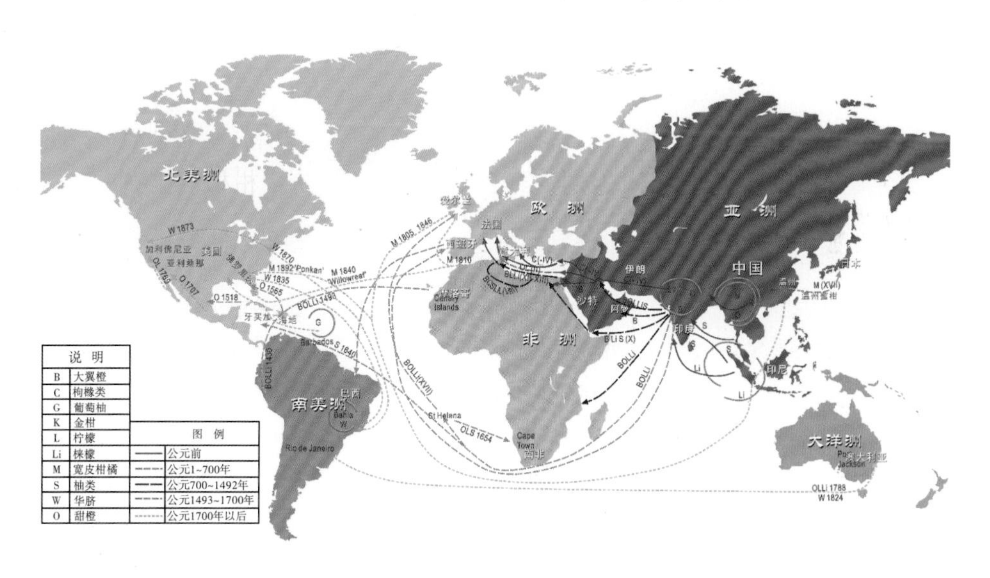

图 1-2 柑橘的起源与传播示意图(根据沈兆敏、姜国金等的资料整理)

的统计，2017 年产量排序前 22 位的国家为中国、巴西、印度、墨西哥、美国、西班牙、土耳其、埃及、尼日利亚、伊朗、阿根廷、意大利、南非、摩洛哥、印度尼西亚、巴基斯坦、阿尔及利亚、越南、叙利亚、哥伦比亚、希腊、秘鲁。

我国早在战国时期就有柑橘嫁接的记载。南宋韩彦直在《橘录》中对柑橘嫁接技术做了详细的记述：“始取朱栾核洗净，下肥土中，一年而长……又一年木大如小儿之拳，遇春月乃接。取诸柑之佳与橘之美者，经年向阳之枝以为砧。去地尺余，细锯截之，剔其皮，两枝对接，勿动摇其根。拨掬土实其中以防水，护其外，麻束之……工之良者，挥斤之间气质随异，无不活者。”该技术流传广远。

中国柑橘栽培品种在各地的分布因气候、地理等生态条件和社会经济条件的不同而异。20 世纪 80 年代，中国农业科学院柑橘研究所组织国内有关生产、研究和教学单位，经多年协作研究，总结了我国长期以来形成的柑橘品种区域分布特性，列出了我国 6 个柑橘生产一级区和 5 个亚区，即：①华南丘陵平原甜橙、宽皮柑橘主产区，其下又分沿海丘陵平原柳橙、新会橙、椪柑和蕉柑亚区，中北部丘陵甜橙良种亚区；②南岭和闽浙沿海低山丘陵甜橙、宽皮柑橘主产区；③江南丘陵宽皮柑橘主产区；④四川盆地甜橙、宽皮柑橘主产区，其下又分长江上游和岷、沱、金沙、嘉陵 4 江中下游丘陵低山锦橙亚区，岷、沱、嘉陵 3 江中上游丘陵低山甜橙和宽皮柑橘亚区，盆地边缘丘陵和盆壁低山温州蜜柑亚区；⑤云贵高原中低山和干热河谷柑橘混合区；⑥亚热带边缘和北缘柑橘混合区（表 1-1）。

表 1-1　中国柑橘生产区划表

一级区	亚　区	特点描述
华南丘陵平原甜橙、宽皮柑橘主产区	沿海丘陵平原柳橙、新会橙、椪柑和蕉柑亚区	海洋性气候，生态条件优越，是甜橙、蕉柑、椪柑最适宜区，果实品质佳，糖酸比高，沙田柚品质优，温州蜜柑丰产但糖偏低
	中北部丘陵甜橙良种亚区	中、南亚热带过渡地带，无冻害，发展温州蜜柑、椪柑和甜橙、沙田柚、金柑等
南岭和闽浙沿海低山丘陵甜橙、宽皮柑橘主产区		中亚热带，热量较好，柑橘偶有冻害，栽培以温州蜜柑为主，甜橙、椪柑和福橘等适宜，丰产优质。金柑和玉环文旦柚品质优良
江南丘陵宽皮柑橘主产区		中亚热带季风潮湿气候，柑橘有周期性冻害，宽皮柑橘老产区，也有金柑、甜橙和柚类栽培
四川盆地甜橙、宽皮柑橘主产区	长江上游和岷、沱、金沙、嘉陵 4 江中下游丘陵低山锦橙亚区	中亚热带山间盆地亚热带季风湿润气候，积温不高，日照少，甜橙和红橘的老产区，脐橙、锦橙、血橙和早熟温州蜜柑可发展
	岷、沱、嘉陵 3 江中上游丘陵低山甜橙和宽皮柑橘亚区	夏橙偶有冻害。红橘和土柑老产区，甜橙适宜区，宽皮柑橘最适宜区
	盆地边缘丘陵和盆壁低山温州蜜柑亚区	甜橙偶有冻害，宽皮柑橘无冻害。以发展早熟温州蜜柑为主

续表

一级区	亚　区	特点描述
云贵高原中低山和干热河谷柑橘混合区		高原气候明显，年温差小，日温差大，干湿雨季分明，气温受海拔影响大，零星分布甜橙、香橼和宽皮柑橘。栽培柑橘以小片集中为主
亚热带边缘和北缘柑橘混合区		北缘地区引进温州蜜柑适应栽培，已成为主要发展品种。北热带边缘纬度低、积温高、湿度大、日照强，糖酸均低

资料源自《柑橘学》(中国农业出版社，1999)。

2002 年农业部组织中国农业科学院柑橘研究所和华中农业大学等单位对我国柑橘优势区域进行了布局规划，制定了 3 条优势区域带(长江上中游甜橙产业带、赣南—湘南—桂北脐橙产业带、浙—闽—粤宽皮柑橘产业带)和一批特色产业基地；2008 年再行修编，增加了鄂西—湘西宽皮柑橘产业带等(表 1-2)，形成“四带五基地”的分布格局。这为 21 世纪以来柑橘产业的大发展发挥了重要的指导作用。

表 1-2　到 2015 年中国柑橘优势区域布局规划目标及分解

项　目		栽培面积/万 hm^2	鲜果产量/万 t	鲜果出口量/万 t	橘瓣罐头产量/万 t	橘瓣罐头出口量/万 t	柑橘汁原汁产量/万 t
全国规划数据		200	3 038	140	73	55	178
优势区面积占 70%，产量占 80%		140	2 430				
“四带五基地”规划数据							
1	长江上中游柑橘带	26.7	550	15			128
2	赣南—湘南—桂北柑橘带	33.3	550	50			20
3	浙—闽—粤柑橘带	33.3	600	40	38	30	20
4	鄂西—湘西柑橘带	26.7	430	20	35	25	10
5 特色基地	南丰蜜橘基地	5.3	80	3			
	岭南晚熟宽皮柑橘基地	7.3	110	10			
	云南特早熟柑橘基地	2.0	30				
	丹江库区柑橘基地	2.7	40	1			
	云南、四川柠檬基地	2.7	40	1			
	小　计	20.0	300	15			
合　计		140.0	2 430	140	73	55	178

资料源自农业农村部《全国优势区域布局规划》，不包括中国台湾地区。

二、柑橘在果树生产、加工和贸易中的地位

柑橘在世界和我国水果生产中有着举足轻重的地位，是世界产量最大的水果，也是世界第五大贸易农产品，仅次于小麦、大豆、棉花和玉米，橙汁是世界产量最大的果汁饮料。据《中国农业年鉴(2017)》的统计数据，2017 年我国柑橘种植面积达 243.57 万 hm^2，产量达 3 816.78 万 t，分别占我国水果总面积和总产量的 21.87%和 22.56%，面积居全国各类水果之首，产量仅次于苹果。据 FAO 的统计数据，2017 年我国的柑橘面积和产量占全球的比重分别为 21.9%和 20.9%，均居世界首位，但长期以鲜销为主，且以宽皮柑橘占比最大。

我国橙汁加工占比一直较低，而橘瓣罐头在世界和我国水果罐头中的地位举足轻重。20 世纪 70 年代我国开展了规模化罐藏品种的选育工作，80 年代大力推广选育和引进的罐藏品种，90 年代以来我国橘瓣罐头生产和出口一直保持上升态势，进入 21 世纪后保持平稳发展，近几年生产量保持在 45 万 t 左右，其中出口量维持在 34 万 t 左右，占全球橘瓣罐头出口总量的 55%左右，占我国水果罐头出口总量的 25%左右。

进入 21 世纪以来，我国甜橙得到较大发展，目前在我国柑橘中占比第二，但橙汁加工起步较晚，近年来在长江柑橘带发展迅速，但加工总量仍不大，我国现年产单倍橙汁总量约 32 万 t[浓缩橙汁约 4 万 t(换算成单倍橙汁约 26 万 t)、NFC 鲜橙汁约 2 万 t、橙汁胞约 4 万 t]，而世界换算为单倍橙汁的年产量最高年份超过 1 600 万 t，近年维持在 1 200 万 t 左右，我国橙汁占比不足 3%，世界柑橘产量第二的巴西加工占比达 80%，在全球橙汁具有该类产品的定价权。20 世纪 50 年代美国发明柑橘专用压榨机，60 年代冷冻浓缩果汁作为商品得到普及，80 年代巴西橙汁得到飞跃发展，低温杀菌技术也随之得到普及，进入 21 世纪以来，美国发明的 NFC 鲜橙汁风行。其他柑橘加工产品如柑橘汁饮料种类繁多，我国市场上销售的多为进口或中外合资企业的产品，我国近年进口浓缩橙汁保持在 7 万 t 左右。国内企业虽有生产柚蜜饯、陈皮、粒粒橙(柚)、柠檬片、柠檬茶、柑橘醋、柑橘酒等加工产品，但规模占比都极低，而在柑橘生物碱、香精油、苧烯清洗剂等深加工产品研发方面，我国尚处于起步阶段，西南大学/中国农业科学院柑橘研究所建立了深加工研发车间，湖南农业科学院和华中农业大学等单位近年来也开始重视此方面的产品研发。

我国柑橘鲜果以内销为主，出口量较少，柑橘鲜果主要出口东南亚、西亚及不生产柑橘的东欧国家及加拿大等。宽皮柑橘和柚类是我国出口量较多

的两大类柑橘鲜果。20 世纪 60～70 年代，以红橘、温州蜜柑和芦柑(椪柑)为主的宽皮柑橘出口，为增加我国外汇收入发挥了积极作用。随着改革开放的不断深入，特别是加入世界贸易组织(WTO)后，我国柑橘鲜果及加工品出口均有较大增加，其中柑橘鲜果年出口量近年保持在 100 万 t 左右，占我国各类水果出口总量的 1/3 左右，但占全球柑橘类鲜果出口比重则不足 7%(表 1-3)，占我国柑橘生产总量的比重不足 3%。2017 年中国柑橘鲜果出口中，宽皮柑橘出口量最大，占柑橘鲜果出口总量的 52.09%以上，其次是甜橙和柚类，分别占 22.9%和 20.92%，柠檬占 4.09%。

表 1-3 近 20 年中国及全球柑橘鲜果出口情况

年份	中国柑橘出口额/亿美元	中国柑橘出口量/万 t	全球柑橘出口额/亿美元	全球柑橘出口量/万 t
1998	1.05	25.74	47.25	971.47
1999	0.74	22.82	45.82	929.88
2000	0.79	25.05	43.37	976.39
2001	0.82	22.84	43.93	997.72
2002	1.07	29.06	48.78	1018.41
2003	1.15	36.51	59.75	1085.11
2004	1.34	41.06	66.73	1117.12
2005	1.66	50.00	69.60	1150.36
2006	1.94	49.62	70.06	1208.96
2007	2.96	60.95	84.55	1252.62
2008	4.83	93.36	101.64	1305.84
2009	6.58	120.21	102.58	1401.66
2010	6.97	103.04	113.59	1471.08
2011	8.19	101.17	120.67	1523.30
2012	10.59	117.21	120.69	1535.38
2013	12.30	111.29	129.70	1584.28
2014	12.96	109.19	130.10	1582.24
2015	13.71	104.41	125.54	1564.51
2016	14.63	110.37	136.22	1629.62
2017	13.06	101.79	141.86	1647.23

根据联合国商品贸易统计数据库(UN Comtrade)数据整理。

第二节 柑橘产业的发展历史与展望

一、中国柑橘产业的发展历史

柑橘在中国栽培历史悠久，柑橘栽培具有重要的经济价值、文化价值和生态价值。据我国最早记录柑橘生产的《尚书·禹贡》记载，4 000 多年前江苏、安徽、江西、湖南、湖北等地就有柑橘栽培，柑橘还被列为贡税之物。秦汉时代，柑橘生产得到进一步发展。《史记》记载有“齐必致鱼盐之海，楚必致橘柚之园”，表明当时楚地（湖北、湖南等地）的柑橘与齐地（山东等地）的鱼盐生产具有同等重要的经济地位。西汉以后，在湖南、四川等地柑橘已经成为致富的产业，千树橘的收入可抵千户侯。唐宋时代，随着经济的发展，柑橘种植地域越来越广，当时形成的区域分布范围就与我国现代柑橘分布范围大致相近。宋代欧阳修等所著《新唐书·地理志》中列举了现在的四川、贵州、湖北、湖南、广东、广西、福建，浙江、江西及安徽、河南、江苏、陕西的南部，向朝廷纳贡柑橘，当时，凡气候适宜栽培柑橘的地方，户户栽橘、人人喜食。元代柑橘生产停滞不前，柑橘产业发展处于低迷时期。明清时期，柑橘品种有所增加，并出现了一些以地方命名的柑橘品种，初现一定的规模化、专业化格局。清代的《南丰风俗物户志》记载江西南丰等地整个村庄“不事农功，专以橘为业”，清代施鸿保的《闽杂记》记述了福州城外“广数十亩，皆种柑橘”，清代吴震方的《岭南杂记》记载有“广州可耕之地甚少，民多种柑橘以图利”。

民国时期，由于战乱连绵，柑橘产业衰败，1937 年和 1949 年全国柑橘总产量分别为 12 万 t 和 21 万 t。新中国成立至 1958 年，产业稍有恢复，1957 年总产量达到 32 万 t。随后直至 1978 年，产业徘徊不前，1978 年总产量 38 万 t。改革开放以来柑橘产业进入快速发展期，1989 年总产量达到 456 万 t，跃居我国大宗果品的前列。2000 年总面积达到 127.2 万 hm^2，产量达到 878 万 t，面积居世界首位，产量跃居第三。2007 年总面积 194.1 万 hm^2，产量 2 058 万 t，面积和产量均居世界首位。2017 年，我国柑橘面积和产量分别达到 243.57 万 hm^2 和 3 816.78 万 t。2000 年加入世界贸易组织后，我国柑橘面积净增 116.37 万 hm^2，年产量净增 2 938.78 万 t，成为我国南方农村经济的支柱产业之一。改革开放以来，我国柑橘产量按增长每千万吨历时计算，分别为 22 年、7 年和 5 年，取得了举世瞩目的发展速度（表 1-4）。

表 1-4　中国改革开放以来柑橘生产变化情况

年份	面积/万 hm^2	产量/万 t
1978	17.8	38
1979	21.5	55
1980	26.0	71
1981	27.3	80
1982	32.5	94
1983	35.3	130
1984	40.1	150
1985	50.7	181
1986	67.2	255
1987	86.4	322
1988	95.5	256
1989	102.6	456
1990	106.1	485
1991	112.3	633
1992	108.7	516
1993	112.6	656
1994	112.4	680
1995	80.9	822
1996	128.0	846
1997	130.9	1 010
1998	127.1	859
1999	128.3	1 079
2000	127.2	878
2001	132.4	1 161
2002	140.5	1 199
2003	150.6	1 345
2004	162.7	1 496
2005	171.7	1 592
2006	114.8	1 790
2007	194.1	2 058

续表

年份	面积/万 hm²	产量/万 t
2008	203.1	2 331
2009	216.0	2 521
2010	221.1	2 645
2011	228.8	2 944
2012	230.6	3 168
2013	242.2	3 321
2014	252.1	3 493
2015	251.3	3 660
2016	260.1	3 765
2017	243.6	3 817

根据历年《中国农业年鉴》资料整理，不包括中国台湾地区。

广西、湖南、湖北、四川、广东、江西、福建、重庆和浙江 9 省(自治区、直辖市)柑橘栽培面积和产量均在 9 万 hm² 和 180 万 t 以上，柑橘是这些省(自治区、直辖市)栽培面积和产量最大的水果，占其水果生产面积或产量的 30%以上，有的甚至超过 90%。上述 9 个柑橘主产省(自治区、直辖市)的栽培面积占全国的 93%以上，产量占 95%以上(表 1-5)。

表 1-5　2017 年全国柑橘分省(自治区、直辖市)生产情况

省(自治区、直辖市)	面积/万 hm²	产量/万 t	占全国柑橘生产比重/%	
			面积	产量
广西	44.13	682.06	18.12	17.87
湖南	36.94	500.9	15.17	13.12
湖北	21.78	465.9	8.94	12.21
四川	28.43	415.68	11.67	10.89
广东	22.36	410.28	9.18	10.75
江西	32.31	404.26	13.27	10.59
福建	12.41	315.39	5.09	8.26
重庆	20.04	250.58	8.23	6.57
浙江	9.15	186.79	3.75	4.89
云南	7.56	88.85	3.11	2.33

续表

省(自治区、直辖市)	面积/万 hm^2	产量/万 t	占全国柑橘生产比重/%	
			面积	产量
陕西	2.32	45.75	0.95	1.2
贵州	3.92	25.39	1.61	0.67
上海		9.38		0.25
海南	0.72	6.63	0.29	0.17
河南	1.17	4.91	0.48	0.13
江苏	0.23	3.17	0.1	0.08
安徽	0.1	0.81	0.04	0.02
甘肃	0	0.06	0	0

根据《中国农业年鉴(2017)》资料整理，不包括中国台湾地区。

二、中国柑橘产业的主要成就和面临的主要问题

改革开放后，特别是农业部发布实施《全国柑橘优势区域发展规划》以来，我国柑橘产业得到快速发展，产业效益总体趋好。加入 WTO 后，我国柑橘产品的竞争力有较大提升，出口比例不断增长，其中橘瓣罐头和鲜销柑橘占世界出口的比重分别增长了 10 个百分点和 5 个百分点。有如下经验值得总结。

1. 注重布局规划，抓良种体系建设

2000 年农业部启动了种苗工程，2002 年农业部又整体规划柑橘产业向最适生态区的 3 条优势带和特色基地集中，2003 年发布此规划，2007 年再度完善修编布局规划，增设了 1 条优势带，2008 年发布实施。在抓好种源的原则指导下，2000 年农业部在中国农业科学院柑橘研究所和华中农业大学分别建设了“国家柑橘苗木脱毒中心”和“国家果树脱毒种质资源室内保存中心”，并相继在全国建成了柑橘良种无病毒三级繁育体系，形成了 100 多个现代柑橘良种无病毒苗木繁育场(中心)的年约 1.2 亿株的繁育能力，为实现规划中调优结构奠定了良种基础。

为保持品种改良的可持续性，2002 年农业部在中国农业科学院柑橘研究所和华中农业大学分别投资建设了“国家柑橘品种改良中心”和“国家柑橘育种中心”，随后又在湖南农业大学和浙江省农业科学院柑橘研究所分别投资建设了“国家柑橘品种改良中心长沙分中心”和“国家柑橘品种改良中心浙江分中心”，近年在柑橘基因组学研究方面取得了可喜的成就。其间，“柑橘优异种质发掘、创新与新品种选育和推广”和“柑橘良种无病毒三级繁育体系构建与

应用”两项成果分别获得2006年度和2012年度国家科技进步奖二等奖。特别是2007年科技部依托中国农业科学院柑橘研究所和重庆三峡建设集团，建设“国家柑橘工程技术研究中心”，随后2014年又依托赣南师范大学和江西绿萌公司建设“国家脐橙工程技术研究中心”，种苗繁育等工程技术的转化进一步得到强化。

虽已取得可喜进展，但苗木监管面临的形势依然严峻，是个长期而艰巨的任务，因5年前修订的《种子法》仍规定农户自繁自育苗木属合法行为，加之工商等城市资本的介入，对新品种发展过热而不顾苗木质量，苗木监管时有失控问题依然突出。

2. 注重结构调整，抓品牌建设

长期以来，我国以早中熟宽皮柑橘鲜销为主，区域性和季节性滞销现象时有发生。近10年来，农业部本着“效益优先、差异发展”的原则，引导宽皮柑橘比重调减和甜橙比重调增各7个百分点，并大力推广早熟和晚熟品种，使我国柑橘的熟期延长了5个月，基本形成了周年有鲜果供应的格局，虽然中熟仍占75%，但比例下降了20个百分点。

部分地方特色品种，如江西南丰蜜橘、广东砂糖橘、福建琯溪蜜柚和芦柑、四川安岳柠檬、广西金柑等，以及引进的杂柑品种，如不知火、天草、清见、爱媛、W·默科特、沃柑等，得到了快速发展，部分地区药膳橘皮产业也得到了长足发展。

为提升品牌效应，品牌保护和宣传力度不断加大，“秭归脐橙”“阳朔金柑”“常山胡柚”“平和琯溪蜜柚”“万县红橘”“垫江白柚”“城固蜜橘”等7个柑橘品牌荣登2011年消费者最喜爱的100个中国农产品区域公共品牌榜，“赣南脐橙”“南丰蜜橘”“奉节脐橙”“衢州椪柑”“广东砂糖橘”“福建芦柑”“柳城蜜橘”“重庆晚熟柑橘”等已成为我国柑橘果品占领国内市场、走向国际市场的重要品牌。近年晚熟杂柑发展迅猛，有的县如广西武鸣年产沃柑过百万吨。

3. 注重产业化，抓标准园建设

长期以来，我国柑橘园规模小，农户组织化程度低，导致科技成果转化难、单产低和商品化率低等问题。在优化布局和应用良种的基础上，农业部2009年启动了标准园建设工程，集成推广良种良法配套新技术，如节水灌溉、营养诊断配方施肥、生草栽培、病虫害综合防治、完熟栽培和良好农业规范(GAP)等，在全国建设了百余个柑橘标准园，起到了很好的示范带动效应，同时带动了信息化和质量安全体系建设。

为保护优势区域的安全生产，2007年农业部又在重庆启动了首个柑橘非疫区示范建设工程，并在中国农业科学院柑橘研究所投资对“农业部柑橘果品与苗木质量监督检验测试中心”开展二期建设，已制定颁布了50个以上的相关国家、行业和企业标准。通过上述产业化建设，优势区域栽培水平显著提高，单产大幅提升，优质果率提高了 20 个百分点。

4. 注重产业链条延伸，抓组织服务能力建设

优势区内有各类柑橘协会(分会)或经济合作组织 2 000 余个，通过它们探索小农户与大产业、小基地与大市场紧密结合的农村生产经营机制创新改革，浙江忘不了柑橘合作社、重庆友谊柑橘合作社等一批农民合作组织快速发展，柑橘生产的组织化程度进一步提高，农民应对市场风险和接轨市场的能力逐年增强。“合作社＋超市”“公司＋基地＋农户”“公司＋合作社＋基地”等产供销一体化或有组织的托管发展模式在不同区域探索实践，全国柑橘产区相继涌现了一批出口基地县和出口导向型的产业化龙头企业，如重庆三峡建设集团、北京汇源集团、浙江皇冠集团、湖南熙可罐头厂、湖北秭归屈姑食品公司、广东杨氏南北鲜果有限公司等。

随着良种良法的应用，柑橘采后商品化处理及加工也得到蓬勃发展，橘瓣罐头加工产业实现了西进发展，橙汁加工业也异军突起，优质橙汁产品占据我国橙汁高端市场，特别是以派森百品牌为代表的非浓缩鲜榨橙汁的高档质量和营销模式，给我国橙汁产业的发展奠定了良好的发展基础。另外，以柑橘为原料生产柑橘酒、柑橘醋、柑橘茶及柑橘精油等产品的精深加工业也开始起步。其间，“柑橘加工技术研究与产业化开发”成果获得 2006 年度国家科技进步奖二等奖。

5. 注重功能拓展，文化建设正逐步得到重视

近 10 年，在浙江台州、广东新会、湖北宜昌等地，相继建设了中国柑橘博物馆、陈皮文化博物馆、中国三峡柑橘博物馆等，在重庆北碚正加紧筹建中国柑橘科技博物馆，具有悠久栽培历史的柑橘文化正在得到社会关注。各地以柑橘果园为依托的观光果园等方兴未艾，柑橘果园的休闲文化功能得到进一步拓展。

进入 21 世纪以来，我国柑橘面积、产量相继跃居世界首位，虽然已成为世界柑橘生产第一大国，但要成为柑橘生产强国，面临的挑战还很多。当前，我国柑橘产业仍处于从规模扩张型向质量效益型转变的过程中，比较发达国家来看，我国柑橘产业发展还面临不少制约因素，如农村劳动力日益老化且匮乏、果园规模偏小等导致产业化和组织化程度仍偏低的问题，标准化生产水平不高导致的单产和优质果率仍偏低的问题，商品化处理和贮藏加工尚处于量变阶段，我国柑橘商品化处理率与发达国家相比要低约 40 个百分点，信息化、社会化服务和风险保障体系不完善，从而致使柑橘产业面临自然和市场的双重风险。加入 WTO 后，来自柑橘强国的市场竞争更加激烈。我国仍处于从计划经济向市场经济的转型时期，政府正着力简政放权、推动以市场驱动来配置资源。我国的科技水平整体仍然落后于发达国家，同时靠廉价劳动力和土地资源获得红利的优势正逐步减退，并且因过度发展伴生了环保、检疫和食品安全等问题，新时期面临新的挑战。

针对上述问题，基于我国有区域生态多样性和中西部地区劳动力资源相对丰富和廉价的优势，借助扶贫攻坚的政策优势，加快提升科技研发水平，向科技借力(目前我国柑橘科技成果转化率至少落后美国 25 个百分点)，不断完善保障体系建设步伐，再经一段时期的发展，中国成为柑橘强国的梦想是可以实现的。

三、中国柑橘产业的发展趋势与展望

中国市场经济改革已进入深水区、进入攻坚阶段，中国柑橘产业正走在由大变强的道路上，加入 WTO 后的产业挑战是参与国际化市场竞争，政府有规划、引导和扶持产业发展的责任，既要激励业界人士“埋头拉车”，更要帮助产业“抬头看路”。从量变到质变需要知己知彼，认清彼此间的优势与劣势，把握住发展趋势，积极应对市场竞争。目前，柑橘产业的发展趋势主要有下面 6 点。

1. 产业继续向发展中国家转移

从五大洲柑橘产量的变化看，进入 21 世纪以来，97%以上的净增长来自亚洲和非洲发展中国家，其中中国占净增长量的 75%，美洲有所降低，欧洲和大洋洲增长量不足 3%。即使是亚洲发达国家日本，近年与 20 世纪 70 年代相比，产量减少了约 75%，主要是劳动力和土地资源的成本加大所致。统计数据表明，有的发达国家采收成本已超过产品产地价的 1/2，而巴西、美国自 2004 年、2005 年以来又相继发生了黄龙病，产业出现了较大滑落，产量由以往的第一、第二分别下滑 1 位和 3 位，尤其是美国佛罗里达州，年产量相对其最高年份减产达 2/3，墨西哥柑橘的黄龙病也很严重。未来美国人习惯消费的橙汁的市场缺口将进一步扩大，其补充主要来自发展中国家。柑橘产业的发展将保持由发达国家向发展中国家转移的趋势。

2. 产地继续向发展中地区转移

我国 2012 年人均柑橘量(27.46 kg)已远超世界人均量(15 kg)，迫于市场压力，未来一段时期内总体栽培面积将保持现有水平。产区总体变化趋势是由东部向中西部地区，由发达区域向发展中区域转移。近年来，浙江是 9 个柑橘主产省(区、市)中首个出现面积和产量双降的案例，2017 年其面积和产量分别较 2008 年减少了近 3.12 万 hm^2 和 52 万 t。预计未来广东、福建等沿海主产省也会出现缩减趋势。以县(区)为单位，我国近年柑橘产量过 100 万 t

的有福建的平和、江西的南丰、广西的武鸣；过 50 万 t 的有江西的寻乌、湖北的夷陵、枝江和宜都等；过 30 万 t 的有广东的德庆、梅县、英德和郁南，湖北的当阳和秭归，湖南的石门和麻阳，广西的柳城和富川，浙江的衢江，江西的安远、信丰，四川的蒲江。这些柑橘生产大县(区)中，受黄龙病影响，德庆、英德、郁南、寻乌、安远、信丰、富川等近年已出现较大幅度减产。

3. 种植向“五化”方向发展

标准化、省力化、无害化、信息化和有机化是柑橘产业的发展方向。我国虽然栽培历史悠久，曾经对世界贡献过大量的品种资源，贡献过嫁接技术和黄龙病防控技术，但因前述各种因素，科技研发水平与发达国家仍有相当的差距，加之推动机制乏力，致使成果转化率偏低、转化速度偏缓，在良种良法技术支撑上落后于各地快速发展的需要。而注重经济发展的各级政府，因条块分割易偏离科学发展方向，往往导致更大的问题。自 2000 年农业部实施良种工程以来，乱繁滥调苗木导致病虫传播的问题得到了有效的遏制，但黄龙病等仍制约着部分主产区的发展，自 2007 年农业部在重庆试点建设柑橘非疫区和实施无病毒容器苗财政补贴，该区域柑橘产业的发展速度曾一度居全国首位，促进了三峡库区移民的安稳致富；自 2009 年以来，针对小农散户粗放管理或“重栽轻管”导致盛果期推迟、单产低、优质果率低等问题，农业部实施标准园建设工程，以期示范带动果园基础设施建设。随着产业技术体系的介入，机械化程度有所提升(特别是丘陵山地小型农机具的研发备受关注)，科学地投入劳力、农药、肥料，通过叶面营养诊断、肥水一体化、病虫害综合防治等技术措施，以期达到“标准化、省力化和无害化”要求，同时减少浪费和污染。有机化概念的提出已近 30 年，但迄今全球有机农产品占比不足 7%，有机柑橘占比不足 2%。信息化是中国近期制定的新“四化”社会发展目标之一，柑橘产业的发展也需要趁势借力于信息技术，产前、产中阶段的溯源、预警和远程控制需要信息技术，产后的商品化处理和物流、市场销售也需要借助信息技术。

4. 经营向“四化”方向发展

规模化、统筹化、企业化和工业化是大势所趋。规模效应是现代农业产业的特质要求，这离不开组织管理服务的现代化。针对散户、小规模生产体制导致的“三低”(管理水平低，生产效率低，经济效益低)问题，加入 WTO 后农业部及时对包括柑橘在内的 11 个优势农产品进行了产业化规划试点，进行规模化生产，以期解决长期存在的小生产与大市场的突出矛盾。2007 年又启动国家现代农业(柑橘)产业技术体系建设，通过打破体制障碍，优化配置品种、生资和国内科技等资源，加强协同创新力度，提升科技创新和支撑产业的能力和效率。

改革开放后我国农村实行土地承包制，农户对土地有使用权而无所有权、技术水平低、市场意识弱，其生产很难形成规模效应。通过发展具有法人资质的柑橘龙头企业和各类生产者协会等合作组织，进行企业化经营，使得经营组织化程度得到提升，增强了选择定价能力。各类协会(合作组织)经过一段时期的发展后，信用社－供销社－合作社“三合一”的发展趋势明显。在我国已具较大规模的产区，往往有众多采后商品化处理企业，这些企业大多规模小、带动能力不强。预计伴随更多社会资金的进入，未来柑橘企业会得到蓬勃发展，通过参股或联盟等形式会发展出一些对产业带动能力强的大型企业。

我国柑橘加工比例不足6%，加工规模小、成本高，尤其是深加工产品开发刚刚起步，没有形成经济规模，随着国家实施“社会主义新农村建设”“美丽乡村建设”，以及“强化食品加工”战略和新型工业化水平的提高，特别是近期振兴乡村“三变”(资源变资产，资金变股金，农民变股民)改革，柑橘产业工业化水平也会相应得到提高，预计我国柑橘加工产业在一定时期内将会得到长足发展。

5. 产品朝“三化”方向发展

多样化、品牌化和认证化是柑橘产品发展的方向。柑橘在我国被定位为非大田农作物，不具有关乎粮食安全的、保供给的基本战略地位，属于改善生活质量的、非必需品的搭配农产品，不能享受如粮食安全类的绿框补贴，风险基本自担。但因其具有保护环境和经济收益的双重优势，与退耕还林关联时在管理上接受农业部(现农业农村部)和林业总局的双重管理。

加入WTO后，虽然柑橘的高端产品须面对国外产品的竞争，但因为价格等优势使中国柑橘在市场上还是具有相当的竞争优势。我国栽培的柑橘种类一应俱全，并且基本实现了周年鲜果供应。市场对产品质量和种类的要求越来越高，未来为了满足不同地域、不同人群消费的需求，产品将朝着更加多样化的方向发展。柑橘除熟期、色泽、无子化外，甚至在成熟度、混合搭配上也会产生不同组合的消费需求，这给品种引进和选育提出了更高的要求。

在我国柑橘产业发展的早期，品牌意识不强，历经过品牌多、乱、杂的过程，侵犯商标知识产权的套牌销售现象普遍。现在已逐步形成了部分有一定知名度的国内柑橘品牌，如赣南脐橙、南丰蜜橘、广东砂糖橘、福建芦柑和琯溪蜜柚等，其中部分品牌正在进军国际市场，但尚未形成像美国新奇士脐橙那样的全球驰名品牌，未来各主产区政府和相关龙头企业将会加大品牌化战略的实施力度，以期增强品牌效应和市场占有额。

柑橘产品的ISO标准认证和GAP认证等已成为进入国际市场的必备条件，相关部门和企业须高度重视。南非柑橘鲜果出口占其产量的约80%，其针对不同国家(地区)开展认证，并将面临的问题提交南非国际柑橘研究有限公司逐一研究解决，其经验值得我们学习借鉴。

只有坚持市场调节和政府引导相结合，才能保证柑橘产业的可持续发展。

6. 产业向多元化方向发展

作为世界最大宗的水果，柑橘的早期消费多属营养消费，随着社会经济发展和人们收入水平的提高，随着对柑橘价值认识的不断提升和相关产品的开发，市场对柑橘的需求逐渐向多元化方向发展。

橙皮的药用和膳用在我国有悠久历史，柑橘除含有丰富维生素 C 外，还富含次生代谢产物，如有益于健康的橙(柚)皮苷(素)等黄酮类、柠檬苦素等生物碱类，其中部分产物具有抗癌和抑制肿瘤等活性作用；柑橘果皮富含膳食纤维和精油柠檬烯。广东新会对柑橘产业的开发就是一个成功的例子，2008 年前该县柑橘几乎毁于黄龙病，后调整发展陈皮产业，至 2018 年以 6 250 hm^2 茶枝柑为基础的陈皮产业已形成 66 亿元的综合产值。目前，从各类柑橘特别是巴柑檬皮中提取香精油也备受关注，对柑橘生物碱类活性物质的深加工产品也日益受到青睐。海湾战争期间，美国曾将橙汁作为战略储备物资，因为其对美国士兵在沙漠中遇到的烂脚病有奇效。

作为观赏植物的柑橘近年来发展迅速。年橘、金柑、金豆、佛手等是我国著名的观赏柑橘品种，通过园艺措施可以使它们形成各种极具观赏价值的造型。随着人们生活水平的提高，对观赏柑橘的需求也会与日俱增。智利圣何塞(San Jose)柑橘与观赏植物公司年产 500 万株观赏植物，其中 300 万株为观赏柑橘。柑橘文化历史悠久，预计未来人们对柑橘文化的消费兴趣将越发浓厚，各类反映柑橘历史文化的博物馆将得到长足发展，如仅有不足 70 万 t 柑橘产量的韩国 2008 年在济州岛建立了韩国柑橘博物馆，其借鉴现代声光电技术，融柑橘历史文化、全产业链产品及科普旅游于一体，值得学习借鉴。

尽管在生产过程中也使用农药，但柑橘的农药残留问题相对来说并不突出，原因是除金柑、柠檬、茶枝柑、黄皮外，其余柑橘类产品食用前均需剥皮。近年来，媒体多次曝光涉及柑橘的食品安全事件，如 2008 年和 2010 年我国的“蛆柑事件”、2008 年和 2013 年我国的染色橙事件、2012 年巴西橙汁使用多菌灵事件，有的虽然无害，但因科普不到位而引起人们的恐慌心理。此外，糖尿病患者不愿消费含糖的橘瓣罐头，冠心病患者在服用他汀类药物时因担心诱发副作用而不能食用葡萄柚及其果汁。从健康的因素考虑，人们越来越喜欢食用花青素和类胡萝卜素含量高的血橙、红肉脐橙、红肉葡萄柚和红肉柚子等柑橘产品。

我国的柑橘产业进入由数量增长型向质量效益型转型的阶段，需要在提质增效、全面利用、贸工农与产供销一体化、品牌全球化等方面下功夫，在继续调整结构的同时，加快科技创新速度，提升成果转化率，从而扩大出口和加工占比。应把握好发展趋势和市场机遇，利用好产区间差异等自然优势，深挖产区内外的消费潜力，以期在市场上以自己的优势产品尽可能多地替代进口产品，坚持不懈，尽早实现柑橘产业强国的梦想。

参考文献

[1]吴耕民．中国温带果树分类学[M]．北京：农业出版社，1984.
[2]何天富．柑橘学[M]．北京：中国农业出版社，1999.
[3]周开隆，叶荫民．中国果树志·柑橘卷[M]．北京：中国林业出版社，2010.
[4]中华人民共和国农业部．全国柑橘优势区域布局规划[Z]．2003，2008.
[5]中国柑橘学会．中国柑橘品种[M]．北京：中国农业出版社，2008.
[6]国家柑橘产业技术研发中心．国家柑橘产业技术体系建设规划[Z]．2008.
[7]中华人民共和国农业部．中国农业年鉴[Z]．北京：中国农业出版社，2000—2017.

第二章　柑橘区域布局与优势区域发展战略

我国柑橘主要分布于秦岭、淮河以南地区，又以山区种植为主，地形地貌复杂多变，气候条件千差万别。作为亚热带多年生常绿木本果树的柑橘类植物，种类繁多，生长发育特性和对环境条件的要求也有较大的差别。因此，如何根据柑橘的生长发育特性，选择最合适的区域进行高效种植，对于柑橘产业的健康可持续发展，就具有重要的意义。

柑橘是我国南方第一大果树，发展柑橘产业是许多地区脱贫致富的有效途径。依据社会生态条件，选择好合适的柑橘品种、配套科学合理的栽培技术体系，是进一步提高柑橘产业经济效益和生态效益的基础条件。搞好优势区域规划，制定科学合理的发展战略，对于发展经济、保护生态、搞好乡村振兴，均具有积极意义。

第一节　柑橘生长的适宜环境

一、适宜柑橘生长的环境条件

柑橘是亚热带多年生常绿木本果树，其生长发育和优质高效生产需要适宜的土壤、温度、光照及水分条件。由于不同种类的柑橘对环境条件的要求存在差异，且外界环境条件很难大范围控制，所以必须遵循适地适栽的农业生产原则，以保证柑橘产业的可持续健康发展。

1. 土壤

土壤是柑橘根系吸收营养和进行物质交换的重要场所，它提供柑橘生长发育过程中所需的绝大部分水分和营养物质，因此，土壤的结构及其物理、化学性质可以直接影响柑橘根系吸收营养物质的种类及数量，进而影响柑橘的生长发育过程、果实品质和经济产量，最终影响柑橘生产的经济效益。柑橘对土壤的适应性较强，最适宜柑橘生长的土壤是土层深厚、富含有机质、土质疏松、结构良好的肥沃壤土和沙壤土(图 2-1)。一般情况下，柑橘栽培要求土壤地下水位在 1 m 以下，有机质含量在 3%以上，土层深度至少在 80 cm 以上，其中活土层需在 60 cm 以上。

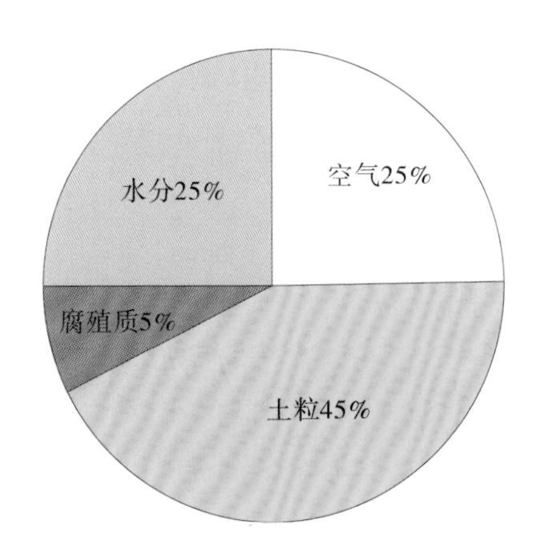

图 2-1 适宜柑橘生长的土壤条件

酸碱度是土壤的重要理化指标之一，可以直接影响根际微生物的生命活动和矿质营养元素的有效性。柑橘对土壤的酸碱度适应范围极广，但以 pH 值 6.0～6.5 为宜。当土壤 pH 值达到 8.0 以上或 5.0 以下时，柑橘叶片呈现黄化、生长缓慢甚至停止生长。此外，土壤 pH 值也可以通过指示植物的生长表现进行判断，通常微酸性土壤指示植物樟树、茶树、杜鹃生长良好的区域同样适宜于柑橘生长。不同砧木类型对土壤 pH 值的适应范围也存在差异，如枳、枳橙等砧木对碱性土壤敏感，适宜种植于 pH 值 5.0～6.5 的酸性土壤中；酸橙、粗柠檬、香橙、红橘和枸头橙等砧木具有较强的耐碱性，其中枸头橙在 pH 值 8.5 左右的碱性土壤中都能正常生长。

2. 温度

温度是柑橘分布的主要限制性生态因子。目前，世界柑橘生产区域分布在南北纬 40°之间，主要生产区域位于南北纬 25°～35°之间。我国柑橘分布在北纬 16°～37°之间，南起海南省三亚市，北至陕西南部、甘肃西南部、河南西南部、安徽、江苏、上海等省(市)的部分地区，东起台湾，西到西藏的雅鲁藏布江河谷。我国柑橘经济栽培区主要集中在北纬 20°～33°、海拔 1 000 m 以下的长江流域及以南地区。枳、枳橙、香橙(橙子)、香圆、宜昌橙等最耐寒，分布于我国北部地区，发生冻害现象较少，我国各地都用作耐寒性砧木。

其次，朱橘、黄柑、温州蜜柑、早橘、红橘等耐寒性也较强，成为北部地区主要的经济栽培品种。梾檬、枸橼等最喜高温，在我国南方南亚热带、热带地区生长最好。根据柑橘生长发育对热量的需求，一般≥10℃的年积温小于4 000℃的区域不宜种植柑橘。柑橘是喜温畏冷果树，适宜柑橘生长的年平均温度在16.5～23.0℃，最冷月均温在6.0～13.0℃，历年最低均温在－4.0～1.0℃，≥10℃的年积温在4 000～8 000℃。

不同柑橘类型对温度的要求不同。脐橙要求年平均温度在15℃以上，适宜年平均温度为17～19℃，冬季最冷月平均气温为7℃左右；华盛顿脐橙以年均温17.0℃左右表现较好；而锦橙要求年均温在17.5℃以上；伏令夏橙则需要在18.0℃以上，最冷月均温不低于10℃，极端最低温度－2℃以上；温州蜜柑对温度的最低要求为年平均温度≥15℃，最冷月均温≥5℃，极端最低温度≥－9℃，以年均温在15～17℃的地区生长较好。

柑橘种植区域的北缘是由冬季极端最低气温决定的。柑橘能忍受的最低温度叫临界低温。超过临界低温，轻者落叶，重者枯死。不同柑橘种类和品种，其临界低温不同(表2-1)。

表2-1　不同品种的临界低温

品　种	临界低温/℃
枳	－20～－25
宜昌橙	－12～－15
金柑	－11～－12
温州蜜柑	－9
甜橙	－6～－8
柠檬、枸橼	－3～－5

果树解除休眠、器官开始生长发育的最低温度称为果树的生物学零度，柑橘的生物学零度为12.8℃(或13℃)，平均温度≥12.8℃的时期称为柑橘的生长季节。任何一类柑橘的不同发育时期都有自己合适的温度三基点：最适温度、最低温度和最高温度。最适温度情况下表现生长发育正常，否则生长发育过程会受抑或停止，表现异常。柑橘物候期同时受地上部温度和地下部温度的影响，因此，同一品种的物候期通常会表现出一定的差异，不同种类、品种的物候期则差异更大。

多数植物种子的萌发温度为15～30℃，而柑橘种子萌发的温度范围为20～35℃，最适温度为31～34℃，不同品种之间存在差异，如葡萄柚和甜橙种子萌发的最适温度比粗柠檬和酸橙要低1～2℃。

柑橘的营养生长受温度影响较大。一般认为柑橘在生物学零度以上才能萌芽，15.6℃以上新梢才能迅速生长，最适生长温度范围在25～30℃，而超过37℃时将停止生长。正常情况下，只要温度能够保持在13～37℃，柑橘枝梢一年四季都能生长。在有些地区，冬季温度低于生物学零度，营养生长将会受到抑制。根系生长对土壤温度的要求与地上部基本一致，一般情况下根系生长最适土壤温度在25℃左右，当土壤温度≤13℃或≥37℃，根系将停止生长。柑橘不同器官对温度的要求是不同的(表2-2)。

表2-2 柑橘各器官生长发育最适温度及不适温度

器官	最适温度/℃	不适温度/℃
叶	17～18	35
根	20～26	≤10，≥37
枝	30～34	39
花、蕾	17～18	
果	21～25	35～36

亚热带地区冬季冷凉气候是柑橘成花的主要诱导因子。当夜温在10～14℃、昼温在17～20℃时将有助于柑橘花芽分化，提高开花枝梢比例。Moss(1969)以华盛顿脐橙1年生枝条为材料，研究了昼夜温度对开花的影响。试验分别设置了27℃/22℃(昼温/夜温)、24℃/19℃、18℃/13℃、15℃/10℃几组条件，较低温度处理(18℃/13℃和15℃/10℃)所发生的花量比较高温度处理下发生的花量高10～15倍。柑橘花期及其长短也受温度影响，春季低温导致花期延迟；花期高温将导致花期缩短。花期温度还会影响花粉育性。一般而言，当花期温度低于15℃时，花粉母细胞不能正常细胞分裂，容易形成不育花粉；花期适度高温，温州蜜柑的花粉育性将提高，其中15～20℃的能育花粉比率最高。

温度影响柑橘果实的内在品质和外观品质。温度可以影响光合作用效率，进而影响碳水化合物的积累，从而改变果实的内在品质。在一定的温度范围内，温度上升，糖含量、可溶性固形物含量增加，酸含量下降，果皮变薄，纤维含量下降，品质变好。如甜橙的品质在≥10℃的积温低于8 000℃时，随着气温的升高其含糖量和糖酸比也上升，含酸量逐渐下降，品质好，但是维生素C的含量逐渐减少。大多数柑橘品种在炎热潮湿地区表现为果大、风味淡、含糖量高、含酸量低、色泽不良、果皮粗糙等。温度还影响果实的色泽，高温地区产的果实色泽较淡；低温地区产的果实色泽较浓，较耐贮运。柑橘果实着色主要是果皮叶绿素的消退以及类胡萝卜素显现的结果，两者之间的变化取决于温度的变化。20℃是类胡萝卜素产生的最适温度。

3. 光照

光照是柑橘生长发育进行光合作用的必要条件。柑橘较耐阴，一般年日照1 200～2 200 h均能满足柑橘生长发育的需要，最适宜光照强度为12 000～20 000 lx，光补偿点为30 000～40 000 lx。柑橘喜漫射光、短日照，要优质高产仍然需要较好的光照条件。

在适度光照范围内，随光照时数、强度的增加，光能利用效率增加，柑橘生长健壮、枝叶充实，氮、磷含量高，花芽分化良好，产量高、品质佳。如低纬度日照条件好、热量丰富的华南与高纬度日照较少的重庆柑橘产区相比，果实糖含量高、酸含量低，糖酸比高。光照影响柑橘果实品质的关键时期是8～11月。研究发现，一年中10月的日照时数与脐橙果实的总糖含量具有显著相关性。日照时数长，总糖含量高，一定程度上反映果实成熟前1个月的日照对糖分积累的重要性；在秋季阴雨低温天气中，随着日照时数的增加，尾张温州蜜柑总糖含量和酸含量均相应增加，而维生素C含量、固酸比、糖酸比等下降。

柑橘树冠由外至内，光照强度递减，叶片逐渐变薄，叶色渐浅，产量、结果数和单果重也逐渐下降，果实纵横径、单果重、着色程度以光照最强的冠顶和南侧较好，果实可溶性固形物含量随光照减弱而降低，果实含酸量随光强减弱而渐增，果皮厚度随光照减弱而变薄。小野佑幸（1983）调查不同冠层温州蜜柑的生长发育情况发现：按相对光强划分，相对光强在60%～100%的层次营养生长最旺盛；30%～70%的层次生殖生长旺盛，其中65%的层次是全叶量和着果量最大层；10%～30%的层次营养生长和生殖生长均不良；10%以下则为着生叶片的下限。其次，相对光强低于30%的层次所着生的果实可溶性固形物含量明显降低，含酸量增加，着色也变差。

不同柑橘种类以及同一种类不同生育期对光照的要求均存在差异。温州蜜柑对光照的要求比甜橙和杂柑类高。柑橘幼叶生长期、花蕾期所需光强较新梢和果实旺盛生长期少。果实成熟后期，充足的光照有利于果实着色和光合同化产物的积累。一般情况下，幼年树较成年树耐阴，冬季休眠期较萌芽、开花、枝梢生长和果实成熟期耐阴，营养器官较生殖器官耐阴。

光照过强或过弱均对柑橘果树的生长发育不利。光照过弱，会使柑橘叶片变薄、变平、变大，萌芽率和发枝率降低，节间细长且生长势强，表现为徒长。光照不足会抑制根系生长，根的伸长量减少，新根发生数少；花芽分化不良，坐果率降低。花期和幼果期光照不足会导致树体内有机质减少，出现幼叶转绿迟缓，与幼果争夺营养而加剧生理落果。果实膨大期光照不足将导致果实变小、果皮变粗、着色变差、含酸量增加、含糖量减少、维生素C

含量低，品质低劣。光照差还会导致柑橘园内发生流胶病、炭疽病和一些虫害。光照过强会引起日灼病，如夏季向阳果实由于日灼油胞凹陷粗糙、果肉干枯畸形而失去商品价值，阳光直射的枝干皮层龟裂引起次生病虫为害。

4. 水分

水分是柑橘光合作用的反应物之一，也是柑橘树体的重要组成部分，根、茎、叶的水分含量在50%～75%，果实的水分在85%以上。柑橘喜湿润的生态环境，适宜的降水和湿度有利于柑橘的生长、发育和产量、品质的提高。一般年降水量1 000～2 000 mm、空气相对湿度75%～82%、土壤相对湿度60%～80%的热带、亚热带区域，都适于柑橘生长。我国柑橘产区属夏湿区，夏季雨量较多。在柑橘生长季节降雨，可以降低灌溉成本，在灌溉设施不完善的山地果园，适时降雨尤为重要。夏干区如地中海沿岸和美国的加利福尼亚州，夏季雨水偏少，集中在冬季降雨，依赖灌溉设施来供应生长所需的水分。在年降水量200～600 mm的地区要获得丰产，需要灌溉800～1 000 mm的水。

柑橘生长发育的不同时期因种类、品种、砧木、气候、土壤和季节的不同对水分的要求存在差异。一般认为甜橙的需水量比温州蜜柑高，嫁接苗比实生苗高，浅根性的比深根性的需水量高。水分供应不足或过多都会加速果树衰老，缩短结果年限。柑橘水分供应不足会引起萌芽延迟、新梢生长缓慢、坐果率降低、果实变小，甚至落花落果。水分过多会影响树体开花，导致幼果脱落、果实品质下降、病虫害泛滥，甚至烂根死树。柑橘花期至第二个生理落果期是柑橘对水分要求的临界期，降雨过多会影响授粉，降低坐果率，产量下降。果实在膨大期如遇久旱不雨，会导致水分不足、生长发育受阻、果实干瘪，可溶性固形物含量降低；久旱后骤降大雨，往往会发生裂果，品质下降，失去商品价值。果实迅速膨大期至成熟期降水过多，会导致果汁含量增多，但可溶性固形物含量降低，风味变淡，同时还影响贮藏性。因此，明确柑橘品种特性和生长发育各关键时期对水分的需求，对柑橘优质高产具有重要意义。自然降水具有时空分布不均的特点，时常不能满足柑橘各关键时期对水分的要求，因此需要人为调节水分条件，比如合理灌溉。

空气相对湿度对柑橘产量和品质的形成也有影响。空气相对湿度大，则病虫害容易滋生传播，不利于柑橘的产量和品质形成。通常，空气湿度低于60%时，柑橘开花、授粉就会受到影响，结果率下降；在果实膨大期，影响果实膨大和产量增加；在果实成熟期，有利于提高糖含量和糖酸比值。湿度过低，则表现为果皮粗糙、囊壁增厚、果汁变少，品质降低。如最初从巴西引入华盛顿脐橙到炎热潮湿的美国佛罗里达州时，表现为落花落果严重，产量低、品质差；引入相对干燥的美国加利福尼亚州(地中海气候类型)后，则表现为优质丰产。同样，华盛顿脐橙在我国夏季炎热潮湿的重庆市区及其周边范围种植并不成功，但是在三峡库区较为干燥的奉节等地却表现较好，该产区已经成为重要的脐橙商品生产基地。

二、我国主要柑橘产区的地理位置及气候条件

1. 湖南

(1)地理位置。湖南省位于长江中游，省境绝大部分在洞庭湖以南，故称湖南；湘江贯穿省境南北，故简称湘。地处东经 108°47′～114°15′、北纬 24°38′～30°08′，东以幕阜、武功诸山系与江西交界；西以云贵高原东缘连贵州；西北以武陵山脉毗邻重庆；南枕南岭与广东、广西相邻，北以滨湖平原与湖北接壤。省界极端位置，东为桂东县黄连坪，西至新晃侗族自治县韭菜塘，南起江华瑶族自治县姑婆山，北达石门县壶瓶山。东西宽 667 km，南北长 774 km。土地总面积约 21 万 km^2，约占全国土地总面积的 2.21%，在全国各省(区、市)中居第 10 位。其中，平原 277.86 万 hm^2，盆地 294.12 万 hm^2，丘陵地 326.22 万 hm^2，山地 1 084.72 万 hm^2，水面 135.37 万 hm^2。共有耕地面积 378.76 万 hm^2。

“三湘四水”是湖南的又一称谓，“三湘”因湘江流经永州时与“潇水”、流经衡阳时与“蒸水”和入洞庭湖时与“沅水”相汇而得名，分别称“潇湘”“蒸湘”和“沅湘”。“四水”则指湘江、资江、沅江和澧水。

(2)气候条件。湖南属亚热带季风气候，四季分明，光热充足，降水丰沛，雨热同期，气候条件比较优越。湖南年平均气温 16～18℃，冬季寒冷、春季温暖、夏季炎热、秋季凉爽，四季分明。与世界上同纬度其他亚热带地区的干燥荒漠气候不同，湖南处于东亚季风气候区的西侧，加之地形特点和离海洋较远，导致湖南气候为具有大陆性特点的亚热带季风湿润气候，既有大陆性气候的光、温丰富的特点，又有海洋性气候的雨水充沛、空气湿润的特征。

湖南气候的季风特征主要表现在冬、夏盛行风向相反，多雨期与夏季风的进退密切相关，雨热基本同季，降雨量的年际变化大。形成湖南季风气候特征的原因是湖南位于欧亚大陆的东南部，而该处濒临太平洋所致。陆地和海洋的物理性质(这里主要指热容量和反照率)差异较大，使得地球表面热力状况不同。冬季海洋是热源、大陆是冷源，相反，到夏季大陆成为热源、海洋成为冷源。这种海陆冷热源分布随季节反向转换的特征，导致气压场的分布也随季节变化：冬季在严寒的亚洲内陆形成高气压，温暖的海洋上形成低气压；相反，在夏季温度较高的大陆上形成低气压，而在凉爽的海洋上形成

高气压。气流不断从高气压流向低气压，这就导致我国冬季盛行干冷的偏北风，夏季盛行暖湿的偏南风。这种一年中风向规律性季节交替且温湿性质相反，并能产生明显的降水量年变化的两种主导气流就是季风。在西风环流中，巨大高耸的青藏高原位于湖南的上风方，这给湖南气候带来重大影响：高原上空冬季常有冷高压，夏季常有暖低压，与周围同高层自由大气的冬低夏高的气压场产生独特的高原季风现象，高原季风冬季使湖南西北风加强，而夏季使湖南东南风加强，这是青藏高原对湖南的热力影响；同时，高原会使运行着的大气环流产生分支、绕流与汇合现象，这种动力影响会使湖南处于南北两支气流波动的同位象叠加或反位象的北脊南槽环流形势控制之下。青藏高原对湖南的热力、动力影响的综合作用加强了湖南气候的季风特色。

湖南气候的大陆性特征主要表现在气温的年变化大，冬冷夏热四季分明，最冷月多出现在 1 月，而最暖月多出现在 7 月。形成湖南大陆性气候特征的地理原因是省境距海洋较远，且境内山脉多呈东北—西南走向，这种地理特点对湖南季风气候有着明显的制约作用。呈东西走向的南岭山脉横亘在湖南和两广的边界，它的存在对湖南气候有着重要影响：它使得北方南下的冷空气受阻在湖南上空形成冷空气垫，这对湖南冬季严寒和阴雨日数增加及冰冻频繁发生都有直接影响，尤其是对春秋季节低温阴雨的持续发生起着重要作用；夏季盛行的偏南风在翻越南岭山脉时产生的焚风效应，对湖南夏季的炎热高温有着加强作用。

2. 江西

(1)地理位置。江西位于北纬 24°29′～30°06′、东经 113°34′～118°29′之间，简称“赣”，因 733 年唐玄宗设江南西道而得省名，又因为江西最大河流为赣江而得简称。江西位于中国东南部，在长江中下游南岸，古称“吴头楚尾，粤户闽庭”，乃“形胜之区”，东邻浙江、福建，南连广东，西靠湖南，北毗湖北、安徽而共接长江。江西为长江三角洲、珠江三角洲和闽南三角地区的腹地。境内以山地、丘陵为主，全省面积 16.69 万 km^2，总人口 4 500 多万，辖 11 个设区市、100 个县(市、区)。

(2)气候条件。江西位于亚热带季风湿润区，水热资源优厚。离北回归线只有 59′，属于年均温较高、最冷月在 0℃以上的中亚热带，又是濒临太平洋的亚洲东部季风湿润区。同周围省区比较，年平均气温 16～20℃，除略逊于纬度偏南的广东、福建(南亚热带)外，不仅比纬度偏北的湖北、安徽(北亚热带)高，也比同纬度的浙江、湖南(中亚热带)要高些。由于位居江南丘陵东部，离海较近，春季极锋从广东沿海登陆，迅即进入该省，在赣南山区形成南岭准静止锋，导致春雨连绵的气候。夏季又处于两湖盆地孕育的气旋东移出海的过道上，梅雨期长且强度大。夏秋之间，每年都有 2～3 次台风波及该省，形成台风降水。甚至冬季当北方强冷空气开始侵入江西时，也可能形成冷锋降水。因此，江西年降水量在 1 350～2 000 mm 之间，比大部分邻省大，这种因特定地理位置所形成的季风气候，给江西带来了丰富的水热资源。

3. 广东

(1)地理位置。广东介于北纬 20°12′～25°31′、东经 109°45′～117°20′之间，东西相距约 800 km，南北距离约 655 km，东邻福建，西连广西，北与江西、湖南交界，东南和南部隔海与台湾、海南两岛相望。地处中国南部，北依南岭山脉，东北为武夷山脉，南临南海，东迎太平洋，海岸线 3 368 km(不含岛屿海岸线)，仅次于福建。广东全境地势北高南低，境内山川纵横交错，中等山地、丘陵广布，地形变化复杂。北部、东北部和西部都有较高的山脉，中部和南部沿海地区多为低丘、台地或平原，因此整个地势向南向中倾斜，山地、丘陵约占 62%，台地、平原约占 38%。主要山脉如莲花山、罗浮山、九连山、青云山、滑石山、天露山、云雾山、云开大山多为东北至西南的华夏式走向，并与海岸线平行。山脉走向与偏南暖湿气流成直交和斜交，气流遇阻抬升，迎风坡降雨量和降水强度均大于背风坡；还有不少向南开口的喇叭口地形，南来的水汽进入容易耦合，使降雨量加大。这就使降水、径流的空间分布很不均匀，少雨地区易发生干旱，多雨地区又易发生洪涝，而江河下游的三角洲和滨海平原既是洪涝频发地区，台风及风暴潮灾害也相当突出。境内河流众多，全省集水面积在 100 km^2 以上的干支流河道共有 640 条，主要河流有珠江水系的东江、北江、西江和非珠江水系的韩江、榕江、漠阳江、鉴江等，流域面积在 3 万 km^2 以上的有东江、北江、西江和韩江，是广东省的四大主要河流。其中东江、北江、西江与珠江三角洲诸河，是构成珠江流域的四大水系。

(2)气候条件。以亚热带东亚季风气候为主，从北向南分别为中亚热带、南亚热带和热带气候，是全国光、热和水资源最丰富的地区之一。年日照时数 1 500～2 300 h，年太阳总辐射量在 4 200～5 400 MJ/m^2，年平均气温 19～24℃，1 月平均气温 16～19℃，7 月平均气温 28～29℃。降水充沛，年降水量在 1 300～2 500 mm，降雨的空间分布基本上也呈南高北低的趋势。受地形的影响，在有利于水汽抬升形成降水的山地迎风坡有恩平、海丰和清远 3 个多雨中心，年降水量均大于 2 200 mm；在背风坡的罗定盆地、兴梅盆地和沿海的雷州半岛和潮汕平原少雨区，年降水量小于 1 400 mm。降水的年内分配不均，4～9 月的汛期降水占全年的 80%以上；降水量的年际变化也较大，多雨年降水量为少雨年的两倍以上。洪涝和干旱灾害经常发生，台风的影响也较为频繁。灾害性天气多发，春季低温阴雨，秋季有寒露风，秋末至春初有寒潮和霜冻。

4. 四川

(1)地理位置。四川省位于中国西南，地处长江上游，介于东经92°21′～108°12′、北纬26°03′～34°19′之间，东西长1 075 km，南北宽900多km。东连重庆，南邻云南、贵州，西接西藏，北界青海、甘肃和陕西。全省地貌东西差异大，地形复杂多样。西部为高原、山地，海拔多在4 000 m以上；东部为盆地、丘陵，海拔多在1 000～3 000 m之间。全省可分为四川盆地、川西北高原和川西南山地三大部分。东部四川盆地是中国四大盆地之一。盆地山地环绕，北临秦岭，东依米仓山、大巴山，南迎大娄山，西北接龙门山、邛崃山。盆地西部为川西平原，土地肥沃，为都江堰自流灌溉区，土地生产能力高；盆地中部为紫色土丘陵区，海拔400～800 m，地势微向南倾斜，岷江、沱江、涪江、嘉陵江从北部山地向南流入长江；盆地东部为川东平行岭谷区，分别为华蓥山、铜锣山、明月山。

(2)气候条件。四川省气候复杂多样，且地带性和垂直变化十分明显。根据水热条件和光照条件的差异，全省分为三大气候区：

四川盆地中亚热带湿润气候区：该区热量条件好，全年温暖湿润，年均温16～18℃，积温4 000～6 000℃，气温日较差小、年较差大，冬暖夏热，无霜期230～340 d。盆地云量多，晴天少，全年日照时间较短，年日照仅1 000～1 400 h，比同纬度的长江流域下游地区少600～800 h。雨量充沛，年降雨量1 000～1 200 mm，50%以上集中在夏季，多夜雨。

川西南山地亚热带半湿润气候区：该区全年气温较高，年平均气温12～20℃，日较差大，年较差小，早寒午暖，四季不明显。云量少，晴天多，日照时间长，年日照时间2 000～2 600 h。降水量较少，干湿季分明，全年有7个月为旱季，年降水量900～1 200 mm，90%集中在5～10月。河谷地区受焚风影响形成典型的干热河谷气候，山地形成显著的立体气候。

川西北高山高原高寒气候区：该区海拔高差大，气候立体变化明显，从河谷到山脊依次出现亚热带、暖温带、中温带、寒温带、亚寒带、寒带和永冻带。总体上以寒温带气候为主，河谷干暖，山地冷湿，冬寒夏凉，水热不足，年均温4～12℃，年降水量500～900 mm。天气晴朗，日照充足，年日照1 600～2 600 h。

四川气候总的特点是：季风气候明显，雨热同季；区域间差异显著，东部冬暖、春早、夏热、秋雨、多云雾、少日照、生长季长，西部则寒冷、冬长、基本无夏、日照充足、降水集中、干雨季分明；气候垂直变化大，气候类型多；气象灾害种类多，发生频率高且范围大，主要有干旱，其次是暴雨、洪涝和低温等。

5. 广西

(1)地理位置。广西壮族自治区地处中国南疆，位于东经104°28′～112°04′，北纬20°54′～26°24′之间，北回归线横贯中部。东连广东省，南邻北部湾并与海南省隔海相望，西与云南省毗邻，东北接湖南省，西北靠贵州省，西南与越南社会主义共和国接壤。地势西北高、东南低，呈西北向东南倾斜状。山岭连绵、山体庞大、岭谷相间，四周多被山地、高原环绕，中部和南部多丘陵平地，呈盆地状，有“广西盆地”之称。山地以海拔800 m以上的中山为主，海拔400～800 m的低山次之，山地约占广西土地总面积的39.7%；海拔200～400 m的丘陵占10.3%，在桂东南、桂南及桂西南连片集中；海拔200 m以下地貌包括谷地、河谷平原、山前平原、三角洲及低平台地，占26.9%；水面仅占3.4%。盆地中部被两列弧形山脉分割，外弧形成以柳州为中心的桂中盆地，内弧形成右江、武鸣、南宁、玉林、荔浦等众多中小盆地。平原主要有河流冲积平原和溶蚀平原两类，河流冲积平原中较大的有浔江平原、郁江平原、宾阳平原、南流江三角洲等，面积最大的浔江平原面积达到630 km^2。受太平洋板块和印度洋板块挤压，山脉多呈弧形。山脉盘绕在盆地边缘或交错在盆地内，形成盆地边缘山脉和内部山脉。盆地边缘山脉从方位上分：桂北有凤凰山、九万大山、大苗山、大南山和天平山；桂东有猫儿山、越城岭、海洋山、都庞山和萌渚岭；桂东南有云开大山；桂南有大容山、六万大山、十万大山等；桂西为岩溶山地；桂西北为云贵高原边缘山地，有金钟山、岑王老山等。内部山脉有两列，分别是东北—西南走向的驾桥岭、大瑶山和西北—东南走向的都阳山、大明山，两列大山在会仙镇交会。盆地边缘山脉中的猫儿山主峰海拔2 141 m，是华南第一高峰。河流大多随地势从西北流向东南，形成以红水河、西江为主干流的横贯中部以及两侧支流的树枝状水系。河流分属珠江、长江、桂南独流入海、百都河等四大水系。

(2)气候条件。广西地处低纬度，北回归线横贯中部，南临热带海洋，北接南岭山地，西延云贵高原，属亚热带季风气候区。气候温暖，雨水丰沛，光照充足。夏季日照时间长、气温高、降水多，冬季日照时间短、天气干暖。受西南暖湿气流和北方变性冷气团的交替影响，干旱、暴雨、热带气旋、大风、雷暴、冰雹、低温冷(冻)害气象灾害频现。年平均气温16.5～23.1℃，极端最高气温33.7～42.5℃，极端最低气温−8.4～2.9℃，≥10℃的积温在5 000～8 300℃之间，气温由南向北递减，由河谷平原向丘陵山区递减；年降水量1 080～2 760 mm，大部分地区在1 300～2 000 mm之间。降水呈现东部多、西部少，丘陵山区多、河谷平原少，夏季迎风坡多、背风坡少等特点。降水量季节分配不均，干湿季分明。4～9月为雨季，总降水量占全年降水量的70%～85%，强降水天气较频繁，易发生洪涝灾害；10月至翌年3月是干季，总降水量仅占全年降水量的15%～30%，干旱少雨，易发生森林火灾。年日照时数1 169～2 219 h，比湖南、贵州、四川偏多，比云南大部地区偏少，与广东相当。日照地域分布特点是：南部多，北部少；河谷平原多，丘陵山区少。夏季各地日照时数355～698 h，占全年日照时数的31%～32%；冬季各地日照时数只有186～380 h，仅占全年日照时数的14%～17%。季节变化特点是夏季最多，冬季最少；除百色市北部山区春季日照多于秋季外，其余地区秋季多于春季。

6. 湖北

（1）地理位置。湖北省位于中国中部，简称鄂。地跨东经108°21′42″～116°07′50″、北纬29°01′53″～33°6′47″。东邻安徽，南界江西、湖南，西连重庆，西北与陕西接壤，北与河南毗邻。东西长约740 km，南北宽约470 km。地势大致为东、西、北三面环山，中间低平，略呈向南敞开的不完整盆地。在全省总面积中，山地占56%，丘陵占24%，平原湖区占20%。

山地：全省山地大致分为四大块。西北山地为秦岭东延部分和大巴山的东段。秦岭东延部分称为武当山脉，呈西北—东南走向，群山叠嶂，岭脊海拔一般在1 000 m以上，最高处为武当山天柱峰，海拔1 621 m。大巴山东段由神农架、荆山、巫山组成，森林茂密，河谷幽深。神农架最高峰为神农顶，海拔3 105 m，素有“华中第一峰”之称。荆山呈北西—南东走向，其地势向南趋降为海拔250～500 m的丘陵地带。巫山地质复杂，水流侵蚀作用强烈，一般相对高度700～1 500 m，局部达2 000 m。长江自西向东横贯其间，形成雄奇壮美的长江三峡，水利资源极其丰富。西南山地为云贵高原的东北延伸部分，主要有大娄山和武陵山，呈北东—南西走向，一般海拔700～1 000 m，最高处狮子垴海拔2 152 m。东北山地为绵亘于河南、湖北、安徽边境的桐柏山、大别山脉，呈西北—东南走向。桐柏山主峰太白顶海拔1 140 m，大别山主峰天堂寨海拔1 729 m。东南山地为蜿蜒于湖南、湖北、江西边境的幕阜山脉，略呈西南—东北走向，主峰老鸦尖海拔1 656 m。

丘陵：全省丘陵主要分布在两大区域：一为鄂中丘陵，一为鄂东北丘陵。鄂中丘陵包括荆山与大别山之间的江汉河谷丘陵，大洪山与桐柏山之间的水流域丘陵。鄂东北丘陵以低丘为主，地势起伏较小，丘间沟谷开阔，土层较厚，宜农宜林。

平原：省内主要平原为江汉平原和鄂东沿江平原。江汉平原由长江及其支流汉江冲积而成，是比较典型的河积—湖积平原，面积4万多km^2，整个地势由西北微向东南倾斜，地面平坦，湖泊密布，河网交织，大部分地面海拔20～100 m。鄂东沿江平原也是江湖冲积平原，主要分布在嘉鱼至黄梅沿长江一带，为长江中游平原的组成部分。这一带注入长江的支流短小，河口三角洲面积狭窄，加之河间地带河湖交错，夹有残山低丘，因而平原面积收缩，远不及江汉平原坦荡宽阔。

(2)气候条件。湖北地处亚热带，位于典型的季风区内。全省除高山地区外，大部分为亚热带季风性湿润气候，光能充足，热量丰富，无霜期长，降水充沛，雨热同季。全省大部分地区年太阳辐射总量为 3 558～4 772 MJ/m^2，年日照时数为 1 100～2 150 h，地域分布是鄂东北向鄂西南递减，鄂北、鄂东北最多，为 2 000～2 150 h；鄂西南最少，为 1 100～1 400 h。日照季节分布特点是夏季最多，冬季最少，春、秋两季因地而异。年平均气温 15～17℃，大部分地区冬冷、夏热，春季温度多变，秋季温度下降迅速。一年之中，1 月最冷，大部分地区平均气温 2～4℃；7 月最热，除高山地区外，平均气温 27～29℃，极端最高气温可达 40℃以上。全省无霜期在 230～300 d 之间。年降水量在 800～1 600 mm 之间。降水地域分布呈由南向北递减趋势，鄂西南最多，达 1 400～1 600 mm，鄂西北最少，为 800～1 000 mm。降水量分布有明显的季节变化，一般是夏季最多，冬季最少，全省夏季雨量在 300～700 mm 之间，冬季雨量在 30～190 mm 之间。6 月中旬至 7 月中旬雨量最多，强度最大，是湖北的梅雨期。

7. 福建

(1)地理位置。福建省地处祖国东南部、东海之滨，陆域介于北纬 23°30′～28°22′，东经 115°50′～120°40′之间，东隔台湾海峡与台湾相望，东北与浙江毗邻，西北横贯武夷山脉与江西交界，西南与广东相连。福建居于中国东海与南海的交通要冲，是中国距东南亚和大洋洲最近的省份之一。境内峰岭耸峙、丘陵连绵，河谷、盆地穿插其间，山地、丘陵占全省总面积的 80%以上。地势总体上西北高东南低，横断面略呈马鞍形。因受新华夏构造的控制，在西部和中部形成北(北)东向斜贯全省的闽西大山带和闽中大山带。两大山带之间为互不贯通的河谷、盆地，东部沿海为丘陵、台地和滨海平原。闽西大山带以武夷山脉为主体，长约 530 km，宽度不一，最宽处超过 100 km。北段以中低山为主，海拔大都在 1 200 m 以上；南段以低山丘陵为主，海拔一般为 600～1 000 m。位于闽赣边界的主峰黄岗山海拔 2 158 m，是我国大陆东南部的最高峰。整个山带，尤其是北段，山体两坡明显不对称：西坡陡，多断崖；东坡缓，层状地貌发育。山间盆地和河谷盆地中有红色砂岩和石灰岩分布，构成瑰丽的丹霞地貌和独特的岩溶地貌景观。闽中大山带由鹫峰山、戴云山、博平岭等山脉构成，长约 550 km，以中低山为主。北段鹫峰山长 100 多 km，宽 60～100 km，平均海拔 1 000 m 以上；中段戴云山为山带的主体，长约 300 km，宽 60～180 km，海拔 1 200 m 以上的山峰连绵不绝，主峰戴云山海拔 1 856 m；南段博平岭长约 150 km，宽 40～80 km，以低山丘陵为主，一般海拔700～900 m。整个山带两坡不对称：西坡较陡，多断崖；东坡较缓，层状地貌较发育。山地中有许多山间盆地。东部沿海海拔一般在500 m以下。闽江口以北以花岗岩高丘陵为主，多直逼海岸。戴云山、博平岭东延余脉遍布花岗岩丘陵。福清至诏安沿海广泛分布红土台地。滨海平原多为河口冲积海积平原，面积不大，且为丘陵所分割，呈不连续状。境内河流密布，水利资源丰富。全省拥有29个水系，663条河流，内河长度达13 569 km，河网密度之大全国少见。

（2）气候条件。福建靠近北回归线，受季风环流和地形的影响，形成暖热湿润的亚热带海洋性季风气候。闽东南沿海地区属南亚热带气候，闽东北、闽北和闽西属中亚热带气候，各气候带内水热条件的垂直分布明显。热量丰富，光照充足，全省70％的区域≥10℃的积温在5 000～7 600℃之间。年平均气温15～22℃，从西北向东南递升。1月5～13℃，7月25～30℃。极端最低气温－9.5℃（1961年1月18日，泰宁；1967年1月16日，屏南）；极端最高气温43.2℃（1967年7月17日，福安）。无霜期240～330 d，木兰溪以南几乎全年无霜。雨量充沛，年降水量800～1 900 mm，沿海和岛屿偏少，西北山地较多。1963年9月13日马祖降水380 mm，为本省日降水量的最高纪录。每年5～6月降水最多，夏秋之交多台风，常有暴雨。

8. 重庆

（1）地理位置。重庆市位于北纬28°10′～32°13′、东经105°11′～110°11′之间，地处较为发达的东部地区和资源丰富的西部地区的结合部，东邻湖北、湖南，南靠贵州，西接四川，北连陕西，是长江上游最大的经济中心、西南工商业重镇和水陆交通枢纽。“山是一座城，城是一座山”，这就是“山城”重庆。重庆地处信封盆地东南部，其北部、东部及南部分别有大巴山、巫山、武陵山、大娄山环绕。地势由南北向长江河谷逐级降低，起伏较大，多呈现“一山一岭”“一山一槽二岭”的形貌。西北部和中部以丘陵、山地为主，坡地面积较大，成层性明显，分布着典型的溶洞、温泉、关隘、石林、峰林、峡谷等岩溶地貌景观。主要河流有长江、嘉陵江、乌江、涪江、綦江、大宁河等。长江干流自西向东横贯全境，流程长达665 km，横穿巫山三个背斜，形成著名的瞿塘峡、巫峡、西陵峡，即举世闻名的长江三峡。嘉陵江自西北而来，三折入长江，有沥鼻峡、温塘峡、观音峡，即嘉陵江小三峡。

（2）气候条件。重庆位于北半球副热带内陆地区，属亚热带季风性湿润气候，年平均气温在18℃左右，冬季最低气温平均6～8℃，夏季平均气温27～29℃，1月气温最低，月平均气温为7℃，最低极限气温为－3.8℃。夏季炎热，7～8月气温最高，多在27～38℃之间，最高气温可达43.8℃。年日照总时数1 000～1 200 h，7～8月略高，月均日照时数230 h，其他月份在150 h

以下。冬暖夏热，无霜期长、雨量充沛、湿润多阴，常年降雨量在1 000～1 400 mm，春夏之交夜雨尤甚，素有“巴山夜雨”之说。

9. 浙江

(1)地理位置。浙江省位于中国东南沿海，介于北纬27°01′～31°10′，东经118°01′～123°08′之间，东临东海，南界福建，西与江西、安徽相连，北与上海，江苏为邻。东西与南北的直线距离均为450 km，陆域面积10.18万km^2。境内最大的河流为钱塘江，因江流曲折，又称浙江，省以江名，简称为浙。地形以丘陵山地为主，占全省总面积的70.4%。主要山脉自北而南分别有怀玉山、天目山脉、括苍山脉。平原面积占23.2%，主要有杭嘉湖平原、宁绍平原和温黄平原。盆地主要是金衢盆地。境内河湖水面积占6.4%，省内有钱塘江、瓯江、灵江、苕溪、甬江、飞云江、鳌江、京杭运河(浙江段)等8条水系；有杭州西湖、绍兴东湖、嘉兴南湖、宁波东钱湖等四大名湖及人工湖泊千岛湖。浙江海岸线总长超过6 400 km，居全国首位。土壤以黄壤和红壤为主，占全省面积的70%以上，多分布在丘陵山地，平原和河谷多为水稻土，沿海有盐土和脱盐土分布。

(2)气候条件。浙江处于欧亚大陆与西北太平洋的过渡地带，属典型的亚热带季风气候区，四季分明，光照充足。受东亚季风影响，浙江冬夏盛行风向有显著变化，降水有明显的季节变化。由于浙江位于中、低纬度的沿海过渡地带，加之地形起伏较大，同时受西风带和东风带天气系统的双重影响，各种气象灾害频繁发生，是我国受台风、暴雨、干旱、寒潮、大风、冰雹、冻害、龙卷风等灾害影响最严重的地区之一。浙江气候总的特点是：季风显著，四季分明，年气温适中，光照较多，雨量丰沛，空气湿润，雨热季节变化同步，气候资源配置多样，气象灾害繁多。浙江年平均气温15～18℃，极端最高气温33～43℃，极端最低气温－2.2～－17.4℃；全省年雨量980～2 000 mm，年日照时数1 710～2 100 h。

冬季，东亚冬季风的强弱主要取决于蒙古冷高压的活动情况，浙江天气受制于北方冷气团(即冬季风)的影响，天气过程种类相对较少。浙江冬季气候特点是晴冷少雨、空气干燥。全省冬季平均气温3～9℃，气温分布特点为由南向北递减，由东向西递减；冬季各地降水量140～250 mm，除东北部海岛偏少明显外，其余各地差异不大；全省各地雨日为28～41 d。冬季主要气象灾害有寒潮、冻害、大风、大雪、大雾等。

秋季，夏季风逐步减弱，并向冬季风过渡，气旋活动频繁，锋面降水较多，气温冷暖变化较大。浙江秋季气候特点：初秋，易出现淅淅沥沥的阴雨天气，俗称“秋拉撒”；仲秋，受高压天气系统控制，易出现天高云淡、风和日丽的秋高气爽天气，即所谓“十月小阳春”天气；深秋，北方冷空气影响开始增多，冷与暖、晴与雨的天气转换过程频繁，气温起伏较大。全省秋季平均气温 16～21℃，东南沿海和中部地区气温偏高，西北山区气温偏低；降水量 210～430 mm，中部和南部的沿海山区降水量较多，东北部地区虽降水量略偏少，但其年际变化较大；全省各地雨日 28～42 d。秋季主要气象灾害有台风、暴雨、低温、阴雨寡照、大雾等。

夏季，随着夏季风环流系统的建立，浙江境内盛行东南风，西北太平洋上的副热带高压活动对浙江天气有重要影响，而北方南下冷空气对浙江天气仍有一定影响。初夏，逐步进入汛期，俗称"梅雨"季节，暴雨、大暴雨出现概率增加，易造成洪涝灾害；盛夏，受副热带高压影响，易出现晴热干燥天气，造成干旱现象；夏季是热带风暴影响浙江概率最大的时期。夏季气候特点为气温高、降水多、光照强、空气湿润，气象灾害频繁。夏季平均气温 24～28℃，气温分布特点为中部地区向周边地区递减；各地降水量 290～750 mm，东部山区降水量较多，如括苍山、雁荡山、四明山等，海岛和中部地区降水相对较少；全省各地雨日为 32～55 d。夏季主要气象灾害有台风、暴雨、干旱、高温、雷暴、大风、龙卷风等。

春季，东亚季风处于冬季风向夏季风转换的交替季节，南北气流交汇频繁，低气压和锋面活动加剧。浙江春季气候特点是阴冷多雨，沿海和近海时常出现大风，全省雨水增多，天气晴雨不定，正所谓"春天孩儿脸，一日变三变"。春季平均气温 13～18℃，气温分布特点为由内陆地区向沿海及海岛地区递减；降水量 320～700 mm，降水量分布为由西南地区向东北沿海地区逐步递减；雨日 41～62 d。春季主要气象灾害有暴雨、冰雹、大风、倒春寒等。

第二节　中国柑橘区域布局和发展战略

一、中国柑橘区域布局的基本情况

1. 面积和产量

我国柑橘主要分布在中、南部亚热带区域的 19 个省(自治区、直辖市)(不含台湾地区)，自柑橘优势区域布局规划实施以来，我国柑橘生产逐渐向优势区域集中，面积和产量始终保持稳中有增的态势。

据国家统计局数据(注：该数据中的水果产量包括园林水果和瓜果类产量)，2018 年，全国果园面积为 1 187.49 万 hm^2，产量为 25 688.35 万 t。柑橘生产总面积 248.67 万 hm^2，总产量 4 138.14 万 t，占我国水果生产的比重分别达 20.94%和 16.11%。柑橘主产区广西、湖南、江西、四川、广东、湖北、重庆、福建、浙江、云南和贵州等 11 个省(自治区、直辖市)生产面积均在 6.7 万 hm^2以上，合计占全国柑橘栽培总面积的 98.08%。全国柑橘产量在 100 万 t 以上的 9 个省(自治区、直辖市)，柑橘产量 3 917.99 万 t，占全国柑橘生产总产量的 94.68%(图 2-2)。

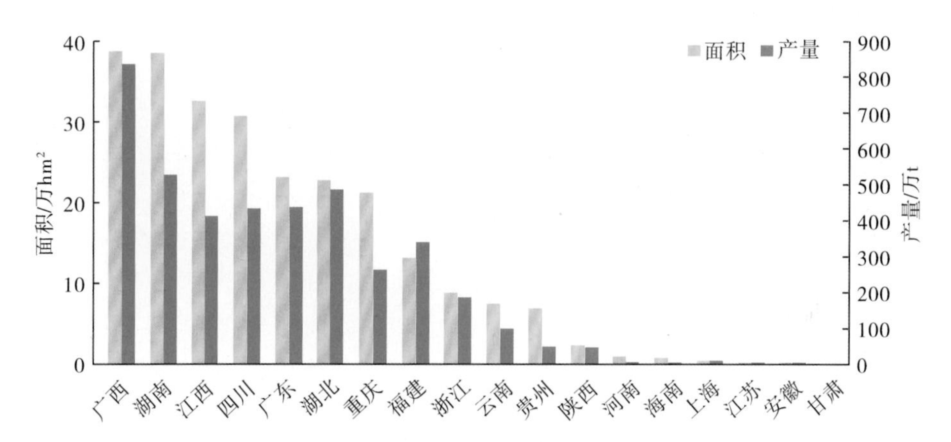

图 2-2　2018 年我国柑橘生产面积和产量分布(数据源自国家统计局官网)

在柑橘栽培面积方面，广西和湖南双双超过 33.3 万 hm^2，分别占全国柑橘栽培面积的 16%和 15%，其他超过 10%的还有江西和四川，分别为 13%和 12%。这 4 个省区的柑橘栽培面积占全国的 56%左右(图 2-3)。

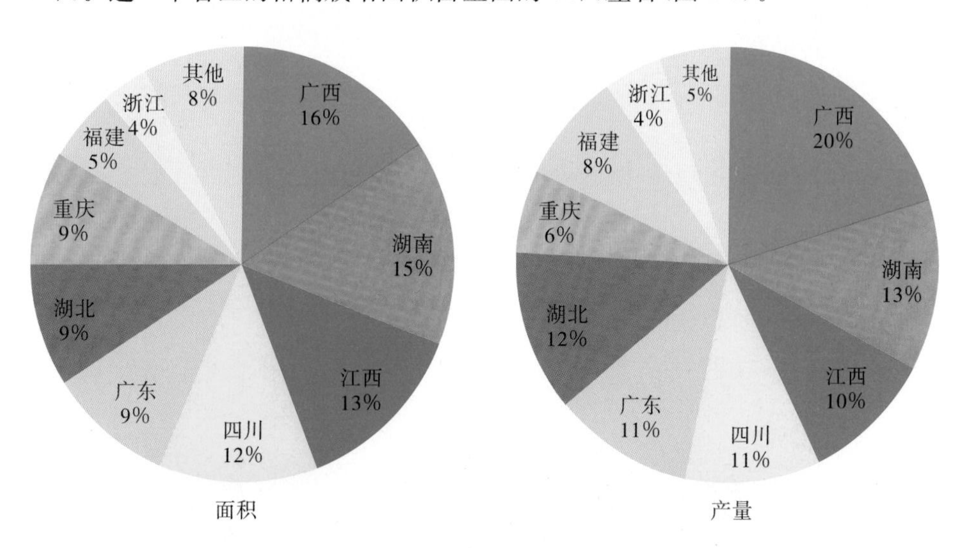

图 2-3　2018 年我国柑橘主产区面积和产量比例分布(数据源自国家统计局官网)

从各地柑橘产量来分析，广西的产量最高，达到 836.5 万 t，约占全国柑橘总产量的 20%，其次是湖南 13%、湖北 12%、四川和广东均为 11%、江西 10%(图 2-3)。这 6 个省区的柑橘产量占全国的 77%左右，显示出我国柑橘优势区域的产业集中度很高。

从单产来看，上海、福建、广西、湖北、浙江、陕西和广东的柑橘单产均超过 15 t/hm²，上海最高，近 28 t/hm²，广东也达到了 19 t/hm²。单产在 7.5～15 t/hm²的有湖南、云南、江苏、江西、重庆、安徽和海南，其余均低于 7.5 t/hm²。由于管理水平、栽培品种和立地条件的差异，我国不同地区的柑橘单产有较大的差异。这也表明，在柑橘面积较大的湖南、江西和重庆等地，产量还有很大的提升空间！

2. 品种和熟期

我国柑、橘、橙、柚四大柑橘类水果栽培面积保持稳步增长态势。根据联合国粮农组织(FAO)的数据，2001 年，我国柑橘总栽培面积为 132.37 万 hm²，其中宽皮柑橘类 93 万 hm²、橙类 25.4 万 hm²、葡萄柚与柚类 3.77 万 hm²、柠檬与梾檬类 4 万 hm²，其他柑橘类 6.2 万 hm²。宽皮柑橘类占 70%以上，居绝对支配地位。到 2018 年，我国各类柑橘面积均逐步增加，总栽培面积达到 272.43 万 hm²，其中宽皮柑橘类 182.57 万 hm²、橙类 50.47 万 hm²、葡萄柚与柚类 8.75 万 hm²、柠檬与梾檬类 12.68 万 hm²，其他柑橘类 17.96 万 hm²。宽皮柑橘类的栽培面积仍然很大，达到 67%，柠檬、杂柑类等其他柑橘类栽培面积大幅度增加(图 2-4)。

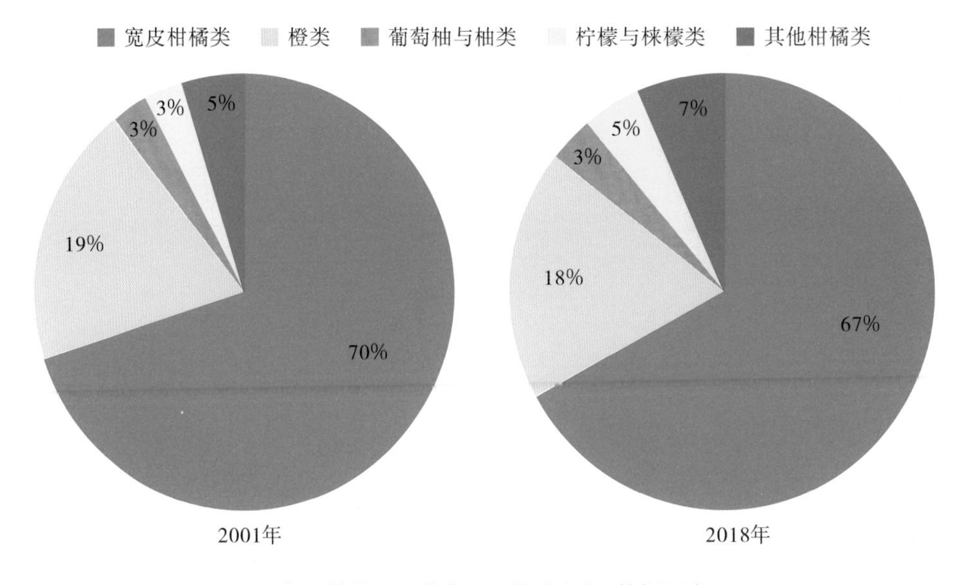

图 2-4 中国柑橘不同种类面积构成变化(数据源自 FAO)

虽然不同类型的柑橘面积比例变化不大，但是不同类型柑橘的产量占比却变化极大。根据联合国粮农组织的数据，2001 年我国柑橘总产量 1160.65 万 t，2018 年增长到 4138.15 万 t，增长 356.5%。不同类型柑橘结构不断调整优化，柑、橘、橙、柚和杂柑类所占的比例由 75%、12%、2%、3%和 8%调整为 46%、22%、12%、6%和 14%，特别是以柑和橘为主的宽皮柑橘类的产量占比大幅度降低，甜橙类等其他柑橘类型的产量占比大幅度提高。说明我国柑橘品种类型进一步多样化，结构调整获得巨大成效(图 2-5)。同时也说明，在优势区域规划初期栽植的新型柑橘类别，大部分品种适宜当地的生态条件，生长发育正常，已经进入了丰产期，导致其产量大幅度提高。

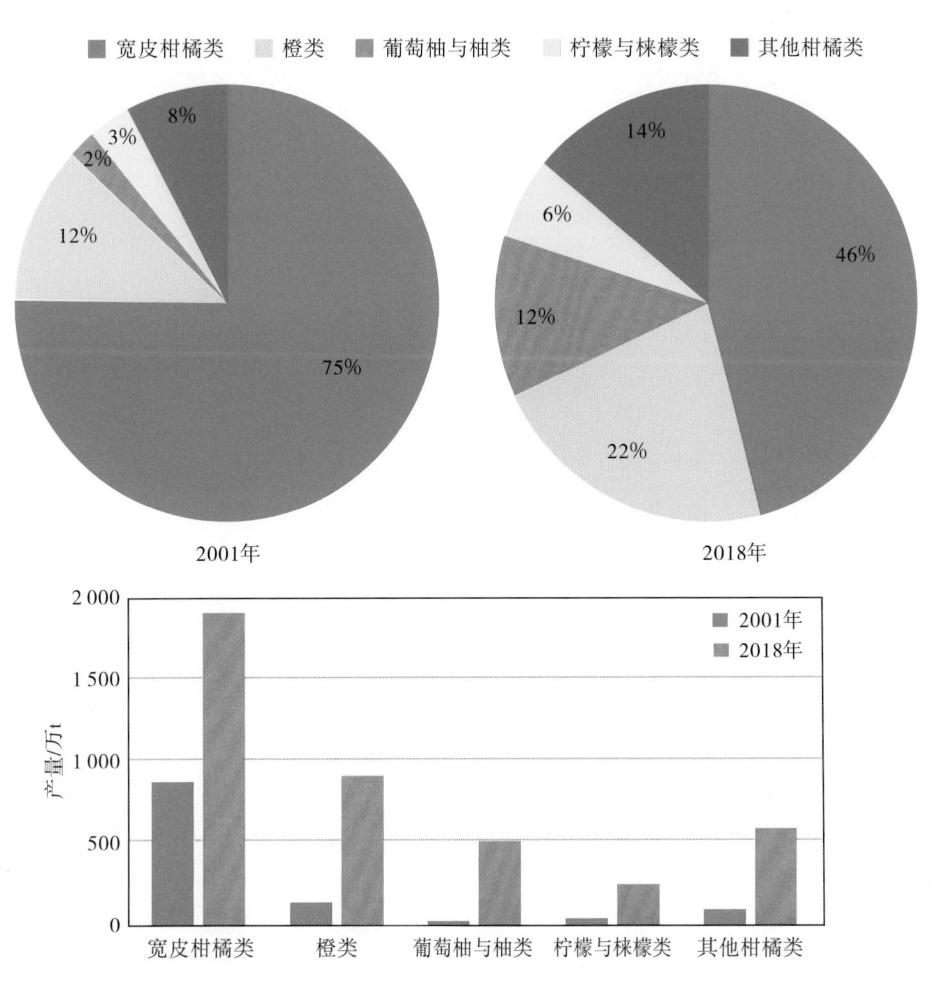

图 2-5　中国柑橘不同种类产量构成变化(数据源自 FAO)

根据我国柑橘鲜果生产的实际情况，将10月底前成熟的柑橘划为早熟品种，11～12月成熟的划为中熟品种，翌年1～5月成熟的划为晚熟品种。目前，我国柑橘主产区早、中、晚熟主栽品种(系)的分布见表2-3。通过熟期结构调整，从20世纪80年代90%以上为中熟品种，到90年代早、中、晚熟品种面积占比调整为15∶80∶5，产量占比分别为15%～20%、70%～75%和5%～10%，早、中、晚熟柑橘品种的配置逐渐趋于合理。目前，全国主要柑橘优势区域正在结合当地的生态条件，逐步增大极早熟和晚熟柑橘品种的栽植比例。广西、重庆以及四川、湖北等地注重发展晚熟柑橘品种，云南等地利用优越的气候条件，在发展晚熟柑橘的基础上，进一步加快发展极早熟品种。这样，我国柑橘鲜果基本上做到了周年供应。

表2-3　中国柑橘主产区品种及熟期分布

	早　熟	中　熟	晚　熟
四川	特早熟、早熟温州蜜柑	纽荷尔脐橙、朋娜脐橙、华盛顿脐橙、普通甜橙、锦橙、尾张温州蜜柑、天草、红橘、矮晚柚、尤力克柠檬	伏令夏橙、默科特橘橙(茂谷柑)、塔罗科血橙
重庆	特早熟、早熟温州蜜柑	哈姆林甜橙、奉园72-1脐橙、纽荷尔脐橙、凤梨甜橙、长寿沙田柚、红橘	伏令夏橙、W·默科特、晚熟脐橙(鲍威尔等)、奉节晚橙、塔罗科血橙
浙江	特早熟、早熟温州蜜柑(宫川、兴津等)，玉环柚等	尾张温州蜜柑、椪柑、本地早橘、胡柚、玉环柚、瓯柑、天草	
湖北	特早熟、早熟温州蜜柑(国庆1号、国庆4号、宫川、龟井、兴津等)，早红脐橙	尾张温州蜜柑、罗伯生脐橙、纽荷尔脐橙、朋娜脐橙、福罗斯特脐橙、福本脐橙、桃叶橙、锦橙、清江椪柑、金水柑	卡特伏令夏橙、红肉脐橙、伦晚脐橙
湖南	特早熟、早熟温州蜜柑(宫川、兴津、山下红、日南1号等)	崀丰脐橙、纽荷尔脐橙、华盛顿脐橙、朋娜脐橙、冰糖橙、大红甜橙、尾张温州蜜柑、山田温州蜜柑、香柚(沙田柚)	伏令夏橙
广东	早熟温州蜜柑(宫川、兴津等)	新会橙、雪柑、纽荷尔脐橙、暗柳橙、红江橙(改良橙)、蕉柑、沙田柚、皇帝柑	砂糖橘、蕉柑、马水橘、春甜橘、年橘

续表

	早　熟	中　熟	晚　熟
广西	特早熟、早熟温州蜜柑(宫川、兴津等)	纽荷尔脐橙、朋娜脐橙、桂橙1号甜橙、暗柳橙、南丰蜜橘、尾张温州蜜柑、山田温州蜜柑、椪柑、沙田柚、金柑	砂糖橘、桂夏橙
福建	特早熟、早熟温州蜜柑(宫川、兴津等)，琯溪蜜柚等	纽荷尔脐橙、朋娜脐橙、雪柑、椪柑	晚芦、蕉柑、伏令夏橙
江西	特早熟、早熟温州蜜柑(宫川、兴津、日南1号等)，特早熟柚	纽荷尔脐橙、朋娜脐橙、纳维林娜脐橙、南丰蜜橘、南康柚、马家柚、本地早橘、椪柑	伏令夏橙、伦晚脐橙

二、中国柑橘的区域化发展特点

我国柑橘的面积、单产、价格、出口等4个指标同时增长，在农作物中表现比较突出，其产业发展有下面所述的8个特点。

1. 柑橘产业整体上快速发展

自全国柑橘优势区域发展规划制定和发布实施以来，我国柑橘产业得到了快速发展。据国家统计局的统计数据，2018年全国柑橘栽培面积已达248.67万hm^2，总产量4138.14万t，均位居世界第一。根据FAO的数据，我国各类柑橘种植面积整体稳中有升，尤其是宽皮柑橘类的种植面积，除2007年因为南方雪灾导致种植面积有所下降外，其余年份均为逐年上升。其他类型的柑橘栽培面积总体上处于比较平缓的波动，相对比较稳定(图2-6)。与栽培面积稳中有升不同，我国柑橘产量基本上是持续提高。根据FAO数据，2001年我国柑橘产量为1160.6万t，2018年大幅度提高到4138.1万t，10多年间增加了3.65倍(图2-7)。这一方面说明我国优势区域柑橘栽培技术水平大幅度提高，同时也说明，在2000年代初期栽植的柑橘已经开始大面积结果，进入丰产期。这也预示着，在基本稳定面积的前提下，随着新品种、新技术、新模式的不断创新应用，我国柑橘产业应该还有较大的发展空间。柑橘栽培面积稳中有升，单位产量有所提高，品质提升明显，说明我国柑橘产业整体水平得到了明显提高。

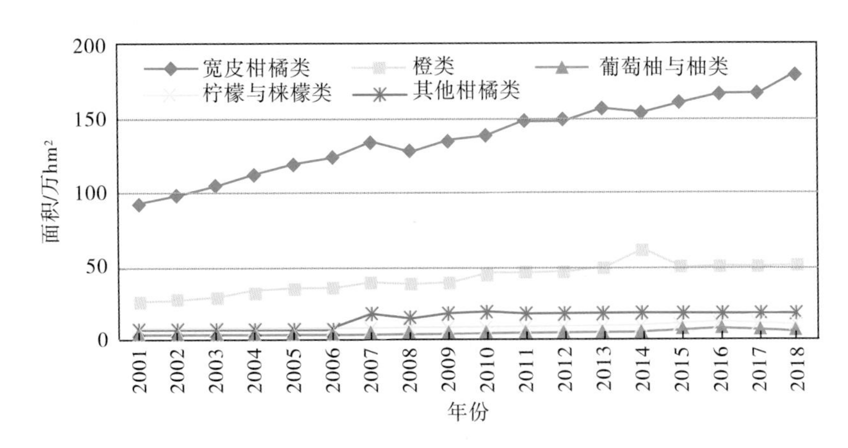

图 2-6 2001—2018 年中国柑橘面积变化(数据源自 FAO)

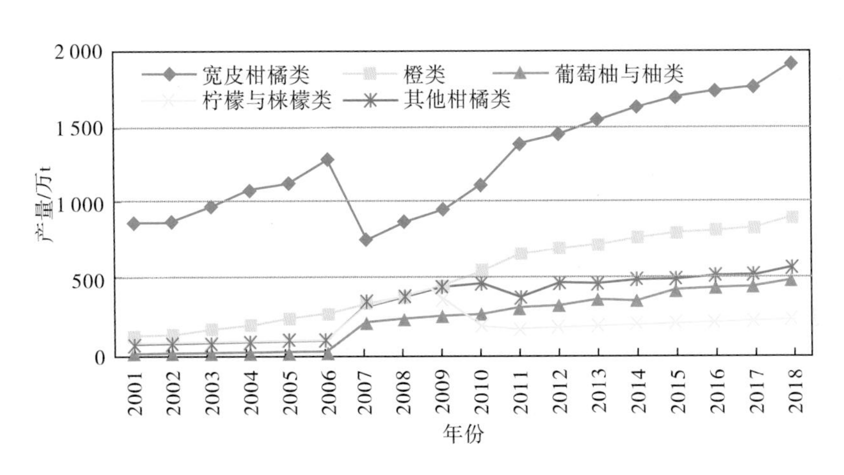

图 2-7 2001—2018 年中国柑橘产量变化(数据源自 FAO)

2. 产业布局向优势区域集中

在国家优势区域发展规划的引导下，首先启动建设的长江上中游柑橘产业带和赣南一湘南一桂北优质脐橙带的柑橘产业得到快速发展，2018 年长江上中游柑橘产业带柑橘栽培总面积 74.57 万 hm²，总产量 1 182.3 万 t，比 2001 年有了大幅度增长。全国优势柑橘区域栽培面积和产量均占全国柑橘栽培总面积和总产量的 90%以上，表明我国柑橘产业向优势区域集中取得了明显的进展。

3. 生产种植技术不断提高

从优势区域柑橘基地建设之初，中央和地方各级政府主管部门都把技术创新、技术升级、标准化生产等作为建立现代化柑橘园和提高果园效益的重要内容来抓。通过苗木无病毒化和容器苗定植、果园高标准规划建设、节水灌溉、营养诊断、配方施肥、生草栽培、病虫害综合防控、完全成熟栽培等一批新技术的集成和推广，优势区域柑橘园的栽培技术整体水平有了显著提高，从而促进了优势区域柑橘园单位面积产量的大幅度提高。

4. 品种和熟期结构更趋优化

为了实现优势区域规划提出的品种结构调整目标，各地及时调整了品种布局和比例，加速了优势区域的品种结构优化。以建设亚洲最大橙汁加工基地为目标，川、渝两地在长江沿岸大力发展橙汁加工专用或加工鲜食兼用的甜橙良种，重庆三峡库区甜橙栽培面积新增 2.6 万 hm^2，甜橙面积已达重庆全市柑橘总面积的 65%以上，产量超过全市柑橘总产量的 64.15%；四川广安市和泸州市橙汁加工用甜橙品种的定植数量超过了当地每年柑橘定植数的 70%，充分体现了优势区域发展规划对产业的科学引导和宏观指引作用。

作为抵御国外脐橙入侵的桥头堡，赣南－湘南－桂北脐橙带发展迅速，江西赣州市脐橙面积已占本省柑橘总面积的 83.6%，形成了国家优质脐橙基地的格局；湘南脐橙面积在过去 5 年中增加了两倍，广西甜橙面积由 2001 年占全自治区柑橘面积的 21.8%提高到 2006 年的 27.6%，而且新发展甜橙基地的 45%布局于桂北的桂林市境内。

合理搭配成熟期实现了柑橘果实周年稳定上市，既有利于繁荣市场，又有利于延长加工期，是我国实现柑橘产业可持续发展的重要因素。1990 年前后，我国柑橘 90%以上集中在 11～12 月成熟上市，国家优势区域发展规划实施以来，通过早熟和晚熟品种的发展，使柑橘果品的熟期向早、晚两头延伸，目前我国 11～12 月成熟的柑橘品种已下降到 70%以下，品种熟期结构调整获得了显著成效。但要达到其他柑橘生产发达国家早、中、晚熟 2∶3∶5 的比例，仍须继续努力。

5. 柑橘产品质量显著提高，出口量大幅度增长

由于区域布局的优化、新品种的应用和栽培技术的提高，我国柑橘主产区的柑橘品质得到了极大改善。浙江黄岩晚熟栽培的温州蜜柑，通过反光地膜、土壤控水、控氮透光等技术，生产出了品质极优的极品温州蜜柑；江西赣南脐橙产区大力实施脐橙优质栽培、无公害生产、生物复合肥等技术，脐橙品质大大提高；重庆橙汁产业基地大力开展测土配方施肥、生物农药和天敌应用、留树完熟采收等技术集成与推广，弥补了三峡库区加工甜橙低糖高酸的缺陷，为开发生产 NFC 鲜橙汁创造了良好条件。我国柑橘产品质量的不断提高带动了优势区域柑橘出口量的大幅度增长。我国柑橘主要出口亚洲，其次是欧洲，向这两大洲出口的柑橘数量占我国柑橘出口总量的 95%以上；主要通过私营企业以一般贸易的方式出口，其占出口总量的 90%以上。

6. 组织化和产业化日趋加强

重庆在新一轮柑橘产业基地建设中，将农民组织起来实施组织化开发和产业化生产。恒河集团协助农民组织成为法人合作社，再通过法人社团名义以土地抵押获得贷款、苗木补贴、保险和包销协议，使小生产的单个农民组织成了专业化管理的经营者，生产管理效益大大提升。江西成立了柑橘龙头企业100多家，建立生产基地约13.3万 hm^2，带动农户约30万户，订单金额达19 000多万元。目前江西有各类柑橘协会(分会)600多个，会员约6.6万人；合作经济组织80个，会员4 000人。湖南全省从事柑橘生产、加工、销售的各种合作社、产业协会超过100家。

7. 产业链条不断延伸

过去5年中，由于全国柑橘优势区域规划的引导和国家、地区资金的相关投入，我国柑橘产业建立了良繁体系、苗木生产、专业化栽培基地和商品化处理及果汁加工厂，柑橘产业的完整产业体系基本形成。作为柑橘优势区域发展规划确定的长江上中游橙汁加工原料基地，重庆建立了市场准入、标准管理和补贴引导的无病毒容器苗木产业，使产业链条向前延伸；加上北京汇源浓缩橙汁厂(原料年处理量20万t)、重庆派森百NFC橙汁厂(原料年处理量10万t)、四川佳美浓缩橙汁厂(年加工柑橘能力达30万t)等橙汁加工企业建立的加工体系，初步形成了长江上中游橙汁产业基地的完整框架结构和雏形。目前我国国产橙汁生产能力已达181万t，橙汁总产量和国内橙汁市场的占有率大幅度提高。

2005年，浙江生产橘瓣罐头20万t，出口19.2万t，分别占全国总量的60%和80%，继续领军我国橘瓣罐头加工业；湖南李文食品有限公司、熙可罐头食品有限公司等一批橘瓣罐头加工企业投产，使得湖南、湖北、广西橘瓣罐头年加工能力达到280 t/h，实际年加工鲜果超过23.5万t，初步构建了我国中部橘瓣罐头加工产业的企业集群和我国中部橘瓣罐头产业新区。

柑橘优势区域集约化商品生产基地的发展和优质产品的涌现，带动了柑橘采后加工业和专业营销体系的快速发展。目前，湖北柑橘优势区域已拥有柑橘采后处理线200多条，鲜果处理能力达到625 t/h，实际年处理量80万t以上，全省柑橘总产量的48%经过了商品化处理，其规模和技术水平均处于全国领先地位。湖南、广西柑橘商品化处理线鲜果处理能力达到512 t/h，年处理量超过了98万t。重庆恒河果业集团有限公司在江津、奉节建立的2条全自动脐橙商品化处理线，年处理能力达到20万t。这些柑橘采后商品化处理企业的快速发展，为推进我国柑橘产业化经营，加速柑橘产品出口，确保农业增效、果农增收奠定了基础。

在柑橘产品远距离营销和国际化营销过程中，涌现出了广东中山杨氏南北果品销售集团、江西赣南果业股份有限公司、重庆恒河果业有限公司等一批国际知名柑橘经营公司，形成了促进国产柑橘快步走向国际市场的畅通渠道。

8. 经济效益总体向好

由于优势区域规划的实施，品种优化、技术升级、产量和质量提高，带动了柑橘基地单位面积效益的大大提升。湖北秭归县 23 年生脐橙基地单产达到 37.5 t/hm^2，纯收入达到近 4 万元/hm^2。湖南宜章县城西生态农业示范园采用脐橙容器苗，定植后第 5 年基地单产就达到了 9 t/hm^2，实现单位面积纯收入 1.65 万元/hm^2。柑橘产业正在成为产区农民增收、区域经济发展和新农村建设的支柱产业。

三、中国柑橘区域布局的形成与变化

根据自然资源禀赋、市场区位、生产规模、产业基础和社会经济条件等情况，按照“稳定面积、调整结构”和“相对集中连片”的原则，我国柑橘生产划分为长江上中游柑橘带、赣南—湘南—桂北柑橘带、浙南—闽西—粤东柑橘带和鄂西—湘西柑橘带以及一批特色柑橘生产基地。

资源禀赋：应以生态资源为基础，结合区域品种资源、土地资源等，科学布局基地。

区位优越：应根据区域产品的市场目标，将生产基地布局在市场和交通干线附近，将加工基地布局在原料生产基地中心。

产业基础良好：优势区域新建基地应具有良好的科技支撑条件、高标准良繁体系和优质产品或特色产品生产历史。

生产规模：布局优势区域应具有相当规模的优质生产基地，或有条件建设集约化的大规模优质柑橘生产基地。

总量平衡：在全国布局或区域布局中，应实行最适宜区稳步发展、适宜区限制发展、次适宜区逐年削减面积的机制，通过“稳定面积、调整结构、优化布局、提质增效”优化布局。

集约化布局：优势区域新建基地应“相对集中连片布局、专业化统一管理”，为实现标准化生产和商品化生产奠定基础。

1. 长江上中游柑橘带

该带位于湖北秭归以西、四川宜宾以东，以重庆三峡库区为核心的长江上中游沿江区域。该区域年均温度 17.5～18.5℃，最冷月均温度 5.5℃，年降雨量 1 300 mm 左右。现有柑橘面积 14.57 万 hm^2，总产量 127 万 t，分别占全国的 8%和 7.1%，单产约 8.7 t/hm^2、优质果率 35%左右。该带是我国甜橙的生态最适宜区及适宜区，无周期性冻害，适合各类柑橘生长，晚熟品种可以安全越冬；技术力量雄厚，农民有种植柑橘的传统；无黄龙病为害；已形成较大的橙汁生产能力。重点建设鲜食加工兼用基地、橙汁原料基地和早、晚熟柑橘基地(图 2-8)。

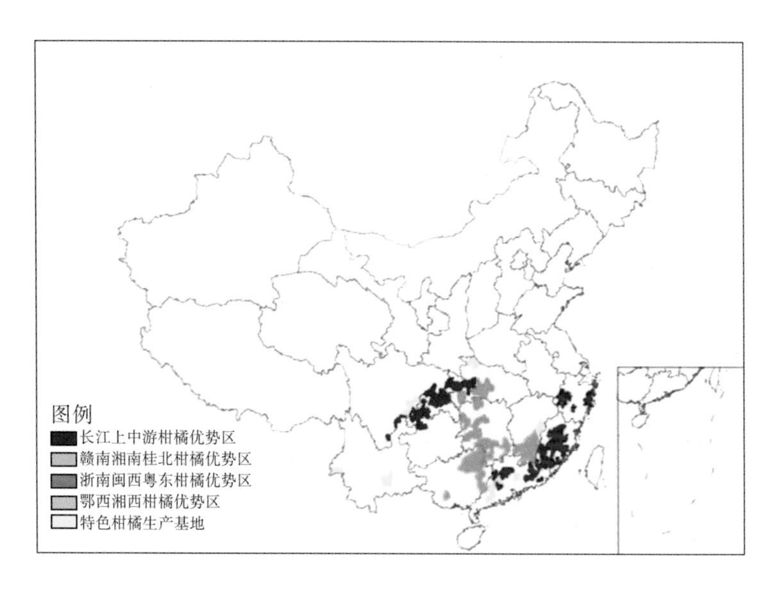

图 2-8　中国柑橘优势区域布局示意图

2. 赣南—湘南—桂北柑橘带

该带位于北纬 25°～26°、东经 110°～115°之间，主要包括江西的赣州、湖南的郴州、永州、邵阳和广西的桂林、贺州等地。该区域属于亚热带气候，气候温和，光照充足，雨量充沛。年均温度 18℃左右，最低温度－5℃左右，基本上没有大冻。现有柑橘 27.93 万 hm^2，占全国的 15.8%；产量 252 万 t，占全国的 14%；平均单产 9 t/hm^2；优质果率约为 40%。该带具有发展甜橙生产的优越自然生态条件和丰富的土地资源，已经形成了一定规模。重点发展优质脐橙，调整品种和熟期搭配，实现均衡供应；加强优质无病毒苗木繁育体系建设，控制检疫性病虫害，尤其是柑橘黄龙病，提高产量和质量；延长鲜果上市期，适度发展橙汁加工，促进鲜果销售。

3. 浙南—闽西—粤东柑橘带

该带位于北纬 21°～30°、东经 110°～122°之间的东南沿海地区，属亚热带季风气候，年均温度 17～21℃，≥10℃的年积温达 5 000～8 000℃，年降雨量 1 200～2 000 mm，年日照时数 1 800～2 100 h。现有柑橘 30 万 hm^2，产量 408 万 t，分别占全国的 16.6%和 22.8%。该带是我国传统的柑橘产区，栽培技术水平较高，具有发展宽皮柑橘、柚类、杂柑类生产的优越自然生态条件，品种特色明显，产业发育较成熟，已经形成规模生产。力争建成世界最大的宽皮柑橘、柚类和杂柑类产业带，温州蜜柑、椪柑和橘瓣罐头出口基地。重点发展外向型优质早熟温州蜜柑、椪柑，适度发展晚熟宽皮柑橘、柚类及杂柑类，调整品种和熟期结构；加快良种无病毒苗木扩繁基地的建设，加强对柑橘黄龙病等检疫性病虫害的防控；加快推广优质安全标准化技术和产后商品化处理技术，提高单产和品质，促进品牌建设，提升国际竞争力，拓展国际市场。

4. 鄂西—湘西柑橘带

该带位于东经 111°左右、北纬 27°～31°之间，海拔 60～300 m。该区域≥10℃的年积温在 5 000～5 600℃，年均温度 16.8℃，1 月平均温度 5～8℃，极端最低温度在－3～－8℃之间。现有柑橘面积 18.13 万 hm^2，产量 233 万 t，分别占全国的 10.2%和 13%，平均单产近 13 t/hm^2，优质果率 40%左右。该带是我国最具潜力的宽皮柑橘鲜食和加工基地，承接了东部发达地区西移的柑橘产业。低山丘陵多，土地资源丰富，具有发展宽皮柑橘的优越自然生态条件。主要栽培温州蜜柑、椪柑、橙类以及少量的柚类。劳动力充裕且成本较低，比较效益显著。基本无黄龙病为害。重点发展早熟宽皮柑橘，适当发展晚熟品种，降低中熟品种的比例；加强优质无病毒苗木繁育体系建设，提高果品质量和采后商品化水平；在鄂西和湘西中心区域和交通便利的地方，建立柑橘加工基地，提高果品的附加值；选择适宜区建园，推广防灾减灾措施，避免或减轻冻害。

5. 特色柑橘生产基地

有 5 个区域因其品种及生态条件独特，成为我国柑橘产业中极具特色、不可或缺的柑橘特色基地。

(1)南丰蜜橘基地。该基地以江西南丰为主，种植面积 6.67 万 hm^2，投产面积 5.33 万 hm^2，产量 100 万 t。

(2)岭南晚熟宽皮柑橘基地。岭南晚熟宽皮柑橘种植面积约 6.67 万 hm^2，主要分布在广东境内。

(3)云南特早熟柑橘基地。该基地位于云南境内的珠江(南盘江)流域，种植面积 1.60 万 hm^2，产量 18.91 万 t。

(4)丹江库区、陕南北缘柑橘基地。该基地主要包括湖北丹江口市和十堰市郧阳区，陕南汉中市、安康市的部分县(区)，是我国柑橘生产的北缘，种植面积 8 万 hm^2，产量 60 万 t。

(5)柠檬生产基地。包括四川的安岳、内江和云南的德宏，种植面积 2.27 万 hm^2，产量 10 万 t。

目前，这些基地具有发展柑橘生产的优越自然生态条件和丰富的土地资源；已经形成了一定的生产规模；竞争优势明显，市场需求量大而稳定，还具有较大的出口潜力。但特色基地的优质无病毒苗木生产体系不健全，特色品种部分退化，栽培管理和病虫害防治水平较低，单产、品质和采后商品化处理能力均有待进一步提高，部分基地交通运输不便。

四、柑橘优势区域发展战略与趋势特点

(一)组织保障

1. 统一思想认识，加强组织领导

要适应新的形势，从发展现代农业的高度，进一步提高对推进优势农产品区域布局重要性、必要性的认识，特别要深刻认识到，推进优势农产品区域布局是建设现代农业的重要举措和基础工程。

柑橘是我国水果产业中能够做大做强的产业，柑橘优势产区的各级党委、政府要进一步加深对柑橘产业在脱贫致富、乡村振兴、促进我国农业结构调整、农民增收、社会主义新农村建设、农业产业化和农产品深加工等方面重要性的认识，要有增强做大、做优、做强柑橘产业的责任感和紧迫感，切实加强领导。

2. 加强市场监管，推行准入制度

针对市场上假苗、劣质苗、病苗经常出现的情况，建议农业农村部统一制定柑橘苗木市场准入制度。柑橘苗的培育实行许可制度，从事育苗的单位或个人必须获得“果树种苗生产许可证”后才能育苗；苗木出圃必须获得“果树种苗质量检验出圃合格证”和“植物检疫证”；果苗经营实行许可制度，从事果苗经营的单位和个人必须获得“果树种苗经营许可证”后才能经营苗木。从源头上杜绝劣质或带检疫性、危险性病虫害的柑橘苗木进入流通领域。

3. 科学规划、科学实施、科学管理

在规划区内将所实施的柑橘项目定位为以培育优质脱毒苗木为起点，以帮助果农建立高标准果园为核心，以产后商品化处理、加工、深加工为经济增长点的一个全新的、全面与世界先进水平接轨的农业产业化项目。

(1)科学规划。所有发展区经过土壤测试、地形测量，按海拔、气候土壤条件、交通便利等综合因素考虑布局，基地规划在测绘地形图和进行土壤分析的基础上进行，做到山、水、田、园、路统筹规划、分期施工、综合治理，果园布局科学合理。

(2)科学实施。所有实施项目均有规划设计方案与施工图，坚持高起点、高标准、高质量、高效益，集中成片、统一标准，集中改土，统一建园。

科学管理：采取集中进行水、肥、植保作业，以连片规模化、标准化形式，利用先进的节水灌溉、水肥一体化、生物防治病虫害、肥药缓释等技术，使柑橘生产实现集约化、高效化经营，大幅度提高柑橘的品质和单产。

4. 加强果品质量管理

要按照优势农产品产业带建设规划和农业标准化发展区域布局要求，以产地(基地)认定和产品认证为依托，加快建设一批有规模、有影响、有品牌、有效益的柑橘产品生产基地，以基地建设带动周边生产，全面提高柑橘产品的质量安全水平，促进柑橘品牌的整合。

落实柑橘产地安全管理制度、柑橘生产档案记录制度、柑橘产品包装标识制度、柑橘产品质量安全市场准入制度、柑橘产品质量安全监测制度和柑橘产品质量安全信息披露制度。对柑橘出口产品推行国际标准。

加强柑橘卫生与植物检疫(SPS)工作。在出口方面，强化质量检测，促进柑橘类产品质量的提高；争取发达国家放宽限制，达成双边和多边 SPS 协议，谋求差别待遇，减少出口贸易障碍。在进口方面，全面了解外国柑橘检疫对象与有害物质残留状况，制定严格的、具有灵活性的 SPS 标准，加强对进口柑橘产品的检测。

(二)政策保障

1. 完善投入机制

(1)要加大柑橘优势产区基础设施和项目建设投入。

加大国家投资力度，整合农业投资，调整投资结构，对优势区实行必要的倾斜，集中必要的资金，有针对性地扶持柑橘优势产区加强基础设施建设，提高基础保障水平。从农业基本建设投资、财政支农资金和国债及农业补贴资金中支出，专项用于柑橘信息和市场流通体系建设。

加大省级财政的投入力度，采取直接投资、补贴、项目支持、贴息等多种方式投入相关环节，加大招商引资力度和龙头企业的扶持力度，充分发挥省级财政资金的黏结和导向作用，积极扶持柑橘产业发展。

县市级政府要搞好部门协调，整合资金，捆绑项目投入。要把柑橘开发与涉农项目结合起来，把农口相关部门安排的农业基本建设、土地开发、农业产业化、扶贫开发、农业综合开发、农村移民开发、生态环境建设、退耕还林、以工代赈及各种农业专项资金等尽可能进行“捆绑”与整合，统筹安排、捆绑使用，向柑橘产业带建设倾斜，集中力量办大事。

(2)创造多元化投入的政策环境，鼓励和引导社会资本投资柑橘优势产区建设。

一是鼓励业主进入柑橘产业开发，在土地使用权转让、加工厂房用地征用、税费、项目安排、贷款及贴息等方面给予优惠和支持。

二是鼓励业主和农民参与无病毒良种繁育、标准化示范基地果园建设，在良种苗木和基地建设上给予财政补贴，在改土、水利、道路建设上给予项目支持；金融部门对有条件的柑橘企业给予信贷支持，建立担保或担保机构，开展果农和柑橘中小型企业贷款抵押，特别是要加大对果农建设和管理资金的信贷和小额信贷支持，增加投放量，确定适当的还款期限。

三是鼓励业主和企业提高产品质量、档次和品位，争创名牌，加大对现有名牌产品的保护和支持力度，建立品牌创立开发基金，对创建的名牌产品给予奖励，由政府出资搭台，举办名优产品展销、评比和推介活动，宣传产品、开发市场。

四是鼓励和支持从事柑橘生产的龙头企业、业主和农户等通过同业合作、组建协会和专业合作经济组织，落实国家和省扶持协会、专业合作经济组织的政策，着力培植一批纽带作用明显的示范性柑橘专业合作经济组织。

五是鼓励和培植采后处理商品化处理、精深加工龙头企业，加大扶持力度，在征地、项目、税收、信贷、贴息等方面给予优惠和支持。

六是鼓励选育、引进、生产、更新、推广优良品种，规范苗木生产市场和销售行为。

2. 制定扶持政策

(1)生态环境建设、退耕还林的优惠政策。在规划的柑橘优势区内，应把新建柑橘园纳入退耕还林范围，即新建果园在投产前每年每公顷补助原粮2250 kg和种苗费750元，种苗定植后每年每公顷补助300元的管护费，并连续补助5年。对优良新品种的无病毒苗木推广实行苗木补贴。建议国家参照重庆市对容器苗给予的补贴政策，在规划的柑橘优势区给予使用容器苗的补贴支持。

(2)财政、金融、风险管理政策。应加大对柑橘产业发展的财政支持力度，充分利用WTO农业协议的“绿箱政策”和微量允许的“黄箱政策”。国家应在柑橘良种苗木繁育、基地建设、科研教育、技术推广、病虫害防治、质量标准、市场促销和检验检疫等基础性、公益性项目方面加大财政支持力度。按照WTO有关农产品补贴的承诺，改变目前柑橘产业投入严重不足，甚至是负保护的现状，用柑橘产值的3%～5%投入，重点支持柑橘优势区域的发展。

借鉴日本和韩国的经验，由政府提供对柑橘设施栽培的支持极为重要。建议在规划的修订中，增加柑橘设施栽培的区域规划，并由政府提供对柑橘设施栽培的支持，使这项技术在规划区域内能够得到有效推广。

除了加强重庆三峡库区柑橘非疫区建设外，在有条件的柑橘优势区内扩大和新增柑橘非疫区建设项目，并配套安排柑橘苗木补贴经费。对优势区域的疫区，特别是优势区域的柑橘黄龙病疫区，国家对铲除的病株实行补贴，以保证柑橘产业的健康发展。

对柑橘良种繁育体系、无公害柑橘生产基地建设和科研教育、技术推广等公益性项目，国家应给予无偿投资，对采后商品化处理、贮藏加工、批发市场等方面的经营性项目应给予贷款贴息。对参与项目果园基地建设、加工厂建设的龙头企业应优先贷款，在审批、办证等过程中，减免手续费和管理费等相关费用。对柑橘批发市场建设和信息体系建设在征地、用电、用水、网络通道租用等方面给予优惠政策。

加强风险防范，建立健全果品生产保险制度。在柑橘生产上，积极开展政策性农业保险试点工作，以减低不可预见的自然灾害和市场变化对柑橘生产者造成的损失，保证生产者有稳定的基本收入。果园发生重大自然灾害要与其他农作物享受同等的灾害救济。推广实行"三级财政共扶"模式，即政府全力推动，省(区、市)、市、县(区)三级财政共同扶持，各级农业部门给予技术帮助，农户自主自愿参保，保险公司市场化运作。

(3)税收减免政策。对优势产区新建的果园、新办的果品加工厂和采后处理包装厂，在投产后5年内，免征企业所得税。从事柑橘产业开发的龙头企业，应享受适当减免或返还企业所得税，将研究开发新品种、新技术和新工艺等所发生的费用计入成本，并在企业所得税前扣除等优惠政策。橘园用电要与农业用电同等对待；开辟柑橘流通"绿色通道"，降低运输、销售税费。

(4)科技支持政策。加大柑橘科技支持力度，用于柑橘的科技投入应占柑橘总产值的0.5%。增加在柑橘资源开发利用、品种选育、危险性病虫害防治、无公害生产技术、采后加工技术研究与推广等方面的投入，加快科技成果转化。国家和柑橘优势区域内的各级政府每年安排一定的专项经费，用于果农的技术培训。

3. 创新工作机制

(1)创新发展机制。大力鼓励专业大户、农民经济合作组织、龙头加工企业等采取土地转包、租赁、入股等方式，促进土地流转，规模发展柑橘生产。在鲜销柑橘主产区，可采取"五统一分"(统一规划设计、统一租用山地、统一建设水电路、统一供应苗木、统一管理服务和分户承租经营)的办法，对柑橘生产基地，进行规模化、规范化开发。在加工用果主产区，由龙头加工企业牵头租赁土地，进行原料基地的建设和经营管理，可采用"公司＋基地＋农户"以及"订单果业"的发展机制。

(2)创新发展模式。坚持"依法、自愿、有偿"的原则，采取调换、租赁、转让、合作入股等多种形式，推动土地经营权的合理流转，实现由零星开发到连片规模开发的跨越。坚持统一规划、个体开发、分户经营为主，把兴橘富民作为果业发展的出发点和归宿点。将过去"屋前屋后，点瓜种树""粮食下山，果树上山"的分散种植、分户管理的小农经济传统模式，转变为以柑橘为主业，"集中成片、统一标准、集中改土、统一建园、统一管理"的现代农业模式。

4. 开展果农培训，提升果农素质

依据规划布局、针对推广栽培品种，开展黄龙病、溃疡病的综合治理，解决生产过程中的实际问题，编制培训教材和课件，配置相应的教学设施设备，对技术干部和果农开展多层次、多形式的技术培训。

一是建立优势区省、县、乡三级培训体系，建立轮训制度，逐级对柑橘优势区域的技术干部、橘农进行轮训，更新栽培技术和知识。

二是利用广播电视开展柑橘管护技术专题讲座。

三是组织建立各种柑橘协会、科技协会，通过协会会员把柑橘管护技术推广并落实到位。

四是组织科技人员深入果园举办各种现场培训，印发技术资料。

五是在主产区建科普墙，通过墙报把柑橘管护的工作重点和先进、常规技术及标准化栽培技术传授给农民。

六是结合新农村建设，组织技术能人、经济能人帮扶、带动技术困难户。

七是以龙头企业、主产乡镇、专业村和专业户为重点，组织实施柑橘科技培训工程，着力提高农民的科技素质和先进实用技术到位率。

5. 强化宣传引导，加强国际交流

做好优势产区广大果农的宣传引导工作，让果农认识到柑橘优势区建设的重要意义，掌握好柑橘优势区建设的必要技术，熟悉柑橘优势区建设的有关规定，动员他们参加到项目的实施活动中来。

要利用多种形式和各种手段，加强培训，培养典型，广泛宣传，及时总结、推广经验，用科学技术和市场信息引导农民，把广大群众的积极性激发出来。同时组织村干部、种植大户到市内外学习考察，取长补短，增强调整结构的紧迫感。对种植、购销、加工"大户"，要在政治上鼓励、政策上倾斜、经济上奖励，充分发挥其内联基地、外联市场的纽带作用。要加大品牌宣传力度，通过各种洽谈会、展销会、招商会等形式，提高柑橘产品的知名度。通过典型宣传引导和品牌战略宣传，促使农民进一步解放思想，切实转变观念，树立创新意识，提高对商品市场的认识，增强文化科技和法制意识，激发从事柑橘产业农民增收致富的积极性。

随着对外开放的深入，将进一步促进柑橘品种结构的调整优化和技术进步。与品种引进相比，柑橘的产业投资力度有待加强，通过合作新建果园、农场，对外产业劳务输出等办法引进先进的栽培理念和技术，促进技术进步和优高柑橘产业的发展，增强市场竞争力，提高资源开发效益，促进创汇柑橘业的发展。

参 考 文 献

[1]柏建，赵宁. 优质柑橘引种的气候适应性分析[J]. 四川气象，2003(2)：26-28.
[2]鲍江峰，夏仁学，彭抒昂. 生态因子对柑橘果实品质的影响[J]. 应用生态学报，2004，15(8)：1477-1480.
[3]陈亚丹，邓大海，邱庆栋，等. 石门县柑橘生产气候条件分析[J]. 园艺与种苗，2012(8)：23-25.
[4]邓秀新，彭抒昂. 柑橘学[M]. 北京：中国农业出版社，2013.
[5]邓秀新. 国内外柑橘产业发展趋势与柑橘优势区域规划[J]. 广西园艺，2004(4)：6-10.
[6]高丽，张放. 2013 年我国柑橘、苹果与梨出口简析[J]. 中国果业信息，2014(4)：34-38.
[7]李振轮，谢德体. 柑橘生长与生态因子的关系研究进展[J]. 中国农学通报，2003，19(6)：181-184，189.
[8]聂振朋，柯甫志，王平，等. 影响柑橘引种的主要生态因子[J]. 浙江柑橘，2012(4)：12-14.
[9]沈兆敏. 2012 年我国柑橘生产现状浅析及持续发展对策[J]. 果农之友，2013(10)：38-39.
[10]沈兆敏. 提升我国柑橘生产竞争力之我见[J]. 果农之友，2012(10)：3-4.
[11]孙艳丽. 气象条件对柑橘种植的利弊分析[J]. 中国农业信息，2013(9)：72.
[12]田世英. 我国柑橘产业基本情况及发展思路[J]. 中国农业信息，2004(2)：7.
[13]文君. 脐橙生长发育与气象条件的关系[J]. 湖北气象，1994(3)：39-40.
[14]杨玉芬. 淅川县柑橘种植气候条件分析[J]. 安徽农学通报(下半月刊)，2010(24)：124，148.
[15]余学军，王邦祥，白硕. 我国柑橘国际竞争力现状及提升对策探讨[J]. 西南农业大学学报(社会科学版)，2006(2)：72-75.
[16]袁久坤. 三峡库区脐橙种植的气候适应性分析及优质高产对策[J]. 北京农业，2014(36)：42-43.
[17]张放. 2013 年我国主要水果生产统计分析[J]. 中国果业信息，2014(12)：30-42.
[18]张玉，赵玉，祁春节. 中国柑橘产业可持续发展制约因素与对策[J]. 中国热带农业，2007(5)：10-11.
[19]章文焕. 试论江西地理位置的优势[J]. 赣江经济，1985(4)：30-32.
[20]周绂. 柑橘栽培[M]. 武汉：湖北科学技术出版社，1985.
[21]周开隆，叶荫民. 中国果树志·柑橘卷[M]. 北京：中国林业出版社，2010.

第三章　柑橘种质资源与优良品种

种质资源是承载有某些特异或优异性状的遗传材料，自然进化和人为选择共同造就了丰富多彩、具有基因多样性的种质资源，它是品种选育和重要基因挖掘的重要物质基础。种质资源消亡后不能再生，被认为是人类赖以生存的最重要的战略性资源。加强对种质资源的收集保存、鉴定评价，有助于挖掘其中蕴藏的优异基因并加以创新利用。工业化和城镇化进程伴随着砍伐森林等对自然生态的破坏，许多种质资源的自然栖息地不断萎缩，种质资源面临严重的丢失危险。柑橘也不例外，随着其自然栖息地的萎缩，柑橘种质资源亟待保护，这对推动柑橘产业的健康可持续发展具有重要的意义。

我国柑橘种质资源丰富多样，除本土的资源外，还需加强与国外的交流、合作，不断引进国外柑橘资源，我国已成为世界上第二大柑橘种质资源拥有国，这对我国未来柑橘产业的发展提供了重要的物质保障。柑橘优良品种是在柑橘生产过程中被广泛栽培的、品质优良的品种，它还会随着社会发展和消费者需求的变化而不断更新。

第一节　柑橘属植物资源种类与分布

我国是世界柑橘的起源中心之一，柑橘种质资源极其丰富多样，其中宜昌橙、金豆、红河大翼橙、莽山野橘等均为中国原产，至今仍有野生分布。柑橘类果树属于典型的亚热带水果，在我国的栽培范围非常广泛，分布范围位于北纬 16°～32°之间。不同的生态地理及气候类型，造就了我国柑橘种质资源的多样性，各地都分布有一些独具特色的地方品种和野生资源，这些种质资源是我国柑橘产业健康持续发展的重要物质基础。其中真正柑橘类的枳属、金柑属、柑橘属由于具有较高的经济价值，在我国柑橘栽培中占有重要地位。

一、枳属

枳又名枸橘、臭橘、雀不站，属冬季落叶性小乔木，枝条上具刺，叶片为三出小叶组成的复叶，花白色，单生，花丝离生。果实圆球形或短梨形，直径 3～5 cm，果面被细茸毛，囊瓣数 6～8 瓣，果肉中含苦油点，多分泌黏性液体。

枳为中国原产，在我国栽培历史悠久，春秋战国时期的《周礼》中就记载有“橘逾淮而北为枳”，我国黄河以南各省均有栽培。枳在长期的栽培中产生了许多变异类型，如枝条扭曲的飞龙枳、四倍体枳、早花枳、无刺枳等类型，在资源调查中还发现了许多天然枳杂种类型，如湖南的永顺枳橙、鄢陵枳橙、云南的富民枳等。枳做柑橘砧木表现出一定优势，具有树势矮化、抗寒性强、结果早、果实品质优良、抗柑橘脚腐病、衰退病和柑橘根线虫等优点，但易感裂皮病和碎叶病，不耐盐碱。在柑橘砧木育种中，通常利用枳与其他柑橘砧木进行杂交，以改良枳的不良特性，目前一些枳及其杂交砧木已在生产中得到广泛利用，比如飞龙枳、旺苍大叶枳、卡里佐枳橙、斯文格枳柚等。

二、金柑属

金柑属常绿小乔木或灌木，幼枝棱状，叶片单身复叶，叶背白绿色、叶脉不明显。花期比柑橘属植物晚，6 月开花，1 年可多次开花。花小，多簇生于叶腋，子房 3～7 室。金柑果实小，果皮肉质，不易剥离，通常带皮食用。金柑中包含有金弹、罗浮、罗纹、金豆等品种。金弹果实短圆形或椭圆形，是栽培最多、分布最广的金柑类植物，在华南地区多有种植，广西的阳朔和融安、湖南的浏阳、福建的尤溪、浙江的宁波、江西的遂川等地均是我国著名的金柑产区。罗浮又名牛奶金柑、金枣，叶片披针形，果实长椭圆形，由于果味偏酸，鲜食品质不如金弹，多用作观赏，浙江、江西、福建等省有零星栽植。罗纹又名圆金柑，其果皮薄，囊瓣 5～6 瓣，果肉味酸，种子为单胚，通常用于观赏。金豆又名山金柑，果实小，圆球形或扁圆形，成熟后果实呈橙红色，汁胞少，种子 1～2 粒，种子较大。金豆多为野生分布，主要产于湖南及江西南部以及福建云霄等地，多用作观赏。金柑属能与柑橘属产生一些属间杂种，如与宽皮柑橘的杂种四季橘、长寿金柑，与枺檬产生枺檬金柑等杂种，这些杂种也主要用于观赏栽培。

三、柑橘属

目前的研究结果是，柑橘属植物包括3个基本种，分别为宽皮柑橘、柚和枸橼，其他类型多由这3个基本种天然杂交衍生而来。

1. 枸橼类

枸橼，又名香橼，属喜热类柑橘属植物，主要分布于我国云南。树冠开张，新生嫩枝、芽及花蕾均呈紫红色，茎枝多刺，叶片长椭圆形，无翼叶，总状花序，花瓣紫红色，雄蕊多(35～47枚)，枸橼类植物雄花较多，且雄花开花期明显晚于正常两性花。果实顶端具乳状突起，油胞平生或凹入，种子多为单胚，果皮粗厚，香气浓郁，通常作药用。佛手是枸橼的一个变种，因果实形似手指而得名，是理想的庭院观赏植物，品种包括金华佛手、南川佛手等，在浙江、四川有一定的经济栽培。由于枸橼种子多为单胚，后代变异类型十分丰富，在我国云南南部地区还有野生分布，常见的枸橼有大果香橼、小香橼、枸橙、Etrog香橼等。枸橼也能与柚、柠檬等杂交产生一些天然杂种。

柠檬，原产东南亚，为枸橼与酸橙的杂种。幼叶紫红色，无翼叶，1年可以多次开花，花瓣紫红色，常有单性花，即雄蕊发育而雌蕊退化，果实椭圆形，果顶具有乳突，果实表面黄色，具有光泽，果肉白色或黄白色，风味极酸，子叶白色，多胚。主要用于加工或榨汁作为饮品，也用作烹饪调料。四川的安岳、云南的瑞丽、广东的连南等地是柠檬的重要产地，主要栽培品种多为国外引进品种，包括尤力克、里斯本、费米耐劳、维尔纳、北京柠檬等品种。

梾檬，是与柠檬关系较近的一类酸果资源。叶片卵圆形，先端钝，翼叶较明显，果实小，顶端具有小乳突，果肉颜色多为淡绿色而非柠檬的黄白色，果实风味较酸，但香气更浓，多胚。主要产于云南的西双版纳、潞西以及海南岛，品种主要有塔希提、墨西哥梾檬等。

黎檬，又名宜母子、土柠檬。多为灌木或小乔木，枝条上具针刺，叶片狭椭圆形，叶柄短，翼叶线形，花瓣紫红色，果实较小。根据果皮颜色，常将其分为红黎檬和白黎檬(黄黎檬)。果肉果皮易剥离，中心柱小而空，果肉淡黄色或橙色，汁胞细软多汁，味酸。从果实形态上看，应是枸橼与宽皮柑橘的杂种，国外的兰卜梾檬、沃尔卡默应属于黎檬类型。在我国广西、广东、云南等地仍有野生分布，云南少数民族地区常将黎檬果汁用作调料腌渍食物。黎檬根系发达，在广东、广西等地常用作柑橘砧木，具有生长迅速、结果早、抗旱性强等特点。

除以上类型外，带有枸橼亲缘关系的柑橘种质资源还包括巴柑檬、粗柠檬、甜柠檬等类型。其中巴柑檬树冠披垂，叶片较大，枝叶浓密，花白色，果皮光滑，果肉黄白色，种子单胚，翌年1月中、下旬成熟，巴柑檬果皮是制作高级香精油的重要原料。粗柠檬也是柠檬与宽皮柑橘的杂种，果皮粗，易剥离，果顶具有乳突，果实味酸，作砧木具有生长势强、耐碱性土壤等特点。甜柠檬叶片长椭圆形，果皮有不愉快的臭味，果肉似檸檬，食味微苦。

2. 宽皮柑橘类

我国是世界宽皮柑橘的起源中心。宽皮柑橘由于果皮包着较宽松，易与果肉剥离而得名。宽皮柑橘的地理分布范围广泛，种类也极其丰富，由于具有很高的经济价值，在我国的栽培历史十分悠久。在长期的栽培实践中形成了一些独具特色的地方品种，比如椪柑(芦柑)、南丰蜜橘、红橘、黄果柑、蕉柑等类型。目前我国仍有一些野生宽皮柑橘的分布，比如分布于湖南南岭山脉的莽山野柑、道县野橘，分布于云南西北部、西藏东南部等地的皱皮柑等。

莽山野柑，为宽皮柑橘的原始野生种，分布范围狭窄，主要分布于广西贺州姑婆山和湖南郴州莽山。其显著特点是树干灰白色，树姿开张，叶片小而厚，花柱短，花丝分离，汁胞短而圆，种子大，单胚，果肉中富含胶黏物。莽山野柑是研究柑橘属植物起源演化的重要材料。

椪柑，又称芦柑，在我国栽培面积广泛，果实品质优良，气候适宜性较强，在全国各柑橘产区均有栽植，如湖南怀化、福建永春和漳州、浙江衢州、贵州从江、广东潮州、江西靖安、云南石屏等地。果实有高扁圆形和扁圆形两大类，主要品种有新生系3号、太田椪柑、试18椪柑、长源1号椪柑、黔阳无核椪柑、东13椪柑、鄂柑1号、岩溪晚芦等。

温州蜜柑，是目前我国栽植面积最大的一类宽皮柑橘，起源于浙江黄岩，后传入日本，并选育出许多品种(系)。谱系研究表明，温州蜜柑可能来源于南丰蜜橘与本地广橘的杂交后代。花柱多弯曲，花粉极少或无，果实扁圆形，橙色或橙红色，果皮薄，肉质细嫩，汁多化渣，风味浓郁，果实无核。由于其耐寒性较强，适宜栽培的地区广泛，浙江临海、湖南石门和洞口、湖北宜昌、四川资阳、广东韶关、江西寻乌等地均有栽植，我国柑橘产区北缘的陕西城固、江苏南部等地也有大量种植。由于独特的地理气候，云南华宁地区所产温州蜜柑的成熟期比国内其他产区的提早1个月上市。根据成熟期的不同，可将温州蜜柑划分为特早熟(大浦、日南1号、大分1号、宫本、国庆1号、隆园早等)、早熟(宫川、兴津、鄂柑2号等)、普通及晚熟(尾张、大津4号、青岛、南柑20等)等类型。

广东省具有丰富的宽皮柑橘资源，许多宽皮柑橘原产于广东，并表现出优良的品质，重要的栽培品种有砂糖橘、贡柑、马水橘、年橘、大红柑、蕉柑、紫金春甜橘、阳山橘、行柑、八月橘等。

砂糖橘，又名十月橘，是广东地方品种，原产于四会，现广泛栽植于广东、广西、福建、江西等地。果实高扁圆形，果皮橙红色，易剥离，果肉细嫩化渣，汁多味甜，品质上等。

贡柑，是橘橙天然杂种，其肉质细嫩化渣，风味清甜少酸，主产于广东德庆、四会等地。

马水橘，属晚熟宽皮柑橘，主产于广东阳春，果实扁圆形，果皮橙黄色，味甜少酸，成熟期在翌年 2 月上旬。

年橘，为晚熟宽皮柑橘，果实扁圆形，橙黄色，主产地为广东惠州龙门。

大红柑，又名茶枝柑，是广东新会的地方品种，果皮可入药，是制作陈皮的正宗原料。

蕉柑，是一类晚熟的橘橙天然杂种，成熟期在 12 月至翌年 2 月，主要产地在广东的潮汕地区，福建、台湾也有栽培，其主要品种选系有浮优选、白 1 号、台湾蕉柑、南 3 号等。

本地早橘，浙江黄岩一带的著名地方品种，果实较小，扁圆形，果肉细嫩化渣，风味浓郁，无核优质，除作鲜食外，也是制罐的重要原料。

瓯柑，浙江温州的地方品种，食味微苦，风味独特，具有肉质柔软多汁，清甜可口等特点。

南丰蜜橘，又名莳橘，树姿开张，枝条长细，果实扁圆形，单果重 25～50 g，果皮薄，无核，风味甜，品质优，单胚。主产于江西南丰和临川、广西柳州等地。通过优选获得了大果系、大叶系、桂花蒂、鸳鸯柑、红广、蜜广等品系，日本、韩国所产的无核纪州蜜橘与南丰蜜橘为同一类型。

红橘，又名大红袍、福橘，在重庆万州、四川、福建、贵州等地栽植较多。其树势高大，果实扁圆形，果皮鲜红色，光滑艳丽，皮极薄，剥皮容易，风味浓甜，种子 3～15 粒。适应性强，丰产稳产，果实耐贮性差。从红橘中选出了一些少核品系，如少核红橘、418 红橘、钟子航红橘等。

朱红橘，我国古老地方品种，主产于江苏、江西、湖南、陕西等地。其树势强健，枝条稀疏而略披垂，果实扁圆形，果皮稍粗，朱红色，果皮易剥离，与红橘的区别在于幼果期果顶可见乳头状凸起。易栽培管理，抗寒性强，适应性广，因此在全国柑橘产区均有栽培。品种类型极其多样，浙江的满头红，江苏的早红，湖南的沅江南橘、安江红橘、永顺蜜橘，江西的三湖红橘，陕西城固的冰糖橘等众多品系均属朱红橘类型。

酸橘，是原始野生宽皮柑橘的一种，类型众多，主要特点是果实小，果实扁圆形，果顶凹入，果实风味极酸。由于果实中富含多甲氧基黄酮，故除用作柑橘砧木外，还有一定的开发利用价值。根据果皮颜色分为红色和黄色两大类，酸橘包括的种类极多，如金橘、立花橘、扁平橘、古蔺金钱橘、广西红皮酸橘、大坑野橘等。

韩橘，是宽皮柑橘中比较原始的黄皮橘类品种。树势强健，叶片狭长呈卵状椭圆形，叶基广楔形，果实中小，橙黄色，果皮光滑而具光泽，果肉浅橙黄色，易枯水，品质差。主要半野生分布于广西西南部地区，云南麻栗坡等地也有分布。八步橘、宁明橘等属于这一类型。

黄柑，又名皱皮柑、玛瑙柑、米柑等，分布范围较广，在我国云南、贵州、四川、湖南、西藏等地均有分布。果实较大，高扁圆形，果面极粗糙，果基的放射状沟纹多而深，可延达至果顶，果肉橙色，汁多肉嫩，味酸甜带苦味，种子 14 粒左右。旺苍皱皮柑、城固皱皮柑、云南皱皮柑等均为这一类型。

黄果柑，又名黄果、蜜桶，主产于四川汉源和石棉等地，云南、贵州等地有栽培，树势强健，果实卵圆形，果面较粗糙，橙黄色，果皮易剥离，汁多肉软，无核，具有丰产、耐寒、成熟晚、果实较耐贮藏等特点。

杂柑，是宽皮柑橘间或宽皮柑橘与甜橙类或柚类的杂种的统称。种类繁多，目前生产上栽培较多的品种有不知火、清见、春见、天草、红美人、建阳橘柚、红玉柑等。杂柑品种除人工选育外，也有一些为天然发生的杂种，如默科特、W·默科特、伊予柑等。由于杂柑品种在一定程度上满足了我国柑橘品种结构调整的需要，近几年发展势头迅猛，其中晚熟杂柑如不知火、清见、春见在四川、浙江等地种植较多，这些品种的发展，很大程度上促进了树冠覆膜避雨及果实套袋等栽培措施的应用和推广。

3. 宜昌橙

宜昌橙为我国原始野生柑橘中的一种，其显著特征是翼叶较大，它喜阴、耐寒、耐瘠薄，分布范围十分广泛，从甘肃武都到广西猫儿山均有分布，并且由于耐寒性强，可分布于海拔 2 200 m 以上的高山，目前在我国仍能发现大面积野生宜昌橙种群。宜昌橙为小灌木，在条件适宜的地区，可生长成高大乔木，在云南元江发现的野生宜昌橙株高可达到 10 多 m。宜昌橙幼嫩枝叶带紫红色，叶片先端呈长尾状，翼叶呈倒卵状长圆形，与本叶等大或略小于本叶，花瓣紫红色或白色，多倒钟状单生于叶腋，雄蕊连合成束，花药两层排列。果实囊瓣数 5～8 瓣，汁胞短圆，汁少，味酸苦，种子多而大，种皮光滑，种子白色，单胚。由于宜昌橙种子为单胚，其后代的遗传多样性十分丰富，宜昌橙与宽皮柑橘杂交形成了香橙，与柚类杂交形成了香圆，这些均是非常良好的柑橘砧木种质。香橙在日本、韩国均有一定的栽培面积，由于其果皮香味愉悦，是制作柚子茶的正宗原料，其中的功能成分也具有一定的开发利用价值。香橙在我国各地栽培后产生了许多变异类型，如资阳香橙、糖橙、蟹橙、巴中香橙、黔江1号香橙等。

4. 柚

柚类是柑橘属植物的一个基本种，我国柚类栽植历史悠久，有文献记载的可追溯到《尚书·禹贡》"橘柚锡贡"的记载。由于长期的种植历史加之地理隔离，形成了东南沿海、内陆、云南三大地理分布中心，其中东南沿海柚产区包括浙江、福建、台湾、广东等省份，主要品种包括浙江玉环文旦柚、浙江永嘉早香柚，福建平和琯溪蜜柚、坪山柚，广东梅县金柚(沙田柚)，台湾麻豆文旦等；内陆柚类产区包括四川、重庆、湖北、湖南、广西等柚类产区，主要的柚类品种包括沙田柚、梁平柚、垫江白柚、龙安柚、通贤柚、脆香甜柚、龙都早香柚、新都柚等；云南由于柚类资源极其丰富，品种多样性也有别于东南沿海和内陆，是东南亚柚类起源中心向我国过渡的渐渗地带，因而是我国较为独特的柚类产区。20世纪70年代在云南红河、元江一带发现的红河大翼橙，果实与柚类相似，证实了我国云南地区也是柚类的起源地之一。云南地区的主要柚类品种有东风早柚、越南小甜柚、勐仑早柚、曼赛龙柚等。

柚类由于果实单胚，通过种子繁殖易产生变异，这也是柚类遗传资源丰富多样的主要原因。根据成熟期，可将柚类分为早熟、中熟和晚熟品种。根据果肉颜色，可将其分为白肉、红肉、黄肉、绿肉等不同类型。根据果实形态，可将其分为扁圆形、高扁圆形、圆球形、梨形、锥形等不同果形。

沙田柚，在我国分布广泛，树形强健直立，果实梨形或葫芦形，果皮黄色，果肉脆嫩，酸含量较低(0.4%左右)，成熟期在11月下旬。以广西容县、融水、阳朔等地所产的最为有名，广东梅县金柚、江西南康甜柚和斋婆柚、湖南江永香柚、重庆长寿沙田柚等均为沙田柚类型。利用沙田柚为亲本，育成的品种有江西的金沙柚，果形与沙田柚近似，呈梨形，但果实水分更多。

琯溪蜜柚，福建平和著名的地方品种，具有果大、皮薄、无核、果肉蜡黄色、肉质软糯、酸甜适口等特点。近年来，从琯溪蜜柚中还选出了红肉蜜柚、黄肉蜜柚、三红蜜柚等不同颜色的变异类型，为品种的升级换代提供了选择。

玉环文旦柚，又名楚门文旦柚，原产于浙江玉环市。果实高扁圆形或扁圆形，果皮黄色至橙黄色，果皮光滑，软糯多汁，甜酸适口，种子多数退化或无核，易裂果是生产中的主要问题，成熟期在10月中、下旬。

四季抛，主产于浙江苍南、福建福鼎。果实倒卵形，果皮黄色，果实表面光滑，果皮薄，无核，果肉味酸甜，品质中等。

梁平柚，果实扁圆形，果皮橙黄色，果肉白色，酸含量较低。主产于重庆梁平。从梁平柚中选出的凤凰柚保持了梁平柚酸低、香气浓郁的特点，但果肉更脆嫩化渣，果皮颜色金黄色，更加艳丽。

度尾文旦，原产于福建仙游县度尾镇。果实扁圆形或高扁圆形，果基有短颈，果皮淡黄色，白皮层淡粉红色，种子败育或无核。果肉细嫩，酸甜适中，品质优良，生产中的主要问题是果实开裂较严重。

柚类常与宽皮柑橘杂交，形成了一些杂种类型，如湖南慈利的金香柚、菠萝香柚，浙江的常山胡柚等。葡萄柚为我国从国外引入的品种，属于柚类与酸橙类的天然杂种，在我国广东、广西、云南等地有少量种植，主要品种有星路比、马叙、瑞红、奥洛勃朗卡、鸡尾葡萄柚等。

5. 甜橙

我国甜橙资源十分丰富，其中脐橙、血橙、夏橙等优良甜橙品种的栽培面积较大。

脐橙，因其果顶有脐而得名，果实无核，味酸甜可口，肉质脆嫩化渣。我国先后从日本、美国、澳大利亚等地引入了数十个脐橙品系，因熟期的不同可将脐橙分为早熟、中熟和晚熟品种。早熟品种有朋娜、罗伯生脐橙、丰脐等，中熟品种有纽荷尔、清家、白柳、奉节72-1、华盛顿脐橙、红肉脐橙、福罗斯特、纳维林娜等，晚熟品种有晚棱（又名伦晚）、鲍威尔、切斯勒特、奉节晚脐等。我国江西赣南、重庆奉节、湖北秭归、四川雷波、广东平远、广西富川等地是脐橙的著名产地。

血橙，原产于地中海沿岸的意大利，国内目前栽培的品种多为国外引进，我国原产的血橙品种仅有湖南靖县血橙。因果实受冬季低温诱导产生花青素，从而使血橙的果肉、果皮呈现紫红色。适栽范围广泛，我国主要产区集中于四川、重庆等地，湖南、福建等地也有栽培，主栽品种为塔罗科血橙，脐血橙、摩洛血橙、路比血橙等品种也有栽植。

普通甜橙，通常指脐橙、血橙以外的大多数甜橙品种，依成熟期可以分为早熟、中熟、晚熟三类。我国甜橙的主要品种有四川、重庆的锦橙、先锋橙，湖北秭归的桃叶橙，福建的雪柑，广东的改良橙、新会橙、柳橙，湖南的冰糖橙、大红甜橙等。低酸甜橙属普通甜橙中的一类，因果实中酸含量较低而得名，主要品种有湖南麻阳、黔阳等地所产的冰糖橙，广东的红江橙（又名改良橙）、暗柳橙、新会橙，埃及糖橙等。

夏橙，属甜橙中的晚熟品种，适宜在光热条件较好的地区种植。果实多在翌年4～6月成熟，由于果实成熟晚，对延长柑橘汁加工期具有重要意义。在广西荔浦、四川江安、重庆长寿、湖北兴山等地有种植，主要品种有奥林达、康贝尔、阿尔及尔、福罗斯特、卡特、蜜奈、路德红等。

6. 酸橙

酸橙通常被认为是柚类与宽皮柑橘的杂种，但是酸橙具有比甜橙更广泛的遗传背景，一些酸橙资源中还含有香橙的遗传血缘。酸橙的果皮相对于甜橙更厚，果实风味酸。生产中常用做中药枳实的原料。由于酸橙做砧木易感染柑橘衰退病，故被其他砧木逐步取代。原产于我国的酸橙品种有枸头橙、代代、江津酸橙、兴山酸橙、沅江黄皮酸橙、朱栾、虎头柑等，国外引进的品种有小叶酸橙、巴西酸橙、光皮酸橙、德弗勒尔酸橙等。

第二节 柑橘种质资源的保护与开发利用

目前我国柑橘产业面临着优异品种短缺以及国外柑橘品种竞争等压力，系统地、有目标地开展柑橘优异基因资源的收集保护，开展资源的鉴定评价和功能基因挖掘，利用常规育种技术结合分子标记辅助选择及转基因等技术进行优异种质的创新，是提高我国柑橘资源利用效率的有效途径。

一、柑橘种质资源的保护

柑橘种质资源中蕴藏有优异的基因，是柑橘育种和基因资源挖掘的重要物质基础。为加强柑橘资源的利用和保护，我国在20世纪80年代初就在重庆北碚建立了国家果树种质(重庆)柑橘圃，系统地对柑橘资源进行收集保护。同时我国柑橘各主产省(自治区、直辖市)，如广西、湖南、浙江、四川等，还建有省级柑橘资源圃，对柑橘种质资源的遗传多样性进行保护。

调查发现，某些地区人们的特殊生活习俗在无意中保护了当地的珍惜种质资源。例如，云南南部是枸橼、梾檬的重要起源中心和野生资源集中分布地区，当地的少数民族居民习惯以枸橼、梾檬制作调味品，这一生活习惯促使他们自觉保护枸橼、梾檬资源，使得这些地区枸橼、梾檬等植物的种质资源异常丰富。云南红河大翼橙在云南红河、元江等地有较丰富的遗传多样性，这也得益于当地少数民族对于这种资源的利用。再如，广东大红柑(茶枝柑)的果皮是中药陈皮的正宗原料，药材的需求使得这种柑橘品种得以持续发展。从某种意义上讲，某些传统文化的传承，实际上起到了保护部分柑橘种质资源的作用。

柑橘种质资源的保护一般分为原生境保护和异生境保护两种方式。原生境保护就是在柑橘种质资源的发现地进行资源的保护。由于植物在长期的演化过程中对原有生境已建立了良好的适应能力，若离开原有生境，部分植物的正常生长可能受到严重影响，因此，野生资源在原生境状态下能够得到更好的保护。比如云南红河大翼橙在云南红河、元江等地能够正常开花结果，而迁移到重庆北碚则由于气候原因而不能正常开花结果。建立原生境保护点，不仅需要对重要野生资源进行保护，还需对其生境进行保护，以有利于资源的繁衍生息。目前我国建立的柑橘原生境保护点仅有江西崇义县的聂都野橘原生境保护点。

由于工业化发展对生态环境的破坏日益严重，一些生物资源有必要进行抢救性收集并在异生境保护点进行保护。异生境保护一般是指田间保护或资源圃的保护，建于中柑所的国家果树种质(重庆)柑橘圃即是典型的异生境保护点。资源保护的目的除了挽救一些濒危野生资源、地方品种外，还需要最大限度地保护种质资源的遗传多样性。为保障材料的正常生长，异生境保护点的选址需要充分考虑气候、土壤等多种因素，同时应选择在没有威胁性检疫性病虫害发生的地区建圃，以保证种质资源材料的长期安全保存。

异生境保护点需占用大量的农田土地，为了既能尽可能多地保存种质资源又不占用过多的土地资源，同时避免潜在外来风险的威胁，柑橘种质资源的保护还可采用低温冰冻保存和组培离体慢生长保存等技术，保存材料包括胚性愈伤组织、外植体等。通过对保存技术的优化，尽可能避免植物在保存过程中发生遗传变异和种性退化。建于华中农大的国家脱毒果树种质资源室内保存中心，也通过组培方式对资源材料进行保存。

二、资源的调查收集

资源的调查收集是种质资源保护的前提。通过对资源的调查收集，能够掌握资源的本底数量和遗传多样性，了解资源的地理分布、濒危程度、多样性中心，进而对资源的保护提出合理的保存策略和建议。在资源调查的同时，还可抢救性收集野生资源和地方品种。我国从 20 世纪 60 年代起，就在全国范围内开展了柑橘资源的普查活动，发现了红河大翼橙、莽山野柑、道县野橘、富民枳、宜昌橙、细皮狗屎柑、皱皮柑等一大批重要的柑橘野生资源，不仅确立了我国世界柑橘起源中心的重要地位，同时也为柑橘资源的保护、利用奠定了基础。近几年，我国加强了对野生柑橘资源的调查，比如在云南元江发现了野生宜昌橙种群，改变了宜昌橙是矮小灌木的认识。调查发现，不同地区来源的宜昌橙具有广泛的生态多样性，并且随着宜昌橙与宽皮柑橘、柚类种间杂种香橙、香圆的发现，证实了宜昌橙是重要的原始柑橘类型，对研究柑橘属植物的起源演化具有重要价值。从 2015 年起，农业农村部组织开展了第三次全国农作物种质资源普查与收集行动，对全国 31 个省(自治区、直辖市)的 2 228 个农业县(市)开展各类作物种质资源的全面普查，基本查清了各类作物的种植历史、栽培制度、品种更替、社会经济和环境变化，以及重要作物的野生近缘植物种类、地理分布、生态环境和濒危状况等重要信息。

对柑橘种质资源的考察收集也延伸至国外，由于地理隔离，不同国家和地区都有其特异的种质资源，对这些种质资源的收集，有利于丰富我国柑橘资源的遗传多样性。20 世纪 70 年代我国就从日本引进了大批特早熟、早熟温州蜜柑品种，加快了我国柑橘品种结构的调整步伐。21 世纪以来，通过“948”项目、国际合作项目以及企业引进，我国又从日本引进了大量的杂柑品种，从美国引进了 W·默科特、探戈、金块、莎斯塔金等品种，从澳大利亚引进了晚棱、鲍威尔、班菲尔、夏金等晚熟脐橙品种，这些品种为我国晚熟柑橘的发展提供了重要的品种支撑。

三、柑橘种质资源的鉴定和基因资源的挖掘

对获得的柑橘资源进行鉴定，是了解资源特性和遗传多样性、揭示柑橘植物起源演化的必要手段。近年来，由于柑橘功能基因组学的迅猛发展，对于资源表观遗传性状的精准鉴定已成为基因功能研究的重要前提和基础。对柑橘种质资源的鉴定，涉及植物学形态性状、组织、细胞和分子水平等不同层次。对植物学形态性状的鉴定，主要依据《柑橘描述符》《柑橘种质资源描述规范和数据标准》《柑橘 DUS 测试指南》等标准和规范。这些标准和规范的应用，促进了柑橘资源鉴定、评价工作的规范性，是资源鉴定、新品种保护、优异种质发掘的重要基础。由于多倍体与非整倍体材料在育种中的重要性，细胞水平的鉴定涉及细胞染色体数量、染色体核型与带型分析、原位杂交等技术手段的应用，通过寻找到具有种属特性的标记性染色体，从而为柑橘杂种鉴定、柑橘属植物的系统分类奠定基础。

由于植物学形态性状在数量上的有限性，又易受到环境、栽培措施等外界因素的干扰，近年来采用分子标记技术对柑橘种质资源进行鉴定，目前该项技术已广泛应用于柑橘品种指纹图谱构建、柑橘种质资源群体遗传结构分析、柑橘植物起源演化研究以及柑橘核心种质构建等方面。

由于新技术的出现，尤其是基因芯片技术、深度测序技术的应用，资源的鉴定结果也更加精准、可靠，通过对资源材料的简化基因组测序和全基因组重测序，能够更加准确地揭示资源在遗传水平上的差异，从而为发掘新基因提供了更高效的手段。表观遗传标记如 DNA 甲基化位点的鉴定也已用于柑橘资源的鉴定中。在这方面，资源材料为新基因的发掘提供了重要的物质基础，典型的案例就是利用血橙资源材料，对血橙花青素形成的机理进行了解析。国家果树种质（重庆）柑橘资源圃利用宽皮柑橘、柚类资源的天然群体，采用 GBS-GWAS 技术准确定位了柑橘单多胚性状、低酸性状的遗传位点，以

及决定果肉颜色的 *CcCCD4a* 基因。未来随着基因组测序成本的逐渐降低，利用资源群体挖掘和定位基因将变得更加容易。

四、柑橘种质资源的评价

柑橘种质资源中，有的可作为优良品种直接被生产推广利用，有的由于带有优异的农艺性状基因，是优异的育种亲本材料。另外，对于柑橘种质资源中功能物质成分的深入发掘也拓宽了柑橘资源的利用范围。

通过柑橘资源的评价寻找有利用潜力的资源，目标是筛选出优异种质资源为生产与科研服务。围绕柑橘产业的需求，评价内容包括对接穗品种和砧木品种的评价，接穗品种注重对果实品质性状(果实大小、外观、颜色、风味等)、园艺性状、果品加工贮藏性状、产量的评价，而砧木品种的评价更注重砧木的抗逆性、抗病性、嫁接亲和性、矮化性状、对接穗品种的影响等内容。通过对资源的系统评价，可筛选出符合生产需要的种质。20 世纪 70 年代，我国对不同品系的温州蜜柑进行系统评价，筛选出了适宜加工制罐的温州蜜柑品种。在我国发展加工甜橙时，根据橙汁加工企业对甜橙品种熟期、产量、品质的要求，通过系统评价，筛选出了奥林达夏橙、特罗维塔、早金、长叶香橙等甜橙品种，促进了我国加工甜橙的发展。在发展晚熟柑橘时，根据不同生态区域不同品种的特点，通过系统评价筛选出了适宜在不同生态区域种植的晚熟柑橘品种(系)，如大雅柑品种和沃柑不同品系。

我国柑橘砧木种质资源非常丰富，对砧木种质的评价，主要集中在对砧木种质的嫁接亲和性、抗逆性(耐碱性、耐旱性、耐盐性)、抗病性(抗脚腐病、抗根线虫病等)、园艺性状(矮化性状、产量性状、品质性状、早结性状、植株寿命等)的评价，这些评价内容为柑橘砧木育种奠定了重要基础。比如通过资源评价筛选出了耐碱性砧木资阳香橙，已在我国南方石灰性紫色土产区得到了广泛应用。近年来国内外对柑橘砧木的抗逆性、矮化性、早花性进行了深入研究，并将基因工程技术运用在柑橘砧木种质资源的创新研究中。

柑橘育种目标随着时代的前进而在不断发展，对柑橘资源评价的内容也在不断深化。由于柑橘中富含多种功能营养成分，一些有利用价值的性状，如果肉中多甲氧基黄酮含量、色素含量、果皮香气类型等性状，逐渐成为资源评价的内容，鉴定出的一些优异资源也已在生产中得到应用。比如扁平橘以往仅作为柑橘砧木被利用，近年来发现扁平橘中富含多甲氧基黄酮，具有很大的开发利用价值。通过对一些野生柑橘资源的深入评价，也发现了一些新的功效，拓展了资源的利用范围，如香橙、宜昌橙以往仅用于柑橘砧木，近年来通过对其果皮药效的评价，发现其具有降血糖、减肥的作用，因此其利用价值得到提升。

五、柑橘种质创新

所谓柑橘种质创新，即是利用常规育种、细胞融合、转基因技术等多种手段将野生资源、地方品种资源中的一些优异基因转移至栽培柑橘品种中，以改良栽培柑橘品种的某些园艺性状或创制新种质，从而方便育种者利用的过程。常见的种质创新方法包括通过远缘杂交进行基因导入，利用基因突变形成具有特殊基因源的材料，或者综合不同类型的多个优良性状进行聚合杂交。由于柑橘是无性繁殖作物，优异性状一旦转移至后代中，无须再进行分离纯化，即可通过无性繁殖方式直接加以利用。但是由于柑橘童期长、受多胚干扰严重，通过人工杂交来进行柑橘种质创新最关键之处在于对亲本的选配。一些特异、优异柑橘种质资源的利用，比如雄性败育、雌性可育、单胚柑橘种质清见杂柑的利用，显著地提高了柑橘种质的创制效率。再比如利用温州蜜柑为杂交母本，往往在后代中很难得到种子，而利用枳温州蜜柑嵌合体为母本，就解决了雌蕊败育的问题，同时在后代中也能够得到枳和温州蜜柑的大量种子，显著提高了柑橘资源的创新效率。

在柑橘无核品种的开发中，根据柑橘果实无核性状的遗传特点，通过选配单胚、无核的品种为亲本，显著提高了无核品种的育成效率，如利用南丰蜜橘、南香、红美人、清见等无核、单胚的品种为母本，通过有性杂交显著提高了后代无核的概率。另外，多倍体柑橘资源材料也是柑橘育种的重要材料，通过四倍体与二倍体进行杂交获得三倍体植株，是培育无核柑橘品种的一条有效途径，采用这种途径已培育成功了金砖、奥洛勃朗柯、匹克斯等品种。目前利用体细胞融合的异源四倍体材料与二倍体进行杂交，在早期进行胚挽救培育三倍体，也已获得了一批无核的柑橘新种质。同时利用倍性育种技术，如利用三倍体与二倍体进行杂交，在后代中能获得一些非整倍体材料，对拓宽柑橘种质创新手段意义重大。

在柑橘种质资源中，一些种质含有特殊的抗病基因，如枳抗柑橘衰退病，而多数柚类品种对此病敏感，利用飞龙枳与八朔柑的杂交后代再与晚白柚进行杂交，选育出了对衰退病高抗的种质。在柑橘砧木的种质创新中，通过选用枳为亲本，将抗脚腐病、抗线虫的基因转移至杂种后代中。柑橘种质的创新，除了采用传统育种方法外，还可利用转基因技术将外源基因导入到柑橘中，从而有针对性地改良柑橘的某些性状，比如将 *LEAFY* 基因导入枳中，显著缩短了枳的童期，提早了植株的开花时间。

六、柑橘种质资源的利用

柑橘种质资源最直接的利用就是在生产中推广利用，一些优异种质资源通过长期栽培已成为我国重要的栽培品种，比如浙江的本地早橘、瓯柑、湖南的冰糖橙、广东的蕉柑、四川的锦橙、黄果柑、江西的南丰蜜橘、广西的沙田柚等，这些品种通过进一步选育，还获得了许多新的优系，进一步丰富了资源的利用，比如从锦橙中选育出了开陈72-1、北碚447、蓬安100号、晚锦橙等众多优系，扩大了锦橙的种植地区。

由于柑橘种质资源中携带有优异的园艺性状基因，往往是柑橘生产和新品种创制的重要基础。柑橘种质资源中具有丰富的遗传多样性，是开展柑橘起源、演化研究的重要材料。柑橘种质资源除了包括野生资源、地方品种、育成品种外，还包括一些遗传群体材料，这些遗传群体材料是柑橘基因发掘的重要基础。比如利用柑橘杂种F_1代的遗传群体材料，采用SSR、SNP等分子标记构建分子遗传连锁图谱，可将一些重要性状进行QTL定位。另外柑橘种质资源中的一些突变体材料，如早花变异、果肉、果皮颜色变异、低酸变异、早晚熟变异等突变体，对研究发掘性状相关基因具有重要价值，采用cDNA-AFLP、差减杂交、基因芯片、深度测序等多种技术方法，可对这些突变体材料进行遗传差异分析，从而发掘出调控性状的关键基因。

第三节 柑橘新品种的引进与选育

一、我国柑橘品种选育研究现状与存在的问题

（一）我国柑橘选育工作进程

我国开展系统的柑橘育种工作已有50多年。20世纪50～70年代，各地开展了柑橘资源普查及大规模的全国柑橘选种协作攻关研究，初步摸清了我国柑橘的种质资源情况，发掘出了许多优良的地方品种和稀有珍贵的种质材料，同时，通过广泛开展的芽变选种和实生选种，各地都选育出了一批优良品种(系)，如从锦橙中选出了兴锦101、开县72-1等。

20世纪80年代，我国从美国、西班牙等国引进了大量脐橙品种，如纽荷尔脐橙、朋娜脐橙等，促进了我国脐橙产业的大发展。

进入21世纪，新品种自主培育与引进并重，我国选出了一批极具应用价值的柑橘新品种，如华柑二号椪柑、金秋砂糖橘、柳城南丰蜜橘等，引进了一系列血橙品种及晚熟脐橙品种、杂柑等。目前行之有效的柑橘育种方法仍以杂交育种、芽变选种等常规育种技术为主，同时，在生物技术育种方面也有了长足的进展，通过体细胞融合及转基因技术创新了一批资源。现在，常规育种技术与生物技术有机融合已成为柑橘育种的趋势，砧木育种工作也已启动。中国在柑橘育种方面已构建了比较完善的思路体系与人才梯队。柑橘基因组测序进展迅速，以优良性状基因定位与克隆为目的的重测序和深度测序受到越来越多的关注。

（二）我国柑橘品种选育及存在的问题

1. 我国鲜食品种的选育

中国柑橘产业以鲜食为主的品种格局迫使人们不断地更新品种，以满足市场对品种新颖和果实新鲜的要求。在过去30年里全球培育出了上百个柑橘品种，特别是鲜食品种改良取得了长足进展。我国在这期间也培育出了一批优良品种。

在品种改良对象上，由于气候和主要栽培类型的差别，我国在宽皮柑橘改良，特别是温州蜜柑和椪柑等类型的品种改良上取得了比较大的进展，如在传统的砂糖橘、本地早橘等品种基础上，筛选出无核、高糖类型。我国对柑橘优势区域的划分，在一定程度上提高了开展选育工作的效率。

在成熟期方面，鲜食柑橘品种中中熟品种较多，因此，早熟和晚熟品种选育是品种改良的重要目标。福建通过芽变选种培育出晚熟的岩溪晚芦，将椪柑成熟期向后推了约2个月，到翌年2月采收。在三峡库区，选育出翌年2月成熟的奉节晚橙。早熟品种的选育一直是业界比较关注的，自20世纪70年代以来就广泛开展了极早熟温州蜜柑的品种选育，宣恩早、国庆1号、光明早等均是这一时期的选育成果。近几年，华中农业大学等单位先后在三峡库区、赣南等地选育出早红、赣南早等早熟脐橙品种。

在品质方面，追求无核、易剥皮、风味浓和有香味是育种的主要目标。世界栽培品种中能同时满足以上要求的很少，多数只能满足其中的3项。例如，脐橙不易剥皮、温州蜜柑香味不足。目前世界上已育出能满足这4项要求的一些品种，如W·默科特、不知火杂柑，以及在中国广东揭阳一带栽培的蕉柑新品系粤丰等，均能满足以上4项要求，而且表现耐贮藏。色泽作为重要的外观品质同样受到重视，包括中国在内的一些国家把果皮和果肉的色泽，特别是橙红色或者深红色作为育种目标。例如日本育出的南香、山下红均表现果皮色泽橙红鲜艳，十分吸引消费者。我国湖南选育的红皮大果冰糖橙、安江无核红心柚及从暗柳橙中选育的红肉类型均表现色泽橙红鲜艳，很受广大消费者喜爱。

2. 我国加工品种的选育

柑橘的加工品种主要有制罐品种和制汁品种，生产上要求丰产稳产、生产成本低、抗性强、加工性能优等。在我国，制罐品种以温州蜜柑品种为主，1年仅有3个月左右的加工期；而制汁品种主要为引进国外已有的品种，如夏橙、哈姆林甜橙等；此外，通过对国内一些甜橙品种如锦橙、长叶香橙、冰糖橙等进行加工品质评价，已初步获得可持续8个月榨期的品种搭配。由于加工业对柑橘产业的可持续发展具有重要的支撑作用，近几年我国开始加大柑橘适宜加工品种的筛选与培育力度。

3. 我国砧木品种的选育

我国柑橘适栽区气候、土壤类型多样性非常明显，而且主栽品种差异大，原则上需要不同的砧木与之相适应。但实际情况是，不同产区之间砧木品种比较单一，基本以枳占主导。近几年来，我国各产区开始进行不同砧木的应用评价与筛选，例如以枳橙、香橙、香圆及酸橘、红橘等作砧木。通过综合评价各品种砧木对接穗材料的植物学性状、农艺性状的影响，初步筛选出了一批适地适栽的砧木类型，如四川在红壤、碱性土壤大量应用的资阳香橙，在南亚热带表现效果较好的酸橘等。同时，启动了利用不同的抗性资源通过现代生物技术手段培育新的砧木类型的项目。目前，采用原生质体融合技术获得了一批具有良好应用前景的砧木体细胞杂种类型，如"枳＋酸橙""红橘＋枳"等。

二、加快自主知识产权新品种选育的对策与建议

1. 品种知识产权保护的重要性

我国柑橘资源多样性非常丰富，很多品种原产于我国，被引种到国外通过改良选育出很多优良品种，最典型的就是本地广橘与温州蜜柑，还有普通甜橙与伏令夏橙，日本的文旦系由福建厦门传入。当时我国知识产权意识薄弱，国外育种工作者不付费或仅需支付少量的费用就可以从我国引种一些宝贵的柑橘资源，然后经过改良培育出优质的新品种，我国要想从国外引进这些新品种就需要支付大笔的知识产权转让费。

我们应该充分运用商标、专利、植物品种权等知识产权手段，切实做好柑橘种质资源的保护和新品种的开发。在保证中国传统品种不丢失的同时，加大投入，研究开发出更多更好的柑橘新品种，以保持竞争优势。

2. 加快自主知识产权新品种选育的对策与建议

我国柑橘种质资源丰富、气候类型多样，有些地方品种本身就拥有优质

的性状，而有些则需要通过改良才能成为满足市场需求的新品种。加大自主知识产权新产品的选育，增强柑橘产品的本土优质化生产，提高国际竞争力，需在下列6个方面下足功夫。

(1)根据国内外市场的需求差异筛选品种，并进行规划与布局。例如，我国北方及俄罗斯等国家或地区对柑橘风味的追求是酸甜并重，而我国南方地区及东南亚国家则喜欢柑橘口味偏甜一点。

(2)注重地方特色资源的发掘。我国是世界柑橘资源的重要起源中心，拥有丰富的各具特色的资源，在新品种的选育上有着得天独厚的优势。

(3)针对不同的品种类型，根据生产现状及市场需求确立合适的育种目标。在常规栽培条件下，宽皮柑橘类熟期提前的空间已经有限，品种选育的关键在于提高品质、延长货架期，如对现有特早熟、早熟品种选育风味浓、化渣的变异，兼顾果实色泽。而在冬季热量较高的华南、四川盆地等地可以加强晚熟品种的选育，筛选果实可留树贮藏的品种，以开发3～6月的春夏市场。此外，杂柑鲜食品种是以温州蜜柑作母本，其他宽皮柑橘类品种作父本杂交获得的，基本保持了温州蜜柑的无核、易剥皮、丰产等优点，同时结合了其他宽皮柑橘的风味、香气、化渣和色红等优点，不同成熟期、耐贮以及少核、无核等品性是当前橘橙、橘柚等杂柑品种的选育目标。

脐橙品种较为单一，当前脐橙品种优化工作一方面应以早熟、晚熟、耐贮等特点为目标进行筛选，另一方面应有针对性地对地方优良品种进行改良，同时按照适地、适栽的原则进行品种布局。此外，鲜食、加工兼用型的夏橙品种应以大果、化渣为选育目标。而柚类品种则应以皮薄、无核或少核、味浓、大小适度、不同成熟期等特点为选育目标。

(4)利用综合育种技术进行新品种选育，注重常规育种技术与现代生物技术的结合。

(5)完善品种知识产权保护体系。

(6)规范品种审定、推广、繁育制度，建立健全品种的审定、推广、繁育体系。

第四节　我国柑橘品种结构的调整与优化

一、世界柑橘品种的发展趋势及启示

20世纪80年代以来，柑橘稳居世界第一大水果之位。2018年世界柑橘

栽培面积约为 975 万 hm^2，年产量约为 1.4 亿 t(FAO 数据)，其国际贸易额仅次于小麦、大豆、棉花和玉米。世界柑橘种植面积排名前三位的国家是中国(265 万 hm^2)、印度(100 万 hm^2)和巴西(90 万 hm^2)，而产量前三位的是中国(4 138 万 t)、巴西(2 072 万 t)和美国(998 万 t)。

柑橘品种丰富，且特色鲜明，不仅可供鲜食，还适合果汁加工。因气候、土壤条件以及文化传统的差异，世界柑橘产业形成差别较分明的三大板块：中国和日本等亚洲国家以宽皮柑橘为主，尤其以温州蜜柑和椪柑作为主栽品种，大部分用于鲜食；西班牙、意大利等地中海沿岸国家以柑橘鲜果出口为主，主要品种有克里迈丁、甜橙及柠檬等；美国、巴西、墨西哥以甜橙为主，兼具鲜食与加工。

西班牙和意大利是世界鲜食柑橘的生产和出口大国，主产区主要分布在西班牙东部沿海和意大利南部西西里岛。按鲜果出口量排位，西班牙居世界首位，2012 年其柑橘总产量约 650 万 t，其中 55%用于出口，年出口柑橘鲜果 300 余万 t，占世界柑橘鲜果出口总量的 1/3。意大利年出口柑橘鲜果 20 余万 t，居世界第 10 位。这两个国家的柑橘品种均以鲜食品种为主，加工只占总产量的 15%～25%，且甜橙比例最大，其次为宽皮柑橘，少量种植柠檬和葡萄柚等品种。如西班牙 2012 年柑橘总产中，甜橙占 48%，宽皮柑橘类占 35%，柠檬等占 16%，其他占 1%。其甜橙品种主要包括纳维林娜、晚棱、鲍威尔、切斯勒特、沙鲁斯蒂亚娜等，橘类以克里迈丁选系和兴津、尾张等温州蜜柑为主，同时种植有诺瓦、W・默科特等杂柑品种。西班牙在柑橘品种选育方面研究力度较大，新品系层出不穷。20 世纪 80 年代后，其对主栽柑橘品种进行了全面更新，原来的老系克里迈丁仅作为育种资源保存下来，取而代之的是早熟或晚熟、无核、味浓、色艳、大果型、高品质的克里迈丁新品系，同时增加了一些晚熟橘类、甜橙、柠檬和葡萄柚，通过品种搭配和果实留树贮藏，鲜果采摘时间可从当年 3 月一直延续到翌年 1 月，配合冷藏处理，实现了鲜果周年上市。西班牙的无核克里迈丁选系和意大利的血橙是其主要的出口柑橘类型。这两个国家柑橘生产的规模化、集约化程度都很高。如西班牙东部沿海以瓦伦西亚为中心的数百千米范围内全部种植柑橘，其面积和产量占到西班牙全国的 67%。意大利南部西西里岛的柑橘面积占全国的 64%，产量占 51%。两个国家主打柑橘出口，其果实采收后由分级包装厂按大小、色泽进行分级等商品化处理，装入印有自己专用条码的果品箱后再行贮运、销售，不宜鲜销的等外果都进入加工厂加工。从种植到销售具有明确的分工，产业链条非常完整。

美国 2010 年柑橘种植面积居世界第六，但柑橘产量居世界第三，其单产在 30 900 kg/hm^2 左右，远高于我国。美国柑橘产区区划分工明确，东部的佛罗里达州以加工柑橘为主，加工柑橘占全国加工柑橘产量的76%左右，由于黄龙病的为害，近几年这一比例有所降低；西部的加利福尼亚州以鲜食柑橘为主，鲜食柑橘占全国鲜食柑橘的21%左右，得克萨斯州和亚利桑那州也有部分种植，产量极少，仅占3%，但近年发展迅速。美国柑橘区域布局较为集中，几乎所有的柑橘园都连成一片，规模效益明显，机械化程度高，单位成本相对较低。而且以市场为导向，具有明确的产销分工模式，即佛罗里达州主打加工，品种以伏令夏橙、哈姆林甜橙、琥珀甜橙为主，以及部分W·默科特、日辉和秋辉等宽皮柑橘类，而加州以鲜食品种为主，早熟品种以福本和Early Beck为主，晚熟品种以伦晚脐橙、沃柑等为主，主要发展克里迈丁优选品系、W·默科特品系等无核品种。通过合理搭配不同成熟期的品种，基本实现了从9月到翌年6月均有鲜果上市的格局。

巴西是世界上最大的甜橙生产国，其柑橘年产量在2 000万t左右，居世界第二位，仅次于中国，而甜橙平均年产1 400万～1 500万t，占其国内柑橘总产量的85%以上，占世界甜橙产量的33%左右。巴西也是世界上最大的橙汁生产国和出口国。2011年世界柑橘浓缩汁总产量约218万t，主要生产国巴西和美国的产量分别占总量的57%和31%。巴西年均出口浓缩橙汁(以65° Brix计)125万t左右，占世界橙汁出口量的81%，出口值达20亿美元，出口市场遍布欧洲和亚洲等地60多个国家和地区。欧盟、美国、加拿大和日本进口量约占世界总贸易量的75%，金额超过22亿美元。巴西甜橙栽培品种以哈姆林、佩拉、纳塔尔和伏令夏橙为主。其甜橙种植及加工产业非常集中，主产区圣保罗州具有连片柑橘果园，规模化程度高，其产量约占全国总产量的90%左右。此外，巴西每年有200万～300万t柑橘用于鲜食市场，主要品种包括椪柑、甜橙、默科特橘橙、塔希提梾檬和柠檬等，且大部分供应国内市场。

二、我国柑橘品种结构调整的主要任务与目标

(一)我国柑橘品种结构现状

1.以宽皮柑橘为主的品种结构特征十分明显

我国是世界上最大的宽皮柑橘生产国。据《中国农业统计资料》的数据，2011年我国柑橘类水果产量2 944万t，其中柑类、橘类、橙类和柚类的产量分别为927.3万t、1 130.6万t、554.1万t和320.7万t，宽皮柑橘占全国柑橘总产量的69.9%，而甜橙仅占18.8%，柚为10.9%，其他类为0.4%。虽然近年来国家注重调整柑橘品种结构，鼓励发展以甜橙为主的其他类柑橘品

种，但橙类所占比例仅从2001年的11.6%增长到2011年的18.8%，宽皮柑橘比例也仅下降了5.5个百分点，近年杂柑发展迅速，甜橙所占比例迄今变化不大。宽皮柑橘短期内仍将是我国主要的柑橘栽培类型，原因一方面是受我国传统柑橘消费习惯的影响，易于剥皮的宽皮柑橘更适于国内以鲜食为主的柑橘市场；另一方面，我国柑橘产区大都属宽皮柑橘生产适宜区，难以发展甜橙，加之杂交柑橘品种的推广和部分优质宽皮柑橘价高走俏等因素，还将刺激我国宽皮柑橘的发展；再则，我国柑橘产业情况决定了品种改良对象主要是宽皮柑橘，橙、柚、柠檬等品种改良进展相对缓慢，从而进一步制约了我国柑橘品种结构的合理优化。

2. 成熟期相对集中的问题仍然存在

我国经历了20世纪90年代及近期二轮柑橘品种结构调整，品种结构正逐步优化，但品种熟期集中在10～12月的问题还没有被根本改变。目前，我国柑橘83%左右的成熟期在11～12月，而美国柑橘果实的采收期从9月到翌年6月，巴西鲜果上市期从3月到12月，全年仅有2个月的空档期。我国柑橘的品种结构与柑橘发达国家2∶3∶5的早、中、晚熟品种比例结构相比，差距甚远。不合理的柑橘产业结构严重影响了柑橘的种植效益。

3. 适于果品加工的柑橘品种较少，大多用于鲜销

全世界柑橘的33%用于加工，其中甜橙和葡萄柚加工比例为37%，宽皮柑橘为9.1%，柠檬、梾檬为22.1%。加工产品主要是果汁和罐头。目前，巴西和美国是世界上最大的柑橘生产和橙汁生产及出口国，其柑橘产量中用于加工的比例分别为85%和69.7%。以鲜果生产为主的澳大利亚、以色列、意大利，以及以鲜果出口为主的西班牙等的柑橘加工比例也分别达到45%、45%、32%和20%。我国柑橘加工以罐头为主、果汁为辅，制罐品种以中熟的温州蜜柑为主，加工期不足3个月。我国橙汁产业较为薄弱，适宜果汁加工的甜橙品种少，真正用于加工的还不到甜橙产量的5%，且因熟期过于集中，极大地阻碍了橙汁加工业的发展。

4. 品种发展受市场驱动明显，品种合理布局仍有待完善

我国柑橘产业品种布局还存在盲目现象，很多产区不顾当地的气候环境条件，盲目根据市场需求引种，造成很多优良品种发展过滥，产业发展品种同质化现象明显。很多地方特色品种由于大量发展变成了广谱品种，品种差异化发展的格局还未形成。

（二）我国柑橘品种结构调整的目标

我国是柑橘生产大国，但还不是柑橘生产强国。在过去几十年间，柑橘面积和产量的迅速扩张加剧了柑橘产业存在的问题。柑橘品种结构的调整成为柑橘产业可持续发展的重要环节。借鉴巴西、美国、西班牙等柑橘生产强国的发展模式，我国柑橘品种结构调整需从以下5个方面展开。

1. 优化柑橘主栽品种比例，调整和发展鲜销与加工兼用品种，推动柑橘加工业发展

柑橘加工业以橙汁生产为代表。目前，世界橙汁市场特别是非冷冻浓缩橙汁的市场需求逐年增加，除了传统的橙汁消费国如美国、德国、英国和法国的消费量非常大之外，亚洲国家尤其是中国，由于人们的购买力不断上升，以及人们对橙汁营养价值的认识增强，橙汁的需求量将不断增大，其市场前景十分广阔。

我国柑橘品种以宽皮柑橘为主，甜橙比例不足20%，且基本用于鲜销，加工用品种极度缺乏。随着农业部柑橘优势区域发展战略的实施，特别是长江上中游橙汁原料基地和赣州—湘南—桂北脐橙产业带的建设，今后一段时间内要适当引进甜橙品种，特别是加工橙汁原料的品种，比如适合橙汁加工的早熟品种哈姆林、早金等，中晚熟品种特罗维塔、锦橙等，晚熟品种奥林达夏橙等，应在适栽区配套种植，以保证加工厂的原料需求。对作为鲜销的已种植的甜橙品种，依据市场表现优胜劣汰。

2. 优化柑橘品种熟期搭配，实现周年供应

我国柑橘品种熟期过于集中，早熟和晚熟品种少、产量小，难以实现周年供应。为延长柑橘市场供应期，实现柑橘早、中、晚熟品种的比例达到2∶5∶3的目标，首先，应选择适宜产区推广的晚熟品种，如晚熟甜橙(蜜奈、路德红、奥林达)、晚熟脐橙(伦晚)、晚熟杂柑(沃柑、春见、清见、不知火)等；其次，应适当发展早熟品种，如早熟和特早熟温州蜜柑、早熟脐橙等；再则，对于目前中熟品种质量良莠不齐的问题，应慎重发展一批优势中熟品种，以改良中熟品种得到结构。同时，注意不同产区品种的差异化发展。

3. 优化柑橘种质资源，因地制宜，构建柑橘优势区域

我国柑橘种质资源多种多样，但品种结构中存在“三多三少”的问题，比如，形成我国晚熟品种少的原因主要是种植规模太小，果品质量良莠不齐，缺乏多样性的优良晚熟品种，选择余地小。调整柑橘品种，必须以优化柑橘种质资源为前提，以生态环境条件为基础，选择生态适宜区发展特新优品种，适地适栽，扩大柑橘良种的种植比例，形成优势区域。

值得一提的是，杂柑在我国柑橘品种结构调整中起着重要的调节和搭配作用，应将其发展为局部地区的特色主栽品种，以及鲜食柑橘优势区域和加工柑橘优势区域的重要调节搭配品种。

柚类市场潜力巨大，其独特的口感、风味以及保健功能越来越受广大消费者的喜爱，如马家柚、胡柚、红肉蜜柚等。柠檬也具有很好的保健作用，应加大优良品种的选育力度，在其生态适宜区重点规模化发展，但切不可忽视气候条件而盲目引种。

4. 丰富柑橘种质资源库，优化品种砧穗组合，增加我国柑橘品种的国际竞争力

我国近年已成功推广了一批良种柑橘，如蜜奈、路德红、夏金、天草、不知火、濑户香、W·默科特等，大大丰富了我国柑橘种质资源。但目前推广的大都为引进品种，虽然我国也育成了一批良种，良种化程度大为提高，但在推广和集约化种植方面还应加大力度，从而打造我国的自主品牌，增加我国柑橘品种的国际竞争力。

在育种方面，除了要提升接穗的品质，还应注重砧木的选择和培育。近年来由于极端天气增多，我国在柑橘砧木品种的抗性方面面临着极大的挑战。中国是柑橘的原产地，抗性资源十分丰富，不同地区使用的砧木也有所差别，砧木的特殊抗性将在未来柑橘产业中发挥重要的作用。但我国在品种砧穗组合上常出现植株黄化、迟迟不结果或丰产期短等问题。各柑橘产区在调优品种中应重视砧木的亲和性和适应性，如枳砧是常用的柑橘砧木，但枳砧品种在 pH 值高于 7.5 的土壤中种植易缺铁黄化，应改用资阳香橙或红橘作砧木。枳砧矮化适合密植，为实现耕作机械化宜用乔化的卡里佐枳橙作砧木，尤其是从国外引进的甜橙品种。优化砧穗组合，在柑橘品种结构调整过程中将是一项关键、长远而艰巨的任务。

5. 发展易栽易丰产品种

面对柑橘种植成本加大和农村劳动力短缺，在推进柑橘生产机械化的同时，培育适宜粗放栽培、易丰产的“傻瓜”品种将有助于柑橘产业的发展。如甜橙中的哈姆林、特罗维塔等品种，常规管理下很容易实现 45～60 t/hm^2 的产量，而华盛顿脐橙和某些晚熟脐橙，达到 15 t/hm^2 的产量都不容易，且受气候影响极大，易出现大小年现象，甚至会隔年结果。

三、适宜发展的优良新品种简介

（一）鲜食型品种

1. 特早熟温州蜜柑

日南 1 号，原产日本，从早熟温州蜜柑兴津中选出。我国 20 世纪 90 年代引入后各地种植表现优质丰产，湖南石门等县已成为该品种的主产地。其树势强，树姿似普通温州蜜柑，可作为高接中间砧利用。果实扁圆形，平均单果质量 120 g，果皮光滑，着色早、减酸中晚、无浮皮。果实 9 月中旬开始着色，10 月上旬可溶性固形物含量 10.5%，酸含量 1%，糖含量高，甜酸味浓品质优。

大分 1 号，原产日本，由今田早熟温州蜜柑与八朔杂交选育的大分温州蜜柑中选出。我国引入试种表现优质丰产。树势在特早熟温州蜜柑中属中强，树姿开张，枝梢粗细中等。果实扁圆形，单果质量 120～150 g，可溶性固形物含量 10.5%，酸含量 1%，减酸早，甜酸可口。果实 9 月下旬成熟。

大浦，原产日本，从山崎早熟温州蜜柑中选出。20 世纪 80 年代引入我国，各地种植表现早结果、优质丰产。树势较早熟温州蜜柑宫川强。果实扁平，平均单果质量 107 g，着色早、减酸中晚、无浮皮，可溶性固形物含量 10%，酸含量 0.6%，肉质柔软化渣，甜酸适口。果实 9 月底至 10 月初成熟。

上野，原产日本，是从宫川温州蜜柑中选出的特早熟温州蜜柑。我国引入后试种表现早结果、优质丰产。树势、树姿与宫川基本相同，在特早熟温州蜜柑中属树势较强的类型。果实扁圆形，平均单果质量 115 g，果实大小整齐度好，着色早、减酸中，无浮皮。可溶性固形物含量 10.5%，酸含量 0.6%～0.7%，肉质柔软化渣，风味浓。果实 9 月底至 10 月上旬成熟。

稻叶，原产日本，是从宫川温州蜜柑中选出的特早熟温州蜜柑。我国引入后试种表现早结果、优质丰产。树势中等，树冠半开张。枝梢粗而稀，节间稍长。果实扁圆形，平均单果质量 110 g 左右，果皮薄、较光滑，着色早、减酸早，但延迟采收会出现浮皮。可溶性固形物含量接近 11%，酸含量 0.9%～1.0%，肉质橙红色，细嫩化渣、汁多。果实 9 月中、下旬成熟。

宫本，原产日本，为宫川温州蜜柑枝变。20 世纪 80 年代末引入我国，各地试种表现优质丰产。树势较弱，叶片较小，密生。果实扁圆形，平均单果质量 102 g，果皮薄、光滑，着色早、减酸早。肉质柔软化渣，可溶性固形物含量 10%左右，酸含量 1.0%。果实 9 月下旬至 10 月初成熟。

2. 早熟品种

赣南早脐橙，为枳砧纽荷尔脐橙变异优选的早熟品种。树势中等偏弱，树体稍小。单株花量较小，脐黄、裂果引起的后期落果非常少，自然着果率比较高。果实中等偏大，近圆球形，果顶稍平，平均单果质量 250 g 以上。果皮较厚，质地较松，剥皮较容易。果肉橙黄，柔软多汁，细嫩化渣。果实可溶性固形物含量 9.9%～13.0%，总酸含量 0.48%～0.63%，果实品质明显优于纽荷尔脐橙。果实 9 月底至 10 月上旬成熟，比纽荷尔脐橙早 30 d。

爱媛 28 号，由日本选育的南香与西子香的杂交品种。树势旺，果形圆，深橙色，油胞稀，光滑，外形美观，平均单果质量 200 g，易剥皮。可溶性固形物含量 15%左右，酸含量 0.5%以下，无核，口感细嫩化渣，清香爽口，风味极佳。耐贮藏，抗寒性强，丰产性极好，结果成串，是一个非常有潜力的早熟杂柑品种。减酸早，重庆 11 月初成熟，但在 10 月上旬即可上市。与南香同期成熟，但比南香脆嫩化渣，且不浮皮，克服了南香后期水分不足的缺点，是取代南香的最佳品种，适宜在年均温 16℃的地区种植，也是我国柑橘北缘地区的理想品种。

3. 晚熟及中晚熟品种

塔罗科血橙，原产意大利，我国 20 世纪 80 年代引入，四川、重庆、湖南有少量栽培。树势较强，树冠圆头形。果实倒卵形或短椭圆形，果梗部有明显沟纹，单果质量 150 g 左右，果皮橙红，较光滑；果肉含花青素，呈血红色，脆嫩多汁，甜酸适口，香气浓郁，少核或无核，品质上乘；果实翌年 1～2 月成熟，丰产，耐贮藏。塔罗科血橙作为晚熟甜橙，是我国大力推广的优良橙类品种。

奉晚脐橙，又名奉节 95-1 脐橙，1995 年从奉节脐橙芽变中选出，经多年观察遗传性稳定，经重庆市农作物品种审定委员会审定并命名。树势较强。果实短椭圆形或圆球形，单果质量 180～200 g，脐中等大或小，果实橙色或橙红色，果皮较薄、光滑。果肉脆嫩化渣，可溶性固形物含量 11％～14.5％，酸含量 0.7％～0.8％。果肉脆嫩，甜酸爽口，汁多化渣，味浓微香，品质佳。果实成熟期为翌年 2 月中、下旬，可留树贮藏至 3～4 月采收。适宜在冬季温度不低于－3℃的区域种植。适应性较广，早结丰产。

晚棱脐橙，原产于澳大利亚，为华盛顿脐橙的晚熟芽变。引入我国后表现出适应性强，丰产、稳产性好。其树势强健，树姿较开张。果实椭圆形，平均单果质量 250 g 左右；果皮光滑、橙黄色，脐黄色、闭脐；果肉细嫩化渣，风味较浓，可溶性固形物含量 12.4％，酸含量 0.57％；果实有香味，无核。成熟期在翌年 3 月下旬。

鲍威尔脐橙，20 世纪 80 年代澳大利亚从华盛顿脐橙中选出，我国 21 世纪初引入，在重庆三峡库区的奉节、云阳等产区种植，表现优质、丰产。该品种树势中等；果实短椭圆形至椭圆形或倒卵形，果大，平均单果质量 250 g 以上，多闭脐，无核；果皮橙黄至橙色，较光滑；果肉橙色、多汁，可溶性固形物含量 12％，酸含量 0.7％。在三峡库区翌年 3～4 月成熟，可留树到 5 月采收。因该品种果实留树越冬，适宜在冬季温度不低于－3℃(最适在 0℃以上)的区域种植。

班菲尔脐橙，原产于澳大利亚，为华盛顿脐橙芽变。我国重庆部分地区有少量种植，表现晚熟、丰产性好。树势较强，果实短椭圆形至椭圆形或倒卵形，果大，平均单果质量 220 g 以上，多闭脐；果皮橙黄至橙色，较光滑；果肉橙色、多汁，可溶性固形物含量 10％以上，酸含量 0.5％，品质较好。成熟期在翌年 4～5 月，可留树到 6 月采收。因晚熟特性明显，可在热量条件丰富，冬季低温不低于－3℃(最好在0℃以上)的区域种植。

切斯勒特脐橙，原产于澳大利亚，为华盛顿脐橙的芽变。在重庆奉节种植表现晚熟，较丰产。树势健壮，果实短椭圆形至椭圆形或倒卵形，多闭脐；果实大小较均匀，单果质量大的可达400 g；果皮黄色至橙黄色；果肉细嫩、汁多，可溶性固形物含量10.2%，酸含量0.8%，品质较好。成熟期在翌年4～6月。果皮韧性较强，适于较长时间的留树贮藏。因其晚熟，抗寒性较强，适宜在冬季温度不低于－3℃的区域种植。

M·默科特，美国选育的宽皮柑橘与甜橙的杂交种。树姿中等，树姿较直立。果实扁圆形，大小中等，平均单果质量200 g；果皮薄、光滑、海绵层很少，橙黄色，有光泽。核较多。果肉橙红色，果汁多，可溶性固形物含量12%～15%，酸含量0.6%～1.0%，肉质脆嫩，风味浓、甜酸适中，品质较好，耐贮藏。果实翌年1月下旬至3月上旬成熟，也可提前在12月底或留树至翌年4月初采收。

W·默科特(少核默科特)，树势强健，果实扁圆形，大小中等，单果质量120 g左右，果皮薄而光滑，红色，鲜艳，易剥皮。肉质细嫩化渣，风味浓甜，可溶性固形物含量12%～14%，酸含量0.6%～0.9%，少核或无核。果实翌年2月初至3月下旬成熟，也可提前在1月初或留树至4月底采收。

爱媛30号，由日本选育的口之津31与恩科尔的杂交后代。该品种树势中等，果形扁，平均单果质量250 g左右；果皮深红色，光滑，外形极美；浓香爽口，清甜化渣，品质极佳，完熟后可溶性固形物含量可达15%，酸度1.1%。翌年1月上旬成熟，特耐存贮，冬季温度在－3℃以上的地方可挂树至2月采摘，且品质更佳。该品种抗逆性强，极丰产，抗病力强，适宜在年均温16.5℃以上的地区种植。

沃柑，为坦普尔橘橙与丹西红橘的杂交品种。树势强健，果实扁圆形，大小中等，单果质量130 g左右；果色橙红、光滑，果皮包着紧，易剥离；果肉橙红色，肉质脆，风味甜酸、浓，品质优，可溶性固形物含量12%～14%，酸含量0.6%～0.9%，无核。果实翌年1月下旬至3月下旬成熟，也可提前在1月初或留树至4月下旬采收，果实耐贮性好。

不知火，原产日本，为清见与椪柑的杂交品种。树势较弱，果实梨形，果大，单果质量200～280 g；果面橙色、较粗，无核，可溶性固形物含量12%～15%，酸含量0.9%～1.1%，肉质脆，风味甜酸、浓，品质优，果实在翌年1月下旬至3月下旬成熟，也可提前在12月底或留树至翌年4月下旬采收。

清见，原产日本，为特罗维塔甜橙与宫川温州蜜柑的杂交品种。20世纪末我国从日本引入。树势中等，幼树树姿稍直立，结果后逐渐开张。枝梢细长，易下垂。花小，花柱大且弯曲，花粉全无。果实扁球形，单果质量200～

250 g，果色浅橙、较光滑，无核，可溶性固形物含量11%～12%，酸含量0.8%～1.2%，肉质嫩，风味酸甜、较浓，品质好。果实翌年3月上旬至5月初成熟，也可提早在1月底或留树到6月中旬采收，丰产优质。

津之香，日本选育的清见与兴津早生的杂交品种。树势中庸或较强，果实扁圆形，大，单果质量160～250 g；果面橙色、光滑，果皮薄，易剥皮；果肉深橙色，肉质脆嫩化渣，风味酸甜、较浓，品质好，可溶性固形物含量11%～12%，酸含量0.8%～1.2%，香气近似橙类。果实无核。翌年2月下旬至4月下旬成熟，可提早在1月上旬或留树至5月下旬采收。

岩溪晚芦，从福建长泰岩溪镇青年果场的椪柑园中选出。该品种树势强健，优质、丰产；果实扁圆形，单果质量150～170 g；果色橙黄；果肉脆嫩化渣，甜酸适口，可溶性固形物含量13.6%～15.1%，酸含量0.93%～1.07%。果实翌年1月底至2月初成熟，贮藏到4月底至5月初风味仍佳。

矮晚柚，四川遂宁名优果树研究所从晚白柚中选出，经四川省农作物品种审定委员会审定并命名。特点是树体矮化，丰产优质，果实晚熟。树冠矮小紧凑，枝梢粗壮、柔软而披散下垂。果实扁圆形、高扁圆形或近圆柱形，单果质量1.5～2 kg，果皮金黄色、光滑；果肉白色，细嫩化渣，甜酸适中，具香气，少核或无核。果实翌年1～2月成熟，留树至3～4月品质仍佳。

4. 中熟品种

纽荷尔脐橙，原产于美国，为华盛顿脐橙芽变。1978年引入我国种植后表现适应性广，优质丰产。树势生长较旺，尤其是以卡里佐枳橙作砧木。果实多为椭圆形至长椭圆形，单果质量200～300 g，果色橙红，果面光滑，多为闭脐。肉质细嫩而脆，化渣，多汁，可溶性固形物含量12%～13%，酸含量1.0%～1.1%。果实11月下旬成熟，耐贮藏，贮后果色更橙红，品质佳。枳砧纽荷尔脐橙，早结丰产，江西赣南产区6年生树平均单产接近45 t/hm^2。

纳维林娜脐橙，又名奈佛林娜脐橙，从华盛顿脐橙的早熟芽变选育而成，原产西班牙。我国引入后表现适应性广、优质丰产，尤以赣南栽培较多。长势较华盛顿脐橙弱，较罗伯生脐橙强。果实椭圆形或长倒卵形，较大，单果质量200～290 g；果皮橙红色，光滑。果肉脆嫩、化渣，风味浓甜，可溶性固形物含量11%～13%，酸含量0.6%～0.7%。果实11月中旬成熟，较耐贮。

福本脐橙，原产日本，为华盛顿脐橙枝变。我国从日本引入后表现优质丰产。树势中等；果实短椭圆形或球形，较大，单果质量200～300 g，多闭脐。果面光滑，果色橙红，较易剥皮。果肉脆嫩、汁多化渣，富有香气，甜酸适口，可溶性固形物含量11%～13.2%，酸含量0.7%～0.8%。果实11月中、下旬成熟。适宜在气候温暖、雨量较少、空气湿度小、光照条件好、昼液温差大的地域种植。以枳作砧木，能早果丰产。

天草，原产日本，以清见和兴津早生 NO.114 的杂交后代为母本，以佩奇橘柚为父本杂交实生育成。树姿开张，树冠较小，单性结实能力强，无核，但异花授粉时能形成种子。果实扁球形，单果质量 200 g 左右，大小较一致。果皮淡红橙色，较薄，剥皮略难；果面光滑，香气近似橙类；果肉橙色，肉质柔软多汁，适熟期可溶性固形物含量 11%～12%，酸含量约 1%。12 月下旬到翌年 1 月下旬成熟上市。丰产性好，栽培容易，抗寒性较弱，适合在温暖地区种植。

天香，由日本以恩科橘育成的杂交种。树势中庸、稳定，树姿开张，较抗病。完全无花粉，果实无核，但易形成异花授粉种子，单性结实强。果实扁球形，单果质量 200～250 g；果皮橙色，易分离，果面光滑，果肉橙色，柔软多汁，无苦味，糖含量 11%～12%，有甜橙香味。成熟期为 12 月下旬至翌年 1 月下旬，风味良好。

濑户香，日本选育的杂交品种，为清见×恩科 2 号的杂交种与默科特橘橙重交育成。其树势中庸稍弱，树姿稍开张，树冠紧凑，结果性能好、丰产，容易栽培。对疮痂病、溃疡病具抗性。果实扁圆形，单果质量 220～250 g，果皮橙色至深橙色、光滑，果皮极薄，剥皮较容易。果肉柔软多汁，囊壁薄，风味好，可食率高，具有默科特和恩科橘的共有香气，不浮皮，糖含量 12%～13%，酸含量 1%，无核或少核。果实 11 月下旬开始着色，翌年 1 月上旬成熟。

（二）加工型品种

1. 早熟品种

早金甜橙，原产美国，20 世纪末引入我国，在长江三峡库区种植表现优质、丰产、稳产，尤其适宜作为橙汁加工原料的早熟品种栽培。树势中等。果实圆球形至短椭圆形，单果质量 140～170 g，果色橙黄，果皮光滑、较薄。果肉细嫩，甜酸适中，可溶性固形物含量 10%～11%，酸含量 0.5%～0.7%，种子 5～10 粒，品质佳。果实 10 月底至 11 月初成熟，可留树至 12 月底采收，果实比早先从美国引入的哈姆林甜橙大。适应性广，凡适种甜橙的区域均能种植，结果早，一般种后 2～3 年即能开花结果，5～6 年进入盛果期，盛果期单产在 37.5～45 t/hm^2。

哈姆林甜橙，原产美国的实生变异早熟品种，1965 年引入我国，目前在四川、广东、广西、浙江、福建等地有少量栽培。树冠半圆形，开张，树势中等或旺盛，枝叶茂密，小枝粗壮，叶片长椭圆形；果实圆球形或略扁圆形，大小中等，单果质量 120～140 g，果皮深橙色，较薄，光滑；果肉细嫩，汁多味甜，具香味，可溶性固形物含量11%～12%，糖含量8～9 g/100 mL，酸含量0.8～0.9 g/100 mL，无核或少核，品质上等。成熟期为11月上旬，果实不耐贮藏，在甜橙中属耐寒性较强的品种。可鲜食，更适于加工果汁，果汁色泽橙黄至橙红，组织均匀，原果香气浓郁，热稳定性好。果实品质好，成熟期早，产量高，且具有早期丰产性。可作为较早熟和加工果汁的甜橙品种大力发展。缺点是果实均匀度差。

2. 中熟品种

特罗维塔甜橙，原产美国佛罗里达，20世纪末引入我国，在长江三峡库区种植表现易栽、丰产、稳产。可做鲜销品种，更是加工橙汁的中熟品种。树冠圆头形。枝梢直立粗壮，树势强。果实圆球形至短椭圆形，果实橙黄色至橙色，单果质量150～180 g，可溶性固形物含量11%～11.5%，酸含量0.6%～0.9%，种子较少。果实11月中、下旬成熟，可留树至12月底采收。可在甜橙适栽区种植，适应性广，山坡、平地均可种植。结果早，枳砧特罗维塔甜橙种后2年即开花结果，卡里佐枳橙砧特罗维塔甜橙种后3年结果。

（三）鲜食加工兼用型品种

伏令夏橙，又名晚生橙、晚令夏橙，原为我国甜橙变异种，20世纪40年代从美国和墨西哥引入。树势强健。果实圆球形或长圆球形，中等大，单果质量140～170 g，果肉橙黄色或橙红色，表面稍粗糙；汁胞柔软多汁，风味酸甜适口，可溶性固形物含量11%～13%，糖含量8～10 g/100 mL，酸含量1.2～1.3 g/100 mL，种子6～7粒，品质中上，充分成熟后品质优良。翌年的4月底、5月初成熟。我国不同地区的采收期不同，川西一带要在5月下旬或6月上旬采收才能充分成熟。国外经处理贮藏，可在10～11月采收。丰产性中等，鲜销、加工均很适宜，尤其是加工橙汁最好的原料。

路德红，又名红夏橙，为伏令夏橙芽变。树势中等，树姿开张。果实球形，中等大，果皮较光滑，果肉深橙色，色度比普通夏橙深2度，少核，质优，适于加工制汁。成熟期与伏令夏橙相近，在翌年4月下旬至5月上旬。丰产性好，适于南亚热带及中亚热带高热地区栽植。

蜜奈夏橙，又名密特奈特夏橙，起源于南非，为伏令夏橙的早熟芽变。21世纪初从美国加利福尼亚州引入我国，四川、重庆、湖北、江西、广西等地有种植。树势旺盛；果实椭圆形或球形，中等大，单果质量120～180 g，较一般夏橙稍大，皮薄；种子极少或无核；肉质较细嫩化渣，多汁，酸甜，风味浓郁，可溶性固形物含量10.3%，酸含量0.96%，鲜食、加工皆宜。翌年3～4月成熟，比一般夏橙早熟20～30 d。不足之处是对低温较为敏感。目前四川江安和宜宾、重庆长寿、湖北宜昌、广西荔浦等地正在大面积种植。

奥林达夏橙，原产美国加利福尼亚州，为伏令夏橙的实生变异。1978 年引进我国，目前为四川、重庆、广西夏橙产区的主要栽培品种，湖北、福建、江西等其他甜橙产区也有种植。树势强旺；果实圆球形，平均单果质量 150 g 左右；果皮深橙色，较光滑；果肉细嫩、较化渣，酸甜适中，有清香，少核，种子 4～5 粒，可溶性固形物含量 11%～12%，酸含量 0.9%～1.2%。果汁风味和果重均优于伏令夏橙，品质中上，加工制汁品质优。于翌年 4～5 月成熟，属夏橙中的优良晚熟品种。果实大，外形美观，品质优良，丰产稳产，是鲜食兼加工型品种，推广前景十分广阔。

夏金脐橙，原产于澳大利亚，20 世纪末引入我国，种植后表现晚熟，较丰产。树势中等偏强，果实亚球形，平均单果质量 180～250 g，果皮橙黄色、光滑；果肉肉质紧密，细嫩化渣，汁多味甜，风味浓郁，内质极优，可溶性固形物含量 13.2%，酸含量 0.93%，鲜食加工均可。成熟期在翌年 2 月中、下旬，较晚棱脐橙早。夏金脐橙适宜在冬无严寒、低温高于－3℃(最适在 0℃以上)的区域种植，丰产优质。

参考文献

[1]单杨. 柑橘全果制汁及果粒饮料的产业化开发[J]. 中国食品学报，2012，12(10)：1-9.

[2]何劲，祁春节. 中外柑橘产业发展模式比较与借鉴[J]. 浙江柑橘，2009，26(4)：2-7.

[3]邓秀新. 世界柑橘品种改良进展[J]. 园艺学报，2005，32(6)：1140-1146.

[4]陈竹生. 柑橘品种改良进展及对我国柑橘品种结构调整的建议[J]. 中国南方果树，2005，34(2)：23-26.

[5]邓秀新. 中国柑橘品种[M]. 北京：中国农业出版社，2008.

[6]周开隆，叶荫民. 中国果树志·柑橘卷[M]. 北京：中国林业出版社，2010.

[7]钟八莲，赖晓桦，杨斌华，等. 纽荷尔脐橙芽变早熟品种——赣南早脐橙[J]. 中国南方果树，2013，42(2)：48-51.

[8]张展伟，谭耀文，徐社金，等. 柑橘优良品种引种筛选初报[J]. 福建果树，2010(3)：17-19.

[9]谢宗周，邓秀新，伊华林，等. 晚熟脐橙新品种——伦晚脐橙的选育[J]. 果树学报，2011，28(4)：733-734.

[10]江东，曹立. 晚熟高糖杂柑品种“沃柑”在重庆的引种表现[J]. 中国南方果树，2011，40(5)：33-34.

第四章　柑橘砧木选育与苗木生产

砧木在现代柑橘苗木培育中的作用非常特殊和重要。利用所选择砧木对特定栽培环境的优秀表现，通过与优良品种的嫁接，嫁接树兼具各自的优势，使得许多优良品种可以在更广泛的地域推广。对砧木的研究总体来说开展得较晚，许多问题还有待研究。应通过接穗无毒化和砧木单系良种化，研究不同的砧穗组合，选择针对不同区域的最佳组合，结合现代柑橘栽培技术和要求，构建柑橘良种无病毒繁育技术体系，形成具有我国特色的柑橘苗木生产和推广体系。

第一节　柑橘砧木种类与砧木选育

砧木植于土壤中，从土壤中吸收水分和养分并跨砧穗结合部向上输导，为接穗提供水分和矿质营养，对整株树的长势、形态、寿命和产量，对果实品质以及抗性等产生重要影响，直接影响接穗对土壤和其他生物及非生物环境的适应性和果园的经济效益。

柑橘砧木的商业化应用历史并不长，以前对柑橘砧木的研究也重视不够，砧木的种类或类群的开发利用明显少于接穗品种。随着柑橘商品化生产的进一步发展以及众多新型接穗品种的推广利用，对柑橘砧木研究和砧木培育提出了更高的要求。

一、我国柑橘砧木应用现状分析

中国柑橘栽培利用砧木的历史悠久，砧木在促进柑橘在国内不同气候土壤条件下的立足和现代商品化规模化发展中发挥了不可替代的作用。

（一）我国柑橘砧木的利用史

中国具有悠久的柑橘栽培历史，在《尚书·禹贡》中就有柑橘栽培的记载，“淮海惟扬州……厥篚织贝。厥包橘、柚，锡贡。沿于江、海，达于淮、泗。”表明在数千年前的夏朝，柑橘就已开始在扬州地区栽培，并被列为赋贡之物。

柑橘砧木的应用历史应该明显短于栽培历史。早期一般以实生繁殖来保存和繁殖柑橘树。直到 20 世纪 50 年代，四川、重庆、湖南、江西等地实生的红橘、甜橙仍占很大比例。采用实生繁殖，难以保证品种的一致性，开始结果的时间也比较长。为避免实生繁殖的不足，逐渐出现了高空压条、扦插等营养繁殖方式。

实生繁殖和营养繁殖均为自根砧，不涉及使用其他砧木时所需要的嫁接技术。采用其他砧木，对优良品种进行嫁接繁殖，是柑橘栽培技术的一大飞跃。最早记录柑橘砧木嫁接繁殖的文献是南宋韩彦直所著的《橘录》，该书对嫁接过程进行了详细描述：“始取朱栾核洗净，下肥土中，一年而长，名曰柑淡，其根簇簇然。明年移而疏之。又一年木大如小儿之拳，遇春月乃接。取诸柑之佳与橘之美者，经年向阳之枝以为砧。去地尺余，细锯截之，剔其皮，两枝对接，勿动摇其根。拨掬土实其中以防水，护其外，麻束之……工之良者，挥斤之间气质随异，无不活骈。”

（二）柑橘砧木的作用

柑橘砧木的应用对柑橘生产的影响是全方位的，下面作一简单的概括。

1. 提高了优良品种的繁殖和推广能力

在利用砧木嫁接繁殖之前，优良的柑橘品种只能通过扦插、压条、脱冠或实生繁殖（仅适用于具有珠心胚特性的品种）等方式进行繁殖，繁殖速度慢、规模小、效率低。使用砧木后可利用单芽进行嫁接繁殖，极大地提高了繁殖系数、加快了繁殖速度，使得柑橘优良品种的大规模快速繁育和推广成为可能，对柑橘产业化栽培非常重要。

2. 保证了商品化繁育柑橘苗的一致性

常用柑橘砧木一般具有珠心胚发育特性，这使得砧木在遗传上具有一致性，保障了以其为基础的嫁接苗木的环境适应性和对接穗品种后续农艺和产量等性状影响的一致性。

3. 拓宽了优良品种的适栽区域和范围

我国不同区域的土壤环境存在显著差异，如四川盆地有大量 pH 值较高的紫色土，而浙江等沿海滩涂地则存在盐碱化等问题，仅靠接穗品种本身很难克服这些栽培障碍，而针对不同土壤环境选择适宜的砧木则可以解决这个问题。

低温冻害和病虫害是限制柑橘栽培的重要因素，采用耐低温砧木、抗土壤线虫、抗衰退病砧木提高了嫁接后植株的抗性，使得抗性较弱的优良接穗品种可以突破制约获得推广。

设施栽培、观赏栽培是柑橘产业极具潜力的一个增长点，矮化、易调控砧木的使用有助于柑橘盆栽。

4. 降成本、增寿命，提高栽培的综合效益

采用耐盐碱、耐寒等抗非生物逆境的砧木，可以减少果园建园的改土成本及后续的管理成本。采用耐衰退病、抗裂皮病、抗碎叶病、抗线虫砧木等抗生物逆境的砧木，可以显著提高柑橘树体的寿命。矮化砧木使得矮化密植成为可能，既能提高栽培前期收益，也能降低栽培后期的管理成本。能提高果实品质的砧木，则能提升果品售价和拓宽销路，直接提高经济效益。

（三）我国柑橘砧木应用的特点

我国现阶段的柑橘砧木应用受到多方面的影响，在砧木类型的选择上存在明显的区域化、本地化等特点，新型砧木开发利用非常有限。

柑橘砧木类型的区域化，一方面源于我国传统的栽培品种存在明显的区域性差异，如广东等地热量资源丰富，其传统品种以蕉柑、砂糖橘、甜橘等对积温要求较高的宽皮柑橘为主，而江西、浙江等地霜冻出现的时间比较早，极端低温比较低，传统品种就以抗寒性较强的南丰蜜橘、本地早橘、瓯柑等宽皮柑橘为主。不同的接穗品种与砧木存在嫁接亲和性不同等反应，这直接影响着砧木的选用。砧木选择还受到土壤类型差异的影响，不同土壤需要不同的砧木，如四川盆地的紫色土地区，选用红橘、朱红橘等作砧木可明显减轻接穗品种的缺铁黄化症状，而江浙的盐渍土地区选用较耐盐碱的枸头橙作砧木可以降低盐碱危害。

柑橘砧木的选择之所以出现本地化倾向，多与苗木繁育时一般倾向于选用本地可批量获得种子的柑橘类型作砧木有关。如广东、广西常用红柠檬、酸橘作砧木，四川等地常用枳、朱红橘、红橘等作砧木，而浙江等地则采用本地早橘、枸头橙等作砧木。砧木类型的本地化有一定的合理性，多年栽培或野生半野生的柑橘资源材料，比较适应本地的土壤和气候条件，可以较大批量、较低成本地获得种子，可以避免批量调种时引入外地危险性病虫害。但也有潜在的不足，如没有专门选育的单系砧木材料，尤其对新接穗品种，可能存在适应性问题。

砧木类型选择上的区域化、本地化，还与国内柑橘苗木繁育尚没能形成专业化、苗木繁殖管理尚不到位等因素有关。

砧木育种和评价不够深入，没有提供可供选择的更多类型的砧木，也是砧木类型选择上多停留在传统类型、新型砧木开发利用很少的重要原因。

二、柑橘优良砧木的选育、引进与应用

我国尚无专门的柑橘砧木育种或引种计划，目前在生产上应用较广泛的国内砧木，主要来源于苗木繁育、生产实践和部分砧木比较试验等，以国内现有的野生半野生资源或天然杂种为主，如枳、酸橘、枸头橙、资阳香橙、宜昌橙等，尚无采用杂交育种或细胞融合育种等手段自主培育的砧木品种投入产业应用。而有一定应用的国外砧木类型，主要通过种质资源交换引进，也有少部分通过国外合作企业引入。

（一）国内常用优良柑橘砧木种类及其特点

我国柑橘砧木利用的历史悠久，各地多进行过不同品种砧木的利用试验。下面仅介绍部分地域使用广、接穗品种适应广的常用优良砧木。

1. 枳

枳，又称枸橘、枳壳、臭橘，属于芸香科枳属，为柑橘近缘属植物。

枳起源于我国，分布地域广，长期的实生繁殖和区域适应选择形成了众多的品种和变异类型（品系），遗传多样性非常丰富。值得注意的是，虽然同为枳，但不同的品种类型在遗传上仍存在或大或小的差异，可能在作为砧木时并无完全一致的表现，甚至可能表现迥异。因此，育苗时最好选择单系的品种或类型，并注意剔除形态上明显变异的单株。

枳与其他柑橘类植物具有形态上的显著差异，叶片为三出复叶，具冬季落叶性，根系比较浅，须根发达，为灌木或灌木状小乔木。一般类型均极耐寒，较耐湿，喜微酸性土壤，不耐盐碱，耐旱性较差，高抗柑橘衰退病、脚腐病、柑橘线虫，但对裂皮病和碎叶病敏感。

枳的种子为多胚，单果种子较多。枳常用作围篱使用，容易培育获得遗传背景高度一致的砧木苗，与多数柑橘类型嫁接亲和力强、成活率高，并具有矮化或半矮化效果，能保持或提升接穗品种的果实品质，是目前我国应用最多、最广的柑橘砧木。

根据大量和长期的生产实践和对砧木比较试验的观察，枳是温州蜜柑、椪柑、贡柑、金柑、瓯柑、锦橙、华盛顿脐橙、朱红橘、葡萄柚等的优良半矮化砧木，果实品质优于红橘、酸橙等强势砧木；嫁接梁平柚、五布柚、晚白柚等柚类，表现亲和性好，矮化，生长正常，早结丰产。但部分枳类型对一些低酸甜橙品种，如暗柳橙、新会橙和改良橙等，嫁接亲和性差，嫁接苗木在接穗和砧木接合处呈黄褐色，出现一条黄色环圈，在苗圃期或定植后叶

片黄化，生长势衰退，发生所谓的生理性黄环病。用枳嫁接本地早橘、柳橙、蕉柑、汤姆逊脐橙、麻豆文旦、八朔等品种，也出现嫁接亲和性较差的现象，表现树体长势弱、枯枝多、容易早衰等。

因为枳不耐盐碱、耐旱性较差、对裂皮病和碎叶病敏感，在 pH 值较高的紫色土以及盐碱性的海涂地会出现苗木黄化，导致果品质量劣变，不宜选择枳作为砧木；若接穗存在裂皮病和碎叶病等感染时，也会表现树体长势弱、矮化、黄化早衰等现象，这时不能选择枳作为砧木，以免带来不必要的损失。

2. 柚

柚，又名文旦、香栾、抛、气柑等，为柑橘属基本种。

我国是柚的起源地之一，有悠久的栽培历史，目前也是世界上柚栽培最多的国家。柚类品种繁多，据不完全统计，传统品种、地方品种和近年选育的新品种有 100 多个，遗传资源非常丰富。

柚为常绿乔木，一般生长迅速，树冠高大，叶大枝粗，花、叶、果、种子均较其他柑橘类为大，主根发达，根系深。多数类型喜温暖湿润气候，不耐寒，不耐涝，较耐旱；抗脚腐病，部分类型对柑橘衰退病敏感。

柚一般为单胚，种子繁殖不能保证遗传一致性，即使优良品种的实生后代结果后也多酸苦，故称为酸柚。我国有大量实生柚栽培，许多柚类种子多且大，容易获得砧木种子，苗期生长快，成苗容易，与良种柚嫁接成活率高，亲和性好，树势旺，是沙田柚、琯溪蜜柚等良种柚的主要砧木。

酸柚嫁接甜橙、柑类等品种，几年后叶片发黄，生长差，品质低。做尤力克柠檬砧木，树势旺，丰产，果大，但果实和芳香油品质较差，易染流胶病而早衰。在云南，嫁接瑞红(Rio Red)、雷路比(Ray Ruby)等葡萄柚品种愈合快，但尚无品质、树势等的相关后续报道。

3. 朱红橘

朱红橘又名朱橘、洞庭红、早红、南橘、衢橘、金钱橘、大红袍等，为柑橘属基本种宽皮柑橘的变异之一。

朱红橘栽培历史悠久，栽培的范围和面积一直比较大。朱红橘长期实生繁殖，历经不同区域选育，形成了众多的地方品种类型，品种名称繁多，形态变化较大，品种和品质之间、品种和其他柑橘类型之间关系复杂。但根据花型、果实、种子，特别是叶片、果皮和果肉的芳香油成分的特点，可与其他柑橘类型区分。

朱红橘树势强健，树冠圆头形，较开张，根系发达，须根多，结果寿命长。抗寒、抗旱、耐盐碱、耐瘠，抗脚腐病和流胶病，抗裂皮病，易感溃疡病。

朱红橘为多胚，除部分少核品种外，单果种子较多，栽培甚至半野生的范围较广，并有一定的产量。种子播种发芽率高，生长整齐，容易培育获得遗传背景高度一致的砧木苗。与多数柑橘类型嫁接亲和力强，成活率高，能保持或提升接穗品种的果实品质，是目前我国应用较多的柑橘砧木之一。

朱红橘在广东应用最广泛。在提倡果树上山的时期，潮汕地区用三湖红橘(朱红橘的一种)嫁接蕉柑，亲和性非常好，长势好，侧枝多，在早结、丰产、稳产、综合品质性状等方面，优于枳、红檬檬、红橘、归湖酸橘等砧木。广东用三湖红橘嫁接清家脐橙，亲和性非常好，树冠高大，表现早结，较丰产、稳产，综合品质性状优良。

4. 红橘

红橘又名川橘、福橘、大红袍等，为柑橘属基本种宽皮柑橘的变异。

红橘有悠久的栽培历史，栽培范围和面积一直比较大。有文献记载的福建福州、闽侯等地栽培红橘至少有两三百年的历史。在 20 世纪 70 年代以前，红橘在四川和重庆的产量和面积甚至占到当时柑橘总量的 70%，后来随着其他品种的推广，比重才逐步降低，但在重庆万州目前仍保留有数千公顷古红橘。红橘长期实生繁殖，历经不同区域选育后形成了众多地方品种，遗传资源比较丰富。

红橘的树势较强健，树形比较直立，根系发达，须根多，结果寿命长。抗旱、耐瘠，抗脚腐病，抗裂皮病和碎叶病。

红橘为多胚，除部分少核品种外，单果种子较多，栽培范围较广，并有一定的产量。种子播种发芽率高，生长整齐，容易培育获得遗传背景高度一致的砧木苗，与多数柑橘类型嫁接亲和力强，成活率高，能保持或提升接穗品种的果实品质，是目前我国应用较多的柑橘砧木之一。

福建用红橘作椪柑砧木，树冠大，产量高，果大，皮薄，光滑，味甜，汁多，渣少，品质优良，寿命长，适于山地栽培。四川安岳用红橘嫁接尤力克柠檬，可防裂皮病和早衰，碱性土表现优，加工芳香油油质好、出油率高。距地 30～40 cm 嫁接可防流胶病。重庆奉节用红橘砧嫁接奉节 72-1 脐橙，在山地条件下树体强健、寿命长，品质优良。

5. 香橙

香橙又名真橙、药柑、糖橙等，可能是宜昌橙与宽皮柑橘的天然杂种。

香橙是我国古老的栽培品种，主要分布在长江流域，迄今在湖北、四川、重庆、陕西等地仍有半野生分布。其果皮精油有特殊的果香味，果实主要作为中药“枳实”的原料。由于来源的多样性以及长期的实生繁殖，出现了许多类型。与枳类似，不同的品种类型在遗传上仍存在或大或小的差异，可能在作为砧木时表现并不完全一致，甚至可能表现迥异，因此育苗时应注意对品种或类型的选择。

目前在四川柑橘苗木繁育中已作为抗碱性砧木得到广泛应用的资阳香橙，是一种软枝香橙，枝条细软而密生，树势强健，树体较开张、较凌乱，叶色浓绿，翼叶大，果实短椭圆形，果皮橙黄色、较光滑，易剥皮，有香气，味酸，种子大，多胚。

20 世纪 80 年代至 90 年代中期，中国农业科学院柑橘研究所在四川资阳开展柑橘园碱性土改造课题研究，经多年试验观察，发现采用资阳香橙砧的柑橘根系茂盛、分布广、须根群多，树姿开张，果实品质好，比枳砧树势强、丰产，比红橘砧早结、丰产、矮化、无叶片黄化。香橙砧柑橘在 pH 值为 7.0～7.8 的碱性土壤中表现正常，在 pH 值为 7.8～8.3 的土壤中叶片上逐渐有黄化表现，当 pH 值达到 8.3 时叶片出现轻微黄化，但未出现落叶现象，基本不影响柑橘开花结实。因此，资阳香橙抗逆性较强，是碱性土壤中的优良砧木，具有耐旱、耐瘠、抗裂皮病等优点。

在四川、贵州、云南等地的碱性土壤地块，以资阳香橙砧嫁接温州蜜柑、锦橙、脐橙、柚类等品种的苗木，长势比枳砧强健，树冠半矮化，枝梢紧凑，叶色深绿，无黄化现象，较抗寒、抗旱。以资阳香橙砧嫁接树势较弱的特早熟温州蜜柑及不知火等杂柑，有利于增强这些品种的树势，提高产量。资阳香橙砧柑橘嫁接苗早结丰产性好，定植 2 年即可投产，3～4 年即能丰产。

6. 酸橘

酸橘包括硬枝酸橘、软枝酸橘、马屎橘、红皮山橘、台山酸橘、阳山酸橘、江西酸橘和四川酸橘等，为柑橘属基本种宽皮柑橘的变异。

一般为多胚，苗木初期生长较慢，以后生长迅速，生长整齐，容易培育获得遗传背景高度一致的砧木苗。与多数柑橘类型嫁接亲和力强，成活率高，能保持或提升接穗品种的果实品质，是广东潮汕地区水田栽培柑橘应用较多的砧木。

在广东、广西、福建等地广泛用作甜橙、蕉柑、椪柑等的砧木。嫁接苗生长壮，根系发达、细根多，分枝角度大，耐旱，耐湿，寿命长，产量稳定，大小年现象不显著，果实品质优良。但在丘陵山地果园存在投产迟、树势难以控制、容易形成大小年等问题。嫁接温州蜜柑易得青枯病，嫁接树常大片死亡。

7. 枸头橙

枸头橙又称皮头橙、大黄橙，属于芸香科柑橘属，一般归为酸橙类。主要分布在浙江黄岩一带，遗传多样性单一。

枸头橙为常绿小乔木，根系发达，耐旱，耐盐碱，耐湿，较耐寒，抗脚腐病，不抗衰退病，寿命长。枸头橙单果种子多，顶部略弯钩，多胚，容易培育获得遗传背景高度一致的砧木苗。与多数柑橘类型嫁接亲和力强，嫁接后树形大，树龄长，冬季落叶少，产量高，果实品质风味好，大小年不显著，是综合性状比较优良的砧木。

在浙江，枸头橙是黄岩本地早橘的优良砧木，可作甜橙、橘类、温州蜜柑、柠檬、葡萄柚的砧木，尤其耐盐碱，是海涂柑橘的良好砧木，唯结果迟、风味差。以枸头橙为基砧本地早橘为中间砧，可以多次高接不同品种而树体不衰败。

（二）国外引进筛选的优良柑橘砧木种类及其特点

引进的国外砧木中，既有国外从已有天然资源中筛选并广泛应用的类型，如沃尔卡默柠檬、阿伦粗柠檬、兰普梾檬等，也有国外杂交育成的砧木类型，如卡里佐枳橙、特洛亚枳橙、C35 枳橙、施文格枳柚等。

经过国内近年来的苗木繁育实践和一段时间的生产观察，沃尔卡默柠檬、阿伦粗柠檬、兰普梾檬等资源类型筛选的砧木，很少能进入产业应用，这可能是由于区域性的部分品种的初步应用观察中没有优异表现，也可能与砧木种子来源受限和评价应用范围小有关。卡里佐枳橙、C35 枳橙和施文格枳柚等引进的人工育成砧木，已在近年来的容器育苗中得到了一定规模的应用，但其在生产中的效果尚需要更长时间的观察。这些引进砧木是否能比较广谱地适应我国众多的宽皮柑橘类型以及新育成的接穗品种，满足我国丘陵、山地、水田等迥异的地貌土壤和变化多样的气候环境，则需要更多的评价工作。

1. 枳橙

枳橙是枳与甜橙的杂交种，有众多品系。从国外引进的卡里佐枳橙、特洛亚枳橙、C35 枳橙等人工杂交育成的枳橙，随着近年来容器育苗技术的推广应用，得到了大量的使用。国内的偃岭枳橙等天然枳橙杂种，因为种源有限，没有应用评价，尚未在生产中应用。

枳橙一般为多胚，种子繁殖遗传一致性容易保证。叶片基本为三出复叶，半落叶性。树体一般较枳更大，小乔木，主根较枳更发达。砧木成苗快，能够较同期枳砧苗提前嫁接。嫁接苗幼苗生长快、生长旺，耐寒，耐瘠，抗旱。有的品系抗衰退病。可作甜橙、温州蜜柑、本地早橘、椪柑和葡萄柚的砧木。

2. 枳柚

枳柚是枳与葡萄柚的杂交种，半落叶性小乔木，根系发达，生长旺，耐寒，耐瘠，抗旱，幼苗生长快，有的品系抗衰退病。可作甜橙、温州蜜柑、本地早橘、椪柑和葡萄柚的砧木。

（三）柑橘砧木培育需要长期支持

柑橘区域化、新接穗品种的推广、区域性特殊土壤特性（如盐碱化、黏性土等)、良种苗木繁育推广方式的变革等，都对柑橘砧木提出了新的要求。但相对于已经十分艰难的柑橘接穗品种选育，砧木的选育和评价更是一个漫长、艰难的工作，需要得到政府和产业实体更多更长期的扶持和支持，以培育和发掘更多高效砧木，支撑柑橘产业发展的需要。

我国是柑橘的重要起源地，有丰富的资源类型，目前也是世界上商业化栽培柑橘种类最多、气候和土壤类型最为多样、面积和产量最大的柑橘生产国。多样化的接穗品种的不同砧木需求，丰富的可供砧木利用的品种资源，配合持之以恒的砧木育种计划，才能使得我国柑橘产业的根基牢靠。

第二节 柑橘良种无病毒三级繁育体系

柑橘栽培无病毒化、适应市场需求调整品种结构和良种更新是现代柑橘产业发展的重要特征。柑橘生产发达国家已经建立了完整的柑橘良种无病毒苗木繁育体系，生产上普遍采用柑橘良种无病毒壮苗。20 世纪中叶以前，我国柑橘的苗木大都采用有性繁殖方式，即种子繁育，如 20 世纪对柑橘生产发挥重要作用的实生红橘、甜橙等。20 世纪 60～70 年代，我国开始推广应用无性繁殖的方式生产柑橘嫁接苗。改革开放后，我国逐渐引进和消化吸收国外先进的育苗方式和技术，采用多种先进技术提高繁殖系数、缩短育苗时间、加快繁育速度，采用集约化育苗的方式生产无病毒优质良种苗木，这些苗木逐渐在柑橘生产中发挥出重要的作用。21 世纪初，我国开始研究构建适应我国柑橘产业大发展的柑橘良种无病毒三级繁育技术体系，建成了国家柑橘苗木脱毒中心(重庆)和国家果树脱毒种质资源室内保存中心(武汉)，以原种库为基础，构建国家级母本园和采穗圃、省级采穗圃、地方繁育场(中心)为主体的柑橘良种无病毒三级繁育体系，并制定了相应的行业和地方标准规范。

一、发展历史

中国农业科学院柑橘研究所从 1960 年开始对柑橘黄龙病等病害进行分布鉴定和防治研究。20 世纪 70 年代，华南农业大学应用湿热空气处理获得无黄龙病柑橘接穗材料，中国农业科学院柑橘研究所应用四环素等抗生素处理获得无黄龙病柑橘接穗材料。70 年代末、80 年代初，广东、广西和福建应用上述技术建立无黄龙病和溃疡病的柑橘良种母本园。中国农业科学院柑橘研究所 1980 年开始应用指示植物鉴定和茎尖嫁接脱毒技术获取优良品种的无病毒后代。20 世纪 80 年代以来，茎尖嫁接脱毒技术和热处理一茎尖嫁接脱毒技术在科研教学单位得到了较广泛的应用。1986—1991年，四川、湖南实施全省性柑橘良种无病毒繁殖计划；1990—1995年，重庆市实施柑橘良种无病毒繁殖计划。此外，中国农业科学院柑橘研究所90年代初还帮助云南省建立了柑橘良种无病毒母本园。1983—1995年，由农业部植保总站牵头，中国农业科学院柑橘研究所承办了6次全国柑橘黄龙病和病毒类病害防治经验交流会，后因缺少经费而终止。经过30多年的努力，中国农业科学院柑橘研究所针对我国主要柑橘病毒病在致病机理、检测、脱毒和无毒苗繁育等技术方面开展了深入系统的研究，形成了基于分子生物学的快速检测技术，获得了无病毒原原种近500个，建立了世界上最大规模的无病毒柑橘原种保存库及其母本园和适应我国国情的无病毒容器苗繁育技术等，以柑橘研究所为主提出的柑橘良种无病毒三级繁育体系建设思路，得到了农业部、国家三峡建设委员会办公室、国家发改委，以及主要产区政府和龙头企业的采纳，柑橘研究所牵头在重庆开展示范，同时在其他柑橘主产区(如江西、湖南、四川、湖北、浙江、福建、广东、广西)逐步推广，经国内外专家评价，技术水平、繁育能力和栽培效果均达到了国际先进水平。迄今为止，通过国家、地方政府和企业多种渠道投资，在柑橘产区规划建设了100多个柑橘无病毒良种繁育苗圃(场、中心)及两个国家级苗木脱毒中心(均含一级采穗圃)，苗圃面积达1 070多hm^2，年繁育苗木能力约达1.4亿株(其中容器苗育苗能力约为7 000万株)。

二、无病毒三级繁育体系的构成及功能定位

(1)一级(国家级)。由国家级科研(教学)单位中国农业科学院柑橘研究所和华中农业大学进行病毒鉴定和脱毒工作，获得无病毒原原种，并建立保护环境下的国家级无病毒良种库、母本园和一级采穗圃，确保品种的纯正度和无毒化，进行原种网室保存、母树园艺性状观察、一级母本苗培育、一级接穗扩繁。

(2)由省(自治区、直辖市)主管业务部门牵头，建立省级无病毒母本园、苗木繁育中心和二级采穗圃，以地方品种为主，进行园艺性状观察，供调剂用苗培育，并对无病毒品种材料进一步扩大繁殖。

(3)兼顾地理位置和品种布局，选择有较好育苗基础的区(县)建立或扩建无病毒良种苗木繁育场，大量生产无病毒栽培苗木，提供一定辐射半径的柑橘基地栽培。

柑橘无病毒三级繁育体系框架见示意图4-1。

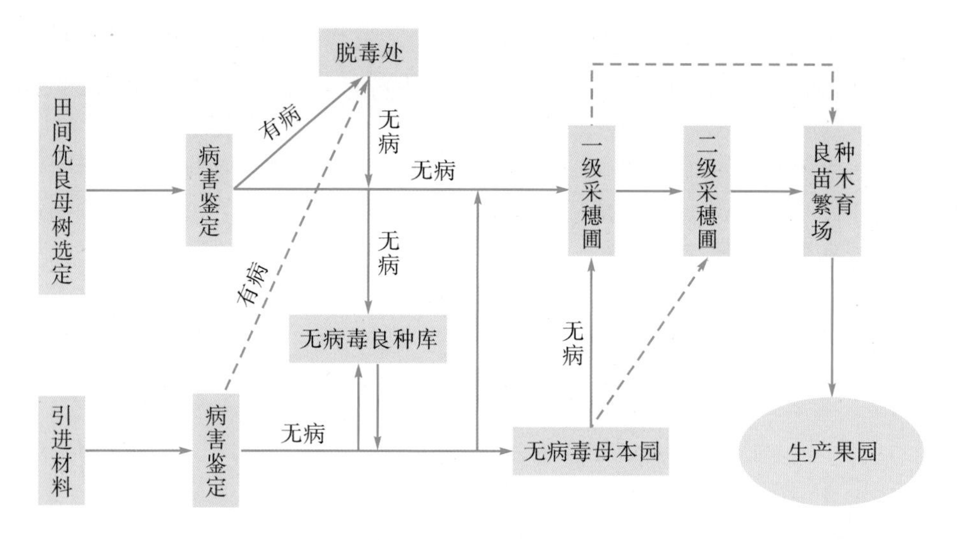

图 4-1　无病毒三级繁育体系框架(周常勇绘)

三、存在的问题

1. 无病毒接穗供不应求

稳面积、提质量、调结构、保增收、展特色，将成为今后一段时期我国柑橘产业的发展趋势，大量老果园需要进行品种更新改造，部分柑橘适栽区在进行“退蔗还果”，对优新品种无病毒接穗的需求量很大，而目前我国能跟上发展需要的优新品种无病毒接穗的生产能力太小。因此，无病毒接穗生产成了“瓶颈”中的“瓶颈”。

2. 运行机制有待完善

柑橘良种无病毒三级繁育体系建立后，其运行机制亟待进一步完善。目前的情况是，有关计划(项目)完成后，无病毒母本园、采穗圃和苗圃等体系的组成部分实行企业化管理，虽然仍在继续进行苗木生产，但有的因运转经费不足和无相应的技术支撑，母本园植株的定期鉴定和新品种材料的鉴定与脱毒未能按要求实施，无病毒品种材料的长期网室保存也受困于经费短缺。有关单位人员不稳定、病害鉴定技术不过关或缺乏跟踪新技术的能力，致使这些单位服务于生产的能力大打折扣。

3. 管理体制尚不健全

由于未能实行注册管理，不同程度地存在育苗和调苗秩序的混乱。一方面，果农对种苗纯正无毒的重要性认识不足，致使大量劣质苗、带毒苗充斥市场；另一方面，苗木生产者的组织化程度也不高，没有形成苗木生产者协会，缺乏统一的认识和经验交流，致使繁育出的苗木质量良莠不齐。2009 年中国柑橘学会苗木分会挂靠中国农业科学院柑橘研究所成立运行，虽然在一定程度上缓解了上述矛盾，但还是有别于苗木生产者协会的职能，在我国计划经济和市场经济体制并存时，繁育体系的管理在计划和市场方面仍有不少矛盾和冲突。

4. 砧木品种改良欠缺计划

由于缺乏砧木发展计划，现育苗多来自围篱上采摘的枳等品种的果实，其抗逆性、抗病性（如抗脚腐病和流胶病）和生长势往往不如优选的单株系。另外，常规砧木育苗密度普遍偏大，长势不好，往往造成嫁接部位高度偏低。这些都直接导致了苗木质量不高。

另外，由于资金投入不足、生产周期长，制约了我国柑橘品种自主改良的速度。通过各种渠道融资，引进国外品种的力度在加大，但随之而来的外来危险性生物入侵的风险明显加大，亟须加强管控力度。苗木繁育环节是病害传播的重点防控环节，特别是在我国不少老果园通过高接换种进行改造的过程中，要特别注意接穗的无毒化，否则极易加速病毒类病害的传播。

5. 检疫性病害预警系统不完整

柑橘黄龙病和溃疡病等检疫性病害历来是柑橘生产的大敌，我国南方各柑橘主产区普遍发生，严重影响了柑橘产业的健康发展。目前我国部分地方柑橘苗木生产和调运以及果品销售状况仍比较混乱，这给黄龙病和溃疡病的防控带来了困难。再就是很多果农尚对这类病害的危害性认识不足，特别是对于伐灭染病树的措施较难接受。目前，我国柑橘产区尚未建立起完备的危险性病害预警系统，在柑橘生产大发展时期，随苗木调运和果品流通传播黄龙病和溃疡病的风险非常值得关注！

以上问题的存在，说明目前柑橘无病毒苗木的生产不够规范，这将严重影响无病毒苗木的质量。如若新品种材料无法不断进入无病毒繁育体系，将迫使生产者不得不使用普通苗木，从而影响品种的更新换代和整个产业的可持续发展。

四、加强我国柑橘良种无病毒苗木繁育体系建设

无病毒良种的储备可以加速无病毒苗木的繁育，从而促进品种结构的及时调整。我国柑橘良种无病毒三级繁育体系的建设，目前已经有了良好的基础，但因没有实行强制性注册管理，加之经费和技术支撑不足等因素，体系建设后的运行机制尚待完善。

1. 规范程序，优化运行机制

2015年《种子法》修订后，农民自繁自育苗木合法，这给苗木管理带来了难度，亟待农业农村部在实施细则的修订中加以规范。应参照国际标准，结合我国的实际情况，制(修)定我国柑橘良种苗木无病毒繁育技术(操作规程)国家和行业标准，通过规范育苗程序来保证苗木质量。严格按照流程有计划地进行逐级放大繁育。无病毒良种库、母本园、优选砧木单株系种子供应园和一级采穗圃应由国家投资建设，由科研(教学)单位负责运行。一级采穗圃建于网室中，采穗母树5年一换，一级采穗圃负责向二级采穗圃提供脱毒接穗，按合理的价格收取费用。二级采穗圃和苗木繁育场(中心)由国家和企业共同投资建设，由企业负责经营管理，采用公司化运作。二级采穗圃建于简易网室中，采穗母树5年一换。在无检疫性病虫害的地区苗圃可建于露天，在检疫性病虫害流行地区应建于简易网室中。为了更有利于无病毒苗木的推广，建议政府对良种无病毒苗木实施部分补贴政策。

行业主管部门应对繁育体系的各个环节实行强制性注册，对母本树、苗木生产过程和苗木质量进行定期或不定期的检查，确保各生产单位严格遵守繁育规章和程序，可委托有资质的第三方机构参与监管和鉴定。对发现的问题及时提出整改意见并监督实行，对不及时整改或整改后达不到要求的单位，取消其育苗资格。

2. 加强交流，建立安全保障

21世纪以来，各级主管部门对建立无病毒苗木繁育体系的重要性有了高度的认识，但企业和果农对栽培无病毒苗木的意义和种苗工程各个环节的有机联系的了解还不够深入，需要加大宣传力度。在时机成熟后，有必要建立苗木生产者协会，定期组织全国柑橘苗木生产者交流经验、切磋技术。由于苗期感病性高、苗木流动性强，病虫害随苗木传播的风险也大，因此，苗木繁育过程中安全性问题必须引起高度重视，有必要在苗木繁育场(中心)建立检疫性病虫害预警系统，严格防止检疫性病虫害随苗木的传播。

第三节　柑橘现代育苗技术规程与标准

一、柑橘苗木生产技术规程

柑橘苗木的繁育是柑橘生产中一项十分重要的基础工作，是建立丰产、优质果园的先决条件。过去生产的大量优质良种无病毒苗木，已逐渐在我国柑橘生产中显现出巨大作用。

（一）"两园两圃"的建立

1. 良种母本园

良种母本园的建设直接影响柑橘良种的纯度和质量，是柑橘苗木繁育的重要一环。良种母本园要求土壤深厚肥沃，水分、光照条件好。母本树定植后建立母本树单株档案，每年记载母本树树势、产量、品质及主要物候期，发现混杂、退化、劣变树后应及时淘汰补充。

2. 砧木采种园

不同的良种适应不同的砧木，砧木的选择还要考虑地理环境和气候的差异。优良的砧木能促使良种早结、丰产、优质，并可增强植株的抗性。因此，在良种苗木繁育时要选择最适宜的优良砧木，建立砧木采种园，以保证苗木繁育中砧木的纯正和优质。

3. 良种采穗圃

良种采穗圃使用采自良种母本园母树的接穗繁殖定植。建立良种采穗圃，应使用营养土培育或选择肥沃深厚的土壤，水分、光照条件要好。加强采穗苗木的肥水管理，增强其营养生长，促多发健壮、饱满的枝条，以供应繁育苗木用。

4. 良种无病毒容器苗木繁育圃

无病毒容器苗苗圃的场地要较为平坦。在无溃疡病、黄龙病地区，柑橘无病毒繁育苗圃应选择在离开交通干线 500 m 以上的地方，以降低检疫性病虫传入的危险。但必须有道路与交通干线连接，以方便生产资料的运入和苗木的运出。要求无污染的灌溉水源充足，特别要注意水源不要被柑橘溃疡病污染；排水方便，不易被洪水淹没。光照良好。

溃疡病、黄龙病疫区苗圃的隔离条件，必须符合《柑橘苗木产地检疫规程》(GB5040)中"3.1"项的有关规定。

无病毒容器苗苗圃的建立，不仅应具备以上的立地条件，还应具有相应的技术条件。苗圃管理者必须具备良种无病毒嫁接苗繁殖技术规程和容器育苗的相关知识；有一定数量的熟悉柑橘无病毒容器苗繁殖技术规程的技术人员，管理者和技术人员都必须严格遵守《柑橘无病毒苗木繁育规程》(NY/T 973)中的有关要求。

（二）育苗基质

容器育苗的营养土基质多种多样，可根据苗圃当地的情况就地取材。最常见的基质有河沙、沙壤水稻土、冲积沙、森林腐殖质土、泥炭、谷壳、锯末、甘蔗渣、菌渣等。

锯末、甘蔗渣、菌渣等基质不能直接用于育苗，要预先进行沤制。沤制方法是：将基质按一致的厚度堆成整齐的长方形，边喷水边翻拌，直至基质吸水适度，然后将拌好的基质堆码成长条圆拱形，并踩紧压实，最后用薄膜封盖严实。一般沤制时间为：春秋 60 d，夏季 30 d，冬季 90 d 以上。其他基质也要根据情况进行必要的处理，如泥炭一般要进行粉碎；森林腐殖质土要进行过筛；若作为播种用营养土，谷壳等也要经过粉碎。

营养土的配制就是将几种营养土基质依不同的目的和要求按不同的比例进行充分混合。将营养土基质按比例倒入搅拌机中搅拌，每次搅拌 3～5 min，使其充分均匀混合，堆积备用。配制好的营养土应具备以下基本要求：疏松透气，土壤空气空隙度不低于 20%；有较强的保水保肥能力，营养元素基本齐全充足；土壤 pH 值依不同的砧木而有所不同，一般枳砧要求在 5.5～6.5，可以用硫黄粉或消石灰进行调整。

（三）育苗容器

育苗容器可以分成播种容器和移栽定植容器两类。播种容器主要是育苗盘，即播种器或播种盒；移栽定植容器有育苗袋、育苗钵、育苗桶等。

1. 播种容器

育苗盘是一种用聚乙烯材料注塑而成的容器——一个长方体盒子，里面有许多圆形的小容器(种植穴)。小容器内壁光滑、上口宽、底窄，使得提取容器苗时非常容易，并且容易清洁，可多次重复使用。

2. 定植容器

育苗袋是以聚乙烯为原料制成的塑料薄膜容器袋，高度一般在 25～30 cm，直径可根据用户需要而定，一般为 15 cm 左右，圆筒状，上口开放，下部保留2～10 个圆孔(圆孔数量依圆孔的大小而定)。有些高级塑料薄膜容器袋还在袋壁中下部两侧打圆孔，以利排水。这种容器的优点是成本低廉、容易获得，缺点是不易添加基质、培育的苗木容易窝根(根系生长不舒展)、排水性能较差、重复利用率低。

育苗钵是以聚乙烯为原料的硬质塑料容器，底部有排水孔。这种容器的优点是添加基质快速简便、排水性能较好，缺点是成本较高、培育的苗木容易窝根。

育苗桶由线性高压聚乙烯吹塑而成，一般高 35 cm，桶口直径 12 cm，桶底直径 10 cm，梯形方柱，底部有 2 个排水孔，桶周围有凹凸槽，能够避免根系盘绕生长并使根系分布均匀。育苗桶成本适中，添加基质快速简便，排水性能较好。目前国内柑橘容器育苗一般采用这种定植容器。

(四)苗木生产技术

1. 砧木培育

(1)砧木种子采集。砧木种子应采自品种纯正、生长健壮的采种母树，一般情况下，砧木果实成熟后即可采收取种。但据研究，枳从未成熟果实中取种也有良好的发芽率。砧木果实采收后，或鲜果剖切取种，或将果实堆积后腐果取种。取出的种子都必须淘净果皮、果肉及果胶等杂质，否则种子易霉烂。采集到的砧木种子可直接播种，或用1%的8-羟基喹啉硫盐浸种，待种皮蘸满药液后捞出阴干，至种皮发白即可处理后贮藏备用。

(2)种子贮藏与运输。砧木种子若需错季节播种或长途运输，则需要对种子进行贮藏。贮藏方法有多种，最常用的有沙藏法和低温保存法。沙藏法即将种子和含水量为5%～10%的清洁河沙混匀，河沙干时，筛出种子，喷水使河沙湿度达到要求。此法较难控制湿度，容易损失种子。低温保存法是将种子装入聚乙烯薄膜袋或塑料桶中，尽可能排出袋内和桶内的空气，密封后贴上标签，注明种子的品种名、采集时间与采集地点等，置于温度为4℃左右的环境中保存。

中短距离运输时，砧木种子必须使用透气性好的材料包装，如麻袋、有孔的木箱等。运输工具不限，但要快转快运，避免受热受淋。运输过程中易出现种子霉变或发热变质，所以要密切注意温度和天气等影响。砧木种子的长途运输最好采用冷链运输(即低温贮藏、低温运输)。冷链运输需要专用的冷藏车，但种子不易霉变或发热烧坏。目前从国外进口种子多采用冷链运输。

(3)砧木播种。果实采收后至翌年3月均可进行砧木露地播种。保护地播种可根据需要随时进行。现代工厂化育苗的砧木培育一般在温室中进行，播种不分季节，砧木生长快，从而缩短了育苗周期，使苗木从播种到嫁接出圃只需18～24个月。一般地温为14～16℃时种子开始发芽，25～30℃时生长迅速。

播种前的准备：将温室、播种器、播种苗床及播种工具先用清水冲洗干净，用有效氯含量为1%的漂白粉消毒后备用。若用于播种或温网室定植，配制好的营养土必须经过消毒。可利用阳光对营养土进行自然消毒，或利用蒸气对营养土进行高温消毒。利用阳光自然消毒时，把营养土铺成厚约20 cm的薄层，用地膜进行密封覆盖，利用夏季太阳光产生的高温杀死营养土中的草种和细菌等；蒸汽高温消毒则是利用高压蒸气锅炉产生蒸汽，将蒸气通过输送管道输入消毒槽对营养土进行消毒，消毒场地要与料场连成一体。将经消毒的营养土装填到播种器中，边装边抖动，使营养土填至距播种容器穴口1～2 cm处，然后将播种容器移至温室苗床架上，用清洁水将营养土充分浇透，营养土自然沉降后等待播种。

种子的消毒及催芽：播种前，将剔除了瘪种和坏种的种子用0.1%～0.4%的高锰酸钾溶液浸泡30 min左右，再用清水冲净。若种子已用1%的8-羟基喹啉硫盐浸泡，则可省去此步骤。催芽的方法很多，可用浓度为200～1 000 mg/L的赤霉素（GA）或细胞激动素（BA）单独浸种或用其混合液浸种24 h，也可将消毒后的种子置于25～30℃的恒温保湿环境中，或者将种子置于保湿条件下，每天用约40℃的温水淋3～4次等方法。

播种方式：常用的播种方式有撒播、条播和点播。撒播和条播一般用于常规露地苗培育，可节约播种用地和播种时间。点播适合于容器育苗使用，该方式节约种子，便于施肥，种子分布均匀，砧木生长较一致。

播种量：一般按计划育苗数的120%播种。每穴播1粒种子，播种时把种子有胚芽的一端朝下植入营养土中，这样播种的砧木幼苗主根弯曲的较少，根系发达。播种后在种子上覆盖1～2 cm厚的营养土，要基本均匀一致，注意盖土时勿触碰种子，再用洒水壶或洒水龙头反复洒水，灌足水，使砧木种子与基质紧密接触。

（4）播种后的管理。播种后以保持温室的温度在25～30℃，相对湿度在90%左右为宜。注意适时喷水，保持播种营养土的湿润。当有90%左右的种子出苗后，用瑞毒霉（甲霜灵）可湿性粉剂800倍液等将幼苗和营养土表面充分喷湿，5 d后喷第二次，防止感染立枯病。一旦发现砧木幼苗有立枯病发生，要立即将已发病点周围10 cm范围内连土带苗一起挖除，用消毒营养土填补，以避免立枯病扩散为害。

砧木幼苗出土后，用0.2%～0.3%的尿素（或复合肥）溶液及时追肥，10 d左右追肥1次。消毒后的营养土一般没有杂草生长，若有少数杂草生长应尽早除掉，以免影响砧木苗的生长。温室中育苗虫害、鼠害较少，但也不可大意，要注意及时预防。

（5）砧木苗出圃。当砧木苗高度达到10 cm以上时，即可开始移栽。砧木苗出圃前必须充分浇水湿透。可将播种容器轻轻抖动，直到营养土与播种容器接触面松动，抓住砧木苗根颈部连同营养土一并提起，注意不要损伤苗木幼根。砧木幼苗要分级出圃移栽，以高度3～5 cm为1个等级差，凡在出圃时有根系损伤的苗应下降1个等级，主干或主根弯曲、根颈部扭曲和主干上有黑色或褐色斑点的苗为不合格苗，应彻底剔除。

（6）砧木苗移栽及管理。移苗前先将育苗容器装上约1/3的营养土，左手持住幼苗的根颈部，并固定在容器口中央位置，再往容器中装填营养土，边装边摇动，使苗木根系与营养土充分接触，压实后即可。移栽时主根不能弯曲，以幼苗根颈部露出营养土表层为度。移栽后将其整齐地摆放在育苗场，灌足定根水。若有苗木倒斜要及时扶正，防止主干弯曲生长。

移栽1周后可施0.1%～0.3%的复合肥水溶液，以后每10 d左右施0.3%～0.5%的肥液1次。嫁接前15 d停止施肥，但应注意浇水。及时清除杂草，容器内土壤肥沃疏松，生长的杂草根系深而发达，要趁杂草幼小时及时清除。注意抗旱保湿和病虫害防治。

2. 接穗的繁殖

(1)采穗圃的建立与管理。培育高质量的无病毒容器苗，必须有优质的无病毒接穗。合格的无病毒苗木接穗一定要采自柑橘良种三级无病毒繁育体系的一、二级采穗圃或母本园，原则上不在生产果园或体系外的采穗圃采集接穗。这是生产脱毒嫁接苗的重要保障措施，千万不能图省事或以降低成本等为由随意采取接穗。

采穗圃必须建在土质肥沃、排灌方便、光照良好、有较好隔离条件的土地上，也可在大容器或水泥苗床中用营养土培育采穗树。可以适当密植，管理措施以促进植株营养生长为主，培养尽可能多的充实健壮的接穗。一级采穗圃必须建立在温网室中。在柑橘疫区，二级采穗圃也必须建立在温网室中。在非疫区，二级采穗圃可以建立在有较好隔离条件的室外。一、二级采穗圃，采穗母树均只限采穗5年或500芽/株。

(2)接穗的采集与贮运。接穗应采自品种优良、纯正、生长健壮、丰产稳定的母树。采集树冠中上部的芽眼饱满、木质化的枝条，采集后及时剪去叶片，仅留叶柄，挂上品种及采集时间标签待用。

接穗宜随采随用，这样嫁接成活率高。若必须进行贮藏、运输，以冷库贮藏、冷链运输为宜。贮运时，先用保湿材料(如湿润后拧干的毛巾、石花、报纸等)将枝条包裹好，再在外面用聚乙烯薄膜袋密封，置于温度为4～8℃的冷库或冷藏车中进行贮运。贮运过程中，每隔5～7 d打开包装检查枝条，剔除霉烂枝条，取出保湿材料清洗拧干后，按上述方法重新包装好继续贮运。

3. 嫁接及嫁接苗的管理

(1)嫁接原理。嫁接法繁殖苗木是应用最广泛、最主要的果树繁殖方法。嫁接繁殖能保持嫁接品种的优良特性，使其早结、丰产；能利用砧木品种的优良特性调节树势、增强树体的抗逆性。选择合适的砧穗组合，可提高产量和改进品质。任何木本植物的木质部和韧皮部之间都有一层薄壁细胞，即分生组织，它具有分生的作用，也被称为形成层。嫁接就是在外力的作用下，将接穗和砧木的形成层紧密结合，再通过两者分生新的细胞，产生愈伤组织，经过一系列的愈合过程，逐渐使二者成长为一个紧密结合的新的植株个体，共同完成植株的同化与异化作用。

(2)影响嫁接成败的因素。内因：一是砧木与接穗的亲和力；二是砧木和接穗的生长状态，砧、穗细胞具有高度活力的时期最适宜嫁接。外因：27℃左右是最适宜的温度，一般气温在15℃以下时不宜嫁接，气温过高时也不宜嫁接。但如果有灌溉条件，气温在35℃左右时也可以保证一定的嫁接成活率。嫁接技术直接影响嫁接的成败，砧、穗削面粗糙或不清洁将使砧、穗形成层不能紧密结合；若削面太深，达木质部，形成层细胞太少，则可导致愈合困难或愈合时间长；薄膜包扎不严，使接口水分过度蒸腾等都影响嫁接的成活。嫁接薄膜解除过早或过迟、剪砧不当、灌溉时间与嫁接时间太接近、嫁接后马上施肥等，都可能影响嫁接的成活率。

(3)嫁接方法。常用的嫁接方法有腹接法和切接法。

腹接法嫁接：接口部在砧木离地面一定高度的部位，嫁接时不剪除接口部以上的砧木。腹接切口一般有斜切刀口、T形切口、倒T形切口等。斜切刀口嫁接时，嫁接刀紧贴砧木主干向下纵切一刀，深至形成层，将削下的切口皮层切掉1/3～1/2，砧木切口要平直、光滑而不伤木质部；T形切口嫁接时，先用嫁接刀在砧木光滑部位横切一刀，深达木质部，再用刀尖从横切口处沿砧木主干纵刻一刀至形成层，将T形切口交叉处皮层轻轻挑起，然后将接芽沿纵刻的刀口从上往下插入切口后缚扎；倒T形切口嫁接与T形切口嫁接相似，只是横切口在下方，且横切口只能至形成层，将接芽沿纵刻的刀口从下往上推入切口，然后缚扎。

切接法嫁接：在嫁接前用嫁接刀或枝剪朝一侧斜切断砧木，断面为光滑斜面，在砧桩低的一侧开嫁接刀口，刀口深至形成层而不伤木质部，留住削下的皮层，嵌入接芽，缚扎。切接成活后发芽快而整齐，苗木生长健壮，不用剪砧，但只能在春季应用。

(4)接芽的削取。接芽一般分为单芽和小芽。

单芽是指带有1个芽的长约1～1.5 cm的枝段，嫁接用的单芽应为通头单芽。削取通头单芽时，将枝条宽而平整的一面紧贴左手食指，在其反面离枝条芽眼下方1 cm处以45°角削断接穗，此断面称为“短削面”，然后翻转枝条，从芽眼上方下刀，刀刃紧贴接穗，由浅至深往下削，削下皮层至露出黄白色的形成层，此削面称为“长削面”，长削面要求平、直、光滑而深恰至形成层，在芽眼上方0.2 cm处削断接穗，供嫁接使用。

小芽又称芽苞片，取芽时左手顺持接穗，将嫁接刀片置于芽眼与叶柄之间或叶柄处，沿叶痕向叶柄基部斜切一刀深达木质部，再从芽眼上方与枝条平行向下平削一刀，与第一刀交叉时取出芽片，芽片削面带有少量木质部，芽片基部呈楔形。

(5)嫁接准备。嫁接前，将容器砧木苗按不同的等级分级重新摆放，以备嫁接，并对可嫁接的砧木主干上的分枝进行修剪。若是干旱季节，应在嫁接前3～4 d灌1次透水，使砧木苗水分充足。准备锋利的嫁接刀，嫁接刀既可以用专用的嫁接工具刀，也可使用大小合适的电工刀，还可以自己用锯片磨制嫁接刀，可根据实际情况和习惯使用不同的嫁接工具。另外还应准备修枝剪、磨刀石、有效氯含量为1%的次氯酸钠消毒水，以及包扎用的薄膜。

(6)嫁接时期。若在温室中进行容器育苗，温度、湿度可人为控制，一年中任何季节都可嫁接。露地容器育苗一年中除温度最低的11月至翌年1月不能嫁接外，其余时间都可进行嫁接。因气候差异，嫁接的主要时期在各柑橘产区有一定的差异，其中在重庆等地6～9月为主要嫁接时期，而在云南等地2～3月为主要嫁接时期。

(7)嫁接苗的管理。

补接：嫁接20 d后检查成活率，将同一品种未嫁接成活的砧木移至同一地点，统一管理，进行补接。补接方法同普通嫁接，此时注意嫁接部位的选择应比原部位稍低，以免出现嫁接后苗木砧木部分受损。

倒砧、剪砧：腹接成活的苗木，在砧木顶端将接芽以上的枝干与接芽反向弯曲，用绳索捆绑固定。也可在接芽上方2～3 cm处用嫁接刀轻刻砧木约1/3，然后将砧木反向折倒。待第1次接芽萌发抽梢、自剪并成熟后剪去上部弯曲砧木，同时将嫁接薄膜解除，剪口最低部位不能低于接芽的最高部位，剪口应平滑。

除萌和疏芽：倒砧后，砧木接芽的上下部位均容易抽发萌蘖，应注意及时抹除砧木萌芽。一般接芽上方的萌芽可直接用手扳去，接芽下方的萌蘖应用锋利的刀剪削除，一般1周进行1次除萌。由于柑橘是混合芽，接芽很容易同时抽发2个以上的萌芽，此时应注意疏除生长较弱的萌芽，只留直立、生长旺盛的1个萌芽。

立柱扶正：柑橘容器嫁接苗的嫩梢生长快，极易弯曲倒伏，特别是温州蜜柑类，需用立柱扶正。在容器中插入1根直立的竹竿或竹片，用塑料带将苗木嫩梢和立柱捆成“∞”形，注意不要将苗木在立柱上捆得过紧，以免苗木被擦伤，应随苗木长高而增加捆绑的次数，从而使幼苗直立向上生长而不弯曲。

定干、整形：当嫁接苗长至40～50 cm时，应及时截顶、整形。截顶前应施足肥水，促抽分枝，截顶高度因品种不同而有差异，一般在6月下旬至7月上、中旬进行截顶。截顶后上部的芽萌发新枝构成幼苗主枝，1株苗留3～4个不同方向、分布均匀的新枝，其他枝梢随时抹除。

(8)肥水管理。现代育苗所用的营养土一般都现配现用，不添加肥料。因此嫁接苗的肥水管理与砧木苗的肥水管理一样，一般每周用0.3%～0.5%的复合肥(N：P：K=15：15：15)或尿素溶液淋1次苗，同时应注意喷施其他微量肥料，以防嫁接苗患缺素症。枳砧最后一次施肥一般不晚于8月底，枳橙砧可到10月底。由于施水肥、兼作灌溉，一般情况下可不另行灌溉，但在旱季应在施肥间隙增加1次灌溉，以保持土壤湿润。

(9)病虫害防治。温室中的容器苗病虫害比较少，营养土经过消毒而且不重复使用，一般情况下，幼苗期喷3～4次瑞毒铜(甲霜铜)、甲霜灵等防治立枯病、脚腐病、炭疽病即可。露地容器苗除注意防治以上病害外，还应重点注意防治柑橘红蜘蛛、潜叶蛾、蚜虫和凤蝶等。

4. 出圃

除气温较低地区的冬季不能出圃定植外，其他季节容器培育苗木均可出圃定植。出圃时连同容器一起运往定植点。苗木出圃按《柑橘嫁接苗分级及检验》(GB 9659)中规定的标准执行。出圃前应经当地的植物检疫机关检疫，确认无检疫性病虫害，并出具产地植物检疫证明，按《柑橘苗木产地检疫规程》(GB 5040)执行，同时所育苗木必须符合《柑橘无病毒苗木繁育规程》(NY/T 973)。苗木出圃时，清理核对品种标签，在每株苗木上标明品种、砧木，并由专人登记苗木出圃时间及去向，入档保存。

二、柑橘苗木标准

1. 标准的制(修)定

有关柑橘苗木的标准主要分为两大类，即柑橘苗木质量标准及检疫规程。目前我国执行的柑橘苗木国家标准《柑橘嫁接苗》(GB/T 9659)是在1988年的标准《柑橘嫁接苗分级及检验》(GB/T 9659)的基础上修订的，它对原标准名称做了修改，对部分术语、砧穗组合方式、砧木和接穗的规定及要求、出圃苗木质量体系、苗木检验及包装运输等方面的技术内容进行了修订。随着技术的进步和科技的发展，我国2006年还制定了两个行业标准，即《柑橘苗木脱毒技术规范》(NY/T 974)和《柑橘无病毒苗木繁育规程》(NY/T 973)。检疫规程也有1985年版本和2003年的修订版本，分别是《柑橘苗木产地检疫规程》(GB 5040)和《柑橘苗木产地检疫规程》(GB 5040)。此外，全国各柑橘产区根据本地区柑橘产业发展的需要和规范，也制定了一些地方性柑橘苗木标准，如重庆市的《“百万吨优质柑橘产业化工程”苗木繁育规程》和《“百万吨优质柑橘产业化工程”苗木繁育标准》，分别就柑橘苗木的繁育设施、技术和繁育的苗木质量做了规范；四川省制定了《柑橘嫁接苗木等级标准》(DB51/T 902)；江西赣州制定了《无公害食品 赣南柑橘无病毒苗木繁育规程》(DB36/T)；广西也于2003年发布实施了《柑橘苗木生产技术规程》(DB45/T 63)，2008年发布了《柑橘无病毒苗木繁育技术规程》(DB45/T 482)。

2. 标准的主要参数

不论是国标还是地方标准，都规范了砧木、接穗及苗木的质量标准，其中最主要的苗木基本要求是：嫁接口高度、苗木主干高度、苗木径粗、苗木高度及分枝数。国标具体规范为：嫁接部位须在砧木离地面 10 cm 以上，嫁接口愈合正常，已解除绑缚物，砧木残桩不外露，断面已愈合或在愈合过程中。主干粗直、光洁，高 25 cm 以上(金柑 15 cm 以上)，具有至少 2 个且长 15 cm 以上、非丛生状分枝，枝叶健全，叶色浓绿，富有光泽。无潜叶蛾等病虫严重为害。砧穗接合部曲折度不大于 15°。根系完整，主根不弯曲、长 15 cm 以上，侧根、须根发达，根颈部不扭曲。嫁接口上方 2 cm 处的主干最大直径即为苗木径粗，一般要求在 0.6 cm 以上，自土面量至苗木顶芽的苗木高度一般要求在 45 cm 以上(金柑例外，要求在 35 cm 以上)。

有些地方标准为适应当地的柑橘发展，修订了单个或多个指标。重庆就特别规定嫁接口高度为 15 cm 以上，主干高 30 cm，主根长 20 cm 以上；四川的标准就对分枝数不做规定，只注重苗木嫁接口高度、苗木粗度及高度等；江西赣州的标准则针对不同的砧木分别要求嫁接口高度，枳橙砧 15 cm 以上，枳砧 10 cm 以上，但要求主干高度为 40 cm 以上。

参考文献

[1]陈远忠，钟德志. 卡里佐枳橙嫁接纽荷尔脐橙在赣南的性状表现[J]. 浙江柑橘，2013，30(1)：8-10.

[2]淳长品，彭良志，雷霆，等. 不同柑橘砧木对锦橙果实品质的影响[J]. 园艺学报，2010，37(6)：991-996.

[3]龚桂芝，洪棋斌，彭祝春，等. 枳属种质遗传多样性及其与近缘属植物亲缘关系的 SSR 和 cpSSR 分析[J]. 园艺学报，2008，35(12)：1742-1750.

[4]江东，陈竹生，洪棋斌，等. 通贤柚在十四种砧木上的表现[J]. 中国南方果树，2004，33(2)：1-4.

[5]金啸胜，徐建国. 砧木与柑橘的多样化栽培[J]. 浙江柑橘，2001，18(2)：11-14.

[6]李学柱，罗泽民，何绍兰，等. 不同砧木伏令夏橙对土壤 pH 值的适应性[J]. 园艺学报，1990，17(4)：263-269.

[7]李学柱，罗泽民，邓烈. 6 种柑橘砧木苗对土壤 pH 值适应性的初步研究[J]. 西南农业大学学报，1993，13(1)：79-81.

[8]刘建军，陈克玲，胡强，等. 特色地方柑橘资源“资阳香橙”的初步研究[J]. 西南农业学报，2008，21(6)：1658-1660.

[9]卿尚模，易时来，朱旭荣，等. 不同土壤 pH 值对资阳香橙等 4 种柑橘砧木苗生长的影

响[J]. 中国南方果树，2007，36(6)：10-12.
[10]甘廉生，唐小浪. 广东省柑橘志[M]. 广州：广东科技出版社，2013.
[11]万良珍，周开隆. 哈姆林甜橙砧比试验：1，枳不同选系的比较[J]. 中国柑橘，1989，18(4)：3-7.
[12]郑永强，邓烈，何绍兰，等. 几种砧木对哈姆林甜橙植株生长、产量及果实品质的影响[J]. 园艺学报，2010，37(4)：532-538.
[13]先宗良，邓大林，兰庆渝. 柑橘砧木对柑橘脚腐病菌(phytophthora parasitica)的抗性研究[J]. 四川果树科技，1990，18(2)：29-30.
[14]朱世平，江东，洪棋斌，等. 柑橘砧木研究进展[J]. 中国南方果树，2013，32(2)：30-34.
[15]朱利华，章文才. 砧木对柑橘嫁接幼树早果影响的生理生化研究[J]. 园艺学报，1991，18(4)：296-302.
[16]周开隆，叶荫民. 中国果树志·柑橘卷[M]. 北京：中国林业出版社，2010.
[17]秦光成. 柑橘苗木省力化增温繁育技术[J]. 中国南方果树，2002，31(3)：25.
[18]周常勇，赵学源. 柑橘良种无病毒苗木繁育体系建设[J]. 广西园艺，2004，15(4)：11-17.
[19]谭志友. 现代柑橘容器育苗技术[J]. 中国南方果树，2007，36(1)：11-13.
[20]柯甫志，徐建国，聂振朋，等. 现代柑橘种苗工程[J]. 安徽农学通报，2007，13(24)：75-76.
[21]中华人民共和国国家质量监督检验检疫总局，中国国家标准化管理委员会. 中华人民共和国国家标准 GB/T9659—2008 柑橘嫁接苗[J]. 中国果业信息，2008(12)：29-31.
[22]李太盛，周常勇，陈洪明. 苗床柑橘脱毒苗的培育技术研究[J]. 中国南方果树，2010，39(3)：23-24.
[23]李太盛，李中安，周常勇. 重庆市柑橘苗木设施培育技术[J]. 种子，2011，30(3)：124-126.
[24]廖劲萍. 优质柑橘苗木繁育技术[J]. 科技向导，2012(11)：344-345.
[25]陈旦蕊. 柑橘砧木的研究现状及展望[J]. 浙江柑橘，2000，17(4)：8-10.

第五章　柑橘标准园建设

果园建设是果树生产的第一步。橘园建设的质量决定了柑橘的产量和质量，也事关柑橘生产的成本、效率和对自然灾害的抵抗能力。我国传统的柑橘栽培规模小、零星分散，主要分布在房前屋后、荒山荒坡和河滩地，果园建设因陋就简，多数橘园缺少规划，建设标准低。改革开放后，我国柑橘产业迅猛发展，柑橘生产的集约化、规模化、标准化程度不断提高。果园建设的标准化是柑橘生产标准化的基础，好的果园是从“选天、选地、选品种”开始的，以“改地、改土、改水、改路”为重点，在尽量保护生态环境的基础上，综合考虑和兼顾山、水、田、园、路和配套设施，最大限度地实现生产管理的机械化和信息化。

第一节　种植模式的变迁

一、果园选址的变化

20 世纪 50 年代以前，我国柑橘栽培规模小，面积少、产量低，柑橘园主要建在房前屋后、河滩冲积地等处，只有广东、浙江等沿海发达地区的部分果园建在较肥沃的水稻田上。

1950 年代至 1978 年，柑橘园多由集体经营，受计划经济和粮食供应紧张等因素的影响，新建柑橘园选址的主要原则是“上山下滩，不与粮棉油争地”，绝大部分新建果园建在丘陵、岗地、山地、河滩、海涂等贫瘠土地上，有部分果园甚至建在遍布石块的丘陵山地，立地条件差，建园和栽培管理成本高，成功的柑橘园不多。1983 年全国柑橘种植面积 35 万 hm^2，年总产量 130 万 t，平均单产 3 714 kg/hm^2。

改革开放后我国柑橘生产快速发展，在诸多因素中，果园选址的变化对促进柑橘生产的发展起了较大的作用。改革开放后农村实行了土地承包经营，并放宽了对耕地种植作物种类的限制，柑橘园选址开始多样化，除了仍有较大比例建在荒山荒坡、河滩地、海涂上外，开始有不少果园建在旱耕地和水稻田上。随着时间的推移，越来越多的新建柑橘园选址在耕地上。进入21世纪后，大多数重点柑橘产区的大部分耕地已被用于种植柑橘。由于耕地的土质肥沃，加上规模化种植以及栽培技术水平的提高，近20年来我国柑橘生产发展迅猛。1997年，全国柑橘面积131万 hm^2，产量1 010万 t，平均单产7 710 kg/hm^2。2012年，全国柑橘面积204万 hm^2，产量3 168万 t，平均单产15 529 kg/hm^2。2017年，全国柑橘面积257万 hm^2，产量3 853万 t，平均单产14 992 kg/hm^2。

二、改土方式的变化

早期的柑橘栽培，在旱地上建园大多采用挖穴方式改土，在水田和易积水的低洼地上建园一般采取筑土墩或起垄(筑畦)的方式改土，也有部分果园采用挖沟改土方式。

20世纪60～70年代，中国农村曾进行过包括兴修水利、平整土地、改良土壤等内容的大规模农田基本建设。这一时期的柑橘园几乎全部建在丘陵、岗地、山地、河滩、海涂等贫瘠土地上，其中的坡地果园一般先修筑梯地(条带)，然后开挖改土沟(沟宽通常在1 m以上，沟深在0.8 m以上)，再回填大量改土材料。多石的丘陵山地通常采用挖穴改土方式，有的甚至用炸药炸石开穴，改土穴直径在1 m以上，深度在0.8 m以上，穴内回填泥土和改土材料。改土材料主要有厩肥、作物秸秆、绿肥、杂草、树枝叶、塘泥、磷肥、饼肥、甘蔗渣、烟叶渣以及石灰(红壤、黄壤等酸性土壤使用)或硫黄粉(紫色土、石灰性土壤等碱性土壤使用)等。这一改土模式的基本方法至今仍在我国柑橘产区广泛应用。在海涂、河滩地等易积水的地方建果园，主要采取挖深沟排水，然后挖穴改土的方式。

改革开放后，柑橘园经营模式由集体经营改为个体经营，但丘陵山地建园的改土模式仍然是修筑梯地(条带)后开挖改土壕沟和地面直接开挖改土穴，然后回填改土材料。不过，后来的改土材料用量普遍下降，绿肥、塘泥、硫黄粉等用工量大或价格高的改土材料已很少应用。近20年来，各柑橘主产区有大量的水稻田被改建成柑橘园，其改土方式主要有以下3种。

(1)在排水较好的水田，改土方法是先开沟排水，待土壤干燥后，挖直径1 m以上、深0.6～0.8 m的改土穴，将穴周围的耕作层土壤铲入改土穴中，有的在改土穴中加厩肥、作物秸秆、磷肥、饼肥等改土材料，有的不加改土材料。

(2)在排水较差的水田，改土方法是先在周边开挖排水沟，待地块稍干后再开挖田间畦沟(也称垄沟)，将开挖畦沟的土壤堆置在畦面上，待土壤干燥后，将畦面上的耕作层土壤和开沟挖起来的土壤聚拢成垄，加入或不加入改土材料。此种改土法不破坏犁底层。

(3)在水田周边开挖排水沟，大的水田每隔一定距离开挖纵向深排水沟，待地块干燥后，将耕作层土壤聚拢成垄，加入或不加改土材料。每垄中间再开挖浅排水沟。

随着农村劳动力短缺和用工价格的快速上升，果园机械化已是大势所趋。为了顺应形势，近年来缓坡丘陵和缓坡山地果园越来越趋向于不进行坡改梯，而是直接在缓坡地上开挖改土沟，填入改土材料。此改土方式有利于机械化操作，将成为今后主要柑橘园改土模式。

三、种植密度的变化

20 世纪 60 年代以前，我国不少地方的柑橘采用实生繁殖，且多种植在房前屋后。实生树树冠高大，种植密度 45～150 株/hm^2；采用压条繁殖的或嫁接繁殖的种植密度较高。60～70 年代，柑橘嫁接苗得到推广，种植密度大幅度提高，一般达到 900 株/hm^2 以上，计划密植果园普遍达到 1 650 株/hm^2 以上，有的高达 4 950 株/hm^2，多数计划密植园“有密植、无计划”，最后定植树全部成为永久树，定植 5～8 年进入高产期的同时，树冠也开始密闭封行，此后产量和质量随树冠郁闭、树势衰退和病虫害加重而不断下降，丰产期短，早期因树龄小果实质量差，后期又因树冠郁闭果实品质也差，多数高密度果园的效益都不理想。

20 世纪 80 年代后，我国柑橘种植密度普遍开始下降，多数果园的种植密度在 450～750 株/hm^2，虽然目前仍有种植密度达到 1 650 株/hm^2，甚至更密的，但所占比例已经很小。

四、种植规模的变化

在 20 世纪 50 年代实行集体经济之前，传统上我国柑橘生产基本上是家庭经营，且大多种植在房前屋后，每户的种植规模小，少的只有几株，多的也不过 1 hm^2 左右，几公顷的柑橘园都很少。集体经济时期，柑橘园一般由生产大队或生产小队经营，少量由国有农场经营。生产队的果园面积少的几公顷，多的超过 70 hm^2；国有农场的柑橘园一般在 70 hm^2 以上，甚至有几千公顷的果园。70 年代末至 80 年代初，农村实行家庭土地承包经营，集体经济时期的规模经营结束，随之而来的是恢复传统家庭小规模种植，80 年代，家庭柑橘种植规模普遍只有 0.5 hm^2 左右，超过 0.7 hm^2 的都不多见。

20 世纪 90 年代以来，柑橘生产逐步向规模化种植方向发展，在土地资源较丰富或经济较发达的地区，柑橘园面积一般达到 1 hm^2 以上，大的柑橘园已达 70 hm^2 左右的规模。进入 21 世纪后，一批公司化经营或合作社经营的果园在全国兴起，种植规模普遍在 33 hm^2 以上，规模化种植渐成我国柑橘产业发展的趋势。

第二节　标准园建设技术规程

一、范围

这里介绍的技术规程规定了柑橘标准园的定义、术语、要求、栽培管理技术和档案管理等。

本技术规程适用于柑橘标准园的建设与管理。

二、规范性引用文件

下列文件中的条款通过本技术规程的引用而成为本技术规程的条款。凡是注日期的引用文件，其随后所有的修改单(不包括勘误的内容)或修订版本均不适用于本标准，但鼓励根据技术规程达成协议的各方研究是否可使用这些文件的最新版本。凡是不注日期的引用文件，其最新版本适用于本技术规程。

(1)《无公害食品 柑橘生产技术规程》(NY/T 5015)；

(2)《柑橘苗木产地检疫规程》(GB 5040)；

(3)《柑橘嫁接苗》(GB/T 9659)。

三、术语和定义

1. 柑橘标准园

建立在柑橘优势区域内，农业基础设施完善，规划设计科学，环境条件符合无公害食品标准对柑橘产地条件的要求，品种优良，园相整齐，树势健壮，实行标准化生产，档案管理规范，产品质量安全，经营主体为企业、农民专业合作组织或大型承包者，规模在67 hm^2以上。

2. 脱毒容器苗

通过温、网室培养到一定粗度的无病毒砧木苗，主根放直后置于营养钵内(一般是高38～40 cm、上宽10～12 cm、下宽8～10 cm的塑料容器)，将消毒处理过的调配好的营养土装入营养钵中，装至容器体积的80%左右即可。待砧木苗长到嫁接要求的粗度后，嫁接脱毒的芽或接穗。在具有繁殖脱毒苗条件的苗圃或温、网室内嫁接繁殖出合格的苗木。

3. 脱毒裸根苗

将通过温、网室培养达到一定粗度的无病毒砧木苗按一定株行距植于经过处理的特定苗床内，待砧木苗长到嫁接要求的粗度后，嫁接脱毒的芽或接穗，繁殖出合格的苗木。

4. 生草栽培

生草栽培是指在果树株行间选留原生杂草(剔除恶性杂草)，或种植非原生草类、绿肥作物等，并加以管理，使草类与果树协调共生的一种果树栽培方式，也是仿生栽培的一种形式。

四、要求

(一)园地条件

1. 气候

柑橘适宜生态气候条件为年均温度>16℃，≥10℃的年有效积温在5 000℃以上，1月平均温度≥5℃，1月最低温度在－5℃以上，光照充足，雨量充沛，年降雨量800～1 500 mm，年日照时数在1 000 h以上。对气候条件有特殊要求的品种，应根据品种要求选择适宜的气候条件，确保柑橘标准园选择种植的柑橘品种适宜当地的气候条件。

2. 环境条件

坡地柑橘园坡度在25°以下，平地柑橘园不位于低洼易受冻的地带，且地下水位在1 m以下。距柑橘园5 km内无污染源，园内土壤、空气、灌溉水质量符合无公害食品相关水果产地环境条件行业标准。

3. 土壤

质地良好，疏松肥沃，有机质含量在1.0%以上，土层深厚(土层厚度在60 cm以上)，pH值5.5～7.5，地下水位在1 m以下，通透性和排水性良好。

4. 交通

交通便捷，现有或规划的农村通车道路能够到达柑橘标准园。标准园内要有由主干道、支道、生产作业道和人行便道等组成的道路系统。

主干道与标准园外的当地干线公路相通，按双车道设计，路基宽 7 m，路面宽 6 m，路肩宽 0.5 m。支道与主干道相连，路基宽 4.3 m，路面宽 3.3 m，路肩宽 0.5 m。主干道和支道的填方路基必须夯实，密实度要达到 85%以上，路面结构：基层为 15 cm 厚的手摆片石，路面为 5 cm 厚的泥结碎石，路拱排水坡度 3%～4%。主干道和支道尽量采用闭合线路，并尽可能与村庄相连，最小转弯半径 15 m，特殊困难地段不小于 12 m，每隔 200 m 左右设置错车道。盲道应设置会车场，会车场路基宽度不小于 6 m，有效长度≥10 m，位置应在有利地点，并使驾驶人员能看到两相邻会车道间的车辆。主干道和支道密度为：园内任何一点到最近的支道、主干道或公路之间的直线距离不超过 150 m，特殊地段控制在 200 m 左右。

生产作业道贯穿果园，道宽 1.8～2 m；纵坡坡降小于 8%的可修能通行三轮车或小型运输机械的道路；人行便道建于坡度较大的果园，路宽 1.0～1.5 m，坡度 15°以下的可直上直下，坡度 15°以上的采用 S 形或“之”字形。有条件的山地果园可配套建设索道、轨道运输系统或配备小型便捷运输机械等。小型便捷运输机械道、生产作业道和人行便道为土路，有条件的也可以用五料石铺筑石板路。密度为：果园每一处到作业道、便道，以及主干道、支道的距离不超过 75 m，特殊地段控制在 100 m 左右。

5. 排灌设施

柑橘标准园内或附近应有完善的排灌系统，有优质、稳定的灌溉水源。须保证旱时能灌溉，灌溉水量≥750 t/(hm^2·年)，1～2 t/株；涝时能及时排涝。果园内的排灌系统包括拦山沟、排洪沟、排水沟、梯地背沟、沉沙凼、蓄水池等。

汇水面较大的山地果园或丘陵果园，需要在果园的上方沿等高线修建拦山沟，拦截果园上方的山水，使其汇入排洪沟或排水沟。拦山沟一般宽 0.6～1.0 m，深 0.6～1.0 m，坡度大、不牢固而易冲毁的沟段，两侧沟壁需用石块砌筑，沟底比降 3‰～5‰。拦山沟旁设置沉沙凼，沉沙凼蓄水能力在 1～2 m^3，长、宽、深约为 0.8～1.5 m，间隔 20～40 m 设 1 个，减少泥沙下山的同时兼有蓄水作用。

排洪沟大多是自然形成的，只要不垮塌即可起到排洪作用，所以对不牢固之处要进行加固。特殊地段需要新建排洪沟或自然排洪沟需要改道时，也应遵循少建和就近建设的原则，三面用石块砌筑，由上至下逐渐加深加宽，具体宽深程度应根据汇水面大小和自然形成的排洪沟大小确定，一般深度要大于0.8 m。

排水沟应根据地形变化，在汇水线上修建顺坡排水沟，在主干道、支道、作业道和顺坡便道的一侧(特殊路段需要在两侧)修建排水沟，上宽0.6～0.7 m，下底宽0.3～0.4 m，深0.6～0.8 m；在易积水的低洼地块需要增设果园周边排水沟和田间排水沟，沟深1.0 m以上，宽度相应加大，易冲毁的沟段，三面用石料砌筑，石块间要留水缝。非低洼地的排水沟和其他便道旁的排水沟，上宽0.4～0.6 m，下底宽0.2～0.4 m，深0.3～0.6 m，比降3‰～5‰。

梯地在每台梯地的内侧，距梯壁外30 cm左右修建背沟或竹节沟。梯地背沟或竹节沟离种植的柑橘树的树干的距离要求大于1 m。短背沟在两头设沉沙凼，长背沟除在两头设沉沙凼外，中间每隔20～40 m增设1个沉沙凼。背沟上宽0.3～0.5 m，底宽0.2～0.3 m，深0.3～0.4 m，比降3‰～5‰。

无论是纵向还是水平方向的排水沟，都应根据需要，在果园配套修建沉沙凼、蓄水池，沉沙凼与蓄水池相接。有条件的配套建设果园喷灌或滴灌系统，并与果园喷药系统结合。

6. 果园配套设施

应按照标准果园建设要求，在标准园内醒目的位置树立标牌。标准园内规划设计有生产作业区、生活区、生产资料存放区，以及简易果品预存仓库等基础设施。在有风害的地带，选择与柑橘没有共生性病虫害的速生树种营造防护林。生产用电必须符合电力安全要求，电源到田头，设施规范，便于机械作业。

7. 种植规模

柑橘标准园集中连片，种植规模在67 hm^2以上。

8. 园相和树相

根据具体的生态条件选择合理的栽植密度，园相整齐一致，无缺株断垄。果园通风透光良好，行间距400～600 cm、株间距300～500 cm。植株生长整齐，树势健壮，树冠大小、高度、树形基本一致。严重病虫害树、弱树和小树所占比例不超过5%，缺株率≤2%。

9. 其他

在园区显眼位置设置标牌，按照农办相关要求的标牌大小、格式和内容树立标牌，标明创建规模、树种、品种、生产目标、关键技术、技术负责人和管理责任人等。园区要有一定的防疫隔离条件，主干道入口处设立植物检疫警示牌，主干道上应建有20～30 cm深的消毒池。根据各地生态条件和生产实际，因地制宜地选择露地栽培、促成栽培、延迟采收栽培、避雨栽培等栽培方式，具备必要的促成、延迟、避雨、防寒、防风设施。在能控制植物检疫病虫害传播的前提下，可利用果园旅游观光，增加果园效益。

（二）经营主体

柑橘标准园的经营主体可以是农民专业合作组织（专业合作社）、种植大户或龙头企业，可以拥有自己的品牌。农民专业合作组织要按照《中华人民共和国农民专业合作社法》的要求注册登记，并规范运行。标准园应聘请技术员和专家，负责技术指导和果农的培训工作，并将产地先进、适用、操作性强的生产技术规程印发到每个生产种植户，在标准园醒目位置展示，以便切实按照生产技术规程进行田间管理。

（三）产量

成龄柑橘标准园的单产一般要求稳定在 30～60 t/hm^2（特殊生态条件例外），且无明显大小年现象，相邻年度产量变幅不得大于 25%。

（四）产品质量

产品符合食品安全国家标准或行业标准，达到该产品固有的品质，并通过无公害食品水果产地认证和产品认证，有条件的果园应积极争取通过绿色食品、有机食品和 GAP 认证及地理标志登记。产品须统一品牌，且有一定的市场占有率和知名度。其商标通过工商部门注册。鼓励进行 EUREP-GAP（欧盟良好农业规范）、HACCP（危害分析和关键点控制系统）和欧盟超市认证。产品安全卫生指标符合无公害食品要求，一级果以上的果实比例在 85%以上，商品果率达到 90%以上。

（五）档案管理

柑橘标准园应建立产品执行标准、生产技术规程、质量管理体系和产品质量安全标准，完善管理制度，建立生产及工作档案，包括果园人员培训、有害生物监测与控制、农业投入品使用管理、产品检测与准出制度、质量追溯制度、主要设施管理、工作总结等，资料要齐全、完整，并分类立卷归档。

生产过程中要严格执行农药、化肥的管理制度，农药的购买、存放、使用及包装容器的回收处理应实行专人负责，建立进出库档案。要有完整的生产档案记录，包括使用的农业用品的名称、来源、用法、用量和使用日期，病、虫、草害及重要农业灾害的发生与防控情况，主要管理技术措施，产品收获日期，档案记录应保存两年以上。建立产品检测与准出制度，配备必要的常规品质检测设备和农药残留速测设备，对果实可溶性固形物含量测定和农药残留进行检测，检测不合格的产品一律不得上市销售，销售的产品要有产地准出证明；产品质量可追溯，对生产者和产品进行统一编码、统一包装和标识，可应用信息化手段实现产品质量查询，有条件的应记载果树营养诊断数据和施肥矫正方案，确保从源头上控制果品的产量和质量。

五、柑橘标准园建设

(一)新建果园

1. 栽植方式

平地及坡度在15°以下的缓坡地，推荐使用机械整地。实行宽窄行栽植，南北行向，也可依地势以顺坡行向栽植，方格网放线；在地下水位比较高、土壤较黏等排水不畅的地方，可实行宽窄行起垄栽植(平地垄高40～50 cm，坡地垄高30～40 cm，垄面宽80～100 cm，垄底宽120～150 cm)(图5-1、图5-2、图5-3)。坡度超过15°的山地和丘陵地，实行等高栽植，柑橘树上下对齐。柑橘树的株距和行距，应根据园区生态条件、栽植品种及砧木特性，以及栽培管理水平等因素来确定。

图5-1 缓坡地整地起垄(彭良志 摄)

图5-2 缓坡地柑橘起垄栽培(彭良志 摄)

图5-3 缓坡地起垄栽培两年的柑橘园(彭良志 摄)

2. 品种及砧木选择

柑橘标准园必须选择抗病、优质、丰产、商品性好，能满足消费者需要、具有良好市场前景的品种。同一标准柑橘园内的主栽品种不能太多，以1～3个为宜，柑橘树均为无病毒苗木定植或用无病毒接穗嫁接生成，品种纯度不得低于95%。

主栽品种苗木所用的砧木，要求与主栽品种嫁接亲和力好，能让该品种的品质得以完全表现，还应是最适宜该标准园生态及土壤条件的无病毒、无检疫性病虫害的纯正砧木，最好是纯正的单一砧木品系。红黄壤等酸性土壤果园宜选择较适宜酸性土壤的枳、枳橙、红橘、酸柚等作砧木，碱性紫色土等盐碱土壤果园宜选择比较耐盐碱的香橙、红橘、酸橙、酸柚等做砧木。对于定植后发现砧木不适宜当地土壤条件的，每株树可选2～3株直径1 cm左右的适宜品种砧木，在春季树液开始流动后至萌芽前，先采取倒T形嫁接，再固定根部进行靠接换砧。靠接换砧时，一定要注意靠接用的砧木要嫁接于栽培品种的主干上，而且，砧木越短、越直越好。

3. 苗木选择

定植苗木必须是脱毒嫁接苗。无论是脱毒容器苗还是脱毒裸根苗，都应符合《柑橘苗木产地检疫规程》(GB 5040)和《柑橘嫁接苗》(GB/T 9659)的要求。推荐使用脱毒容器大苗带土移栽，如使用脱毒裸根苗，每株苗必须带土团250～500 g进行带土移栽，以提高成活率、缩短缓苗期。

4. 苗木定植

一般在9～10月秋梢老熟后或2～3月春梢萌芽前定植苗木，冬季有冻害威胁的地方宜在春季定植，干热河谷区宜在5～6月雨季来临前定植。定植时，挖直径40～60 cm、深30～40 cm的定植穴，裸根营养苗可直接放入定植穴中，营养容器苗在定植前则需要除去育苗容器、剪除坏死根，并去掉根部1/3～2/3的营养土。栽苗时，最好先在定植穴内灌足水，将泥浆浇在根上然后定植。苗木栽好后，定植穴堆土必须高出地面15～20 cm，形成馒头形，而且泥土以刚压埋完根系为好，切记泥土不能压埋嫁接口。如果定植前没灌足水，填土后在树苗周围做直径1 m左右的树盘，浇足定根水，扶正苗木。

（二）老果园改造

树冠高大，内膛枯枝多而空虚，树冠外围相互严重交叉重叠，连续3年平均单产不足30 t/hm^2，或所栽植品种经营效益差的果园，应进行整体更新改造。

1. 郁闭园改造

对于传统的计划密植果园，应根据树体生长状况，彻底移出临时株或者进行间伐，或逐步重度压缩将要间伐的树，直至将其全部砍伐，以在保持相对较高产量的同时，确保将果园密度控制在适宜的范围内。对于密度适宜但树冠郁闭的果园，应通过大枝修剪和回缩修剪，改善果园及树冠的通风透光条件，培养丰产树冠结构。为实现这一目标，通常或是隔行或隔株修剪，或是全园修剪。隔行或隔株修剪，就是对隔行或隔株树不修剪，让其尽量多结果，对修剪树的树冠中心部遮光最重的直立骨干枝和树冠中上部遮光较重的直立枝或交叉枝，从基部不留桩彻底剪除，开出“天窗”和“边窗”，对树与树之间交叉的枝叶通过疏删、回缩等措施控制交叉，保持行间枝距在 1.0 m 左右，控制冠幅比株距略小(通常永久树在 2.5～3.0 m 即可)，将树高控制在 3.0 m 以下。其中隔株修剪更好。全园修剪即对园内所有树进行上述修剪，只是在两株树交叉处对两株树同时进行回缩修剪。隔行或隔株修剪对产量影响不大，树冠恢复快且好；全园修剪对产量影响较大，而且树冠恢复慢、效果略差。

2. 高接换种

对于柑橘园园地条件符合柑橘标准园要求，树龄不长，但品种老化，枝干完好没被病虫为害，树势和树形较好的果园，可因地制宜地选择主推品种或名、特、优、新、稀品种进行高接换种。

一般在春季树液开始流动至萌芽前后(2～4 月)进行切接，或在秋季(8～9 月)进行腹接，也可以视情况在每次枝梢老熟后进行嫁接。

高接换种的嫁接高度取决于生态条件、品种特性和树冠结构等，原则是尽量多地利用原有树的骨架枝干尽快形成丰产的树冠。一般嫁接高度控制在 1.0 m 左右为宜，嫁接口适当离分叉处近一些，枝干粗的嫁接口离分叉处远，枝干细的嫁接口离分叉处近，一般嫁接口离分叉处以 10～30 cm 为宜。嫁接数量应根据树体骨架、生长状况、树冠大小等来决定，10 年生以下树接 6～7 个接口，10 年生左右的树接 10～15 个接口，20 年生左右的树接 20～25 个接口。嫁接时，应尽量多留位置较低的小枝作为辅养枝。

秋季腹接的树，春季低温过后至接芽萌发前，在接芽上方留 10～15 cm 剪(锯)掉枝干，当春梢老熟后再剪(锯)掉接芽上方多余的枝干，剪(锯)口倾斜 15°～30°，以接芽一侧略高。剪(锯)口过大的桩头，应将桩头表面削光滑，用凡士林(或桐油)＋多菌灵 500～800 倍液＋50 mg/L 的赤霉素混合剂涂抹伤口。接芽萌发前后，用快刀人工削除接芽上方的所有萌蘖。枝梢抽出 30 cm 左右时进行摘心，并立支柱防止新梢折断。

高接后要加强肥水管理，土壤施肥以薄肥勤施为原则，分别在春、夏、秋梢抽发前和抽发后各施 1 次促梢肥和壮梢肥，第 1 年以氮肥为主，每次每株松土后或浅沟撒施尿素 0.15～0.25 kg；第 2 年施肥要做到氮、磷、钾配合施用，如有腐熟的有机肥最好，新梢自剪后至老熟前可喷 0.2%～0.3%的磷酸二氢钾＋0.1%～0.2%的尿素 2～3 次，每次间隔 10～15 d。

六、栽培管理技术

1. 土壤管理

柑橘标准园不宜经常翻耕，适宜的土壤管理方式为自然生草栽培。在适宜的生长季节保持树盘无杂草或少杂草，而让树盘外与柑橘无共生性病虫害的浅根、矮秆、非藤蔓类的果园良性杂草自然生长，旱季用除草剂将杂草杀死或冬季杂草自然死亡后覆盖在土地上，以利旱季保湿降温抗旱和冬季保温越冬，当气温骤变时缓和气温变化。在红黄壤等柑橘产区，提倡充分利用柑橘园杂草或作物秸秆等进行树盘或全园覆盖，以保持树盘下及周边地表土层疏松，提高土壤的保水保肥能力，并增加果园土壤的有机质含量。对于建园前没有进行土壤改良或长期耕作后地表严重板结的，可以结合压埋有机肥进行扩穴深翻，在非雨季适度进行中耕，以改善土壤结构，增强土壤的透气性。

扩穴深翻一般在秋梢停长之后的9月下旬至10月中、下旬进行，从树冠外围的滴水线挖下后见根处开始，逐年向外扩展，深度以40 cm左右为宜。回填时将表土放入底层，底土放在上层，每立方米定植穴(沟)填入绿肥、秸秆或经腐熟的农家肥、堆肥、厩肥、饼肥等有机肥30～60 kg(按干重计)，应尽可能与土混匀后回填，回填后的土壤高出原地面0.2～0.4 m。中耕深度在15 cm以内，铲除深根性、高秆、藤蔓及恶性杂草，保留浅根性矮秆杂草。

2. 施肥

标准园严格根据柑橘年周期内不同物候期的生长目的和对肥水的需要量以及土壤供肥情况进行施肥。所施用的肥料不应对果园环境和柑橘品质安全产生不良影响，应为农业行政主管部门登记或免于登记的肥料，限制施用含氯化肥，人畜粪尿等需经高温发酵腐熟后方可使用。

果园施肥分为基肥和追肥两种方式。基肥在建园改土或深翻扩穴时压埋于定植穴或定植沟内。追肥又分为地面施肥和根外追肥两种方式。根外追肥是根据柑橘树的营养状况对树体营养进行暂时补充，随时都可进行，所以时间不确定、针对性很强、目的很明确。根外追肥一般每次喷肥的浓度不超过0.5%，虽然见效快，但不能根本解决柑橘树营养缺乏的问题。对于柑橘树而言，能真正解决营养元素缺乏的施肥方法是地面施肥，这也是生产管理中比较难掌握到位的技术环节。对于标准柑橘园，应以土壤和叶片的营养诊断结果作为确定施肥量的依据。施肥种类原则上以有机肥为主、化肥为辅，以保持或增加土壤肥力及土壤微生物的活性，所用的肥料不应对果园环境及果实品质安全产生不良影响，并有利于果实品质的提高。磷、钾肥深施至根部与根系接触效果最佳，可采用环状沟施、条状沟施、放射状沟施、穴施等施肥方法，但无论哪种方法，肥料与土壤必须相混效果才好。速效氮肥在松土后撒施或浅沟撒施即可。

幼树施肥宜勤施薄施，以氮肥为主，配合施用磷、钾肥。在新梢萌芽前和枝梢老熟后各施肥1次。1～3年生幼树每年株施纯氮100～300 g，每次每株施5～15 g，施肥量从少到多，浇灌浓度不宜超过0.5%。顶芽自剪后至新梢老熟前可进行叶面追肥，在易发生冻害的地区，8月以后应停止施用速效氮肥和在叶面喷施磷钾肥。结果树施肥通常1年施2～4次，壮果和果实膨大期的6月，以及恢复树势、促发春梢的秋冬至春天萌芽前是最佳施肥时间。一般每产果1 000 kg应施纯氮8～10 kg，氮、磷、钾的比例为1.0∶(0.4～0.6)∶(0.7～1.0)。微量元素的补充以叶片和土壤营养诊断结果为依据，缺什么补什么，以叶面喷施为主。

3. 水分管理

柑橘树怕干旱，极怕涝害，所以在搞好给水抗旱的同时，更要做好排水工作。柑橘树各个时期对水的需求不一样，其灌水时期和方法应严格按柑橘各个时期的生理需要进行合理安排，提倡节水灌溉(滴灌、喷灌等)。采用节水灌溉，如果1株树有2～3个滴头(或喷头)，滴(喷)水量为4 L/h，每天灌水2～4 h即可。没有节水灌溉设施的果园，可通过生草栽培、果园覆盖等方式增加土壤湿度以缓和干旱。有足够水源和充裕人工，则可用沼液和其他水源进行穴灌。在积水地段、阴雨连绵地区，一定要做好柑橘园的排水工作。采收前20～30 d果实转色时，通过在树冠下覆盖白色薄膜或反光膜、控水以保持土壤适度干旱，提高柑橘果实品质。但一旦出现严重干旱，应适度灌水，尤其是留树贮藏或晚熟的品种，在冬季或春季必须灌足水，以保证安全越冬和果实品质完好。

4. 整形修剪

合理密植，或通过间伐、修剪等措施控制树冠，确保果园行间通行方便、株间无严重交叉郁闭、树体通风透光良好、无严重枝叶重叠、树冠内病虫害枝和枯枝少、树冠结构合理。对树冠外围枝梢密集、内膛枝稀少、枯死或“空怀”的树，应进行回缩修剪或“开天窗”修剪与回缩修剪相结合，让树冠内部见光通风，以促发内膛枝梢抽生，饱满树冠，形成丰产树冠结构。整形修剪后的柑橘树，生长整齐，树冠大小、高度、树形大小基本一致，无严重病虫害。同时，果园内的缺株应及时补栽，缺株率不应大于2%。

对于1～3年生的幼树，主要是培养树形，不主张对其修剪，以保留尽可能多的枝叶来加速树冠扩大、主干增粗，但应疏除少量过密枝，及时抹除砧木萌蘖。对于初结果树则应兼顾结果与树冠扩大两方面，以既结果又长树为原则，提倡适度挂果。如挂果过多，可短剪掉较旺枝或树冠中上部和外围较强枝上的果实，以保证夏、秋梢能正常抽发生长。盛果期及时回缩结果枝组、落花落果枝组和衰退枝组，剪除枯枝、病虫枝、交叉重叠枝等；对较拥挤的骨干枝适当疏剪开出"天窗"；对当年抽生的夏、秋梢营养枝，通过短截其中部分枝梢调节翌年产量，以尽量避免大小年现象的发生，同时也将树高、冠径控制在合理的范围内。

5. 病虫害防控

柑橘的病害以预防为主，一旦发生很难治愈。首先是要采用脱毒苗或脱毒接穗，从源头上控制病害。其次是在病害发生前，针对有可能发生的病害(如炭疽病、脚腐病等)，提前采取合理的措施进行预防性处置。

柑橘的虫害以预防为主，应综合利用农业、物理、生物、化学等技术措施进行防控，如利用杀虫灯、性诱剂、害虫天敌等，将虫害控制在经济阈值以下。

无论是病害还是虫害的防控，都应做到安全、高效、经济，应尽量减少农药的使用次数，尽可能做到一药多治。应科学使用农药，禁止使用高毒、高残留农药或其他禁止、限制使用的农药，禁止使用对天敌杀伤力强的农药，实行以生物防治为主，化学防治为辅的病虫害综合防治。药剂使用按《无公害食品 柑橘生产技术规程》(NY/T 5015)的规定执行，并保证安全间隔期，一般在采果前 40～60 d 停止使用化学农药。

要重点预防的柑橘病害主要有黄龙病、溃疡病、疮痂病、炭疽病、树脂病等。重点防治的柑橘虫害有红黄蜘蛛、实蝇、潜叶蛾、锈壁虱、吸果夜蛾、蚜虫、叶甲、天牛、蚧类和粉虱等。

冬季清园是控制和消除病虫害的重要农业措施。清园时，将残枝、落叶、落果、果袋等废弃物及杂草清理干净，集中进行无害化处理，并进行越冬病虫害防治，保持果园清洁，以减少病虫害基数。

6. 花果管理

标准柑橘园的花果管理，应综合运用土肥水管理、病虫害综合防治和花期环割、环剥、拉枝、扭枝、部分抹除生长旺盛的春梢，以及抹除晚秋梢、冬梢等栽培技术措施，调控柑橘树势，维持柑橘树正常开花结果，使之无明显大小年现象。单产应连续 3 年高于当地省(自治区、直辖市)相同树龄柑橘园平均单产的 20%以上，果实形状、大小、颜色等基本整齐，优果率在 80%以上，果实内在品质应达到该品种的固有特征。

7. 果实采收

严格执行采收前农药、化肥施用的安全间隔期，未达安全间隔期的产品不得采收上市。果实采收时间应综合考虑果实成熟度、用途和市场需求等因素后确定。

鲜食果实要求达到该品种应有的色泽、风味和香气，待充分成熟后采收。短期贮藏的果实，成熟度要求达到90%左右时采收，长期贮藏的果实成熟度要求达到80%左右时采收。采收前应对贮藏库或临时存放场所进行全面清洁和消毒，用于采果的果箱内部应干净、光滑、无突出物，推荐使用专用采果袋。采收人员应按要求剪指甲、戴手套。使用采果剪，采用两剪采果法，采果时轻拿轻放，避免果实碰撞等机械损伤。采收时应避免露水、雨水及高温环境。采收后尽快运输并进行预冷等加工处理。有出口订单的果园，应依据供果计划、供应市场时间，按成熟度确定采收时间和采收后的处理措施。

七、商品化处理

1. 设施设备

配置必要的预贮间，以及分级、包装等商品化处理的场地及配套设施。田间临时存放地应有遮光棚等简易设施。有条件的地区建立冷链系统，实行运输、加工、销售全程冷藏保鲜。

2. 分等分级

按水果等级标准，统一进行分等分级，确保同等级的水果质量、规格一致。

3. 包装与标识

产品须统一包装、标识后方可上市。应当按规定标明品名、产地、生产者、生产日期、采收期、产品质量等级、产品执行标准编号等内容。包装材料不得对产品产生二次污染。

第三节　现代化建园发展趋势

一、良种化

“科技兴农，良种先行”，良种是柑橘优质丰产的基础，是提高柑橘产业竞争力的前提。世界各柑橘主产国均重视柑橘的良种化和品种更新，特别是鲜食柑橘，品种更新速度在逐年加快，品种的优质指标不断提高，成为提高柑橘产品竞争力的利器。每一轮品种更新都会带来生产效益的快速提升，如江西赣南的温州蜜柑更换为纽荷尔脐橙，四川眉山的脐橙和椪柑更换为春见、大雅、不知火、清见和爱媛38(红美人)等，福建平和的普通琯溪蜜柚更换为红肉琯溪蜜柚，美国加利福尼亚州推广W·默科特橘橙，西班牙推广克里迈丁橘新系，等等。

因此，良种化成为国内外柑橘现代化建园的重要趋势，柑橘产业发达国家均实行"推广一批，示范一批，试验一批"的良种推广和储备机制，并采用脱毒技术繁育无病毒良种苗木，实现品种的良种化和无毒化。美国、西班牙、南非、智利等柑橘产业发达国家，新建果园几乎全部实现了良种化和无毒化。近年来我国柑橘产区新建果园的良种化和无毒化的比例不断提高，特别是在柑橘优势区域的重点产区，新建果园的良种化率和无毒化率越来越高，部分产区已接近柑橘发达国家的水平。

二、规模化

从产业化角度看，规模化是柑橘产业化的必要条件，柑橘的生产、贮藏加工、营销只有达到相当的规模，才能增强辐射力、带动力；也只有达到一定的规模，才能形成知名品牌、形成市场竞争力、形成规模效应。从果园管理角度看，规模化是机械化、省力化的前提，可有效地降低单位成本。

美国、巴西等国柑橘生产的规模化程度很高，柑橘园逐步走向大规模集约化经营，小果园越来越少。在巴西圣保罗州，8%的农场生产了全州67%的甜橙。国内柑橘园的规模也逐年增大，改革开放后果园经营以家庭为主，开始一般只有0.5 hm^2 左右，近年来不少产区通过组建合作社、委托管理等形式，果园规模逐年扩大，在柑橘产业较发达的产区，目前果园一般在1 hm^2 左右，大的已超过67 hm^2。新建果园面积也越来越大，在广西、江西、湖南等产区，家庭经营的新建柑橘园面积一般在1 hm^2 以上，公司经营的果园多在33 hm^2 以上。

三、优势区域化

各柑橘生产国均重视柑橘的"适地适栽"，特别是美国、巴西等柑橘产业发达国家，只在最适宜的生态区发展最适合的柑橘品种。美国柑橘集中在4个州——东部的佛罗里达州和得克萨斯州、西部的加利福尼亚州和亚利桑那州，佛罗里达州和加利福尼亚州占了美国柑橘总产的85%。巴西70%的柑橘在生态最适宜的圣保罗州种植。墨西哥的甜橙、宽皮柑橘、葡萄柚主要分布在新来昂、韦拉克鲁斯、塔毛利帕斯和圣路易斯波托西4个州。

为了促进柑橘的"适地适栽"，农业部在2003年发布了《柑橘优势区域发展规划(2003—2007年)》，规划了"三带一基地"，即长江上中游柑橘带、赣南—湘南—桂北柑橘带、浙南—闽西—粤东柑橘带，以及一批特色柑橘生产基地。各地积极采取措施，加大投入扶持，推进规划实施，使柑橘产业得以快速发展，产业布局向优势区域集中，“三带一基地”的柑橘产业发展迅猛。2007年，柑橘面积在0.33万hm^2以上的县柑橘总面积为104.83万hm^2，产量为1 193万t，分别占全国的54%和58%。

2008年，农业部在总结前期优势区域发展规划的基础上，发布了《柑橘优势区域布局规划(2008—2015年)》，根据资源优势、市场区位、生产规模、产业基础等情况，按照“稳定面积、调整结构”和“相对集中连片”的原则，进一步调整完善了柑橘优势区域，形成了“四带五基地”两纵两横新格局，即长江上中游柑橘带，浙—闽—粤柑橘带，赣南—湘南—桂北柑橘带和鄂西—湘西柑橘带，特色柑橘生产基地包括岭南晚熟宽皮柑橘、南丰蜜橘、云南特早熟柑橘、丹江口库区柑橘和云南、四川柠檬等5个基地。近年又在原来“四带五基地”基础上，提出了“西江柑橘带”，该带光热资源丰富，近年柑橘发展迅猛，主要包括广东的肇庆，广西的梧州、南宁、柳州，云南的玉溪等地，是我国主要的特早熟温州蜜柑、晚熟柑橘和冰糖橙栽培区，特别是以沃柑为代表的晚熟柑橘，占全国沃柑面积的90%左右。

优势区域以其独特的生态优势使柑橘品种的良好园艺性状得以充分表现，产量高、品质好、价格优，加之当地的大力推动，使柑橘产业高速发展。2017年，全国柑橘面积和产量的80%以上分布在上述优势区域内。今后，柑橘产业将进一步向优势区域集中。

四、标准化

标准化建园是指，在充分考虑了果园的栽培管理模式(机械化、半机械化、非机械化)，在实地调查的研究基础上，结合柑橘品种的生物学特性、园艺性状，以及果品的用途，对果园的地形整理、道路系统建设、水利系统建设、土壤改良、砧木与品种选择、种植密度和果园配套设施建设(电力、收购点、贮藏库、周转库、管理房)等，进行全面科学的规划和建设，以达到园区美观、优质丰产、节本增效的目的。

建园的标准化是提高柑橘生产效率、降低成本和优质丰产的基础。柑橘发达国家都比较重视柑橘园建设的标准化，美国、巴西、西班牙等国的柑橘园建设均有一套完整的规范，建成的柑橘园整齐美观，栽培管理和收、贮作业便利，也对优质丰产和节本增效起了重要作用。

我国传统的柑橘园建设大多采用见缝插针的方式，导致果园内树体布局凌乱，通风透光条件不佳，也不便于栽培管理。近20年来，柑橘园建设的标准化在我国得到了较大重视，重庆等地在21世纪初开始推广柑橘的标准化建园，在制定标准果园建设规范的基础上，以地形测量为基础，结合土壤、气候、交通等条件，以及柑橘品种特点和栽培管理要求，借助计算机辅助设计(CAD)技术，规划新建了一大批质量较高、标准相对统一的柑橘园，对当地柑橘产业的发展起到了较大的促进作用。2009年，农业部全面启动园艺作物标准园创建活动，在全国创建了一大批标准柑橘园，对带动我国柑橘标准园建设起到了很好的示范作用。

五、生态化

柑橘园的生态化是减少病虫害发生、减少水土流失、增强柑橘抗逆能力的有效措施。国内早期的柑橘园建设不太重视果园生态保护，果园外或果园之间缺乏林地、草地等生态屏障，果园内采用清耕栽培模式，水土保持系统少或不完整。近20多年来，随着极端气候天气的增多，全社会对生态环境保护越来越重视，柑橘生产中的生态环境保护意识也得到了明显加强，各地新建果园普遍采用了山顶林地“戴帽”，山下拦截沟和塘库沉积泥沙，梯地(条带)竹节沟和沉沙凼拦沙，果园内生草栽培等生态环境保护方法。

六、机械化

果园机械化可以降低劳动力成本。在美国、巴西、西班牙等柑橘生产发达国家，柑橘园均按机械化作业的要求进行规划、设计和建设。机械化果园的重要特点是土地相对平整，坡地果园的选址要求是坡度必须以生产机械可以通行和操作为前提；果园的土地整理，沟渠、道路、水利系统等建设和果树定植必须方便机械的使用。因此，坡地果园一般不进行坡改梯(不修“条带”)，柑橘树采用“宽行窄株”方式栽培，行间距一般在6 m以上，株间距1.5～5 m不等。通常，加工柑橘的株间距较大，鲜销柑橘的株间距较小，主要原因是加工柑橘品种价格波动较小、品种更新慢，鲜销柑橘新品种前期价格高、后期价格低，品种更新快。

2000年以前，我国在柑橘生产中不太使用机械，但近年来农村劳动力价格快速上升，而柑橘价格鲜有上涨，导致劳动力成本快速攀升，利润空间被大幅度压缩。为了应对这一问题，近年来各地新建果园开始重视机械的应用。随着劳动力成本的进一步上升，果园机械化将成为未来柑橘园建设的主要趋势。

七、智慧果园

“智慧果园”集成应用计算机与网络技术、3S技术(遥感技术 remote sensing、地理信息系统 geographic information system、全球定位系统 global positioning system)、无线通信技术、物联网技术、音(视)频技术，结合专家的智慧与知识，实现果园的可视化远程诊断、远程控制、灾变预警等智能管理。智慧果园将互联网、云计算和物联网技术融为一体，通过安置在果园内的各种传感器(可探测环境温湿度、土壤水分、二氧化碳、图像等)，实现果园环境智能感知、预警、分析、决策和专家在线指导，为果园的高效精准化管理提供决策依据，并通过自动灌溉施肥系统、人工智能果园生产机械等，完成果园的生产操作。智慧果园将最大限度地提高果园的精准化、自动化和高效生产水平，是未来果园建设的发展方向。

八、重视与第三产业的结合

随着我国经济社会的快速发展、生活水平的提高和城市化进程的加快，近年来，城市旅游休闲观光农业发展迅速，其中，城郊型的休闲观光果园是休闲观光农业发展的重点之一，它集旅游观光、果业体验、休闲和度假于一体，果园的经济效益远远高于普通的果品生产果园，成为城郊果园建设的一大热点，尤其是在经济发达的大中城市周边，休闲观光果园方兴未艾，成为柑橘园建设的另一发展方向。

参考文献

[1]彭良志. 柑橘园建设与维护[M]. 重庆：重庆出版社，2007.
[2]何天富. 柑橘学[M]. 北京：中国农业出版社，1999.
[3]庄伊美. 柑橘营养与施肥[M]. 北京：中国农业出版社，1994.
[4]彭良志. 甜橙安全生产技术指南[M]. 北京：中国农业出版社，2013.
[5]邓秀新，李莉. 柑橘标准园生产技术[M]. 北京：中国农业出版社，2010.
[6]邓秀新，彭抒昂. 柑橘学[M]. 北京：中国农业出版社，2013.
[7]邓祖耀. 柑橘建园规划及土壤改良[M]. 重庆：重庆出版社，1989.
[8]沈兆敏. 中国柑橘技术大全[M]. 成都：四川科学技术出版社，1992.
[9]周开隆，叶荫民. 中国果树志·柑橘卷[M]. 北京：中国林业出版社，2010.
[10]Walter R. The Citrus Industry，Vol. II[M]. California：Division of Agricultural Sciences，University of California，1973.

第六章　柑橘树整形修剪

整形修剪是以提高产量、品质和效益为目的的树体枝梢管理技术。整形修剪正确与否，直接关系到栽植的成败，与栽培者的利益密切相关。整形是指将树体逐步培养成具有合理的枝梢配备和通风透光条件的丰产树形的技术；修剪是指综合运用短截、回缩、疏枝等方法来调节树体生长与结果间的平衡，使之丰产稳产和优质的技术。通过修剪实现整形，而好的树形又会使修剪变得相对简单容易，否则修剪过程会很烦琐，会使人感到无所适从。

柑橘的整形修剪大致可以分为2～3月萌芽前的春季修剪、生长期中的夏季修剪和秋季修剪，整形修剪的方法有短截、回缩、疏枝、缓放、弯枝、摘心、抹芽、环割等多种，无论何时用何种方法修剪，其最终目的都是优质丰产、增加收益。这里面包括：形成合理的树形结构，培养良好的枝组系统；改善树体的通风透光条件，实现立体结果，提高果实品质；平衡树势强弱，调节生长结实，保持丰产稳产；控制树冠大小，便于操作管理。

需要指出的是，整形修剪的作用在于调节树体生长发育间的若干平衡，如枝梢生长与开花结果间的平衡、不同枝梢及不同部位生长间的平衡，期望通过修剪促弱抑强、保持树体的平衡生长。不宜将修剪的作用过分夸大，它只是在保证土肥水基础、有效防控病虫害的前提下进行枝梢间或枝梢与花果间的调控。但如果放任树体生长或修剪不当，肯定会对生产带来严重影响。

第一节　柑橘整形修剪技术及其发展趋势

一、柑橘整形修剪技术

（一）基本方法

（1）短截。短截又被称为短剪，是将1年生新梢剪去一部分的修剪方法，按其轻重程度可分为轻度短截(剪去 1/3 以内)、中度短截(剪去 1/2 左右)、重度短截(剪去 2/3 左右)和极重度短截(留桩短截)等(图 6-1)。不同修剪程度的作用不同，轻度短截的留芽数多、养分分散，可促其抽发较多的短小枝；中度短截会刺激枝条剪口下的芽萌发和抽生旺盛的枝条；重度短截，将刺激抽生较强壮的新梢，对恢复树势特别是枝组的更新有直接的作用；极重度短截时，由于枝梢基部芽的质量较差，抽生较少中短枝，将削弱枝条的生长势，形成结果母枝。

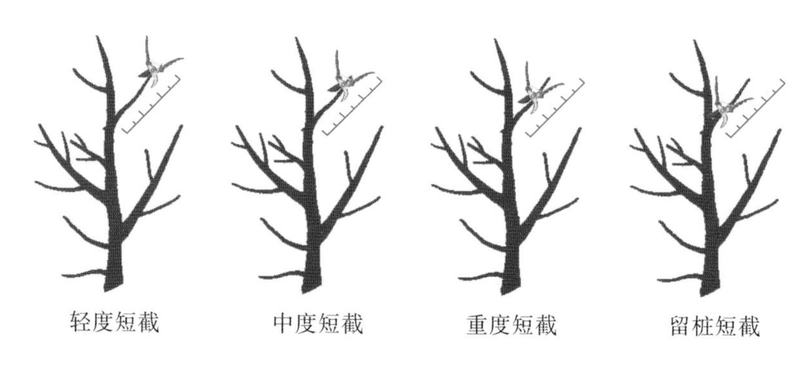

图 6-1　修剪短截分类示意图(改自袁野绘图)

短截一般用在骨干枝的延长枝或是有较大空间的枝梢上，以此来促其延伸或填补空间。若是引导主侧枝生长，则采用中度短截，具有成枝力高、生长势强、母枝增粗等作用；若是枝梢更新和填补空间，则采用重度短截，可抽发 2～3 根较强枝梢填补空间。另外要注意柑橘的花芽基本上分布在枝梢中上部节位，故短截通常会使枝条当年失去开花结果的能力，在平衡生殖生长和营养生长时，可以考虑对部分结果母枝进行短截。

短截同时还要考虑剪口芽方向。如椪柑直立性明显，剪口芽要向树冠外的方向，使新梢向外斜生，不致过于直立；温州蜜柑枝条下垂明显，剪口芽宜向枝条上方，使其向上斜生不致过分下垂；如树冠空缺时，剪口芽宜留向空缺处，以利紧凑树冠的形成。

(2)疏剪。疏剪又称为疏枝，是指将 1 年生或多年生枝从基部剪除(不留残桩)的修剪方法。疏剪干枯枝、病虫枝可减少病虫害；疏剪交叉枝、重叠枝、密生枝、不能利用的徒长枝和衰弱下垂枝等可节省营养，改善通风透光条件。同时，适度疏剪可以减少树冠内膛分枝，使树冠内膛光线增强，促进树冠内膛结果母枝的花芽分化，提高坐果率，改善品质。不过要注意，疏剪过多、伤口过大，将削弱疏剪部位乃至全树的生长势。疏剪常用于生长旺、分枝多、树冠紧密的树。

(3)回缩。回缩是对多年生枝进行短截的方法，一般是在有合适替代枝的分叉节位处进行短截。回缩的修剪量大于短截，刺激较重，对剪口后面的枝梢有促进作用，多用于树体和大枝组的更新复壮、避免结果部位外移等。经常将重叠、交叉枝回缩到不重叠、交叉处，有利于通风透光、紧凑树冠、枝组更新等。

(4)缓放。缓放又称为甩放，即对1年生枝梢不进行修剪，一般用在次年拟要结果的结果母枝上。缓放可缓和枝梢的生长势，不抽枝或抽发一些中小枝。斜生缓放的枝梢易于花芽分化，可促进从营养生长转向生殖生长，多用于幼树和强旺树。

(5)抹芽与抹梢。抹芽是指萌芽后至新梢抽生至1～2 cm时，将不符合生长需要的嫩芽、嫩梢抹除。春季一般用在粗枝的剪口和弓背上，夏季控制夏梢。通过抹芽，可以避免不该生长地方的大量消耗和所导致的不良后果，从而集中树体营养，保证留下来的芽得到充足的营养，更好地生长发育。对于2 cm以上的嫩枝进行抹除或剪除称为抹梢，与抹芽的作用相仿。适时进行抹芽和抹梢，对于防控木虱、粉虱、潜叶蛾、溃疡病等有重要的作用。

(6)摘心。对正在生长的嫩梢，用手指或剪刀摘去其先端的幼嫩部分的操作称为摘心。通过摘心，可以促进分枝、增加枝叶量，能缓和幼树的生长势，避免"冒大条"；也可促进盛果期树腋花芽的形成。摘心的效果因时间不同而不同。柑橘幼树通过对夏梢留8～10片叶摘心，可以促发秋梢、增加分枝、提早形成树冠。而对骨干枝的延长枝，在新梢伸长至50～60 cm时进行摘心，可起到限制枝梢徒长、促进分枝的作用；春梢如果生长过长，可及时摘心促进坐果，抽发5月梢；对生长势较强的橙类、椪柑、温州蜜柑的尾张等种类品种，夏梢抽生20 cm时进行摘心，可抑制夏梢、促发早秋梢；秋梢停止生长前的摘心，可促其及时停长，积累有机营养，促进花芽分化。

(7)弯枝。将直立枝拉平或拉斜，可起到打开树体的光路、缓和生长势，以有利于由营养生长向生殖生长转化的作用。弯枝可采用多种方法，常用的有拉、撑、吊等，通常在枝梢稍软的生长季进行。

(8)环剥与环割。环剥是去掉主干、骨干枝或大枝的1圈皮层，而环割是指沿着树的主干、骨干枝或大枝的基部用刀环切1圈，割断树皮或韧皮部，但并不除去其组织。环剥和环割主要是截断光合营养向下输送的通道，使之更多地积累在环剥或环割处的以上部分。在不同时期进行环剥或环割，分别有缓和营养生长、促进花芽分化(9月中、下旬进行)、提高坐果率(花期进行)、增加果实糖分(成熟期进行)等作用。环状剥皮的宽度，通常为该枝干直径的1/8～1/10，柑橘上的环剥应十分小心，只用于生长势极强的情况，如用生长势强的红橘、枳橙等为砧木，因营养生长太旺而难以结果时可以进行环剥或环割处理。

（二）不同时期的修剪

柑橘为常绿果树，原则上任何时候都可以根据需要进行整形修剪，如严重干旱或冻害后需要及时进行修剪以恢复树势。柑橘树的整形修剪一般分为下述三个时期。

1. 冬季修剪

冬季修剪是指从采果后到翌年春季萌芽前进行的修剪。对于冬季温暖无冻害的地方，一般是采果后结合清园进行修剪，反之则通常在 2 月下旬至 3 月中旬进行。冬季整形修剪的主要目的是维护合理树形，去除衰退枝、病虫枝，以节省树体养分、恢复树势，同时减少病虫源基数，使翌年的新梢生长健壮；其次，对于需要更新复壮的老树、弱树和重剪促发新梢的树，在春梢萌动前进行回缩修剪可以保证抽发的新梢多而壮，加速树冠的恢复，收到良好的更新效果。

早春进行修剪时，树体对修剪较敏感，短截和疏除大枝后会抽生许多强旺的枝梢，带来此后的抹芽定梢工作。春季修剪的时期太早促进抽梢的作用就会越明显，修剪时期太晚或萌芽前后修剪促梢则作用较弱。因此，可根据树体的生长结果状况确定修剪时间，如树体营养生长较旺时应延迟修剪，使其少抽梢多坐果，对衰弱树体则应早修剪促其抽梢以恢复树势；若当年是大年，应早修剪促其抽梢，若是小年，则应晚些修剪，以少抽梢多坐果。

2. 春季修剪

春季修剪是指春季萌芽后到开花前的修剪，又分为花前复剪和晚剪。花前复剪是冬季修剪任务的复查和补充，主要是进一步调节生长势和花量。晚剪是指对萌芽率低、发枝力差的品种在萌芽后短截，剪除已经萌芽的部分。晚剪有提高萌芽率、增加枝量和减弱顶端优势的作用，是幼树早结果的常用技术。

3. 夏季修剪

夏季修剪主要指在 6～8 月的修剪。所采用的方法通常有抹芽、摘心、弯枝、环割、夏秋的短截和回缩等。夏季修剪具有修剪反应慢的特点，以及通过控制和疏除无用枝梢达到改善光照、平衡树体营养等优点。不同时候的夏季修剪其作用不同。

(1)萌芽后的抹芽可减少枝梢的抽发数量，缓解梢果矛盾；5 月的摘心可促进骨干枝分枝，增加分枝级数、填补树冠空间。

(2)6 月夏梢抽发后应对夏梢进行抹芽或摘心，以控制夏梢的旺长，防止潜叶蛾、粉虱、溃疡病等的为害，减少梢果矛盾，逼发早秋梢等。

(3)对于交替结果模式的休闲园，7 月中旬的夏季短截修剪(图 6-2)，可使早秋梢的萌发整齐健壮，成为翌年好的结果母枝，北部产区应在 7 月上、中旬，南方产区相应推迟。对于温州蜜柑等品种，夏季短截修剪在减少粗皮大果比例、提高果实品质方面是一种非常有效的方法。

图 6-2 交替结果模式下温州蜜柑休闲园的夏季短截修剪（刘永忠 摄）

另外，有些地方还进行秋季修剪，此时疏除大枝和回缩修剪对局部的刺激作用较小，而剪去一些未成熟或木质化的新梢，可以强迫枝梢停止生长，提高柑橘树的抗寒能力。

（三）不同树龄的修剪要点

1. 幼树期修剪

从幼苗定植到有少量结果的时期均可称为幼树期。幼树期修剪的主要任务是促进树冠迅速扩大，形成树体骨架。苗木阶段的柑橘，其叶片保有量对树体营养、特别是根系的恢复生长非常重要，定植时通常不会像落叶果树那样定干和疏除较多枝梢。而采用大苗栽植时，在苗圃地就可以在 50～60 cm 处摘心促其分枝形成三大主枝的雏形。

定植的苗木长成 2～3 年生幼树时，应对枝梢进行必要的清理。彻底疏除掉主干上 30～50 cm 以下的枝梢，以上的枝梢应选定 2～3 个生长势和分枝角度较好的作为主枝培养。在主枝 1/3 处短截让其抽梢生长，及时疏除或削弱轮生枝和邻近的竞争枝，其他中小枝梢继续当作辅养枝看待。

为达到提早结果的目的，3～4 年树龄后的柑橘树其修剪量仍然要少。但此时要注意侧枝的配备，除短截让其抽枝延伸外，还需采用弯枝等手段让其形成较好的分布和分枝角度。对其他妨碍主侧枝培养的竞争枝，或疏除、或削弱成辅养枝。

2. 结果初期树的修剪

结果初期是指树冠还在扩大、产量逐年增长的时期，因柑橘种类、品种、管理等而异，通常为 5～8 年生。此时修剪的主要目的是形成丰产优质树形，在主枝上逐步形成侧枝，再在侧枝上形成结果枝组。

此时的柑橘树，如结果少，其树冠生长量就大、树冠扩大得就快，如结果多，其树冠生长量就小、树冠扩大得就慢。结果初期的柑橘树，既要尽可能快地扩大树冠，又要逐年增加产量。故此时的修剪主要是协调这种关系。修剪的具体方法是：短截只用在主侧枝的延长枝头，让其分枝延伸，并让其少结果，以使之逐渐增粗；缓放辅养枝，使其形成主要的结果部位。待侧枝上的枝组形成后，结果部位就应转至主侧枝上，同时逐步清理过多、部位不好的辅养枝，或疏除、或缩小其分布范围，给主侧枝的枝组让出空间。

3. 成年树(盛果期)的修剪

成年树的树冠已达到应有的大小、不再扩大，修剪的目的主要是维持理想的树形，以保证丰产优质。此时，主侧枝已配备完毕，其上的枝组和辅养枝是修剪的重点。一方面，对于多年结果已衰老的枝组，或疏除、或回缩，让后面的新枝取代；另一方面，对于过于延伸、超过主侧枝的枝梢，给予抑强扶弱，回缩至弱枝分枝处。

另外，进入盛果期后，有些类型的柑橘，如温州蜜柑等，一般经过几年的高产后会不同程度地出现大小年的情况，协调大小年间的修剪，也是盛果期修剪的主要任务：①大年树修剪，春季修剪时期要早，修剪反应才会敏感，抽发出许多翌年的结果母枝；修剪方法以短截为主，促其抽发翌年的结果母枝。②小年树的修剪，以轻剪、尽可能多挂果为原则，在春季修剪时间上应偏晚，以使其抽枝能力减弱，修剪方法以疏枝、弯枝为主，以改善树冠的光照条件。小年时应抑制枝梢旺长而产生的梢果矛盾，促进坐果。

4. 衰老树的更新修剪

结果多年的老树产量较高，但树势逐年衰退。若主干大枝完好、尚可继续结果，则在增施肥水、更新根系的同时，于春梢萌动前根据衰弱程度进行不同程度的更新修剪，以促发隐芽抽枝、恢复树势，提高产量。对树势衰退的老树，可根据具体情况对骨干枝进行缩剪。注意剪口要削平，并涂蜡、凡士林或专用枝干伤口保护剂等进行保护；树干用涂白剂刷白，防止日灼。新梢萌发后抹芽1～2次，疏去过密和着生部位不当的枝条，每枝留2～3条新梢，长梢通过摘心促使其增粗生长，重新培育树冠骨架，第3年即可恢复结果。

(四)主要柑橘类型的修剪要点

1. 温州蜜柑

温州蜜柑有众多的品种，在树体的生长势上大致可分为较弱势的早熟品种和较强势的中晚熟品种，树势的强弱不同，其修剪的方法也各异。早熟、极早熟温州蜜柑多为芽变品种，生长势弱、易早衰，修剪应以保持其应有的生长势为目的，修剪方法短截用得多些。树形以自然开心形为主，主枝应为生长势强健、角度稍挺立向上方延伸，侧枝则较为平展向外扩展，第一侧枝离地面应在50～60 cm或以上，第二侧枝以离地面80～90 cm为宜。

中晚熟的温州蜜柑多由珠心胚选育而来，童期和幼树期长，树冠也较为高大直立。故修剪应以开张树冠、疏枝、回缩等为重点，对直立徒长枝应及早疏除，对侧枝和枝组，若向上生长则要弯枝使其平展，少用短截重剪的方法。因树体较为高大，其主枝上的侧枝间扩大至 100 cm 左右，侧枝上的枝组间也应相应扩大，才能使其有较充分的伸展空间以缓和生长势。夏季修剪对于控制树势强的品种的长势往往具有明显的效果。

2. 椪柑

椪柑直立性较强，自然状态下骨干枝的分枝角度较小，主枝呈丛状向上抱合生长。其营养生长旺盛，因此结果晚且不稳定。在幼树期和结果初期，椪柑的整形修剪非常重要，必须采用拉枝(图 6-3)等修剪方法将树形整成开心形，以促使其产量尽快上升，通过提升产量，达到以果压势的目的。椪柑开心形树形的三大主枝应拉开，与垂直中轴呈 30°～40°夹角，稍挺立向上延伸，但主枝上着生的侧枝应与垂直中轴呈 70°夹角，向外较平展地延伸扩大，对其他枝梢多用疏枝和回缩的方法加以控制。因树冠直立，椪柑树体拉开后易发生较多的徒长枝，应在春季采取抹芽的方法及早除去，对有空间的地方也应通过摘心促其分枝，或通过拿枝使其平斜，缓和其生长势。总之，椪柑修剪应以疏枝、回缩、弯枝等方法缓和树势、改善光照，促使其营养生长向生殖生长转化。

图 6-3 椪柑拉枝促使形成开心形树形(刘永志 摄)

3. 甜橙

与温州蜜柑、椪柑相比，甜橙在一般栽培条件下的树冠较为高大。普通甜橙在盛果期花量多、产量高，而对于夏橙、脐橙等则是花量多但坐果率低。另外，甜橙的结果母枝不宜生长过旺，生长过旺往往导致成花较难，其长度一般应控制在 20 cm 以下。甜橙树在整形修剪时要注意：调整各骨干枝的从属关系，使整个树形呈波浪状的自然圆头形，以保证树冠内的通风透光；除适当剪除纤弱无叶枝或过度郁闭枝外，要尽量保留树冠内的枝条，保证内膛不空；树冠外围上部的大枝应及时压顶，进行“开天窗”式的修剪；对于一些利用价值不大的徒长枝要及时疏除，以免扰乱树形；多运用疏枝、回缩技术，调节营养枝和结果枝的比例，春季进行控花修剪，以提高坐果率。

4. 柚

与其他柑橘类型不同的是，柚的结果母枝主要为春梢以及树冠内部的 2 年生无叶枝。而随着树龄增加、树冠扩大，过于荫蔽的内膛枝以及树冠下部的枝条将逐渐丧失结果能力，结果部位外移。因此，必须通过及时修剪，适当改善树冠内膛的光照条件，促使内膛枝和下部枝发育良好。

另外，由于不同柚品种的生长结果习性不同，修剪的要点也有差别。沙田柚修剪时要求顶部重、四周轻、外围重、内膛轻，需要保留树冠内膛 2 年生以上的枝条，疏除顶部和外围的过密枝。玉环柚修剪时要求控上促下、控内促外、去长留短、疏强留弱，适当疏除一些春梢，抹除夏秋梢，保留 15 cm 左右的短小充实的春梢结果，短截或疏除徒长枝。琯溪蜜柚的丰产性能较好，光照良好时，树冠内外、上下都能开花结果。不过由于其生长势较强，盛果期树由于果实负载的作用，枝条的角度增大，水平枝和下垂枝居多，导致许多枝条背上经常抽生扰乱树形的徒长枝。因此盛果期树修剪时要注意及时疏除直立性强的徒长枝或枝组，以及影响光照的密生枝组；对于一些衰弱枝组、下垂枝要进行回缩。

二、柑橘整形修剪发展趋势

柑橘为亚热带常绿树种，较其他落叶果树的耐阴性要好一些，其越冬的叶片所贮藏的营养也多，故从柑橘的生理生态学方面来看，其整形修剪的重要程度远不如苹果、梨、葡萄、桃等落叶果树。20 世纪 20～30 年代，国内外学术界多从枝梢的局部刺激作用出发，强调修剪措施对促进柑橘生长发育的作用，认为修剪是培育大树冠、获得大产量、克服大小年的重要措施。这种修剪技术在乔植、稀植的种植模式下，对刺激树冠形成等作用显著。但是随着柑橘树建园立地条件的变化(所谓的“上山下滩”)，以及种植模式发生的变化等，这种修剪模式的效果不明显，甚至会起到反作用。

20 世纪 50～60 年代，学术界从柑橘树体本身的营养生理作用出发，强调保留树体叶片对于树体的营养贮藏和改善光合作用的重要意义，着重指出柑橘为常绿果树，过分修剪必然要去掉部分叶片，重剪不仅难于达到丰产的目的，而且会严重削弱树势，因此强调只有幼树才需要适当的整形修剪。这一观点使柑橘树整形修剪的意义发生了很大的变化，从强调短截对局部枝梢的刺激作用，调整为以疏剪改善整体的通风透光条件、提高叶器官光合作用功能为主，明确了整形修剪主要是以发挥调整作用为主。这种修剪方式尤其在70～80年代倡导计划密植和培育密集型树冠的果园中具有重要意义。“矮、密、早”计划密植技术，在提高早期产量上起到过重要作用，在推行时也曾提出先密植、后间伐的计划密植方案，在整形修剪上也有先乱后清理的设想，但是由于从事柑橘生产的青壮年劳动力的流失，这种技术后来很少得到执行，导致果园荫蔽、平面结果、病虫滋生、管理困难、品质退化等后果。

20世纪末，尤其是21世纪以来，果实的品质被提到了重要位置，为改善树冠内膛光照，修剪的调节功能发挥至极致，“开天窗”技术得以迅速推广，将一些郁闭树形改造成开心形和变则主干形。而对于新植幼树，则是适当放开株行距，让植株有一定的伸展空间，多数情况是让树体自然扩大生长，待树冠达到一定大小后，再用“开天窗”、去大枝、清理裙枝等方法改造成较为规范的开心形树形(图6-4)。

图6-4　利用“开天窗”、去大枝的方法形成的开心形树形(彭抒昂 摄)

为了更有利于柑橘的稳产优质，近年来还出现了新的开心形，如图6-5所示。这种树形的特点是主干较高，主枝少而较直立，侧枝却充分平展或披垂，这样更有利于树体的上下通透，结果稳定、修剪量少且可增进果实品质。

图6-5　柑橘新式开心形树形(参考韩国金龙湖课件绘，引自邓秀新、彭抒昂主编的《柑橘学》)

柑橘树整形修剪是一项典型的劳动密集型生产技术，在劳动力富裕的时候，我们可以通过精细修剪来达到提高产量和品质的目的。但是随着我国社会现代化、城镇化速度的加快，随着越来越多的农村青壮年劳动力进城务工，农村劳动力日渐缺乏且势态不可逆转，因此，研发和推广轻简化的柑橘整形修剪技术已迫在眉睫。方便管理操作的树形、轻简省力的整形修剪技术，是未来柑橘整形修剪发展的必然趋势。目前针对一些容易发生大小年现象的柑橘类型，正在研发和推广交替结果技术。这种技术在实施初期主要进行树冠改造(缩冠、开心)。在此基础上，在结果年份的生长季节基本上不需要进行枝梢管理，而休闲树则进行夏季修剪，结合促梢肥的施用，促使树体抽发良好的秋梢结果母枝。而休闲树的夏季修剪，对树冠外围春梢进行适当短截即可，技术要求相对简单。

为了节省劳动力、提高果园效益，美国、澳大利亚、巴西及地中海沿岸国家从 20 世纪 50 年代初就开始应用机械对柑橘树进行篱剪(图 6-6)。一般情况下，篱剪是在篱栽方式的前提下进行的，篱剪时间一般是在春季萌芽前，在没有冻害的地区进行，适当早剪效果较好；篱剪可以采用隔行交替或隔园交替进行。

图 6-6　柑橘机械篱剪(网上匿名者 摄)

综合来看，和其他果树一样，柑橘的整形修剪也正处在一个变革时期，存在以下发展趋势：①树形上由高、大、圆向矮、小、扁的方向发展；②修剪时期由冬季修剪向冬季和生长季修剪并重的方向发展；③修剪技术由精细修剪向轻简、省力化修剪的方向发展，采用机械修剪来降低劳动强度、提高劳动效率。

第二节　树形培养与光能利用

一、树形培养原则与影响因素

1. 树形培养原则

柑橘的树形与早结、丰产、优质有着密切的关系。一个良好的树形，树冠的骨干枝强健、结果枝组分布合理，不仅能够改善光照、减少病虫害感染机会、促进高糖分积累、提高果实品质，而且能够承担最大枝、叶、果的负载，使在单位体积树冠内具有较高的有效容积和结果体积。树形的选择和培养应该遵循下面 4 个原则。

(1)有利于提高光能利用率。无论是树体还是果实的物质组成，除水分外几乎都是来自叶片光合作用的碳水化合物，因而叶片覆盖率和受光量作为物质生产的基本条件自然是衡量树形结构的首要指标。因此，无论培养什么样的树形，都应该遵循有利于提高光能利用率的原则。如密植园，可以采用群体结构，树形培养主要考虑群体发展；稀植时，树形培养主要考虑个体发展，尽快扩大树冠，培养具有波浪形树冠的树形。

(2)因树因地培养。不同的品种其生长特性存在差异，对树形的要求也就不同；而不同的果园立地条件也与树形相关。如早熟的温州蜜柑枝条披散，适合培养成自然开心形；椪柑和橙类等直立性较强，前期可以培养成自然圆头形，待树冠长大后，通过大枝修剪和“开天窗”等修剪手法将其改造成开心形或改良开心形，形成波浪形树冠。在阳光强烈的广东一带要求紧凑型树形，而在西南(四川)等地则要求树形适当松散、开心一些。对于土地瘠薄、缺水干旱的地方宜采用小冠树形，对于沿海台风大的地方也宜采用小冠或水平树形。

(3)有利于早结、丰产和果实优质。早结、丰产和优质是提高橘农收益、充分调动橘农管理积极性的最有效途径。树形的培养一定要保证枝梢空间均匀分布、有层次感，这样才能改善树体光照、增加有效的叶面积，保证立体结果，达到早结、丰产、优质的目的。

(4)方便管理，控制成本。为方便橘农进行修剪、抹芽、喷药以及叶面施肥、果实采收等管理作业，提倡合理控制树高。果园效益是充分调动橘农管理积极性的最有效途径，因此，树形培养在考虑方便管理的同时，还要考虑降低投入、提高效益的原则。

2. 树形培养的影响因素

(1)品种特性。果树的生长发育规律和成花结果习性是果树进行整形修剪的重要依据。树冠形状要依果树结果习性和发育阶段培养成相应的立体结构。如早熟、极早熟温州蜜柑生长势弱、枝条多为披垂形，因此一般培养为矮化开心形树形；中晚熟的温州蜜柑树冠较为高大直立，树形培养和甜橙类相似，多为自然圆头形，后期可以通过修剪调整为开心形。

(2)砧木类型。砧木有矮化、半矮化、乔化砧木之分。一般而言，对于利用矮化砧木的柑橘树，多培养为矮化、扁平或开心树形；而对于利用半乔化和乔化砧木的柑橘树，多培养成自然圆头形和开心形。

(3)环境条件。不同的树种、树势、树龄，不同的品种和在不同的环境条件下，即便采取完全相同的修剪措施，其修剪效果或修剪反应也是不同的。环境条件主要包括光照、湿度、风害和土壤立地条件等。培养的树冠要符合通风、透光、有利于降低树冠内的空气湿度、提高光能利用率的原则，这样才能减轻病虫害的侵染概率、提高叶片的光合利用效能，促进果实的糖分积累。对于一些有风害和土壤立地条件较差的地方，树形要求矮化、疏散、开心。

(4)社会因素。社会因素包括经济水平、社会需求和劳动力状况等。树形的培养会受到社会因素的影响，如随着劳动力紧缺和人们对产量和质量需求的变化，苹果、梨等果树的树形就经历了疏散分层形(3 层)、小冠疏层形、开心形和纺锤形等变迁。我国的柑橘生产，最初是乔植稀植，树形是自然发展类型。随着对产量和品质的重视以及劳动力的减少，树形逐步演变为矮化开心形树形。随着观光、休闲农业的兴起，在有些地方还出现了扇形、平面、筒状等树形。

二、常见树形及其整形修剪要点

柑橘的树形因品种不同而存在差异，目前在柑橘生产中主要的树形有自然圆头形、改良开心形、圆柱形、自然开心形、变则主干形、多主枝丛状开等(图 6-7)。

1. 自然圆头形

对于甜橙、中晚熟温州蜜柑等品种多采用自然圆头形树形。自然圆头形的主干高度约为 25～30 cm，由 3～5 个主枝均匀分布构成树冠骨架，无明显的中央领导干，形成下大上小、枝梢密集、树冠紧凑的树形。

这种树形适合柑橘的自然生长习性，修剪量较小，整形容易，成形快，进入结果期较早，具有承受高产的能力。

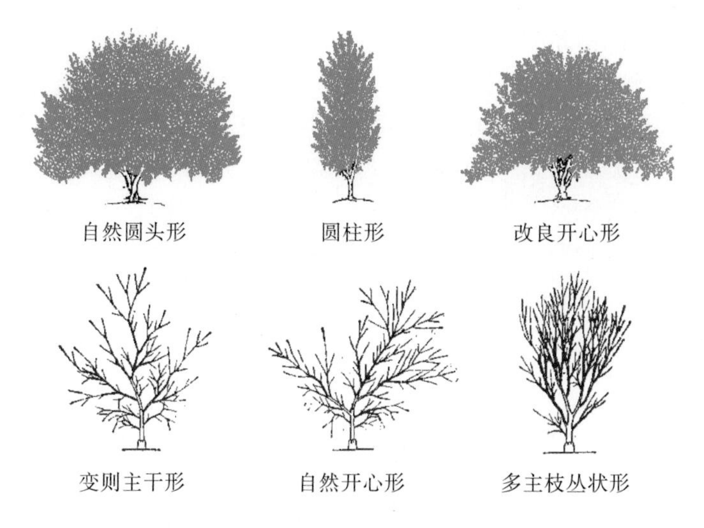

图 6-7 柑橘的主要树形（谢深喜组图）

整形修剪要点：苗木定植成活后，定干高度 30～50 cm（橙类和柚类高一些），留主枝 3～4 个，基本做到每个主枝间距 10 cm 左右，均匀分布于整个空间。在春梢萌芽前对主枝先端的 1 个强梢进行适度短截以尽快扩大树冠。注意主枝要保持斜向上挺直（保持 40°～50°夹角），以维持生长强势。各主枝上选留 2～3 个副主枝，方向互相错开，相距 40～50 cm，与主枝夹角 50°～60°。在整个整形过程中，要注意及时调整主枝分枝角度、空间均匀分布及均衡发展，这样 3～4 年即可形成自然圆头形树冠。

自然圆头形树形培养成功后，对结果盛期的树要进行适度修剪，注意及时通过修剪调整各骨干枝的从属关系，疏除树冠外围的一些过密枝、交叉枝和病虫枝等，保证树冠内膛的通风透光。对于树冠外围因结果出现衰退的枝组，要及时压顶、及时更新；同时要尽量保持树冠内的枝条数量，适度疏除纤细枝、无叶枝和过度荫蔽枝；对无利用价值的徒长枝要及时清除。另外，随时注意运用短截和疏枝技术，调节树体的营养生长和结果枝比例，保证坐果率和连年丰产。

2. 改良开心形

中后期的自然圆头形树的树冠，因顶部、外部枝叶密生而致内部及下部通风透光差，常因荫蔽而枝叶枯死，导致树冠内膛空虚、绿叶层变薄、有效容积减少，结果部位移向树冠外围。因此，自然圆头形橘树在中后期必须通过修剪来调整树冠结构，逐步形成一种改良开心形树形。

整形修剪要点：适当疏除顶部、外部的过密枝条，疏除导致树体郁闭的大枝（俗称“开天窗”），从而使光线进入树冠内部，促进枝叶生长健壮，提高树冠的光合利用效率，促进树体立体结果和提高果实品质。其他修剪技术要点同自然圆头形。

3. 圆柱形

对于椪柑等树性较直立的柑橘，由于其发枝力强、枝条丛生较密，可培养成圆柱形树冠。该树形一般树高2.5～3.5 m，冠径2 m左右，3个主枝，不分层，不配置副主枝，各类枝组分别均匀排列在主枝上；绿叶层厚，上下及内外通风透光较一致，结果性能好，后期单株产量也高；随着树龄增长结果负载量增加，树姿会逐渐开张。缺点是不便于进行修剪、采收等作业。

整形修剪要点：主干定干高度为25～30 cm，选留3个主枝，采用拉线整形，使主枝角度在30°～40°，保持较强的向上生长势。在主枝上均匀培养中小结果枝组，以不互相拥挤为限。修剪时，需要控制夏梢，在中下部培育多而整齐的早秋梢，并适当疏梢，以增大结果体积；幼树多保留下部枝条，以轻剪为主；在结果盛期，要及时疏除因结果变衰弱的枝条，而强壮枝进行短截；树冠内应尽量保留尚有一定结果能力的荫蔽枝，即便其是过密枝、叶大而薄的弱枝和短截强枝；适当疏除树冠中、上部枝梢，保证树冠通风透光。

4. 自然开心形

自然开心形是中早熟温州蜜柑的优良树形之一。这种树形的主干较低，无中央领导干，三主枝向不同方向挺直展开，其上着生副主枝或侧枝，树干中部开心。由于这种树形骨干枝少，不仅成形较快、结果较早，而且树冠通风透光良好，结果有效容积较大，结果多、品质好。

整形修剪要点：苗木定植后，在干高20～50 cm处剪顶，抹除砧木上的萌蘖和主干上过多的芽梢，对过长的梢在20～30 cm处摘心。在整形带内，主干离地约20 cm以上处，选留生长强壮、分布均匀、相互有8～15 cm间隔的新梢3～4个，轻中度短截，并拉枝调整作为主枝培养，确保主枝分枝角度在35°～45°。第2年春季在主枝先端选育健壮延长枝，短截或疏去周围竞争枝，促使延长枝向前方斜向伸长。如果第1年主干上抽发的强壮新梢不足，只能培养1～2个主枝，可以将剪口枝扶直、短截；在第2年继续选留第2、第3主枝，待3个主枝配齐后，剪去树冠中心主干或将其拉向一边，作为结果枝组，即成三主枝开心形的基础。随后1～2年在各主枝上配置副主枝2～3个，第1副主枝一般距主干20～60 cm，副主枝间上下间隔约50 cm，方向相互错开。再在主枝和副主枝上配置侧枝和枝组，但要注意在主枝上抽生直立旺长的强枝或徒长枝容易趋光向中心直立生长，形成新的中心主干，破坏树形，应及时剪除或用拉枝、扭枝等技术抑制。自然开心形主枝少、成形快，一般可在3年内成形。

中早熟温州蜜柑的自然开心形树形培养成功后，一方面要通过修剪调整主副主枝，维持树形结构，同时要通过摘心来控梢、通过短截促分枝。由于柑橘枝梢有易连续抽梢和生长的特点，使结果部位外移而披垂，因此需要及时摘心、短截和回缩。另外，温州蜜柑的基枝容易发生较多的结果母枝，因此要及时疏除过弱枝和短截过长枝。

5. 变则主干形

变则主干形适合于柚类、甜橙和柠檬等树势较强、树冠高大的柑橘品种。此类树冠比较通风透光、丰产性能较好，但由于树冠高大，对风害抵抗能力较弱，同时整形修剪和树体管理等都有一定的难度。

整形修剪要点：主干较高，一般有 30～40 cm，用矮化砧或园地土壤瘠薄的，主干可稍矮。在主干和中心主干上培育 5～6 个主枝后，去除顶部中心枝。然后在各主枝两侧均匀配置 2～4 个副主枝，主枝、副主枝的从属关系要明显，副主枝上各培育 2～3 个侧枝，然后在副主枝、侧枝上配置多个枝组，使树冠内外均有母枝结果。变则主干形的修剪要点与自然圆头形相似。

6. 多主枝丛状形

多主枝丛状形，也被称为矮干多主枝形。这种树形主干较矮，多为 10～15 cm；主干上留有 3～5 个主枝，呈丛生状，主枝间距小，夹角也小。同时主枝上向上配置一些斜生的副主枝和侧枝，呈放射状生长。这种树形紧凑直立，早结果、早丰产，比较适合于椪柑、金柑等丛生性较强、枝梢较直立的品种。

整形修剪要点：1 年生柑橘苗从基部 5～10 cm 处短截后，在树干基部选留 3～5 个健壮而不同方位的新梢作为主枝，剪去纤弱的重叠枝条。第 1 年新梢不超过 50 cm，一般不短剪，以利于快速扩大树冠；第 2 年在部分主枝的中上部侧枝上即能形成少量的花芽；第 3 年开始挂果。以后每年短截主枝延长头，并及时疏除过密枝、细弱枝、病残枝。进入结果盛期后，运用短剪、回缩和疏剪相结合的方法，使其既能通风透光、平衡树势，又可延长结果年限。

三、郁闭柑橘园的改形修剪

当栽植密度超过 750 株/hm^2 时，在投产数年后柑橘园的树体将逐渐荫蔽，通风透光差，容易滋生病虫害；树冠内部和下部一些枝条开始枯死形成空膛，树形变为绿叶层薄的伞形，平面结果，最终成为劣质低产果园。

1. 郁闭柑橘园的形成原因

造成柑橘园郁闭的原因主要是种植过密和管理失控。

(1)种植过密。气候区不同、产地条件不同、品种不同、砧木不同以及栽培技术不同，对应的合理栽植密度也不同。例如，热量条件相对不足的北缘柑橘产区比热量条件好的南亚热带柑橘产区的种植密度要密，土壤浅瘠果园的比深厚肥沃果园的要密，树体矮小的金柑等比树体高大的柚类等要密，用枳作砧木比枳橙作砧木的要密。果农往往很难掌握合理的栽植密度，很难根据品种、立地环境条件和砧木等采用合理的种植密度，甚至部分果农以多种比少种好的思想指导生产，导致结果没几年，甚至还未结果就出现枝叶交叉、果园郁闭的情况。如枳砧哈姆林甜橙的合理栽植密度是 840～1 000 株/hm^2，若用卡里佐枳橙每公顷只能栽 570～675 株，如果采用枳砧的密度，结果 2～3 年后还未到盛果期即会封行郁闭。

(2)管理失控。种植后不及时进行整形修剪是导致柑橘园郁闭的另一个重要原因。随着树体长大，若不及时进行修剪，枝梢将无序生长、徒长，很容易出现树冠郁闭、枝梢交叉封行、很难继续优质丰产的现象。特别是在 20 世纪 80 年代中后期，为早结果、早丰产而采取的计划密植，因为劳动力缺乏等原因导致无计划性密植，从而使果园郁闭的现象在生产中经常出现。

2. 郁闭柑橘园的改形修剪

随着市场供求关系的变化，柑橘业的发展已从注重“量的增长”阶段转入注重“质的提高”时期，因此必须对郁闭果园及时进行改造。

(1)间伐密株。对于种植过密的园或计划密植园，树形改造和修剪之前必须间伐密株，常用隔行(图 6-8)或隔株间伐。如原种植密度为 1 335 株/hm^2，其株行距为 2.5 m×3 m，隔株间伐后株行距变为 5 m×3 m，每公顷留下 675 株。间伐随时都可进行，若间伐树需要移栽，则在采果后到萌芽前进行间伐比较合适。在北缘或冬季有冻害的地方，宜在春季萌芽前进行，而其他地方可以在采果后进行。间伐移栽时，需要对移栽树进行重剪，剪(锯)除结果部位上方的较直立的大枝，疏除部分过密枝梢，剪除枝叶的量以占树冠总枝叶量的 1/3～1/2 为宜。橘树移栽时必须带土团，留下的穴，用疏剪下的枝叶与土壤分层回填，红壤酸性土每穴加施石灰 1～2 kg，最好同时能填埋优质有机肥，以促进永久树生长。

图 6-8 橘园隔行间伐(彭抒昂 摄)

（2）树形改造和修剪。由于郁闭，留下的永久树经常会变为绿叶层薄的伞形，因此需要进行树形改造。首先找出树冠中心部位遮阴最重的直立骨干枝，将其从基部不留桩疏除，俗称“开天窗”；对影响树形结构的交叉枝、重叠枝采取“去密留空、去强留弱、抑上促下”的办法，适当回缩或疏除；短截结果后的春秋梢或二次梢；对树冠下部、离地不足 30 cm 的下垂枝组需进行适当回缩，修剪量占树总枝叶量的 10%～15%，将树冠控制在 2.5～3.5 m 以内。第 2 年采果后再疏除位置不当的大枝、过密的侧枝，配合拉枝、撑枝，培育疏密有度、通风透光、绿叶层厚、能立体结果的开心形树冠。

第三节　简化修剪

柑橘生产和其他果树生产一样，属于劳动密集型产业。在过去几十年，我国果农用精耕细作的方式进行柑橘生产，使我国柑橘的产量和品质都有了大幅度的提高。但随着社会的发展，现代化、城镇化速度加快，传统的柑橘生产模式受到了冲击。主要原因是随着大量农村青壮年劳力进城务工，农村劳动力紧缺的现象日趋严重。同时，果园的生产成本随着生产资料、交通运输、劳动力价格的增加而不断攀升，柑橘生产的经济效益逐渐下降。因此，推广柑橘轻简化栽培技术是社会发展的必然趋势，其对促进柑橘产业的持续发展具有十分重要的意义。轻简化栽培技术，就是省工、省力、省时的栽培技术，除了选用易栽、适应性强的优质丰产品种、采用矮砧集约栽培方式外，关键是简化修剪。

修剪是柑橘生产中经常进行、劳动量较大的一项树体管理工作，简化修剪对于降低劳动强度和劳动成本、提高果园经济效益具有重要作用。目前的简化修剪主要指简单修剪、交替结果修剪、机械修剪和化控修剪。

1. 简单修剪

和传统精细修剪相比，简单修剪是一种针对解决主要树体矛盾的简化修剪形式，注重从大的方面改善树体通风透光条件、调节地下部分和地上部分、生殖生长和营养生长的平衡。因此一般对幼年树不进行太多的修剪，仅剪除少量枯枝、病虫枝；对长势强旺、枝梢粗壮的直立枝梢，主要采用撑、拉、吊的方法加大分枝角度，削弱其长势。对于结果盛期的树，主要采用大枝修剪方式疏除树冠顶部中心大枝（“开天窗”），疏剪树冠外围部分密集的中、大型枝组（“开边窗”）的方法，以改善树冠内部和下部的光照；另外，除及时疏除一些枯枝和病虫枝外，只对树与树之间以及树内的明显交叉的枝梢通过疏删和回缩的方式进行处理。

2. 交替结果修剪

柑橘的交替结果生产技术是20世纪90年代后针对柑橘大小年现象和提高温州蜜柑品质而研发推广的一项高品质省力化柑橘栽培技术。交替结果柑橘管理分为生产园(树)管理和休闲园(树)管理两部分。生产园原则上不进行修剪，仅需适当疏除实在太密而影响结果的枝梢。休闲园的修剪主要在夏季进行，一般在7月进行(北缘地区、冬季有冻害的地方可以适当提早)，修剪工具由过去的枝剪改为大平剪，修剪时以侧枝为单位，利用大平剪剪除枝梢的1/2左右(图6-2)。为了促进萌发质量较好的秋梢结果母枝，一般在夏季修剪前7～10 d土施1次全营养肥和速效肥(如每株施“宜施壮”复合肥1.5～2 kg，N∶P∶K=15∶6∶9，含20%的有机质)。在秋梢抽生停止后可喷1次叶面营养液。

3. 机械修剪

随着社会经济的发展，我国农村劳动力日趋紧缺、劳动成本快速上升，为了降低劳动强度和减少劳动成本，农业机械化作业势在必行，特别是对于柑橘树修剪这种特别消耗劳动力的果园作业。目前美国、澳大利亚和巴西等国的柑橘修剪主要采用机械方式进行。

柑橘的机械修剪主要是使用修剪机械对柑橘树进行非选择性侧剪和顶剪，这种修剪方式又被称为“篱剪”。通过篱剪，可以有效控制树冠高度，使行间保持适当距离，从而改善树体的通风透光条件、留足所需的作业操作空间。由于篱剪是一种非选择性修剪，会剪去大量优良结果母枝，同时还会促使抽发大量新梢，因此会影响当年的产量。因此，机械修剪最适合于交替结果模式中休闲园的修剪。最适于机械修剪的栽植方式是篱栽方式。

具体修建时间可以是春季萌芽前，或者是7月，前者可以促发整齐的春梢，后者可以促发整齐的秋梢结果母枝。篱剪程度应根据植株高度、郁闭程度和生长势等情况而定，一般以轻剪为宜。篱剪对篱剪方式和树冠高度有要求，原则上要保证行间不会互相遮挡阳光，整株树上下都能有阳光照射。如图6-9所示是3种典型的篱剪方式：左边的方式是一种比较理想的方式，它可以保证篱剪后树体两边都能均匀接收阳光；中间的方式为可以接受的方式，篱剪后树体两边靠下部分所接收的阳光会受到轻微的遮挡；右边的方式最不理想，因为篱剪后树体下部的阳光被严重遮挡。

目前生产中篱剪主要有“屋脊式篱剪”和“梯形篱剪”两种方式(图6-10)。篱剪时，两边篱剪角度在15°～25°之间，当篱剪角度与垂直夹角在15°时，需要在顶部与水平夹角30°左右进行1次篱剪，这样篱剪后就形成了屋脊式树形，可以保证阳光进入树冠中、下部；而当篱剪角度与垂直夹角在25°时，可以在顶部进行水平顶剪，篱剪后就形成了梯形树形。

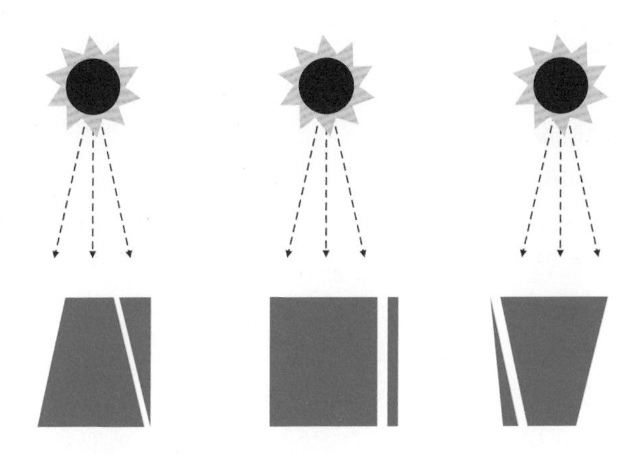

图 6-9 篱剪的 3 种方式(改自袁野绘图)

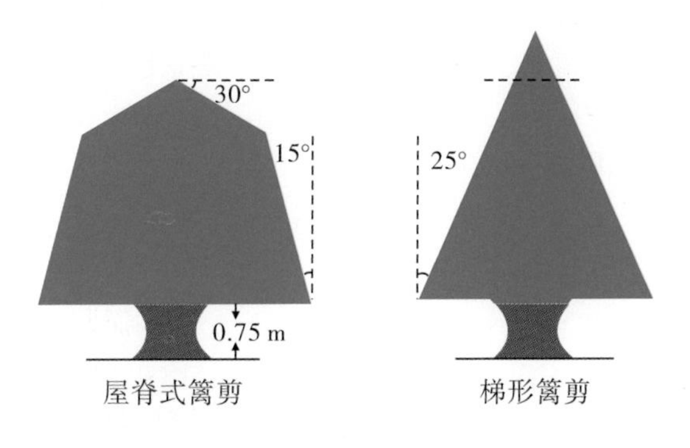

图 6-10 屋脊式篱剪和梯形篱剪(改自袁野绘图)

4. 化控修剪

化控修剪是指应用植物生长调节剂调节植株的生长和发育，使其朝着人们预期的方向发生变化，确保高产优质的一类省力化调控技术。近年来，为了提高柑橘的产量和品质，在柑橘生产中比较广泛地使用了植物生长调节剂，包括将植物生长调节剂用于柑橘树的整形修剪。

在夏梢抽生 1 cm 左右时喷施 1 次 50 mg/L 的赤霉素，能显著促进夏梢生长，迅速扩大幼树的树冠；在夏梢发生初期，喷施 1 000 mg/L 的青鲜素能推迟夏梢抽生、并减少夏梢的发生数量和长度；温州蜜柑在 9 月喷 1 次 4 000 mg/L 的施矮壮素或连续喷施 2 000 mg/L 的矮壮素 2 次，能有效抑制晚秋梢生长；在交替结果模式休闲园秋梢抽生 15~20 cm 后，间隔 10～15 d 连续喷施 400～800 mg/L 的多效唑 2～3 次，能有效控制秋梢生长、促进花芽分化、保证生产年产量。8 月下旬喷施 1 次 2 000 mg/L 的 B_9，也可以有效地抑制秋梢生长。

还可以利用化控技术调节柑橘的花量。在柑橘花芽分化期间喷施 100～

400 mg/L的赤霉素，可以抑制花芽形成，从而调节大小年结果。在交替结果温州蜜柑果园休闲年的春季，在盛花后10～20 d喷施20%的吲熟酯1 000倍液或用20%的吲熟酯2 000倍液+10%的乙烯利2 000～8 000倍液树冠喷雾（用乙烯利2 000倍液可能会伴随一定程度的老叶脱落，但效果好。喷雾时日平均气温应在25℃以上，以持续3～4 d为宜），可以有效疏除树上的花果，使果树真正处于"休闲"状态。用此种方法疏除花果比用人工方法可以节省大量劳动。

化控修剪是一项省力有效的枝梢控制和花果控制技术，实际应用中的效果与使用浓度、柑橘品种、树体状态、环境条件等因素有关，使用正确时有事半功倍的效果，使用不当时则可能带来危害。因药剂选择及使用浓度至关重要，且需与时俱进，因此，生产上需要在研究试验的基础上谨慎使用。

最后需要明确的是，真正意义上的简化修剪必须结合简化树形的培养。简化树形的特点是：树形矮、小、扁；结构简单，主枝少（2～3个）而角度开张，不配侧枝，直接在主枝上培养结果枝组，以使树冠小冠化；抬高主干（>50 cm），控制树高（2.5 m左右）。

参考文献

[1]李道高. 柑橘学[M]. 北京：中国农业出版社，1996.
[2]贺善文. 柑橘修剪新技术[M]. 长沙：湖南科学技术出版社，2007.
[3]谢深喜. 图解柑橘整形修剪[M]. 北京：中国农业出版社，2010.
[4]邓秀新，彭抒昂. 柑橘学[M]. 北京：中国农业出版社，2013.
[5]刘永忠. 画说柑橘优质丰产关键技术[M]. 北京：中国农业科技出版社，2019.
[6]Chhetri L B, Kandel B P. Intensive fruit cultivation technology of Citrus fruits: high density planting: a brief review[J]. Journal of Agricultural Studies, 2019, 7(2): 63-74.
[7]Intrigliolo F, Roccuzzo G. Modern trends of Citrus pruning in Italy[J]. Advances in Horticultural Science, 2011, 25(3): 187-192.
[8]Zekri M. (2018)Mechanical pruning of Citrus trees. University of Florida, fact sheet HS1267 August 2015. Retrived from: http://edis.ifas.ufl.edu/pdffiles/HS/HS126700.pdf.

第七章　柑橘园土肥水管理

土肥水管理对柑橘高产、稳产、优质非常重要。本章介绍我国柑橘园的主要土壤类型及特点，不同土壤类型的改良和土壤生草栽培等土壤管理方式，柑橘不同时期和不同器官的水分要求，以及柑橘园排涝、抗旱和现代节水灌溉等水分的管理。侧重讲解柑橘园的施肥。

第一节　我国柑橘园的主要土壤类型及其特点

一、红壤

红壤是我国分布面积最大的土壤，总面积 379.3 万 hm^2，是种植柑橘的良好土壤。红壤在中国主要分布在北纬 25°～31°之间的长江以南的低山丘陵区，包括江西、湖南两省的大部分，云南的南部、湖北的东南部，广东、福建的北部及贵州、四川、浙江、安徽、江苏等的一部分，以及西藏南部的部分地区。

红壤发育于热带和亚热带雨林、季雨林或常绿阔叶林植被下，大多在高温高湿的丘陵地区，是脱硅富铁、铝化过程和旺盛的生物富集过程长期共同作用的结果。在高温高湿条件下，矿物发生强烈的风化，产生大量可溶性的盐基、硅酸、氢氧化铁、氢氧化铝；在淋溶条件下，盐基和硅酸被不断淋洗进入地下水后流走，而活动性小而易累积的氢氧化铁、氢氧化铝在干燥条件下发生脱水形成无水氧化铁和氧化铝，导致土壤中缺乏碱金属和碱土金属而富含铁氧化物和铝氧化物。铁化合物中主要是褐铁矿与赤铁矿等，因土壤中赤铁矿含量特别多，剖面呈均匀的红色而取名红壤(图 7-1)。

图 7-1　红壤剖面图(江才伦 摄)

红壤的形成以富铁、富铝过程为基础，以生物小循环为肥力发展的前提，这两个过程构成了红壤特殊的形状和剖面特征。红壤自上而下包括腐殖质层、淋溶淀积层(均质红土层)和母质层等三个基本的发生层次。腐殖质层是在自然植被下，一般厚 20 cm 左右，暗棕色，有机质含量 10～60 g/kg，但在部分红壤地区自然植被受到破坏，加之水土流失严重，腐殖质层越来越薄，严重者已不存在；淋溶淀积层一般厚 0.5～2 m，呈均匀的红色或红棕色，紧密黏重，呈块状结构，常有大小不等的铁锰结核出现，具有明显的铁胶膜或铁离子层或铁锰层；母质层包括红色风化壳和各种岩石的风化物。下面分析红壤的基本特性。

1. 土层较深，耕作层浅

发育于不同成土母质的红壤，由于脱硅富铁、铝化作用，土层均较深。发育于第四纪红色黏土上的红壤，土层可深达 10 m 以上；发育于第三纪红砂岩上土层较浅的红壤，土层也有 50～60 cm。但我国大部分柑橘产区的红壤，质地受母质影响较大，大部分红壤是发育在板质岩、石灰岩及第四纪红母质上，质地较黏，多为黏壤至黏土，含黏粒 40%～60%，高者可达 70%～80%，黏土矿物以高岭石为主，土壤熟化程度低，耕作层浅薄，不利于耕作和柑橘根系的伸展。

2. 酸性强，养分缺乏且易淋失

红壤酸性较强，一是由于土壤中含有较多氢离子，二是由于红壤脱硅富铁、铝化作用的结果，使土壤中氧化铁和氧化铝增多，大量聚积的活性铝水解后增加了土壤溶液中的酸性物质而导致红壤酸性强。据测定，红壤土壤胶体表面存在大量的吸收性铝离子，铝含量可高达 7%～18%，盐基饱和度多在 30%以下，黏粒的硅铝率为 1.9%～2.2%，交换性氢为 0.03～0.005 mmol/g，土壤呈酸性反应，表土与心土 pH 值 4.0～6.0，底土 pH 值 4.0 左右。

红壤的酸性环境虽然有利于活化土壤中的铁、锰等柑橘所需要的营养元素，但也会加速矿物质和有机质的分解和淋溶(主因应是雨热丰沛所致，酸性环境也是这个原因），土壤中的氮、磷、钾、钙、镁等多种营养元素大量淋失，导致有效态钙、镁的含量减少，硼、钼很贫乏，水溶性的磷也易含量被铁、铝固定而氧化成为难溶物质或闲蓄态磷，使得土壤中的有效磷含量更低，速效养分更缺，常因缺乏微量元素锌而产生柑橘“花叶”现象，土质变得很瘠薄，有机质含量一般仅 1%～1.5%，全氮多在 0.06%以下，全磷 0.04%～0.06%。

3. 土壤黏重，耕作性差

红壤的黏粒含量在 40%～60%，高的可达 70%～80%，有机质含量较少，而且矿质化作用占优势，腐殖质形成少，不易积累，加之水土流失严重，土壤有机质缺乏，质地黏重，土壤板结，结构性差，遇水很快呈糊状，影响水分下渗，干旱后极易板结成硬块，“干时一块铜，湿时一包脓”，土壤不利于耕作，也不利于柑橘根系的伸展。

4. 易遭干旱

红壤地区虽然雨量充沛，但受季风影响雨量分布不均，旱季明显，而且土壤大多分布于丘陵坡地，地形起伏，土黏难渗，水分极易流失，地表径流量大，水土流失严重，土壤中的无效水分多、有效水分少，柑橘难以吸收利用而受干旱。

二、黄壤

黄壤是我国南方山区的主要土壤类型，也是柑橘主要的栽培土壤之一，集中分布于北纬 23.5°～30°之间，广泛分布于南亚热带与热带的山地上，以四川、贵州、重庆为主，在云南、广西、广东、福建、湖南、湖北、江西、浙江和台湾等地也有相当面积的分布。湿润条件下黄壤的垂直带带辐较宽，海拔高度一般在 800～1 600 m，低者 500 m 左右，高者 1 800 m 左右，云南高原山地在 2 200～2 600 m 以上。在各个山地的垂直带谱中，黄壤一般在红壤的上面。

黄壤发育于亚热带湿润山地或高原常绿阔叶林下的高温高湿地区，热量条件比同纬度地带的红壤略低，雾日比红壤地区多，日照较红壤地区少，夏无酷暑冬无严寒，干湿季节不明显，所以湿度比红壤高。黄壤在形成过程中与红壤一样，包含富铝化作用和氧化铁的水化作用两种过程，只是富铝化作用比红壤弱。黏土矿物以蛭石、高岭石为主，加之在长期湿润条件下游离氧化铁遭受水化，因褐铁矿、心土层含的大量针铁矿及多水氧化铁呈黄色而得名。

黄壤酸性强，自然黄土为淋溶层—沉积层—母质层，淋溶层未分解或半分解的枯枝落叶腐殖质厚 10～30 cm；沉积层黏重、紧实，以黄、红杂色为主，块状结构，具有明显的铁胶膜或铁离子层；母质层为岩石碎石的半风化体。耕作土壤剖面构型为耕作层—心土层—母质层。自然土表层有 10～30 cm 厚的未分解或半分解枯枝落叶腐殖质层，其下为黏重、紧实的淀积层，颜色为黄至棕黄色。黄壤的有机质随植被类型而异。在自然土中，有机质由于腐殖质层的存在，可高达 5%以上，但心土层则迅速降低，耕作黄壤随熟化程度提高而增加。下面分析黄壤的主要特性。

1. 发育于不同母质的黄壤特点各异

发育于花岗岩、砂岩残积、坡积物上的黄壤土层较厚，质地偏沙，渗透性强，淋溶作用较明显，在森林植被下，地表有较厚的枯枝落叶层，腐殖质层较厚，表土为强酸性，因酸性淋溶作用可见灰化现象；发育于页岩上的黄壤质地较黏重；发育于紫色砂页岩上的黄壤，心土黄色，底土逐渐过渡为紫红色，多为壤土，渗透性好；发育于第四纪红色黏土上的黄壤土层深厚，富铝化作用较强，心土为棕黄色，以下逐渐转为棕红色或紫红色，质地黏重，渗透性差。

2. 土层较薄，酸性强

黄壤旱地土壤大多分布在山坡地上，植被破坏后水土容易流失，尤其是在板页岩残积物上发育的土壤，土质疏松，地表径流容易将细粒带走，使土层变浅薄，甚至会完全失去肥沃土层，出现过黏、过沙、过酸三大特点，pH 值一般在 4.0～6.0，耕作土壤具有瘦、冷、湿和板结的共性。

3. 土壤养分较少

由于水分流失，大部分有机质含量仅有 1%～2%。土壤特别缺磷，绝大部分黄壤中的速效磷低于 10 mg/kg，是典型的缺磷土壤。氮、钾的含量属中等水平。由于黄壤的植被被破坏，水土流失严重，土层多显贫瘠。

4. 土黏易干旱

由于黄壤土质较黏重，黏粒含量高达 40%以上，结构不良，通透性差，干时坚硬，湿时糊烂，保水保肥力弱，加之地形起伏，水分极易流失，在部分地块缺乏灌溉水源时，易干旱。

三、紫色土

紫色土主要分布于我国亚热带地区，以四川红色盆地分布面积最广，云南、贵州、湖南、江西、浙江、安徽、广东、广西等地也有分布。

紫色土发育于亚热带地区不同地质时期富含碳酸钙的白垩纪和第三纪的紫红色页岩、砂页岩或砂砾岩和砂岩，也有少部分三叠纪紫灰岩母质风化发育成土，分石灰性、中性及酸性三种。紫色土全剖面(图 7-2)上下呈紫色或紫红色、紫红棕色、紫暗棕色，也有紫黑棕色，土壤分层不明显。下面介绍紫色土的基本特性。

图 7-2 紫色土剖面(江才伦 摄)

1. 土层浅薄，含砾岩多

紫色土由于风化迅速，所处地形多为坡地，极易受到冲刷，水土流失较严重。剖面发育不明显，没有显著的腐殖质层，表层以下即为母质层。耕作后，表层为耕作层，有时也出现犁底层，所以土层深浅不一，浅者几厘米，深者 30～50 cm，通常不到 50 cm，超过 1 m 者甚少；土中夹有大量半风化的母岩碎片及砾石，含量达 40%～50%，由沙土至轻黏土，以粉壤土为主，土质粗糙，孔隙度良好，土壤通透性好，抗蚀力低，漏水漏肥，抗旱保水力弱，蓄水能力和保肥能力差，施肥后易发生水肥流失，土壤肥力低；土壤吸热性强，白天土温容易上升，夜间降温也快，高温时节容易发生干旱。

2. 土壤有机质较缺乏，养分含量不平衡

由于土层浅薄，紫色土岩片砾多，水土流失严重，植物覆盖稀疏，土壤有机质含量少，一般不到 1%，含氮量也少，大多低于 0.1%。在长期耕作施肥条件下，有机质含量可达 1%以上。土壤中磷、钾较丰富，一般含全磷 0.1%左右，含全钾 2%～3%或更高。由于成土母质的原因，土壤差异较大，养分含量不平衡，管理措施跟不上时会严重影响柑橘生长结果。

3. 酸碱性不一

紫色土分为酸性紫色土、中性紫色土和石灰性紫色土。酸性紫色土分布在长江以南和四川盆地的广大低山丘陵地区，碳酸钙含量小于 1%，土壤呈酸性，pH 值小于 6.5，土壤有机质、全氮含量相对较高，磷、钾稍低，指示植物有松树、蕨类、映山红和芒萁等。中性紫色土主要分布在四川、重庆、云南，碳酸钙含量 1%～3%，pH 值 6.5～7.5，肥力水平较高，但有机质、氮、磷稍显不足。石灰性紫色土主要分布在四川盆地及滇中等地，土壤的碳酸钙含量大于 3%，pH 值大于 7.5，土质疏松，土壤的有机质含量在 10 g/kg 左右，氮、磷低，锌、硼严重缺乏，土体浅薄，保水抗旱能力差，指示植物有刺槐、臭椿、苦楝、白榆、桑树、紫穗槐、白蜡树等。

4. **土壤蓄水量少，调温能力差**

由于土层较浅，土壤透性和渗透性极好，蓄水量极低，加之紫色土吸热性强、导热性好，白天土壤温度受气温影响极大，土壤温度的上升和下降都极快，稳定性也差。所以，在夏秋季节往往因水分不足、温度过高而导致柑橘根系死亡，在冬季又会因温度过低而导致根系受冻。据史德明等研究，每100 cm^3的紫色页岩风化碎屑可以吸收水分47 g。1963年8月25日在江西兴国县长岗公社，紫色土光坡地的地表最高温达到76℃，昼夜温差达46.8℃，而同一天紫色草地上的地表最高温度为62.6℃，昼夜温差仅34.5℃。因此，紫色土的蓄水能力弱、土壤变化大，而且土层越薄蓄水能力越弱、土壤温度变幅越大；反之，土层越厚，则蓄水能力越强、土壤温度变幅越小。

四、海涂土壤

中国海涂土壤主要分布在长江、黄河、珠江、海河等大河的入海处。海涂土壤是在平原海岸的边缘地区由淤泥质或沙质河海相沉积物组成的海岸滩地，是海水平均高潮线与平均低潮线之间的地带。下面介绍海涂土壤的基本特性。

1. **土壤盐分较高**

海涂土壤土层深厚，富含钾、钠、钙、镁等矿质元素，地势低、地下水位高，干旱季节随着土壤水分的蒸发，土壤底层的盐分随水上升，土壤剖面含盐量较高，而且盐分不易排洗。一般来说，海涂土壤盐分的主要成分为氯化钠，还有CO_3^{-2}、HCO_3^-、SO_4^{-2}等阴离子和K^+、Ca^{+2}、Mg^{+2}等阳离子，一般含量在20 g/kg以上，高的可达50～80 g/kg。

2. **酸碱度比较高**

海涂土壤由北向南酸碱性不一样，长江以北地区的海涂土壤多数偏碱性，pH值7.5～8.5，高者可达9.0～10.0，土壤许多养分失效；长江以南的海涂土壤偏酸性，pH值4.0～6.0。

3. **土壤有机质含量少**

在盐碱土上，由于作物生长不好，留在土里的植物残体少，土壤的有机质含量也少，加之泥沙比较黏细，呈粥状或粉糊状，结构较差。而且滩面较平整，保水保肥能力差，土壤中的微生物，特别是固氮菌和根瘤菌等有益微生物的活动受到抑制，不利于土壤养分的增加与活化，降低了土壤的供肥能力。

4. **怕旱怕涝**

干旱季节，土壤强烈蒸发，土壤水分特别是有效水分迅速减少，因而盐分浓度相应增加。到了雨季，土壤水分增加，盐分得以淋洗，但由于所处的地势低平，常常积涝成灾。

五、水稻土

水稻土在我国分布很广，占全国耕地面积的1/5，主要分布在秦岭—淮河一线以南的平原、河谷之中，尤以长江中下游平原最为集中，是在人类生产活动中形成的一种特殊土壤，是我国的一种重要土地资源。

水稻土是发育于各种自然土壤之上，经过人为水耕熟化和自然成土因素的双重作用而形成的耕作土壤。这种土壤由于长期处于水淹的缺氧状态，土壤中的氧化铁被还原成易溶于水的氧化亚铁，并随水在土壤中移动，当土壤排水后或受稻根的影响，氧化亚铁又被氧化成氧化铁沉淀，形成锈斑、锈线，形成特有的水耕熟化层(耕作层)—犁底层—渗育层—水耕淀积层—潜育层水稻土的剖面(图7-3)构型，土壤下层较为黏重而硬，透气性特差。水稻土中的有机质、氮、铁、锰含量较高，磷、钾缺乏。硫虽然丰富，但85%～94%为有机态，当通气状态不好时易还原为硫化氢(H_2S)而使植物中毒。水稻土的pH值均向中性变化，pH值4.6～7.5。

图7-3 水稻土剖面(江水伦 摄)

第二节 柑橘园土壤改良与土壤管理

一、柑橘园土壤改良

(一)红壤改良

1.全面规划，综合治土

平整土地，修建等高水平梯地。在山上果园的上边挖拦洪沟拦截洪水，沿丘陵山脚挖环山沟防洪水侵蚀，是保持红壤水土的最有效措施。治山、治水、种树、种草相结合，并采取旱地培地埂、垄作、沟种，冬季深耕、夏季浅耕、春季不耕等耕作措施，减少水土流失。修建灌溉渠系，发展中小型山塘、水库及果园蓄水池，保证有足够的灌溉用水。

2. 合理施肥，培肥土壤

(1)合理种植绿肥。绿肥是富含有机质和氮、磷、钾等养分的完全肥料，特别是有固氮功能根瘤菌的豆科绿肥。绿肥体内的氮素很丰富，一般在新鲜绿肥体中含有机质10%～15%，氮0.4%～0.8%，磷0.1%～0.2%，钾0.3%～0.5%。绝大多数绿肥作物的吸肥能力很强，能将肥料中不能利用的养分吸收，起到养分的集聚和活化作用，翻压后能补充土壤的矿质营养，提高有机质含量。在云南，翻压苕子后红壤耕层的有机质由0.78%提高到1.09%，全氮由0.057%提高到0.091%，速效磷由1.0%提高到1.3%；在江西，红壤丘陵连续种3年绿肥后，耕层的有机质、全氮、全磷分别由0.64%、0.04%、0.04%提高到1.21%、0.07%、0.07%，因此，种好绿肥是解决红壤有机肥源的可靠途径之一，对红壤的改良效果显著。根据大量试验，通过种植和压埋绿肥作物能把用地和养地结合起来，一般平地红壤柑橘园的绿肥翻压量为15 t/hm^2，旱地红壤柑橘园的绿肥翻压量以30 t/hm^2为宜。

适宜红壤地区种植的绿肥很多，可因地、因时地选择适于当地自然条件、抗逆力强、生长速度快、覆盖度大、产量和肥效都比较高的绿肥作物。适宜红壤冬季种植的绿肥作物有油菜、紫云英、肥田萝卜、蚕豆、箭舌豌豆、苕子、苜蓿等，适宜春、夏季种植的绿肥作物有田菁、豇豆、绿豆等，多年生绿肥和牧草有紫穗槐、热带苜蓿、木豆等。

(2)增施有机肥。施用有机肥不仅可以直接提高红壤中的有机质含量，增加土壤中的氮、磷、钾等养分，改善土壤结构，提高土壤的保水保肥能力，而且有机肥中含有的大量腐殖酸类物质，可以中和土壤中的游离氧化铁，减少铁、铝对柑橘的危害。施肥的效果因季节、作物和土壤的不同而不同，一般夏季施用效果好于冬季。生物有机肥、腐熟的人畜粪、杂草、作物秸秆、树枝、淤泥等都是有机肥。有机肥的施用量一般为30 t/hm^2。有机肥一定要分层压埋，并且要和泥土相混。压埋有机肥施肥穴（沟）时，应在晴天进行，一定要见到须根压埋，尽可能少伤大根，而且根系不能在外暴露太久。

(3)合理施用磷肥和氮肥。红壤中的磷含量很低，更缺乏有效磷，所以在红壤果园施用磷肥的效果很显著。目前在柑橘生产上施用的磷肥有钙镁磷肥、过磷酸钙、磷矿粉、骨粉等，施用量以约1 500 kg/hm^2为宜。钙镁磷肥呈微碱性，不易于溶解，但在酸性的红壤中施用有利于提高这种磷肥的有效性；在新开垦的红壤荒地、低产旱地和低产水田中施用磷矿粉、过磷酸钙、骨粉等，效果也非常显著。施用磷肥时最好与有机肥配合使用，以减少磷素与土壤的直接接触，这有利于提高磷肥的肥效。施用磷肥时必须将磷肥深埋于柑橘根系附近，以利于柑橘根系的有效吸收。对于豆科绿肥施用磷肥，还能“以磷增氮”。

红壤中不仅缺磷，也缺氮。对红壤施用氮肥，初期效果虽然不如磷肥明显，但其在补充土壤氮素的同时，更能提升磷肥的效果。钼、硼、锌、镁和铜等微量元素虽然在红壤的酸性条件下可以提高其效能，但因受强烈的淋溶，其绝对含量低。施用微量元素一般都有好的效果。

3. 合理施用石灰

强酸性是红壤的一个重要特性，土壤熟化度越低，则酸性越强、铝离子越多。在红壤上施用石灰，可以中和土壤酸度、提高土壤 pH 值、消除铝离子对柑橘的毒害、增加土壤的钙素，可以加强有益微生物的活动、加速有机质的分解，减少磷被活性铁、铝固定，改良土壤结构、改变土壤黏、板、酸、瘦等不良性状。施用量掌握在 15～22.5 t/hm^2。马嘉伟等的研究表明，添加竹炭可以提高土壤的 pH 值；朱宏斌等的研究表明，施用石灰可以提高土壤 pH 值 2 个单位，使土壤中活性铝的含量降低 1/3～2/3。

4. 合理耕作

红壤旱地耕作层浅，不能满足作物根系的伸展，不能为作物的生长发育提供良好的环境和营养。合理耕作的目的，是要创造一个深厚、均匀和肥沃的耕作层。研究证明，深耕可以改善甘蔗的品质，使其含糖量略有提高。江西都昌、丰城等地根据当地春雨夏旱的特点，创造了“冬深耕、夏浅耕、春不耕”的经验，采取雨后中耕、畦面盖草、表土埋草等措施，吸蓄雨水、减少蒸发、稳定水热动态。

（二）黄壤改良

黄壤与红壤通常交织在一起，黄壤的改良应特别注意：通过深挖压埋植物秸秆、腐熟人畜粪等加深耕作层，增强土壤透性；通过合理轮作，增加土壤有机质；合理施用石灰，降低土壤的酸性。改良利用措施与红壤大致相同。

（三）紫色土改良

1. 深挖改土

紫色土的土层浅，因此，在柑橘建园时应通过深挖改土来增加土壤的厚度。深挖方式有大穴深挖（图 7-4）和壕沟式深挖（图 7-5）两种。大穴深挖时，穴为圆形，直径 1.5 m 以上，深 1 m 以上；壕沟深挖时，壕沟上宽 1.5 m 以上，下宽 1.2 m 以上，深 1 m 以上。两种方式中，壕沟式深挖的效果更好。

最好在穴或沟内分层填入植物秸秆、杂草和鸡粪、人畜肥等有机肥(图 7-6)，其填入量为压实后占穴或沟深度的 1/3 左右。回填时将有机肥与土混合，并将熟化的表土埋于底层，将新挖出的未风化的新土置于表层。开挖时，一定要考虑排水问题。

图 7-4　紫色土定植穴(江才伦 摄)

图 7-5　紫色土定植壕沟(江才伦 摄)

图 7-6　紫色土分层压埋基肥(江才伦 摄)

2. 种植绿肥，增施肥料

由于紫色土的熟化程度不高、有机质含量低、肥力不高，建园前应先种植豆类、花生、玉米、油菜等作物熟化土壤，然后将植物秸秆等埋于土中，加速土壤的熟化、增加土壤的有机质、改良土壤结构。改土时，在多施人畜粪、堆肥、生物有机肥的同时，应配合施用氮肥，酸性紫色土施用适量石灰，碱性紫色土使用硫酸钾等酸性肥料，以平衡土壤的酸碱度。

3. 生草栽培，合理间作

通过保留果园内的浅根杂草或植草等措施，起到保持水土、调节地温的作用，并营造果园内良好的生态环境，为柑橘树的生长发育和优质、高产、稳产创造条件。还可视情况在果园内间作其他作物，以增加柑橘园的经营效益。

(四)海涂土壤改良

1. 筑堤建闸，杜绝海水侵入

在开垦种植前，做好防潮堤坝，防止海水对土壤的冲刷，在已做好堤坝的地区，让海涂土壤与海水隔绝，杜绝海水侵入。

2. 降低地下水位，排水洗盐

开沟排水，降低地下水位，是降低海涂土壤盐分的主要方法。沟开得越深越密，盐分就排除得越快。为保证柑橘根系的正常生长，开沟的深度最好在1.5 m以上，间距在200 m以内。中国农业科学院农田灌溉研究所的研究表明，开挖田间排水沟，在连续两次降水214 mm的情况下，排水量为3.6万m^3/km^2，排盐量为150 t/km^2，1 m厚土层无排水沟的平均脱盐率为25%，而有排水沟的平均脱盐率为50%。

3. 种植绿肥，降低盐分

开沟排水后至建园前，可在海涂土壤上种植一些耐盐和吸盐力强的作物，如咸青、咸草等。建园后也可在行间种植绿肥，茂密的绿肥枝叶覆盖地面，能减少地表水分蒸发、抑制土壤返盐。绿肥庞大的根系大量吸收水分，经叶片的蒸腾作用使地下水位下降，从而能有效地防止土壤盐分向地表积累，在熟化土壤的同时还能增加土壤的有机质。据朱莲青研究，新疆地区紫花苜蓿整个生长期的叶面蒸腾量为5 925 m^3/hm^2，约占总耗水量的67%，株间蒸发为2 895 m^3/hm^2，约占总耗水量的33%，昼夜平均耗水量为64.5 m^3/hm^2。山西省农业科学院土壤肥料研究所报道，种植3年紫花苜蓿，可降低地下水位0.9 m，加大土壤脱盐率，土壤容重比夏闲地减少0.11 g/cm^3，孔隙率增加3.2%，团聚体增加5%以上。

4. 增施有机肥

在海涂果园增施有机肥，如厩肥、土杂肥、人畜粪发酵肥等，是增加土壤有机质的一项重要措施。

5. 合理耕作

建园植树时，定植行应起垄，实行起垄栽培。不宜在土壤过湿或过干时进行耕作。深耕深翻，可以疏松耕作层，打破原来的犁底层，切断毛细管，提高土壤的透水、保水性能，加速淋盐和防止返盐。深耕深度一般为25～30 cm，可逐年加深耕作深度。深翻可将含盐重的表土埋到底层，而将底层的淤泥、夹黏层或黑土翻到表层，一般深翻深度为40～50 cm。

6. 选择适宜的砧木

在海涂地种植柑橘，应选择比较耐盐碱的砧木，如酸橙、香橙和酸橘等。

(五)水稻土改良

地势低洼、积水难排和冬季冷空气易沉积、难流出的深峡谷水田地段不适宜种植柑橘，对于适宜种植柑橘的水稻田则应进行土壤改良。下面是水稻田改土的一些措施。

1. 深沟改土

因长期耕作、蓄水，水稻田的土粒高度分散，耕作层浅，而且在耕作层下沉积了一层不渗透的犁底层。犁底层保水性能好、通透性极差，柑橘根系很难穿过犁底层往下扎，也很容易积水产生涝害，所以在水稻土上建柑橘园一定要深挖定植壕沟以打破犁底层。定植壕沟应顺排水坡方向，沟断面呈梯形，深 0.8～1.0 m、上宽 1.5～2.0 m、下宽 1.2～1.5 m，比降不低于 1‰。最好在沟底填 1 层 20～40 cm 厚的石块或较粗大的树枝等以利于排水，回填时应埋入与水稻土混合均匀的有机肥。

2. 建立完整的排灌沟系

水稻田土层较浅、土质黏重，地下水位高，雨季易积水。积水后土壤孔隙的空气含量减少，造成土壤氧气缺乏，导致根系生长停止而引起柑橘涝害，严重时根系腐烂枯死。因此，水田中种植柑橘必须修建排灌沟系，排灌沟系包括主排水沟(图 7-7)、背沟和厢沟。主排水沟的比降在 1‰以上，深 1.0～1.2 m、宽 0.4～0.6 m；背沟和厢沟深 0.8～1.0 m，宽 0.3～0.4 m。

3. 起垄栽培，增施有机肥

在水稻田中种植柑橘，为降低地下水位、避免柑橘根系积水产生涝害，可采用起垄栽培(图 7-8)方式。但不论是哪种栽培方式，在定植沟(穴)挖好后一定要备足有机肥，并按规范分层埋肥。回填后的定植沟或定植穴应高于原土面 0.4～0.5 m，呈龟背形起垄。

图 7-7　水稻田排水沟(江才伦 摄)

图 7-8　起垄栽培(江才伦 摄)

二、柑橘园土壤管理

（一）土壤管理方式的变迁与发展趋势

在传统农业时期，柑橘品种单一，对柑橘树施用的肥料以人畜禽粪便、秸秆及枯枝落叶为主，方法是挖穴深施，也有将人畜粪水直接泼施于树盘的。对于土壤的管理，大多采取半清耕半生草的自然农业管理方式。由于没有使用化肥，柑橘的产量很低。但在漫长的生产过程中，柑橘生产对柑橘园地力的消耗与施肥补充的营养基本平衡，土壤结构保持得较好，主要理化性状保持了相对的稳定，水土流失较轻，果园生态较好，生物群落丰富，病虫为害轻。

化学肥料于1905年由日本经中国台湾传到中国大陆，20世纪50～60年代我国化肥工业迅速发展起来，化肥成为保障作物高产的重要肥料，其在柑橘生产上的应用也越来越广泛。到了80～90年代，柑橘生产对化肥的依赖日趋严重，柑橘园的土壤施肥逐渐以硫酸铵、尿素、碳酸氢铵、过磷酸钙、钙镁磷肥、硫酸钾、硝酸钾、复合肥等化学肥料代替了家畜粪等有机肥。此时施肥以沟施为主，施肥沟或施肥穴比传统农业时期要浅，但采用多次中耕除草和化学除草等方式除草。对水分的管理，除大部分仍然依靠降雨外，节水灌溉开始引入柑橘园。在这一时期，柑橘虽然获得了高产，但由于有机肥的施用减少，化肥和化学除草剂的大量使用，再加上园地的不断深翻、中耕，导致了土壤中有机质含量的下降，土壤中游离态矿质元素的淋洗速度加快，土壤的理化性状劣变、化学污染严重。同时，大量使用化肥、快速补充的氮、磷、钾、钙和铁等元素与生产果实消耗的诸多元素在比例上很难平衡，造成在土壤中有机质含量下降的同时，土壤中各种养分的比例失衡，导致果实风味的劣变、病虫害加剧、抗衰老能力下降等现象，加剧了果园水土流失和土壤结构、理化性状的劣变，污染加重。

进入21世纪，食品安全引起高度重视，化学肥料、化学除草剂等化学产品的危害引起了人们的反思。在水土流失加剧、污染严重、劳动力缺乏、果实品质变差的现实面前，人们开始探索环境友好型柑橘生态栽培模式。开始注重化肥与有机肥的合理搭配，并开始采取以叶片和土壤营养诊断为基础的平衡施肥法。除有机肥、磷钾肥深施外，氮肥实行浅沟或松土撒施。柑橘园的耕作从传统的翻耕、精细耕作向少耕、清耕、免耕过渡，逐渐发展为以生草栽培为主的环境友好型的生态、环保、安全、低流失、高品质的有机柑橘园。

（二）主要的土壤管理方式

1. 间作

柑橘树为结果较晚的果树，一般要在定植后3年左右才能结果，在未结果前土地的产出为零，同时，柑橘树树体高大、根系较深，近地面的水分和营养几乎不能被柑橘树吸收利用，为了充分利用果园特别是在幼龄果园的土地资源，在果园间作其他作物是可行的办法，最直接的好处是可以增加经营果园的收入。果园间作可在果园内形成多种作物的复合群体，这些作物对阳光的截取与吸收减少了光能的浪费，还可以起到熟化与改良土壤的作用，也有利于果园生态的保持和减少水土流失。间作豆科与禾本科等作物，有利于增加土壤中的氮养分。

不同作物之间存在着对阳光、水分、养分的激烈竞争，因此，密植园不能进行间作。间作的注意事项：①间作物必须与柑橘树保持一定的距离，一般1 年生果园间作物应距柑橘树 1.5 m 以上，2 年生果园间作物应距柑橘树 1 m 以上，3 年生果园间作物应距柑橘树 0.5 m 以上；②不能间作会影响柑橘树通风透光的高秆作物和易攀爬上树的藤蔓作物；③不能间作与柑橘树有共同病虫害的植物；④不能间作深根性作物。

适宜柑橘园间作的作物有马铃薯(图 7-9)、花生(图 7-10)、豆类(图 7-11)、红薯、西瓜和蔬菜等。

图 7-9 柑橘园间作马铃薯(江才伦 摄)

图 7-10 柑橘园间作花生(江才伦 摄)

图 7-11 柑橘园间作大豆(江才伦 摄)

2. 生草栽培

生草栽培是在除树盘外的园地地面留草或生草(禾本科、豆科等)的土壤管理方法。生草栽培可以保持和改良土壤的理化性状，增加土壤中的有机质和有效养分，防止水土和养分的流失。据江才伦等的研究，生草栽培的地表径流量比清耕园减少55.56%，地表径流中的泥沙含量分别比覆盖、清耕和中耕减少11.43%、38.00%和48.76%，年泥沙流失量分别比覆盖、清耕和中耕减少10.84%、46.40%和58.99%。高温时，生草栽培的柑橘园10 cm和30 cm深处的土壤温度分别比清耕园低2.67℃和1.44℃，比中耕园低7.65℃和3.32℃；低温时生草园10 cm和30 cm深处土壤温度分别比清耕园高1.96℃和1.36℃，比中耕园高2.14℃和1.61℃，温度变化速度比清耕园和中耕园慢，变化幅度也比清耕园和中耕园小。

(1)自然生草。自然生草栽培(图7-12)是利用园内自然野生的杂草，拔除树盘内杂草和行、株间的有害杂草、高秆杂草和藤蔓杂草，选留有益杂草任其自然生长，待杂草长到影响柑橘树的通风透光或生长后，将其刈割(图7-13)压埋于土壤中，也可在高温季节来临前用除草剂将其杀死后自然覆盖于土壤上(图7-14)。果园中自然生草的常见杂草种类很多，如虱子草、虎尾草、狗尾草、车前、蒲公英、荠菜、马齿苋和野苜蓿等。

图7-12 行间自然生草(江才伦 摄)

图7-13 刈割控制杂草高度(江才伦 摄)

图7-14 用除草剂除草后自然覆盖(江才伦 摄)

（2）人工种草。人工种草是人为选择禾本科或豆科等适宜的草种，在果园行间、株间进行人工种植的一种生草栽培方式。要根据柑橘树和草种的生长情况适时补充肥水，当草生长旺盛有可能与柑橘争夺肥水时，将其杀死自然覆盖，或刈割后散撒于果园地面、覆盖树盘或用作饲料。

人工种草时应注意：①应种植多年生的低矮草，其生物量大，以须根为主，没有过粗的根或主根在土壤中分布不深。②生草没有与柑橘共生的病虫害，最好能栖息柑橘害虫的天敌。③生草地面覆盖时间长而旺盛生长时间短。④生草耐阴、耐践踏，适应性强。⑤生草具有固氮等功能。适宜柑橘园人工种植的草种有三叶草（图 7-15）、紫云英、黄豆、毛野豌豆、山绿豆、山扁豆、小冠花、草木樨、鹅冠草、酢浆草、黑麦草和野燕麦等。

图 7-15　人工种植三叶草（江才伦 摄）

人工种草前期劳力投入较多，后期劳力投入少，对土壤的破坏极小。

3. 覆盖

柑橘园覆盖，是指在果园地面覆盖 1 层覆盖物，对土壤和地面进行调控。覆盖可以有效地抑制土壤水分蒸发、减少地表径流、增加土壤中的有机质含量，可以改善土壤的理化性状。覆盖一般在夏、秋干旱季节和冬天低温季节进行，可分为树盘覆盖和全园覆盖。覆盖物有秸秆、薄膜、沙石等。柑橘园常用秸秆（或杂草）覆盖（图 7-16）和薄膜覆盖（图 7-17）。

图 7-16　柑橘园树盘覆盖杂草（江才伦 摄）

图 7-17　柑橘园覆盖地膜（江才伦 摄）

秸秆覆盖是将农作物的秸秆、有机肥料、残茬、树枝树叶以及杂草等有机物覆盖在果园地面上，能蓄水保墒、平衡地温、改良土壤、培肥地力，能抑制杂草和病虫害。秸秆覆盖要因地制宜、就地取材。覆盖厚度一般为10～20 cm，覆盖物要和树干相距10 cm左右。麦秸的覆盖量为4 500～6 000 kg/hm^2，玉米秆的覆盖量为6 000～7 500 kg/hm^2。据江才伦等的研究，地表径流量覆盖比清耕减少75.00%，比生草地表径流量减少24.46%；地表径流中的含沙量覆盖比中耕减少37.33%，比清耕减少26.57%；年泥沙流失量覆盖比清耕减少35.16%，比中耕减少48.15%；日最高温时，10 cm深处土层的日均温覆盖比日均气温低4.30℃，比清耕低2.52℃，30 cm和60 cm深处土层的日均温覆盖分别比清耕低2.00℃和1.23℃；日最低温时，10 cm深处土层的日均温覆盖比日均气温高5.40℃，比清耕高1.80℃，30 cm和60 cm深处土层的日均温分别比清耕高1.98℃和1.92℃。据陈奇思的研究，秸秆覆盖的土壤，有机质比露地提高3.9～10.4%，0～20 cm深处土层中速效钾增加385.4%，土壤中的全氮和碱解氮分别增加18.8%和17.5%，土壤中的全磷增加6.2%。

薄膜覆盖是指把薄膜严密地覆盖在地面上。夏、秋季一般覆盖白色薄膜以利于降低土壤温度，冬、春低温季节覆盖黑色薄膜有利于提高土壤温度。覆盖薄膜后，地表热量收支发生明显变化，土壤白天蓄热多，夜间失热少，地温明显比地面高。山西省农业科学院棉花研究所于1982年4月15～20日测定，浅紫色膜、无色透明膜、深紫色膜和乳白色膜10 cm深处土层的温度分别比露地提高3.3～4.6℃、3.3～4.5℃、2.9～3.4℃和1.3～1.8℃，而且地膜的增温效果与地膜的厚度呈负相关，目前的地膜厚度已由早期的0.014 mm减薄至0.008 mm。

4. 其他耕作方法

果园的耕作方法还有中耕(图7-18)、清耕(图7-19)、培土(图7-20)和免耕(图7-21)。

图7-18 果园中耕(江才伦 摄)

图7-19 果园清耕(江才伦 摄)

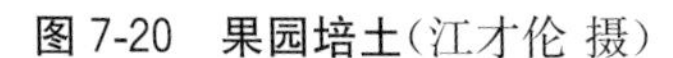
图 7-20　果园培土(江才伦 摄)

图 7-21　果园免耕(江才伦 摄)

中耕是指在柑橘园的株间、行间用锄头等农具对果园地面进行耕作，深度一般在 20 cm 内。中耕能疏松表土、增加土壤的通透性、提高地温、促进好气微生物的活动和养分的有效化，还能除去杂草、促使根系伸展、调节土壤水分状况。近年来柑橘园的中耕主要用于沟施氮肥。通常是先对土壤进行浅耕，然后将氮肥撒施于浅耕土壤内，能有效减少氮肥流失，增加氮肥的功效。但中耕过于频繁不利于土壤的水土保持，高温季节中耕后土壤升温较快，低温季节中耕后土壤降温也较快。

培土是指结合中耕向浅层土壤聚集泥土，或向植株基部壅土，或培高成垄的措施。苗木定植前培土能增加土壤厚度，有利于以后柑橘树的生长；高温季节培土能降低土温，增加柑橘树的抗旱能力；低温时培土能提高地温，防止柑橘树的低温危害。

清耕又称为清耕休闲法，是指经常进行耕作，及时除去杂草并使土壤保持疏松状态。一般耕作深度在 10 cm 左右(树干附近 30 cm 左右不耕作)。生长期间，根据杂草滋生情况和降水情况进行多次耕作，达到灭草、保墒、改善土壤透气状况等目的，可以改善土壤的通透性、促进土壤微生物的活动、促进有机物的分解，加速土壤有机物的转化，增加土壤速效养分的含量，增加土壤矿质养分的释放。长期采用清耕法会导致土壤中的有机质含量减少，加重水土和养分流失，导致土壤的理化性状迅速恶化、地表温度变化剧烈。

免耕法又叫最少耕作法，是指对土壤不进行耕作，用除草剂除去杂草的方法。这种方法具有保持土壤自然结构、节省劳力、降低成本等优点，但地表面容易形成一层不向深层发展的硬壳，干旱时容易龟裂，在湿润条件下会长一层青苔。随着免耕时间的延长，虽然土壤容重增加、非毛细管孔隙减少，但由于不进行耕作，土壤中可以形成比较连续而持久的孔隙网，通气性比耕作土壤还好。另外土壤中的动物孔道不被破坏，水分渗透性好，土壤的保水力也较强。但长期不进行耕作，不能进行土壤有机质和矿质养分的补充，不利于土壤改良和土壤肥力的提高，所以只适于土层深厚、土质较好、降雨量充沛的地区。另外，长期使用除草剂也会污染果园土壤，不符合绿色环保的发展方向。

（三）季节性自然生草制

柑橘园土壤的管理，从传统的精耕细作到清耕、少耕、免耕，经历了漫长的过程。土壤翻耕，可疏松并熟化土层，增加土壤的通气性，促进好气微生物活动和养分的有效化，消灭杂草和减轻病虫害，有利于根系伸展，调节土壤水分状况，加速有机质的分解，增加土壤肥力等。但土壤的连续翻耕会破坏土壤结构，高温季节易受气温上升的影响导致土温升高而使植株受旱，低温季节土温易受气温影响降低而使植株受冻，耕后降雨，会加速水土流失，同时，土壤的翻耕，极易伤害柑橘的根系，增加柑橘园劳动力的投入。鉴于此，清耕、少耕、免耕在柑橘园中逐渐流行，至20世纪90年代，我国开始将生草栽培作为绿色果品生产技术体系在全国推广。

生草栽培就是在果园株行间选留原生杂草，或种植非原生草类、绿肥作物等，并加以管理，使草类与果树协调共生的一种果树栽培方式。它也是仿生栽培的一种形式，是一项先进、实用、高效的土壤管理方法，在欧美、日本等国已实施多年，应用十分普遍。

柑橘园生草栽培有很多益处。首先，有利于降低土壤容重，增加土壤的持水能力，保持水土，缩小果园土壤的年温差和日温差，增加果园空间的相对湿度，降低果树蒸腾，形成了有利于柑橘生长发育的微域小气候环境。其次，植物残体、半腐解层在微生物的作用下形成有机质及有效态矿质元素，能不断补充土壤营养，增加土壤的有机质积累，激活土壤中的微生物活动，使土壤中氮、磷、钾的移动性增加，改善果园的土壤环境。再其次，增加植被多样化，为天敌提供丰富的食物和良好的栖息场所，能克服天敌与害虫在发生时间上的脱节现象，使昆虫种类的多样性、富集性及自控作用得到提高，天敌发生量大、种群稳定，果园土壤及果园空间富含寄生菌，制约害虫的蔓延，形成果园相对较为持久的生态系统，有利于柑橘病虫害的综合治理。最后，可促进果树生长发育，提高果实的产量和品质等。

但是，在某种程度上，生草与橘树存在水分和养分的竞争，不利于柑橘根系向深层发展，同时，高秆杂草、藤本杂草影响柑橘树的通风透光等，为此，近年提出了季节性生草栽培的土壤管理方式，即在雨水比较充足的生长季节，让柑橘园内的适宜杂草进行生长，在高温来临前，将柑橘园内的杂草杀死后自然覆盖于土壤上，果实成熟期浅耕、割除杂草，促进果实成熟和改善品质。

季节性生草栽培，是果园土壤管理制度的一次重大变革，也是柑橘园土壤管理的行之有效的管理方式。世界果品生产发达国家新西兰、日本、意大利、法国等国的果园土壤管理大多采用生草栽培模式，至今已全面普及，产生了巨大的经济效益、社会效益和生态效益。我国也建立了许多典型示范样板果园，取得了一定成效，但这一栽培模式并没有得到推广和普及，实践中清耕果园的面积仍占果园总面积的90%以上，生草栽培在我国尚处于试验与小面积应用阶段。尽管如此，在劳动力越来越紧缺的情况下，季节性生草栽培模式必将成为柑橘园土壤管理的最佳选择。

开展季节性生草栽培应注意：①保持树盘干净，自然杂草或人工植草，只能在行间或树冠滴水线30 cm外，以减少草与果树争水、争肥。②铲除园内的深根、高秆、藤蔓和其他恶性杂草，选留自然生长的浅根、矮生、与柑橘无共生性病虫害的良性杂草。③在杂草旺盛生长季节通过割草来控制杂草高度，在高温干旱到来之前割草覆盖，果实成熟期应浅耕、割除杂草，以利于促进果实成熟和改善品质。④人工种草应因地制宜，应选择适应当地气候和土壤条件、既能抑止恶性杂草的生长又不与柑橘争肥水的草，可选择黑麦草、三叶草、紫花苜蓿、百喜草、薄荷和留兰香等。

第三节　柑橘园水分管理

一、柑橘生长对水分的要求

植物的生长离不开水，光合作用、呼吸作用以及对营养物质的吸收和运输等，都必须有水的直接参与才能正常进行。水是柑橘的重要组成部分，其根、枝、叶和果实中的水分含量占50%～85%，甚至更多，在生长旺盛的幼嫩组织中占90%以上。柑橘生长喜湿润的气候环境，其生长的理想空气相对湿度为75%左右。柑橘是需水量较大的果树，光合作用中每形成1份干物质就需要耗水300～500份，适宜柑橘栽培的年降水量为1 000～1 500 mm，在年降水量为200～600 mm的地区，柑橘要获得丰产稳产，需要补充相当于800～900 mm降雨量的水。

在相同的栽培技术和生态条件下，柑橘的产量取决于供水量，在一定范围内随供水量的增加而提高。柑橘生产的年需水量很大，但在不同生长发育阶段对水分的要求并不相同。柑橘的水分管理须满足柑橘生长发育的需要，水分过多或过少都不利于柑橘的生长发育。

1. 萌芽抽梢期

柑橘春季萌芽抽梢期也是花芽再次分化时期，此时气温不高、土壤温度开始回升，柑橘对水的需求量不大。春季连续的阴雨会使土壤的含水量增大，土壤温度回升慢，不利于柑橘根系的活动，使得花芽的再次分化质量也较差。控制土壤的含水量使其保持适度的干旱，有利于土壤温度的回升及柑橘花芽的再次分化。但如果土壤的含水量太低、过于干燥，也不利于柑橘根系的活动，从而不利于萌芽抽梢及花芽分化，即使进行花芽分化，其质量也较差。所以，萌芽抽梢及花芽分化期土壤应以湿润为好，以保持土壤田间持水量的60％～65％为宜。

2. 开花坐果期

柑橘开花坐果期是柑橘需水临界期，对水分要求很严。花期土壤和空气的适度干旱有利于柑橘的开花坐果。花期过度干旱，会造成开花质量差、开花不整齐、花期延长、落花落果严重等后果。如果花期长时间土壤田间持水量过大、土壤过湿，或长期阴雨、空气湿度过大，会促发大量新梢，使花期延长，加剧果梢矛盾和生理落花落果，降低坐果率。开花坐果期的土壤湿度以保持在田间持水量的65％～75％为宜，空气相对湿度以保持在70％～75％为宜。

3. 果实膨大期

柑橘果实膨大期也是夏梢、秋梢的抽发期。此时正值夏、秋季节，气温较高，是生殖生长和营养生长的高峰期，生理耗水量大，是柑橘生长年周期中需水量最大的时期。如果水分充足，则果实生长快，夏、秋梢抽发得快而好。如果此时缺水，则果实生长缓慢，果小、产量低，甚至造成柑橘树萎蔫，叶落、果掉。但如果此时土壤中的含水量过高、雨水过多，则果实退酸慢、含水量高、品质差，也不耐贮藏。值得注意的是，如果此期干旱后又突然强降雨，会加剧柑橘的裂果和果实脱落。此期土壤湿度以保持在田间持水量的75％～80％为宜。

4. 成熟期

在柑橘果实的成熟过程中，果实逐渐上色，酸度降低，糖分进行转化。随着果实成熟度的增加，酸度降低到一个比较低的值，果实的上色比例增大，糖分转化和积累渐多。此时如果土壤的含水量过高，就会降低果实中可溶性固形物的含量，并容易造成裂果；如果土壤的含水量过低，满足不了柑橘的生长要求，果实的品质也会降低，同时还影响秋梢的抽发时间和抽发质量。此期田间持水量以保持在65％～70％为好。

5. 柑橘昼夜需水量

柑橘昼夜需水量的基本规律是：白天需水量较大，夜间需水量小。由于太阳辐射，白天空气温度和土壤温度增高，柑橘树的蒸腾作用和土壤的蒸发能力强，空气相对湿度较小，柑橘树蒸腾消耗的水分以及土壤蒸发散失的水分多，土壤的田间持水量下降较快；由于没有太阳照射，夜间空气湿度比白天大，空气温度下降，土壤温度也因气温的降低和空气流动而降低，使得柑橘树的蒸腾和土壤的蒸发能力减弱，柑橘树消耗的水量和地面蒸发的水量较白天少，土壤的田间持水量也因气温降低和空气相对湿度大而增加。在温度较高的夏季，如果空气温度在39℃以上，柑橘树的光合作用弱或不再进行光合作用，蒸腾和呼吸作用加强，会使蒸腾消耗的水量大于根系的吸水量，进而造成柑橘树临时性供水失调、叶片萎蔫，严重者造成叶死枝枯。

6. 柑橘树不同器官对水分的要求

柑橘树需要的水分主要由根系从土壤中吸收，依靠地上部分的蒸腾拉力作为动力，通过木质部向地上部输送。生长活动越旺盛的组织或器官获得的水量越大，而且水分也越能得以优先保证。通常柑橘树各部分获得供水量大小的顺序是：果实＞幼叶嫩枝＞未成熟的枝叶＞1年生枝＞多年生枝＞主枝＞主干。所以，高温干燥时，首先出现萎蔫的是果实和幼叶嫩枝，原因就是这些组织中的含水量大、呼吸作用强，消耗的大量水分得不到有效、及时的补充。

二、柑橘园水分管理

（一）抗旱

在夏、秋干旱季节，当空气温度大于39℃、土壤田间持水量低于45%时，柑橘树开始出现卷叶、枯枝，严重时整株枯死。为了防止干旱造成柑橘树的损伤，应采取相应的防旱措施。

1. 生草栽培及覆盖

生草栽培和地面覆盖等果园土壤管理模式有利于果园抗旱。生草栽培是在生长季节让草生长，高温来临前杀死杂草，将其自然覆盖在地面上以降温抗旱；地面覆盖是将覆盖物覆盖在树干外10 cm至滴水线外30 cm处，覆盖材料为就地取材的绿肥、杂草以及作物茎秆等，厚约10～20 cm，覆盖结束后，在覆盖物上再盖1层薄薄的细土，这样既能减少土壤水分蒸发，又能在下雨和灌溉时便于水分慢慢下渗，采果后覆盖物可翻入土中做基肥。

2. 控制新梢

在干旱来临前，通过多次叶面喷施0.3%～0.5%的磷酸二氢钾促进嫩梢的老熟，或在干旱开始时人工抹除刚抽发的以及未老熟的嫩梢，以此来降低蒸腾作用、减少水分消耗。

3. 果园蓄水

果园蓄水是为了满足干旱期间的灌溉用水和喷药时的用水。果园的主要蓄水方式有：①蓄水池(图7-22)蓄水，干旱时通过节水灌溉方式灌溉。②在果园背沟修建竹节沟(图7-23)蓄水，干旱时自然释放出来进行灌溉。③在果园的行间或株间压埋废弃菌包(图7-24)等吸水材料，降雨时蓄水，干旱时自然释放出来满足果树根系的需要。

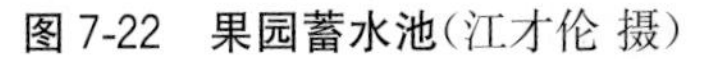

图 7-22 果园蓄水池(江才伦 摄)

图 7-23 树盘覆盖及竹节沟(江才伦 摄)

图 7-24 废弃的菌包蓄水(江才伦 摄)

4. 灌溉

柑橘园灌溉通常有 4 种方式，即沟灌、穴灌、树盘灌和节水灌溉(滴灌和微喷灌)。无论采用哪种方式，灌水时间应根据干旱程度来定，一般灌水 2～5 h。必须一次灌透，但又不能过量。适宜的灌水量，应在一次灌溉中使柑橘树主要根系分布层的湿度达到土壤持水量的 60%～80%。夏、秋连旱时，最好每隔 3～5 d 灌溉一次。在果实采收前 1 周左右，应停止灌水。

(二)排涝

柑橘喜湿却不耐涝，其根系生长需要透气性良好的土壤环境，积水或过湿不利于柑橘生长。长期积水会引起烂根和感染脚腐病，导致生长不良，严重时会出现死树现象。低平、排水不畅、易积水的柑橘园，或地下水位较高、柑橘根系易接触到地下水位的低洼地柑橘园、河滩地柑橘园，均易造成柑橘涝害。红壤和黄壤等比较黏重的土壤，多雨季节常会形成植株下陷、穴内积水，造成柑橘树涝害。因此，这些果园要注意排水，发现积水时要及时开沟排水防涝。防涝的关键在于搞好排灌系统，常采用明沟排水：在橘园四周开深、宽各 1～1.2 m、比降 1‰以上的主排水沟；园内可根据情况每隔 2～4 行开 1 条排水沟与主排水沟相通，沟的深度应低于根系的主要分布层，深度在

0.8 m 以上；行间排水沟最好与行间路结合，做成暗沟便道，便于柑橘园管理；排水沟应保持1‰的比降，以利排水通畅。丘陵山地橘园可利用梯地的背沟排水。在容易积水的低洼地建园，最好进行深沟起垄栽培，沟内的地下水位不要少于1 m。

三、现代节水灌溉

现代节水灌溉所体现的原则主要是按作物需要精准灌溉。现代节水灌溉通过专用系统和设施，在需要的时间将合适的水量送至作物需要的部位，保证作物生长用水需求的同时，最大限度地节约水。与地面漫灌相比，现代节水灌溉一般可以节水30%～50%。现代节水灌溉还可在灌溉的同时施肥。现代节水灌溉包括滴灌、微喷灌和渗灌。

1. 滴灌

滴灌(图7-25)是一种机械化、自动化的灌水新技术。滴灌系统将水加压、过滤后，需要时连同可溶性化肥一起，通过管道系统输送至滴头，再通过毛管上的滴头或滴灌带上的出水孔使水分(和养分)均匀而缓慢地滴在指定的土壤中。滴灌水通过毛细管的作用，在作物根部附近浸润形成饱和区，并向周围扩散。

图7-25 果园滴灌(江才伦 摄)

完整的滴灌系统由水源、首部枢纽、输水配水管网和滴头4部分组成。柑橘园要安装滴灌系统，首先要有充足的水源，应有能满足果园灌溉要求的溪水、水库或蓄水池；首部枢纽由加压水泵机组、调节阀、过滤器、化肥罐、水表和测压表等组成，其作用先是将水源抽水加压、加化肥液，经过过滤后按时、按量输送进管道；输水配水管网包括干管、支管、毛管，以及如闸阀、减压闸、流量调节器、进气闸等连接、调节、控制设备，其作用是将压力水(肥)输送并均匀地分配到滴头；滴头是滴灌系统的末端部件，也是关键部分，其作用是将毛管中的压力水流减压后，以稳定、均匀的小流量滴入柑橘树根区的土壤。根据柑橘的生长特性，每个滴头的出水量若为2～4 L/h，小树每株树2个滴头即可，大树每株树3～4个滴头，滴头固定于树冠滴水线附近。

2. 微喷灌

微喷灌(图7-26)又称雾滴喷灌或微型喷洒灌溉，是介于喷灌和滴灌之间的一种灌溉方式，是结合喷灌与滴灌的优点发展起来的一种精细高效的节水灌溉技术，它利用塑料管道输水，通过很小的喷头(微喷头)将水喷在土壤或作物表面进行局部灌溉。微喷灌系统由水源、首部枢纽、输配水管网和微喷头组成。微喷头的喷嘴直径为0.8～2 mm，具有一定压力(一般在200～300 kPa)的水通过微喷头，将细小的水雾喷洒在作物叶面或根部附近的土壤表面。微喷灌有固定式和旋转式两种，前者喷射范围小，后者喷射范围大、水滴大、安装间距也大。微喷灌所需的工作压力低，一般在0.7～3 kg/cm^2范围内就可以很好地运行，流量一般为10～200 L/h，射程在5 m以内，具有灌水均匀、用水量小、适应性强、不受地形限制、省地、省工等优点，但单位面积投资较大、能耗较大、成本较高、操作麻烦。

图7-26 微喷灌(江才伦 摄)

3. 渗灌

渗灌是微灌的一种形式，又名地下灌溉，是利用地下管道将灌溉水输入埋设于田间一定深度的渗水管或小孔内，借助土壤的毛细管作用湿润土壤，将水分扩散到管道周围供作物吸收利用的一种灌溉方式。地形落差大则水头大，有利于冲洗管道，使渗灌系统保持通畅。

一个完整的渗灌系统通常由水源、首部枢纽、输配水管网和灌水孔4部分组成，与滴灌系统类似，不同的是末级管道(毛管)上安装有特制的滴头，除水源和首部枢纽外，输水管网和滤水器等全部埋于地下。渗灌易于堵塞，浅层水利用差，不易检查，且盐分容易累积。

渗灌系统设计要考虑管道间距和管道埋深。管道间距主要取决于土壤状况和供水量，设计原则是使相邻 2 条管道的湿润土壤能连在一起，以保证灌溉的土壤湿润均匀。管道间距与土壤颗粒细度有关，一般沙质土壤中的管道间距为 50～100 cm，沙壤土中的管道间距为 90～180 cm，黏土中的管道间距为 120～240 cm。管道埋设深度取决于土壤性质、耕作情况及作物种类等条件。根系深、土壤黏重的，管道埋设应深，反之则浅，一般以 35～40 cm 为宜。

柑橘园渗灌，可以采用穴渗灌，包括果园穴灌、塑料袋穴渗灌和秸秆穴渗灌等 3 种形式。果园穴灌是在树冠外围不同方向挖直径和深度均为 30～40 cm 的穴 4～8 个，干旱时将穴内灌满水，灌后将土回填于穴内。塑料袋穴渗灌是用直径 3 cm、长 10～15 cm 的塑料管，一端插入容量为 30～35 kg 的塑料袋中约 1.5～2 cm，并用细铁丝固定，另一端削成马蹄形，留出直径约 1.5～2 mm 的小孔，出水量控制在 2 kg/h 左右，然后在树冠滴水线附近挖 3～5 个深 20 cm、倾角 25°的浅坑，把塑料袋放入坑中进行灌溉。秸秆穴渗灌是在树冠滴水线附近挖 3～5 个深 20 cm、倾角 25°的浅坑，在坑内填满秸秆后注满水进行灌溉。

第四节 柑橘园施肥

一、柑橘必需的营养元素

（一）柑橘必需的营养元素及其功能

1. 柑橘必需的营养元素

柑橘的生长结果需要光、热、水、气（CO_2）和必需的营养元素。柑橘必需的营养元素有 16 种：碳（C）、氢（H）、氧（O）、氮（N）、磷（P）、钾（K）、钙（Ca）、镁（Mg）、硫（S）、氯（Cl）、铁（Fe）、锰（Mn）、锌（Zn）、铜（Cu）、硼（B）、钼（Mo）。通常，将需求量大的碳、氢、氧、氮、磷、钾等 6 种营养元素称为大量元素，将需求量较大的钙、镁、硫等 3 种营养元素称为中量元素，将需求量很少的铁、锰、锌、铜、硼、钼、氯等 7 种营养元素称为微量元素。由于柑橘可以从空气和水中获得足够的碳、氢、氧和氯，通常所说的柑橘必需的营养元素是指从土壤中获取的氮、磷、钾、钙、镁、硫、铁、锰、锌、铜、硼、钼等 12 种矿质营养元素，这 12 种矿质营养元素缺一不可，但也不能太多，否则，柑橘就不能正常生长结果。

2. 柑橘必需营养元素的功能

(1)氮。氮素是蛋白质的重要组分，蛋白质中平均含氮16%～18%，植物细胞的分裂和增大离不开蛋白质，否则其生长发育不能正常进行，所以氮又被称为“生命元素”；氮素是核酸的成分之一，核酸是植物生长发育和生命活动的基础物质，核酸中含氮15%～16%；氮是叶绿素的组成元素，没有氮植物就不能进行光合作用；氮还是酶、部分B族维生素和一些生物碱和植物激素的组成元素。因此，对于柑橘，氮的重要性不言而喻。

(2)磷。磷是植物体内重要化合物的组成元素。磷是核酸与核蛋白的组成成分，脱氧核糖核酸是构成遗传物质的基础，核糖核酸为蛋白质合成提供模板并进行蛋白质合成；磷是磷脂的组成成分，磷脂是生物膜的结构成分，磷脂也是叶绿体结构的一部分；磷是肌醇六磷酸植素的组成成分，肌醇六磷酸是种子中储藏磷的主要形态，它的形成和积累有利于淀粉的生物合成；磷是腺苷磷酸的组成成分，腺苷磷酸参与能量的储存和传递，参与各种需能过程，如蛋白质、核酸、蔗糖的生物合成、养分的主动吸收及柑橘体内同化物运输等；磷是植物多种酶的组成成分，如氨基转移酶、脱氢酶、辅酶等；磷能加强光合作用和碳水化合物的合成和运转，改善果实的品质，并能促进氮素代谢，磷能促进脂肪的代谢，提高柑橘对外界环境的适应能力，从而提高柑橘的抗旱、抗寒、抗病能力等。

(3)钾。钾是柑橘体内含量最丰富的阳离子，以离子(K^+)形态被柑橘吸收，并以离子形态存在，至今未发现植物体内钾参与任何有机物的组成。钾参与植物体内氮的代谢、蛋白质的合成，参与调节细胞的渗透作用、气孔的运动；钾是60多种酶的活性剂，与植物体内的多种代谢过程密切相关，如光合作用、呼吸作用及碳水化合物、脂肪和蛋白质的合成等；钾能促进光合作用和光合产物的运输，调节气孔的开闭，控制二氧化碳和水分通过气孔的进出；钾能使植物体内可溶性氨基酸和单糖减少，纤维素增多，细胞壁加厚；钾在柑橘根系累积产生渗透压梯度，从而增强对水分的吸收；钾在干旱缺水时能使作物叶片气孔关闭，从而防止水分损失。因此，钾有多方面的抗逆功能，能增强柑橘的抗旱、抗高温、抗寒、抗病、抗盐能力。

(4)钙。钙是柑橘叶片中含量最高的营养元素，在柑橘果实中的含量仅次于氮和钾。钙助于细胞膜结构的稳定和保持染色体的结构，又是某些酶的活化剂；钙以果胶钙的形式构成细胞壁的成分，为细胞分裂所必需，并可增加植物组织器官的机械强度；钙与钙调蛋白(CaM)结合行使第二信使功能；参与调节介质的生理平衡，降低原生质胶体的分散度，增加原生质黏滞性，减少原生质的透性；钙具有调节土壤酸性的功能，能促进柑橘根系的生长，与铵离子、氢离子、钠离子和铝离子等具有拮抗作用，可减轻或避免这些离子过多对柑橘造成的危害；钙离子对多种一价阳离子的吸收有助益，在盐碱地能提高柑橘体内的 K/Na 值。

(5)镁。镁在柑橘叶片中的含量是磷的 2～4 倍。镁是叶绿素组成的核心元素，对维持叶绿体结构有重要作用，可提高光合系统活性和原初光能转化效率；镁是许多酶的活化剂，主要有转移磷酸基团和核苷的酶类、转移羧基基团的酶类和部分脱氢酶、变位酶和裂解酶；镁能促进磷的吸收和转移，有助于作物体内糖的转动。镁参与蛋白质的合成，健康植株叶片中约有 75%的镁与核糖体结构功能有关；高浓度镁离子有助于维持叶绿体和细胞质的酸碱度，并可以中和有机酸和磷酰基，液泡中镁还起到平衡阴阳离子、维持细胞膨压的作用。

(6)硫。硫是含硫氨基酸，如胱氨酸、半胱氨酸和甲硫氨酸的组成成分，由于绝大部分蛋白质都有含硫氨基酸，因此硫在柑橘细胞的结构和功能中均有重要作用，具有稳定蛋白质空间结构的作用，并参与细胞内所进行的氧化还原过程；辅酶 A 和硫胺素、生物素等维生素也含有硫，且辅酶 A 中的巯基具有固定能量的作用；硫还是硫氧还蛋白和铁硫蛋白的组分，因而在光合反应中起重要作用。

(7)铁。铁促进叶绿素的形成，是卟啉分子的结构组分，参与叶绿体中光合作用和线粒体中呼吸作用的氧化还原反应；植物铁蛋白是铁结合和存储蛋白，是柑橘光合作用等生化反应的铁源，起着调节体内铁含量和调控铁生物功能的作用，并在发育、抵抗氧化损害等方面发挥作用；铁还参与乌头酸酶、叶绿素合成的氨基 γ-酮戊酸脱水酶及其合成酶，以及亚铁螯合酶等的作用过程。

(8)锌。锌是 50 多种酶的组成成分，在柑橘的光合作用、呼吸作用、蛋白质合成中起着重要作用；锌能抑制核糖核酸水解酶的活性，稳定核糖体；锌参与叶绿素的合成，促进光合作用；锌促进生长素的合成，促进碳水化合物和蛋白质的代谢，促进幼叶、茎尖和根系的生长；锌对根系细胞膜、细胞结构的稳定性和功能完整性起着重要作用，可提高植物的抗旱力。

(9)锰。锰是许多酶的组成成分和某些酶的活化剂，参与二氧化碳的同化、碳水化合物的分解、胡萝卜素和维生素 C 的合成等；锰与铁一起调节植物体内的氧化还原作用；锰在光合磷酸化、硝酸盐和硫酸盐的还原反应中起作用；锰是核糖核酸聚合酶和二肽酶的活化剂，并能活化吲哚乙酸氧化酶，促进吲哚乙酸氧化，从而调节植物体内生长素水平；在光合电子传递中，锰参与水的光解作用；锰参与氮的同化，缺锰会抑制蛋白质的合成，造成硝酸盐的积累。

(10)铜。铜是多种酶的组成成分，也是一些酶的活化剂，例如，铜与锌共同存在于超氧化物歧化酶中，该酶具有催化超氧自由基的歧化作用，以保护叶绿体免遭超氧自由基的伤害；铜参与蛋白质代谢、糖代谢和呼吸代谢；叶绿体中铜与色素形成络合物，可对叶绿素和其他色素起稳定作用，防止叶绿素过早破坏；铜是铜蛋白的组成成分，在光合电子传递和能量转换中起作用；铜也有抑制核糖核酸酶活性的作用，从而保护核糖体，促进蛋白质合成。

(11)硼。硼保护和稳定细胞膜的结构和功能，影响质膜三磷酸腺苷酶(ATP酶)的活性，影响多种矿质元素的吸收；硼与细胞壁上的果胶结合，在硼钙共同作用下维持细胞壁的稳定性；硼通过与酚酸形成酯或促进多酚氧化酶的活性，抑制酚酸对植物的伤害；硼参与激素的代谢过程，缺硼时生长点生长素积累，细胞分裂素和赤霉素减少，脱落酸和乙烯合成增加；硼对维持叶绿素含量和叶绿体结构起着重要作用；硼促进生殖器官的发育并影响糖的运输，缺硼导致筛管中形成胼胝质而堵塞筛孔，同时影响蔗糖的合成；硼促使生长素向维管束运输，使木质部正常形成。

(12)钼。柑橘对钼的需求量很少，但其不可或缺。钼是硝酸还原酶的组成成分，参与植物的氮素代谢，促进磷的吸收和转运、促进维生素C的合成，并对碳水化合物的运输起着重要作用；缺钼时钼黄蛋白不能合成，导致硝酸盐在柑橘内积累；钼能消除铝对植物的毒害。

(13)氯。氯在柑橘体内以离子状态与阳离子保持电荷平衡，维持酸碱度和各种生理指标的平衡；维持细胞膨大，并与钾离子一起调节气孔的关闭，调控柑橘的水分蒸腾；氯是光合作用中不可缺少的元素，它参与水的光解反应，促进氧的释放。

(二)柑橘主要营养元素的需求量

1. 营养元素在柑橘体内的分布

1)营养元素在柑橘器官中的分布

因品种、砧木、树龄、土壤、管理等的不同，树冠大小、根系分布范围、叶片数量和果实产量等的差异很大，甚至同一株树在不同的年份和不同的生长季节各器官的营养元素含量和比例也会发生很大变化。对于多年生柑橘树，研究营养元素在不同器官中的分布比较困难，国内外这方面的报道不多。1929年，Cameron和Appleman研究了1株干重为80.1 kg的10年生夏橙树体各器官中氮元素的含量和分布(表7-1)。1931年，Barnette等用1株鲜重539 kg(干重273 kg)的19年生马叙无核葡萄柚，分析测定了氮、磷、钾、钙、镁5种营养元素在树体器官中的分布(表7-2)。1954年，Cameron和Wallace用1株10年生的甜橙砧夏橙，研究了氮、磷、钾、钙、镁5种营养元素在树体器官中的分布(表 7-3)。

表 7-1 10 年生夏橙树各器官中的氮元素含量

项目	叶片	果实	末级梢	枝	主干	主根	侧根与细根	合计
含量/g	301.4	150.4	21.6	152.7	31.8	21.0	55.5	734.4
比例/%	41.0	20.5	2.9	20.8	4.3	2.9	7.6	100

资料来源：美国 Citrus Industry，Vol. 2，1973。

表 7-2 19 年生马叙无核葡萄柚树体各器官中的营养元素含量

器官	氮		磷		钾		钙		镁	
	含量/g	比例/%	含量/g	比例/%	含量/g	比例/%	含量/g	比例/%	含量/g	比例/%
叶片	367.4	17.8	22.7	8.3	372.0	19.4	430.9	12.9	22.7	10.3
春梢	27.6	1.3	4.5	1.6	36.3	1.9	40.8	1.2	4.5	2.1
未熟果	117.9	5.7	13.6	5.0	136.1	7.0	13.6	0.4	9.1	4.2
枝干	662.3	32.3	77.1	27.9	666.8	35.3	1977.7	59.5	104.3	47.9
大粗根	467.2	22.7	68.0	25.5	244.9	12.8	694.0	20.8	36.3	16.7
细根	417.3	20.2	86.2	31.7	462.7	23.6	176.9	5.2	40.8	18.8
合计	2 059.7	100	272.1	100	1918.8	100	3333.9	100	217.7	100

资料来源：美国 Citrus Industry，Vol. 2，1973。

表 7-3 10 年生甜橙砧夏橙树各器官中的营养元素含量

器官	氮		磷		钾		钙		镁	
	含量/g	比例/%	含量/g	比例/%	含量/g	比例/%	含量/g	比例/%	含量/g	比例/%
叶片	352.7	44.5	19.4	32.1	200.4	36.9	900.8	52.3	43.1	34.3
新梢	80.0	10.1	9.0	14.9	70.9	13.1	283.2	16.5	16.2	12.9
枝干	200.0	25.2	19.5	32.2	168.3	30.9	378.5	22.0	40.1	31.9
主根	139.5	17.6	10.9	18.0	82.1	15.1	145.1	8.4	21.3	17.0
侧细根	20.8	2.6	1.6	2.8	21.6	4.0	13.4	0.8	4.9	3.9
合计	793	100	60.4	100	543.3	100	1 721	100	125.6	100

资料来源：Cameron Wallace，1954。

从表 7-3 中 10 年生夏橙树体中的营养元素分布看，氮、磷、钾、钙和镁 5 种营养元素主要分布在叶片和枝干中，氮和钙在叶片中的含量占全株的 40%～50%，枝干占 30%左右，根占 10%～20%；磷、钾和镁在叶片和枝干中的含量各占全株30%左右，在根中的含量占10%～20%。

在20世纪60年代以前，美国的柑橘种植密度一般低于225株/hm^2，柑橘树冠高达，10年生的夏橙树的树冠仍在扩大之中，仍未达到成年树冠。因此，表7-2所列的19年生葡萄柚树体的分析数据更具成年树的代表性。从19年生葡萄柚树体的测定数据看，氮、磷、钾、钙、镁5种营养元素在叶片(含春梢)中的比例占全株的10%～20%；枝干中的氮、磷、钾各占全株的30%左右，镁和钙占50%～60%；根系中的氮和磷占全株的40%～55%，钾和镁各占35%左右，钙占25%左右。

2)营养元素在柑橘果实中的累积

对于柑橘这种多年生果树来说，吸收的营养元素主要用于新梢、新根和果实的生长，但成年树的新梢和新根生长所需营养元素的量，与果实生长发育所需要的量相比要小得多。因此，果实生长发育的不同阶段对营养元素的需求量，是确定成年柑橘树主要施肥时期的依据；而成熟时果实中累积的营养元素的含量，是确定柑橘施肥量的主要依据。

(1)柑橘果实生长发育过程中营养元素的累积。2012年，解发和彭良志等用成年枳砧清家脐橙和纽荷尔脐橙为材料，研究了果实生长发育过程中氮、磷、钾、钙、镁、硫6种大、中量营养元素单果累积量和累积率的变化。结果显示，纽荷尔脐橙果实的氮、磷、钾、镁、硫的主要累积时期为7～9月，占累积总量的57.5%～75.4%；钙的主要累积时期为9～10月，占累积总量的74.9%。清家脐橙果实的氮、磷、钾、镁、硫的主要累积时期为6～8月，占累积总量的60%～72.1%；钙的主要累积时期为8～10月，占累积总量的74.1%(表7-4)。清家脐橙果实中大量营养元素的主要累积时期比纽荷尔脐橙早1个月左右。从总体上看，果实中营养元素的主要累积时期与果实膨大期基本一致。

表7-4　脐橙果实生长发育过程中氮、磷、钾、钙、镁、硫的累积变化

采样时间	氮		磷		钾		钙		镁		硫	
(日/月)	累积量	累积率	累积量	累积率	累积量	累积率	累积量	累积率	累积量	累积率	累积量	累积率
纽荷尔脐橙												
30/4	2.33	0.49	0.33	0.59	1.18	0.24	0.10	0.05	0.19	0.52	0.14	0.35
28/5	6.01	1.26	0.79	1.42	3.53	0.71	0.50	0.24	0.74	2.01	0.31	0.77
30/6	63.97	13.42	7.84	14.04	60.47	12.14	18.55	8.78	6.98	18.96	6.58	16.39
26/7	161.73	33.93	19.89	35.65	145.63	29.23	50.65	23.98	29.34	79.73	10.57	26.32
28/8	272.93	57.26	31.70	56.81	272.41	54.68	51.18	24.23	30.47	82.81	14.81	36.89

续表

采样时间（日/月）	氮		磷		钾		钙		镁		硫	
	累积量	累积率	累积量	累积率	累积量	累积率	累积量	累积率	累积量	累积率	累积量	累积率
30/9	362.96	76.14	39.93	71.56	412.13	82.72	116.33	55.08	34.73	94.37	35.51	88.44
27/10	369.63	77.54	42.37	75.94	418.69	84.04	209.45	99.17	35.37	96.13	37.97	94.56
30/11	476.69	100.00	55.80	100.00	498.23	100.00	211.21	100.00	36.80	100.00	40.15	100.00
清家脐橙												
30/4	7.50	1.33	0.93	1.62	3.38	0.60	0.34	0.12	0.70	1.57	0.40	0.95
28/5	31.45	5.60	2.83	4.94	24.56	4.38	1.83	0.67	3.66	8.23	1.81	4.28
30/6	181.26	32.25	17.99	31.37	191.49	34.14	48.37	17.60	18.12	40.73	18.31	43.30
26/7	287.77	51.20	28.40	49.53	325.72	58.07	53.46	19.45	29.13	65.48	19.67	46.51
28/8	369.42	65.73	37.24	64.95	384.11	68.48	162.74	59.21	35.72	80.29	21.34	50.46
30/9	448.01	79.72	41.90	73.07	445.51	79.43	169.50	61.67	37.49	84.27	31.91	75.46
27/10	448.95	79.88	47.57	82.96	462.25	82.41	257.17	93.56	40.78	91.66	39.89	94.32
30/11	562.00	100.00	57.34	100.00	560.90	100.00	274.86	100.00	44.49	100.00	42.29	100.00

注：累积量单位为mg/果，累积率单位为%。

(2)成熟时柑橘果实中的营养元素含量。不同的柑橘种类(品种)，果实成熟时鲜果中的营养元素含量有所不同，柑橘成熟鲜果中各营养元素的含量：氮0.11%～0.18%，磷0.013%～0.022%，钾0.17%～0.27%，镁0.011%～0.022%，钙0.041%～0.072%，硫0.007%～0.014%，铁、锰、锌、铜、硼等微量元素的含量为0.3～3.0 mg/kg。总体而言，甜橙和柠檬果实中含量最高，宽皮柑橘其次，葡萄柚等柚类最低(表7-5)。

表7-5 柑橘鲜果中的营养元素含量

种类	大量元素/%						微量元素/(mg/kg)				
	氮	磷	钾	镁	钙	硫	铁	锰	锌	铜	硼
甜橙	0.18	0.022	0.27	0.022	0.072	0.014	3.0	0.8	1.4	0.6	2.8
宽皮柑橘	0.15	0.016	0.21	0.011	0.050	0.011	2.6	0.4	0.8	0.6	1.3
柠檬和来檬	0.16	0.016	0.17	0.013	0.047	0.007	2.1	0.4	0.7	0.3	0.5
葡萄柚	0.11	0.013	0.20	0.011	0.041	0.009	3.0	0.4	0.7	0.5	1.6

资料来源：美国Citrus Industry，Vol. 2，1968。

2. 柑橘的叶片营养诊断

判断一个果园的肥力状况(即营养元素状况)是否合适，通常有土壤分析法和叶片营养诊断法两种方法。土壤分析法也就是常说的测土配方施肥法，在大田作物中已被广泛应用，但对柑橘来说，测土配方施肥的准确性不高。主要原因是柑橘为多年生果树，长期固定在一个地方生长，同时由于柑橘园土壤的施肥位置相对集中在树冠滴水线附近，果园中不同位置的土壤中的营养元素含量有较大差异，采集的土壤样品很难完全代表全园的土壤状况。因此，依靠土壤分析来判断柑橘是否缺乏某种营养元素并不完全可靠。唐玉琴和彭良志等 2010—2011 年对江西安远和寻乌 181 个红壤枳砧甜橙园的土壤和叶片营养元素含量进行了相关性分析，结果表明，土壤碱解氮、交换性钙、交换性镁、有效铁和有效锌的丰缺状况，在甜橙叶片的营养元素丰缺水平上有一定程度的对应；土壤有效钾、有效磷、有效铜和有效硼的丰缺状况则难以在甜橙叶片的对应营养元素丰缺水平上得到反映。相关性分析结果显示，绝大多数土壤的有效营养元素含量与叶片相应的营养元素含量之间均无显著相关性(表 7-6)。主要原因是果园经常沟施或穴施氮、磷、钾化肥或有机肥料，果园土壤又很少翻动，导致氮、磷、钾等元素在土壤中的分布很不均匀，土壤的取样代表性不好。另外，果园叶面施用硼肥、锌肥等微量元素肥，以及喷布铜制剂等杀菌剂，使叶片中微量元素的含量升高。

表 7-6　甜橙园土壤有效营养元素含量与叶片相应营养元素含量的相关性

年份及地点	N	P	K	Ca	Mg	Fe	Zn	Cu	B
2010 年安远	−0.114	0.167	−0.033	0.060	−0.078	—	0.207*	—	—
2011 年安远	0.235	0.162	−0.057	−0.190	−0.083	0.052	0.257	0.236	−0.266
2011 年寻乌	0.133	0.223	0.087	0.064	−0.188	−0.244	−0.051	−0.027	0.244

资料来源：唐玉琴等，2013。

叶片营养诊断法是采集 4～7 月龄(一般为 7～10 月采集)的柑橘春梢营养枝叶片，测定其 12 种必需营养元素的含量，然后将测定结果与诊断标准对照，确定某种营养元素的丰歉程度。这种方法可以准确反映柑橘树体的营养状况，目前被世界主要柑橘生产国采用。将土壤分析法和叶片营养诊断法结合起来，则不仅可以反映柑橘树体的营养状况，而且还可以了解土壤中这些营养元素的供给状况，有利于更精准地施肥。

不同的柑橘品种和不同产地的柑橘，叶片营养诊断标准有所不同，但大同小异，表 7-7 为夏橙和脐橙叶片营养诊断标准，表 7-8 为赣南脐橙的叶片营养诊断标准。

表 7-7 夏橙和脐橙叶片营养诊断标准

营养元素	正常含量	高	低
氮/%	2.4～2.6	2.7～2.8	2.2～2.3
磷/%	0.12～0.16	0.17～0.29	0.09～0.11
钾/%	0.7～1.09	1.1～2.0	0.40～0.69
钙/%	3.0～5.5	5.6～6.9	1.6～2.9
镁/%	0.26～0.6	0.7～1.1	0.16～0.25
硫/%	0.2～0.3	0.4～0.5	0.14～0.19
铁/(mg/kg)	60～120	130～200	36～59
锰/(mg/kg)	25～200	300～500	16～24
锌/(mg/kg)	25～100	110～200	16～24
铜/(mg/kg)	5～16	17～22	3.6～4.9
硼/(mg/kg)	31～100	101～260	21～30
钼/(mg/kg)	0.1～3.0	4～100	0.06～0.09

资料来源：Citrus Industry，1968。

表 7-8 赣南脐橙叶片营养诊断标准

元素	缺乏	低	适宜	高	过量
氮/%	＜2.50	≤2.50～2.70＜	≤2.70～3.00≤	＜3.00～3.20≤	＞3.20
磷/%	＜0.10	≤0.10～0.12＜	≤0.12～0.16≤	＜0.16～0.30≤	＞0.30
钾/%	＜0.70	≤0.70～1.20＜	≤1.20～1.70≤	＜1.70～2.00≤	＞2.00
钙/%	＜1.60	≤1.60～3.00＜	≤3.00～5.50≤	＜5.50～7.00≤	＞7.00
镁/%	＜0.20	≤0.20～0.25＜	≤0.25～0.50≤	＜0.50～0.70≤	＞0.70
硫/%	＜0.14	≤0.14～0.20＜	≤0.20～0.40≤	＜0.40～0.50≤	＞0.50
钠/%	—	—	＜0.16	＜0.16～0.25≤	＞0.25
氯/%	—	—	＜0.20	＜0.20～0.60≤	＞0.60
铁/(mg/kg)	＜35	≤35～60＜	≤60～120≤	＜120～200≤	＞200
锰/(mg/kg)	＜16	≤16～25＜	≤25～100≤	＜100～300≤	＞300
锌/(mg/kg)	＜16	≤16～20＜	≤20～100≤	＜100～200≤	＞200
铜/(mg/kg)	＜3	≤3～5＜	≤5～15≤	＜15～20≤	＞20
硼/(mg/kg)	＜20	≤20～35＜	≤35～100≤	＜100～200≤	＞200
钼/(mg/kg)	＜0.05	≤0.05～0.10＜	≤0.10～2.00≤	＜2.00～5.00≤	＞5.00

资料来源：彭良志等，江西省地方标准，2011。

3. 柑橘对主要营养元素的需求量

从表7-5柑橘鲜果中的营养元素含量可以看出，生产1 t柑橘鲜果，从树体带走氮1～1.8 kg、磷0.13～0.22 kg、钾1.7～2.7 kg、镁0.11～0.22 kg。鲜果带走的这些营养元素，是计算成年柑橘树施肥的重要依据。在美国、巴西、西班牙等柑橘生产发达国家，成年柑橘树的氮施用量一般是果实带走量的3～4倍，生产1 t柑橘鲜果，纯氮的施用量一般为4～6 kg。同时也可以看出，柑橘对磷的需求量小，对纯磷的需求量只有纯氮需求量的1/8左右，如按五氧化二磷(P_2O_5)计算则为1/3左右；但对钾的需求量则超过氮。另外，柑橘果实对镁的需求量与磷几乎相同，国外柑橘园重视镁肥的施用，但我国柑橘生产上极少施用镁肥，目前在很多产区柑橘缺镁严重。

二、主要肥料种类与施肥方法

(一)主要肥料种类与特点

1. 氮肥

氮是柑橘体内氨基酸、蛋白质、叶绿素和核酸等的组成成分，对柑橘生长、开花和结果有很大影响，柑橘生产上适时、适量地施用氮肥很重要，氮肥在柑橘生产上也是施用量最多的化肥之一。氮肥的施用方法是否科学合理，对柑橘生长、果实产量与质量有十分明显的影响。

1)氮肥的种类与特点

氮肥可分为铵态氮肥、硝态氮肥和酰胺态氮肥三大类。铵态氮肥包括氨水、碳酸氢铵、硫酸铵和氯化铵等，硝态氮肥包括硝酸铵(它既是硝态氮肥也是铵态氮肥)、硝酸钠、硝酸镁和硝酸钙等，酰胺态氮肥有尿素和石灰氮等。

(1)氮以铵的形式存在的铵态氮肥。铵态氮肥施用到土壤后，一部分铵被柑橘根系吸收；一部分铵被土壤吸附；一部分铵通过硝化作用被转化为硝酸根离子，硝酸根离子容易被柑橘吸收，也容易随土壤水分的运动而下渗或淋失；还有一部分铵直接生成氨气而挥发损失。

(2)氮以硝酸根的形式存在的硝态氮肥。硝态氮肥施入土壤后，一部分硝酸根离子被柑橘根系吸收利用；由于硝酸根离子不能被土壤吸附，易随水流失，有一部分硝酸根离子随水下渗或淋失；还有一部分硝酸根离子在土壤通气不良等环境下会发生反硝化作用而脱氮。

(3)氮以酰胺形式存在的酰胺态氮肥。柑橘生产上主要使用的酰胺态氮肥是尿素。尿素施入土壤后，在土壤中很容易流动，柑橘根系对尿素的直接吸收利用比较少，尿素只有在土壤中的微生物作用下转化为铵态氮后才能被柑橘根系大量吸收，但转化为铵态氮肥也容易以氨的形式挥发损失，并且有一部分铵态氮会被微生物进一步转化为硝态氮。在石灰性土壤和碱性土壤上，尿素在土壤中转化成铵态氮后更容易挥发损失，并且有较大比例的尿素最终会转化为硝态氮，容易随水淋失。

2)氮肥施用注意事项

从氮肥的特点可以看出，氮肥损失的主要途径是氨挥发、硝态氮流失和反硝化脱氮，所有氮肥施入土壤后存在一种或多种损失途径。另外，铵态氮浓度过高时会直接抑制柑橘根系活动或导致死根。因此，在柑橘生产上，施用氮肥要注意以下 4 点。

(1)适当浅施。柑橘园氮肥(包括含氮复合肥或含氮复混肥)的适宜施用深度为 5～15 cm。施用前在树冠滴水线下或树冠滴水线外侧挖深 5～15 cm 的浅施肥沟，然后将氮肥薄撒在浅沟内，及时盖上土。如果土壤干燥，应在撒肥后往沟内浇水，再盖上土，或盖土后再浇水。

(2)提倡浇施。氮肥容易溶解，将肥料溶解在腐熟的稀人畜粪尿中或清水中，浇施在树冠滴水线下，可以有效提高肥料的利用率，特别是在土壤比较干燥时效果更好。浇施的浓度以不超过 1%为好。7～8 月比较干旱，又是柑橘施萌芽肥和壮果促梢肥的时期，可以结合抗旱灌溉，将氮肥溶解在灌溉水中用于浇灌，既能抗旱施肥，又能提高肥料利用率，一举多得。

(3)避免堆施、团施。高浓度的氮肥容易伤根，也容易淋失和挥发。因此，土壤施用氮肥时，要将肥料分散撒在施肥浅沟内，或与有机肥混合后施用。不能将氮肥成堆、成团、成块地施用，也不能一次施用太多。尿素每次每株使用量不宜超过 500 g。

(4)合理撒施。化肥撒施操作简单、省时省工，目前不少柑橘园已采用撒施。但撒施只适合在土壤中容易移动的化肥，如尿素、硝酸铵和硝酸钾等。撒施化肥要求土壤质地疏松、无草、土壤表面无结皮现象，希望撒施后有适当降雨，最好是降雨量小、时间较长、不形成地面径流的降雨。如有大雨，则雨前不适合撒施，应在雨后土壤表面还潮湿时，在树冠滴水线附近撒施。

2. 磷肥

磷参与柑橘体内核酸、核苷酸、磷脂等的合成，是细胞质和细胞核的主要成分，磷对柑橘花芽分化和果实质量有重要影响。磷肥是柑橘生产中常用的三大肥料之一。

1)磷肥的种类与特点

根据溶解性能，一般将磷肥分为水溶性磷肥、弱酸溶性磷肥和难溶性磷肥三大类。磷肥中的磷能溶于水的为水溶性磷肥，如过磷酸钙、重过磷酸钙、磷酸二氢钾(也是钾肥)；能溶于 2%的柠檬酸或中性至微碱性柠檬酸铵的磷肥，称为弱酸溶性磷肥，如钙镁磷肥、偏磷酸钙和钢渣磷肥等；不溶于水，也不溶于弱酸，只能溶于强酸的磷肥，称为难溶性磷肥，如磷矿粉、骨粉等。

柑橘生产上常用的磷肥主要有过磷酸钙、钙镁磷肥和磷矿粉。

(1)过磷酸钙。过磷酸钙施入土壤后，形成磷酸、磷酸一钙和磷酸二钙。形成的磷酸能把土壤中的铁、铝、钙、镁等溶解出来，并和它们发生作用，形成不同的磷酸盐。在碱性紫色土中，因土壤中含有大量的钙，磷酸与钙作用，生成磷酸二钙和磷酸八钙，最后形成羟基磷灰石。在酸性土壤中，磷酸和磷酸一钙通常与土壤中的铁、铝作用形成磷酸铁和磷酸铝，然后进一步变成盐基性磷酸铁铝。在弱酸性土壤中，磷酸一钙容易被黏土矿物吸附而固定。在中性土壤中，过磷酸钙主要转化为磷酸氢钙和可溶解的磷酸二氢钙，容易被柑橘吸收利用。过磷酸钙在土壤中的移动性很小，主要滞留在施肥点位置。一般情况下过磷酸钙在土壤中的水平移动距离小于 0.5 cm，垂直移动距离不超过 5 cm，柑橘对过磷酸钙的当年利用率不到 10％。

(2)钙镁磷肥。钙镁磷肥不溶于水，施入土壤后其移动性比过磷酸钙还要小。钙镁磷肥在土壤中的有效性与土壤 pH 值有关。当土壤 pH 值为 5.5～6.5 时，钙镁磷肥可逐渐转化为较易溶解的磷酸盐被柑橘吸收利用；但是，当土壤 pH 值＜5.5 时，因土壤中铝、铁的作用，钙镁磷肥被转化为难溶解的磷酸铁铝，柑橘的吸收利用率反而会下降。在 pH 值＞6.5 的土壤或石灰性土壤(如三峡库区的遂宁组紫色土、紫色石骨子土等)中，钙镁磷肥难以被柑橘吸收。

(3)磷矿粉。磷矿粉是由磷矿石直接粉碎而成，因磷矿石产地的不同，磷矿粉的含磷量差异很大，高的可达 30％，低的只有 10％左右。磷矿粉属于难溶、迟效性磷肥，施入土壤后，在土壤化学、微生物和植物根系的作用下，逐渐被作物吸收利用。磷矿粉的有效性与作物种类和土壤类型有密切关系。萝卜、豌豆、花生、紫云英等对磷矿粉的吸收利用率较高，马铃薯、甘薯等的吸收利用率中等。在土壤有效磷含量低和酸性(pH 值＜7)土壤上，施磷矿粉才有较好的效果。

2)磷肥施用注意事项

在所有化学肥料中，磷肥的利用率最低、利用速度最慢，主要原因是磷在土壤中很容易被固定，难以移动。另外，由于土壤类型的不同，柑橘对不同磷肥的吸收利用有很大差异。柑橘园施用磷肥时要注意以下 4 点。

(1)适度深施。由于磷肥在土壤中很难移动，只有增加磷肥与柑橘根系的接触面积，才能提高磷肥的利用率。因此，应将磷肥施在柑橘根系的密布区(通常为 20～40 cm 深处的土层)，并采用集中施用的办法，减少土壤对磷肥的固定。柑橘生产上，可以将多年需要的磷肥一次性挖穴土施，然后隔几年再施。

(2)与有机肥混施。将磷肥与饼肥、猪牛粪、绿肥、作物秸秆或杂草等农家肥料混合，堆沤腐熟后再土施，或直接与农家肥料混合后土施到柑橘根系的密布区，这样既可以减少土壤对磷肥的固定，又能在农家肥中有机物和微生物的作用下，有效提高磷肥的利用率，适合柑橘生产上采用。

(3)看土施。过磷酸钙可施在中性土壤和石灰性缺磷土壤上，如紫色土、石骨子土，不宜施在酸性土壤上。钙镁磷肥适宜施在 pH 值为 5.5～6.5 的土壤中，如三峡库区的黄壤土、沙壤土、冲积土和部分水稻土，不宜施在遂宁组紫色土和石骨子土上。磷矿粉适宜施在酸性土壤中，适宜施在有效磷含量低的土壤中。

(4)不宜撒施。由于磷肥很容易被土壤固定，在土壤中移动性差，所有磷肥都不宜在柑橘园撒施。撒施的磷肥如果不深翻到土壤中，大部分就只能被地表土壤固定和随地面径流流失。有些柑橘园采用复合肥或复混肥撒施，其中的磷肥绝大部分没有被柑橘吸收利用，生产上不宜长期采用。

3. 钾肥

钾是柑橘体内重要的酶的活化剂，在碳水化合物代谢、呼吸作用及蛋白质代谢中起重要作用，是构成细胞渗透势的重要成分，对气孔开放有直接作用；施钾肥能提高柑橘的抗旱性和抗寒能力。

1)钾肥的种类与特点

(1)硫酸钾。硫酸钾施入土壤后，一部分钾被柑橘吸收，另一部分钾被土壤吸附。残留的硫酸根与土壤中的钙作用，生成酸性的硫酸钙，堵塞土壤孔隙，造成土壤板结并使土壤酸化。钾容易被土壤固定，在土壤中移动性小。

(2)氯化钾。氯化钾施入土壤后，一部分钾被柑橘吸收利用，一部分被土壤吸附。残留的氯与土壤中的钙作用，生成容易溶解的氯化钙而随水淋失，使土壤中的钙流失，造成土壤板结。由于土壤吸附固定，钾在土壤中移动性小。

2)钾肥施用注意事项

柑橘对钾肥利用率的高低与土壤类型、施用方法和气候有密切关系。柑橘园施用钾肥应注意以下 4 点。

(1)适度深施。由于钾肥容易被土壤吸附固定，移动性小，应将钾肥施在柑橘根系的密布区(20～40 cm 深处的土层)，提高柑橘根系对钾的吸收效率。

(2)看土施。我国柑橘产区土壤类型多，不同的土壤含钾量差别很大，只有在柑橘园土壤速效钾含量低于 100 mg/kg 时，施用钾肥对柑橘才有效果。因此，是否需要施用钾肥，应根据土壤分析结果而定。

(3)不宜撒施。钾在土壤中移动性小，在特别黏重的土壤中更难移动，撒施的钾肥主要被表层土壤吸附。我国多数柑橘产区的表层土壤干湿交替明显且频繁，表层土壤吸附的钾容易被土壤晶格固定，在这种情况下利用率更低。柑橘园也不适宜撒施含钾复合肥或复混肥，否则其中的钾难于被柑橘吸收利用。但是，如果对柑橘园进行适度翻耕，则可提高撒施钾肥的利用率。

(4)谨慎施用氯化钾。柑橘是半忌氯果树，在碱性紫色土柑橘园可以有限度地使用氯化钾。成年柑橘树每年每株的施用量不宜超过 500 g，连续施用 2～3年后应间隔 1～2 年。中性和酸性土壤上的柑橘园不宜使用氯化钾。

(5)干旱期施钾肥要及时灌溉。土壤干旱时柑橘根系吸收钾的能力下降。因此，柑橘生产上，在 7～8 月伏旱期施钾肥壮果要注意灌溉，防止土壤干旱。

4. 复合肥与复混肥

复合肥(含复混肥)至少含有氮、磷、钾三种营养元素中的两种，有些复合肥还含有镁、钙、锌等营养元素。复合肥撒施或土施太浅时，氮容易挥发损失或随雨水流失，磷和钾容易被土壤吸附固定，或随浅表土壤的水土流失一起被冲掉。另外，撒施容易造成柑橘根系上浮，不利于根系深扎。由于浅表土壤的干湿交替明显，在夏、秋连续几天的晴天，近地表的土壤就已很干燥，被地表土壤吸附固定的磷、钾很难被柑橘吸收利用。所以，柑橘园长期采用复合肥撒施是不可取的，浪费很大。正确的方法应适当深施，在树冠滴水线附近挖深 20 cm 左右的施肥穴或施肥沟进行施肥。

5. 镁肥

镁是叶绿素的组成部分，可提高光合系统的活性和原初光能的转化效率；镁参与蛋白质和维生素等物质的合成，是许多酶的活化剂；镁能促进磷的吸收和转移，增强磷的营养代谢，有助于作物体内糖的转运。近 20 多年来，我国柑橘生产上氮、磷、钾等化肥的施用量大增，柑橘产量不断提高，土壤中的镁被大量消耗，但鲜有补充，导致柑橘缺镁现象逐年加重。因此，补充镁肥极有必要。

镁肥按其溶解性可分为两类，即水溶性镁肥和微溶性镁肥。水溶性镁肥主要有硫酸镁、硫酸钾镁肥、硝酸镁。微溶性镁肥主要有氧化镁(氢氧化镁)、钙镁磷肥、白云石、磷酸铵镁等。

(1)硫酸镁。硫酸镁施入土壤后，镁离子在土壤中较易移动，一部分镁被柑橘根系吸收，但土壤中高浓度的钾离子、钙离子、铵离子等会阻碍柑橘对镁的吸收；另一部分镁被土壤吸附或随水流失。残留的硫酸根与土壤中的钙作用，生成酸性的硫酸钙，堵塞土壤孔隙，造成土壤板结并使土壤酸化。不同土壤对镁的吸附能力不同，红壤和黄壤吸附能力强，紫色土次之，石灰性土和沙质土壤最弱。

(2)硝酸镁。硝酸镁施入土攘后，镁离子在土壤中较易移动，一部分镁被柑橘吸收，另一部分镁被土壤吸附或随水流失。一部分硝酸根离子被柑橘根系吸收利用，一部分硝酸根离子随水流失，还有一部分硝酸根离子在土壤通气不良等环境下会发生反硝化作用而脱氮。

（3）氧化镁（氢氧化镁）。氧化镁施入碱性土壤后，与水结合生产氢氧化镁，继而与二氧化碳结合形成溶解度很小的碳酸镁，难以被根系吸收利用。氧化镁施入酸性土壤后，可释放出镁离子，被柑橘根系吸收利用。

（二）主要的施肥方法

1. 基肥

（1）基肥的种类。柑橘的基肥主要是长效肥、缓效肥或用于调节土壤酸碱度的材料，配合少量速效肥。生产上常用的柑橘基肥有厩肥、畜禽粪尿、饼肥、绿肥、作物秸秆、杂草、树枝、石灰、过磷酸钙、钙镁磷肥、磷矿粉、骨粉、白云石粉等。

（2）基肥施用时期。只要土壤不过于潮湿或过于干旱，柑橘一年四季都可以施用基肥，但考虑到果园管理作业的忙闲季节性，基肥施用时期大多在采果前后至翌年 2 月萌芽前。一般来说，柑橘基肥的最佳施用时期在 9 月中、下旬至 11 月初，此期气温和土温适宜，秋梢已停止生长，正值柑橘根系的秋季生长高峰期，施肥时断根的伤口愈合快，并能促进新根的萌发和生长，起到根系修剪更新的作用；此期也是柑橘根系的活动高峰期和花芽分化期，根系吸肥快，有利于促进树体矿质营养元素的积累，提高细胞液浓度，有利于花芽分化和提高抗旱、抗寒能力。

（3）基肥施用方法。过去提倡柑橘生产上每年施用或隔年施用基肥，但近年来因劳动力成本大幅度上升，这种基肥使用方法已使果农不堪重负，目前生产上大多 3～5 年施 1 次基肥，加大肥料的施用量。

基肥的施用应做到有机与无机、速效与缓效相结合，以缓效有机肥为主、速效化肥为辅。施肥深度略大于柑橘根系密布区，以引导根系下扎，一般丘陵山地基肥施肥深度 40～50 cm，平地 30～40 cm。按每 3～4 年施基肥 1 次计，每株结果树（按 750 株/hm^2 左右计）施腐熟厩肥或畜禽粪 50～100 kg（或饼肥 5～10 kg）＋钙镁磷（酸性土壤）或过磷酸钙（碱性土壤）10～15 kg＋复合肥 1～2 kg，与至少 5 份土壤混匀后回填。pH 值小于 5.5 的土壤，每株树应加施石灰 3～6 kg，pH 值越低，石灰的施用量越大。如果施肥后土壤干燥并且近期缺乏有效降雨，应在施肥位置灌 1 次透水。

红壤区柑橘园普遍缺镁或低镁，施基肥时，如果没有加入钙镁磷肥，则每株树应加入氧化镁或氢氧化镁 0.5～2 kg，或白云石、菱镁矿、方镁石、水镁石、磷酸铵镁、蛇纹石粉等 1～2 kg。

基肥的施用方法：①条状沟施肥法。在柑橘树的行间或株间开挖条状沟施肥，如果这次在行间挖沟，下次则要在株间挖沟，沟的宽度和长度根据施肥量而定。②放射状沟施肥法。在树盘挖放射状沟 3～5 条施肥，靠近树干处宜浅，向外逐渐加深。沟的宽度和长度根据施肥量而定。③环状沟施肥法。在树冠滴水线外侧挖环状沟施肥，沟的宽度根据施肥量而定。④盘状施肥法。以主干为中心，将土壤刨开成圆盘状，靠近主干处宜浅，向外逐渐加深，把刨开的土壤堆在盘外，将肥料均匀撒在刨开的圆盘内，然后将土壤回填。此法不适合大树施基肥，可用于小树施基肥。⑤全园撒施法。将肥料在全园均匀撒施，然后全园深翻，将肥料埋入土中。此法适合成年树果园。

2. 追肥

柑橘的追肥主要是速效肥，生产上常用的柑橘追肥有腐熟人畜粪尿、腐熟饼肥液、尿素、复合肥、硫酸铵、硝酸铵、碳酸氢铵、硝酸钾、硫酸钾、磷酸二氢钾、磷酸一铵、硫酸镁、硝酸镁等。

1)幼树追肥

结果前幼树的管理，主要以加速树冠的成型为目标，使幼树早日长成大树，形成足量的结果枝组，为早结果、早丰产做好准备。

柑橘幼树的生长主要是靠四次梢的生长，分别是春梢、早夏梢、夏梢和秋梢。要让幼树生长又快又壮，施肥时就要保证这四次梢的生长有充足的养分。萌芽前施肥，有利于新梢萌发和枝条生长健壮，顶芽自剪后到新叶转绿这一阶段施速效肥，可以促进新梢壮实，并有利于促发下一次新梢。所以，每次新梢萌芽前和萌芽后都要施1次速效肥，以加快树冠扩大和培养足够的结果枝组。氮肥和钾肥对新梢的生长特别重要，施肥以氮肥和钾肥为主。幼树的根还不发达，每次施肥不能太多，要薄肥勤施。

我国大部分柑橘产区进入9月以后一般不再施速效肥，以免促发晚秋梢和冬梢，消耗树体养分，导致树体的抗寒能力下降。

幼树施肥量和施肥比例要根据土壤营养状况而定，提倡土壤养分测定和柑橘叶片营养状况分析相结合的配方施肥。一般情况下，柑橘幼树施肥的氮、磷、钾比例为1∶(0.3～0.5)∶(0.6～0.8)。1～3年生幼树分别施纯氮100～300 g，逐年增加。春梢肥、早夏梢肥、夏梢肥和秋梢肥施用量分别约占全年施用量的30％、20％、30％和20％。氮、钾化肥宜溶解在腐熟稀粪尿或灌溉水中，直接浇施在树冠滴水线下。

春季萌芽前后各施1次春梢肥，酌情加入微量元素肥料。早夏梢萌芽前后各施1次早夏梢肥。夏梢萌芽前后各施1次夏梢肥。在早秋梢萌发前半个月左右施1次氮磷钾复合肥，在树冠滴水线偏外，挖深10 cm左右的施肥沟施入，如土壤干燥无雨，应在施肥后灌水。

栽植后第1年的柑橘幼树，可参照以下方法施追肥：

第1次施肥(春梢萌芽肥)在2月中、下旬，每株施尿素30 g＋硫酸钾30 g＋硫酸锌镁20 g。

第 2 次施肥（春梢壮梢肥）在 3 月上、中旬，每株施尿素 30 g。

第 3 次施肥（早夏梢萌芽肥）在 4 月下旬至 5 月上旬，每株施尿素 25 g+硫酸钾 25 g。

第 4 次施肥（早夏梢壮梢肥）在 5 月中、下旬，每株施尿素 25 g。

第 5 次施肥（夏梢萌芽肥）在 6 月上、中旬，每株施尿素 30 g+硫酸钾 30 g。

第 6 次施肥（夏梢壮梢肥）在 6 月下旬，每株施尿素 30 g+硫酸钾 30 g。

第 7 次施肥（秋梢萌芽肥）在 7 月中、下旬，每株施尿素 30 g+硫酸钾 30 g。

第 8 次施肥（秋梢壮梢肥）在 8 月上、中旬，每株施尿素 20 g。

追肥时，将化肥溶解在 4～8 kg 腐熟稀粪尿或清水中，浇施在树冠滴水线下，或在雨后土壤潮湿时将化肥撒施在树冠滴水线附近。土壤潮湿时，用来溶解化肥的腐熟稀粪尿或清水宜少；土壤干燥时，用来溶解化肥的腐熟稀粪尿或清水宜多。以浇施后肥料溶液能够渗到离地面 35 cm 左右深的土层为好。

2 年生和 3 年生的柑橘幼树，可参照 1 年生树的施肥办法，逐年加大肥料用量。

2）结果树施肥

初结果树，施肥量以产果 100 kg 计算，施纯氮 1.2～1.5 kg；盛果期成年树，产果 100 kg 施纯氮 0.8～1.2 kg，氮、磷、钾的比例为 1∶(0.4～0.6)∶(0.7～1)；红壤区果园易缺镁，应同时增施镁肥，氮、磷、钾、镁的比例为 1∶(0.4～0.6)∶(0.7～1)∶(0.2～0.3)。萌芽肥、稳果肥、壮果肥和采果肥一般分别占全年施用量的 25%～30%、10%～20%、30%～40%和 15%～20%。

我国大部分柑橘产区萌芽肥在 2 月中、下旬至 3 月各施 1 次。稳果肥在谢花期施用，但要根据树势状况确定施肥量，一般强壮树宜少施或不施，弱树宜适当多施，施肥量以达到叶片深绿而不萌发夏梢为宜，否则会引起大量落果。壮果肥在早秋梢萌发前 25～35 d 施。施肥量与结果量成正比，果多宜多施，以达到能促发较多早秋梢为宜。采果肥在 10 月中、下旬施用。

近 20 年来，我国柑橘生产上有机肥的施用量越来越少，导致土壤和树体营养失衡越来越严重。在红壤产区，柑橘多年结果后缺镁、缺锌等缺素黄化的问题逐年突出。彭良志、淳长品等 2008 年对赣南柑橘产区 446 个抽样脐橙园的土壤分析结果表明，土壤有效镁含量平均值仅 46.8 mg/kg，有效镁缺乏的果园比例达 87.7%；叶片镁含量处于低量水平的果园高达 58.2%，叶片镁含量缺乏的果园占 29.5%，叶片镁含量适宜的果园仅占 12.3%。黄翼等 2010—2012 年对重庆三峡库区 10 个柑橘主产县（区）584 个抽样柑橘园的调查结果表明，63.0%的果园叶片为低镁或缺镁水平，叶片中镁含量适宜的比例仅占 37.0%。因此，应重视柑橘园追施镁肥。

柑橘果实是镁的主要消耗器官，果实中镁的累积高峰期在 6～8 月，此期果实中累积的镁占果实最终镁累积量的80%以上(表7-4)。因此，追施镁肥应在5～7月进行。

镁追肥主要有硫酸镁、硝酸镁、硫酸钾镁等，5～7月在树冠滴水线附近挖5～10 cm深的浅沟，将镁肥薄撒在浅沟内，成年树每次撒施200～400 g，5～7月共撒施1～2次。红壤区果园多年施用硫酸镁后，应在施肥位置撒施石灰1～2 kg，以防土壤酸化。

3. 叶面施肥

不管是幼树还是结果树，喷药防治病虫害时，只要与药剂混合不会发生不良反应，可在药液中加入0.1%～0.2%的微肥，或0.3%～0.5%的磷酸二氢钾、硝酸钾或尿素等作叶面肥(表7-9)。尿素做叶面肥喷布时次数不能太多，以免引起缩二脲中毒。但在空气湿度大的河谷地带或种植密度过大的果园，应尽量减少叶面肥的施用，特别是含磷、钾的叶面肥应少用或不用，以减少柑橘叶面藻类的繁衍。

表7-9 柑橘叶面肥喷布浓度

肥料种类	喷布浓度/%	肥料种类	喷布浓度/%	肥料种类	喷布浓度/%
尿素	0.3～0.6	硫酸钾	0.3～0.5	氧化锰	0.1
磷酸二氢钾	0.3～0.6	硫酸锌	0.05～0.1	硼砂或硼酸	0.1～0.2
硝酸钾	0.5～1.5	硫酸锰	0.05～0.1	钼酸铵	0.1～0.2
硝酸铵	0.2～0.3	硫酸镁	0.2～0.5	腐熟人畜尿	10～30
硫酸铵	0.2～0.3	柠檬酸铁	0.1～0.2	复合肥	0.2～0.4
过磷酸钙滤液	0.5～1.0	硫酸铜	0.01～0.02	硝酸镁	0.5～1.0
草木灰浸液	1.0～3.0	氧化锌	0.05～0.1	硫酸亚铁	0.1～0.2

注：根外追肥周年均可进行，以花期、新梢期吸收较快。高温低湿、干旱和幼梢期，喷布浓度要适度降低。商品尿素可能因缩二脲的含量太高，多次喷布后叶片会出现毒害。在田间发现有叶尖发黄现象时应停止喷布2～3个月。根外追肥常用的尿素和磷酸二氢钾可与多数农药混合，常可结合防病治虫时进行叶面喷布。

三、水肥一体化施用技术

1. 水肥一体化技术

水肥一体化技术，是将灌溉与施肥融为一体的农业技术，也称灌溉施肥技术。它是通过压力灌溉系统将溶解的肥料与灌溉水一起，均匀、准确、定量地输送到作物根部。采用水肥一体化技术，可按照作物生长发育不同时期对水分和养分的需求进行水肥需求设计，把水分和养分定量、定时地直接输送至作物根区。水肥一体化常用的压力灌溉有滴灌、微喷灌、渗灌等微灌形式，国内外柑橘生产上最常用的灌溉施肥系统为滴灌施肥系统，其次是微喷灌施肥系统，也有少量为渗灌施肥系统。

灌溉施肥系统由水源、首部枢纽、输配水管道、灌水器等 4 部分组成。水源有河流、水库、机井、池塘等，首部枢纽包括电机、水泵、过滤器、施肥器、控制和监测设备、保护装置，输配水管道包括主管道、干管道、支管道、毛管道及管道控制阀门，灌水器包括滴头、滴灌带、微喷头、渗灌带等。

2. 适宜范围

柑橘园建设微灌施肥系统，必须具备以下基本条件：一是具有可靠的、符合质量要求的水源，一般应保证柑橘园在干旱期有 300 t/hm^2 以上的水源，水的质量要符合农田灌溉基本要求，并且水中的藻类和钙含量要尽量低，否则容易堵塞微灌系统的过滤器和滴头、微喷头等。二是果园内有稳定的电力供应，在干旱期，特别是高温伏旱期能正常供电。三是能够建立起行之有效的果园微灌设施运行管理制度，尤其是多家多户果园共用 1 套微灌施肥系统时，运行管理制度的建立和执行尤为重要。

3. 水肥一体化技术的优点

(1)节水。水肥一体化技术可减少水分的渗漏和蒸发，提高水分的利用率。微灌施肥与漫灌、浇灌、沟灌相比，可节水 40%以上。

(2)节肥。水肥一体化技术可根据柑橘生长发育不同时期对肥料的需求，定时、定量地按需供给柑橘根系养分，按时供肥、按需供肥，实现平衡施肥，最大限度地减少肥料的流失和挥发，并避免养分过剩造成的损失。与柑橘传统的施肥方法相比，一般可节省化肥 50%左右。

(3)省力。水肥一体化技术由管道将肥料和水直接输送至柑橘根部，1 个劳动力 1 d 即可完成 6.67 hm^2 以上柑橘园的灌溉和施肥工作，比传统的施肥和灌溉方法提高工效 20 倍以上。

(4)改善生态环境。水肥一体化技术有利于改善土壤的物理性质，滴灌施肥可克服因常规灌溉造成的土壤板结、土壤容重降低、孔隙度增加等问题。另外，水肥一体化技术可有效减少肥料淋失，减少肥料的面源污染。

(5)提质增产。水肥一体化技术可提高柑橘产量，改善果实品质，果园可增产 15%～40%。2002—2007 年，彭良志等在重庆忠县以“特罗维塔”甜橙为材料，以每年撒施 10 次肥料为对照，研究了在年施肥总量相同情况下滴灌施肥对树体生长、产量和品质的影响。结果显示，滴灌施肥频率对树干粗度、树高和冠径大小无显著影响，但可以显著提高果实的产量，滴灌施肥的果园 6 年累计产量比对照高 29.4%～36.5%。

4. 水肥一体化技术的要点

1)微灌施肥系统的选择

柑橘园应根据水源、地形、种植面积，选择不同的微灌施肥系统。黏性土壤、半黏性土壤适宜选择滴灌施肥系统，沙质土壤、石骨子土壤适宜选择微喷灌施肥系统。过滤系统一般选用叠片式过滤器。施肥装置一般选择注肥泵和压差式施肥罐。丘陵山地和坡地果园应选择压力补偿式滴头或微喷头，以保证不同海拔位置的滴头或微喷头的出水量基本相同。

2)制定微灌施肥方案

灌水量的确定：根据柑橘树的树体大小和干旱程度确定灌水量，1～5 年生幼树的耐旱能力弱，6 年生以上柑橘树的耐旱能力较强。1～5 年生幼树的灌水量较小，但灌溉次数要增加，高温干旱期应每天或隔天在根际区滴灌 4～30 L(微喷灌增加 50%，下同)；6 年生以上成年树在次日凌晨卷曲的叶片还不能恢复正常时即需要灌水，每次滴灌水量 40～60 L。

灌溉施肥量的确定：灌溉施肥只能施用可溶解的化肥，并且溶解化肥中的成分不能与灌溉水中的成分生成沉淀。例如，紫色土区的灌溉水含钙较高，硫酸铵、硫酸钾溶解后，硫酸根离子与钙离子容易结合形成硫酸钙沉淀，堵塞过滤器和滴头。磷酸根离子也容易与钙离子结合形成沉淀。因此，微灌施肥主要施用氮肥，如尿素、碳酸氢铵、硝酸铵、硝酸镁；含钙量低的灌溉水可以施用硫酸钾、磷酸二氢钾、磷酸一铵、硫酸镁等。一般情况下，微灌(滴灌、微喷)系统不宜施用有机液肥，以免菌类在管道繁衍形成菌块，堵塞系统。

灌溉施肥的肥料利用率高，与撒施、沟施等普通施肥方法相比，尿素等化肥的利用率通常可以提高 30%以上。因此，灌溉施肥量应在普通施肥量的基础上减少 30%以上。氮、磷、钾、镁等营养元素的比例以及施肥时期等与普通施肥相同。

3)配套技术

(1)出水口位置的移动。为了提高水分和养分的利用率，灌溉系统的出水口(滴头、微喷头等)一般安置在柑橘树树冠滴水线附近，随着树冠的不断扩大，幼树柑橘园每 1～2 年应移动 1 次出水口位置，使其处于树冠滴水线附近。

(2)防止土壤酸化。经过多次滴灌或微喷灌施肥后，出水口附近的土壤容易出现酸化。彭良志等在紫色土产区的研究表明，距滴头出水口水平距离 5 cm处、深 15～85 cm 的土壤，1 年内 pH 值的降幅为 0.6～0.8；距滴头出水口水平距离 20 cm 处、深 15～85 cm 的土壤，1 年内 pH 值的降幅为 0.4～0.5；随滴头出水口距离的增加，土壤 pH 值下降幅度逐步递减。

灌溉施肥导致土壤酸化是由于硫酸钾等酸性肥料的作用，尿素也对土壤酸化起较大作用，因为尿素施入土壤后被尿酶水解为不稳定态氨基甲酸铵，

再进一步分解形成 NH^{4+}，NH^{4+} 在土壤中被微生物硝化，在硝化过程中释放出 H^+，导致土壤酸化。

(3)杂草防控。柑橘园实施水肥一体化技术后，出水口湿润区极易生长杂草，影响柑橘对肥料和水分的吸收。因此，应定期清理出水口附近的杂草，一般采用除草剂控制，如果用锄头等工具除草，要先将滴头或微喷头移开，以防损坏，除完草后再将滴头或微喷头移于原位。

参考文献

[1]何天富. 柑橘学[M]. 北京：中国农业出版社，1999.
[2]庄伊美. 柑橘营养与施肥[M]. 北京：中国农业出版社，1994.
[3]彭良志. 甜橙安全生产技术指南[M]. 北京：中国农业出版社，2013.
[4]古汉虎，汤辛农. 低产土壤改良[M]. 长沙：湖南科学技术出版社，1982.
[5]侯光炯，高惠民. 中国农业土壤概论[M]. 北京：农业出版社，1982.
[6]桑以琳. 土壤学与农作学[M]. 北京：中国农业出版社，2005.
[7]熊毅，李庆逵. 中国土壤[M]. 北京：科学出版社，1987.
[8]中国农业科学院农田灌溉研究所. 黄淮海平原盐碱地改良[M]. 北京：农业出版社，1977.
[9]刘建德，柳小龙. 节水灌溉技术与应用[M]. 兰州：兰州大学出版社，2007.
[10]马耀光，张保军，罗志成，等. 旱地农业节水技术[M]. 北京：化学工业出版社，2004.
[11]Walter Reuthe. The citrus industry (Volume II)[M]. Anatomy，Physiology，Genetic and Reproduction：University of California Division of Agricultural Sciences，1968.
[12]史德明. 江西省兴国县紫色土地区的土壤侵蚀及其防治方法[J]. 土壤学报，1965，13(2)：181-193.
[13]朱莲青. 绿肥作物在利用和改良盐渍土中的效果[J]. 土壤通报，1965(4)：18-21.
[14]江才伦，彭良志，曹立，等. 三峡库区紫色柑橘园不同耕作方式的水土流失研究[J]. 水土保持学报，2011，25(8)：26-31.
[15]马嘉伟，胡杨勇，叶正钱，等. 竹炭对红壤改良及青菜养分吸收、产量和品质的影响[J]. 浙江农林大学学报，2013，30(5)：655-661.
[16]朱宏斌，王文军，武际，等. 天然沸石和石灰混用对酸性黄红壤改良及增产效应的研究[J]. 土壤通报，2004，35(1)：26-29.
[17]曹立，彭良志，淳长品，等. 赣南不同土壤类型脐橙叶片营养状况研究[J]. 中国南方果树，2012，41(2)：5-9.
[18]王男麒，彭良志，淳长品，等. 赣南柑橘园背景土壤营养状况分析[J]. 中国南方果树，2012，41(5)：1-4.
[19]淳长品，彭良志，凌丽俐，等. 赣南产区脐橙叶片大量和中量元素营养状况研究[J].

果树学报，2010，27(5)：678-682.
[20]江泽普，韦广泼，蒙炎成，等．广西红壤果园土壤酸化与调控研究[J]．西南农业学报，2003，16(4)：90-94.
[21]王瑞东，姜存仓，刘桂东，等．赣南脐橙园立地条件及种植现状调查分析[J]．中国南方果树，2011，40(1)：1-3.
[22]黄功标．龙岩市新罗区耕地土壤主要理化性状变化分析[J]．福建农业科技，2006(1)：44-45.
[23]刘桂东，姜存仓，王运华，等．赣南脐橙园土壤基本养分含量分析与评价[J]．中国南方果树，2010，39(1)：1-3.
[24]刁莉华，彭良志，淳长品，等．赣南脐橙园土壤有效镁含量状况研究[J]．果树学报，2013，30(2)：241-247.
[25]唐玉琴，彭良志，淳长品，等．红壤甜橙园土壤和叶片营养元素相关性分析[J]．园艺学报，2013，40(4)：623-632.
[26]淳长品，彭良志，凌丽俐，等．撒施复合肥柑橘园土层剖面中氮磷钾分布特征[J]．果树学报，2013. 30(3)：416-420.
[27]邢飞，付行政，彭良志，等．赣南脐橙园土壤有效锌含量状况研究[J]．果树学报，2013，30(4)：597-601.
[28]黄翼，彭良志，凌丽俐，等．重庆三峡库区柑橘镁营养水平及其影响因子研究[J]．果树学报，2013，30(6)：962-967.
[29]彭良志，淳长品，江才伦，等．滴灌施肥对"特罗维塔"甜橙生长结果的影响[J]．园艺学报，2011，38(1)：1-6.
[30]彭良志，刘生，淳长品，等．滴灌柑橘园肥料撒施对土壤 pH 值的影响[J]．中国南方果树，2005，34(4)：1-5.
[31]Liangzhi P，Changpin Chun，Cailun Jiang，et al. The effects of drip fertigation in citrus orchards on decreasing soil pH value[C]. Proceedings of The International Society of Citriculture(The 11th international citrus congress)，Volume II，932-935.
[32]Koo R C J. Results of citrus fertigation studies[C]. Proceedings of Florida State Horticultural Society，1980，93：33-36.
[33]Willis L E，Davies F S，Graetz D A. Fertilization，nitrogen leaching and growth of young 'Hamlin' orange trees on two rootstocks[C]. Proceedings of Florida State Horticultural Society，1990，103：30-37.
[34]Alva A K，Paramasivam S. Nitrogen management for high yield and quality of citrus in sandy soils[J]. Soil Science Society of American Journal，1998，62：1335-1342.
[35]Neilsen G H，Neilsen D. Comparing fertigation and broadcast application of N，P and K fertilizersin orchards[C]. Tree Fruit & Grape News，999.
[36]PatriciaI. Integrated nutrient managementfor sustaining crop yieldsin calcareous soils [J]. GAU 2 PRII 2 IPI National Symposium，September 19 2 22，2000，Junagadh，Gujarat，INDIA.

第八章　柑橘花果管理技术

柑橘是多年生木本果树，挂果期长，病虫害较多，而开花结果的管理对柑橘产量、品质具有重要影响。因此，本章分析柑橘开花结果的规律，阐述影响开花结果的内在因素和外界环境条件，从温度、水分、营养、激素和栽培技术等多方面探讨柑橘花果的管理技术。

第一节　花芽分化及调控技术

柑橘实生树进行花芽分化前，必须进入性成熟阶段，而在此以前，实生柑橘树在正常的自然条件下不能稳定地持续开花，这一特性叫童期性(juvenility)，这一阶段称为童期(juvenile phase)(曾骧，1992)。童期后进入被称为成年期(adult phase)或花熟期(ripeness to flower)的稳定持续成花能力阶段。成年期的柑橘树，或者繁殖材料取自成年母株的营养繁殖树，已经具有开花的潜能，在适宜的条件下即可进行花芽分化。果树芽生长点经过生理和形态的变化，最终形成各种花器官原基的过程称为花芽分化(flower differentiation)(郗荣庭，2000)。亚热带地区栽培的多数柑橘种类，在冬季果实成熟前后至翌年春季萌芽前进行花芽分化，但栽培于热带地区时可以多次开花，如在亚热带地区甜橙每年春季开花一次，而在印度南部的热带地区则在6月和12月至翌年1月都开花(曾明，2003)。枸橼和柠檬等在热带和亚热带都是四季开花。柑、橙、橘、柚等在亚热带地区每年春季开花一次，但在热带地区则多次开花。这可能与亚热带和热带地区的气候特点有关，亚热带地区每年秋冬季的低温干旱不利于生长，但有利于花芽分化；热带地区分雨季和旱季，柑橘花芽分化的次数往往与当地一年中的旱季次数有关。

一、影响柑橘花芽分化的因素

1. 温度

温度是影响果树分布的主要限制因素，低温和干旱是诱导柑橘形成花芽的主要条件。从气候特点看，亚热带地区在开花前往往有几个月不利于生长的低温或相当严重的干旱。在热带，除高海拔地区有寒冷期外，低海拔地区只有大小旱季，柑、橙等的开花和当地一年中的旱季次数有密切关系，旱季过后降雨就能萌芽开花。

气候条件对柑橘成花影响的研究表明，地中海地区在冬季平均温度为10℃的情况下需要2个月的“休眠”，而在热带地区有2个月的干旱“休眠”最为适宜。热带地区的“干旱休眠期”并不需要完全无雨，每月降雨50～60 mm更理想。在亚热带地区，冬季低温期长的年份，翌年开花也较多。将芽接后4个月的华盛顿脐橙苗栽培在地上部温度为20～35℃、根部平均土温分别为14℃、22℃、30℃的环境中，试验证明，9个月后14℃土温区的发梢次数最少，30℃土温区发梢次数最多，成花则相反，14℃土温区的成花最多，22℃土温区略有成花，30℃土温区无成花。将原来30℃土温处理、没有开花的嫁接苗转移到14℃土温的环境后，新梢开花；将原来14℃土温处理的苗木转移到30℃土温的环境后，新梢极少成花，且很快即凋落。这表明低温能诱导甜橙的花芽分化，高温抑制花芽分化。不同昼夜温度组合处理的甜橙插条苗也获得了类似的结果：在日温24℃、夜温19℃的组合下形成的结果枝叶数较多；在日温18℃、夜温13℃的组合下形成的结果枝叶数较少。因而，可以认为日温24℃、夜温19℃已是诱导甜橙花芽分化的边缘组合温度，高于30℃对花芽发育有抑制作用。

2. 水分胁迫

水分胁迫（water stress）是热带地区柑橘诱导成花的主因，Southwick 等（1986）研究了中度与重度水分胁迫水平的柑橘叶，其中午的叶水势（water potential）分别为－2.8 MPa和－3.5 MPa，经2～5周控水后，以足够的水恢复灌溉。结果发现，植株成花反应的强度同胁迫的程度和时间成正比。控水2周的植株，午前和午后测定的叶水势为－0.9 MPa，中午测定的叶水势为－2.25 MPa，这对诱导无叶花枝已足够。控水造成适度干旱，也是柑橘生产上的一项获得丰产和调节开花季节的栽培技术。例如，在广州金柑于处暑（8月22～24日）前7～10 d，新叶完全转绿而新梢尚未硬化时开始控水；四季橘果实成熟所需日数比金柑约多30 d，故需提前在大暑（7月22～24日）前7～10 d，新梢硬化、叶片已转绿时开始控水，在春节便能观赏到成熟期一致的金柑和四季橘的金黄果实。

地中海西西里岛在7～8月对柠檬进行30～40 d的控水，使部分叶片在中午前后萎卷，老叶落掉一部分，人为造成花芽分化的生理条件；然后，在恢复正常灌水前施重肥，尤其是速效氮，并结合轻度灌水；接着再大量灌水，柠檬能在晚夏和早秋开花结果。因此，在西西里岛全年都有柠檬收获。巴勒斯坦、美国加利福尼亚州也有类似的做法。印度也采用类似的方法促进椪柑和甜橙在2月、6月或9～10月开较多的花及结果，以适应市场的需要。其方法是，在花前约2个月挖土露根并除去一些幼根，控水，使植株受旱至叶萎卷和部分叶脱落，然后用厩肥与土壤混合把露出的根覆盖，再充分灌水，约3周后萌芽，开花结果较多。但此法易伤树，不能连年进行。粗柠檬在控水初期促进了地上部分全氮量和蛋白质的增加，但随着水分缺乏的加剧，引起了蛋白质的逐渐水解、苯丙氨酸和亮氨酸特别是脯氨酸的增加，在控水条件下脯氨酸的增加和糖浓度、渗透压是相伴直线上升的。柑橘花芽分化前组织内的脯氨酸浓度增加超过其他氨基酸(刘孝仲等，1984)。控水也使伏令夏橙叶片产生的乙烯量成倍增加。广州郊区和潮汕果农，多年来一直运用冬季适当控水促成甜橙和蕉柑花芽分化。盆栽试验证明，温州蜜柑、甜橙、葡萄柚的嫁接苗经3周的控水至叶萎卷，略凋落便可形成花芽，恢复施肥灌水后在夏秋即可萌发新梢开花，而一直灌水的则完全无花。

3. 营养与代谢

研究表明，花芽形成过程中起重要作用的是碳水化合物的合成，柑橘在大年负载过量的果实对碳水化合物的过量消耗，导致当年成花少以及次年为结果小年。环剥的枝有较高含量的淀粉等碳水化合物，成花较多；对甜橙、柠檬、柑橘等环状剥皮，使受处理的绿枝和叶片增加淀粉和糖的积累，提高了细胞液浓度，在剥皮部位的上部叶片积累的脯氨酸和精氨酸特别多。脯氨酸在分生组织大量积聚与细胞的迅速连续分裂增殖有关，脯氨酸提供丰富氮源合成蛋白质，形成富含羟脯氨酸的蛋白质时，加快形成细胞壁，提早细胞成熟(Dashek W V等，1981)。环剥处理促进了暗柳橙的花芽分化，促进碱性氨基酸的增加；而GA(赤霉素)处理的暗柳橙的花芽分化受阻，芽内的总游离氨基酸特别是碱性氨基酸含量明显下降。推测，氨基酸含量的变化可能与芽内合成特异蛋白质有关(程洪等，1988)。

花的发育需要丰富的营养物质。重施磷肥可以促成柠檬等多种果树的幼树提早开花。钾对柑橘着花的影响似乎没有氮、磷那样明显，轻度缺钾着花略有减少，严重缺乏时着花显著减少。柑橘缺氮时花芽的分化率下降，当叶片中的磷含量$<0.1\%$时完全不能形成花芽；如果氮素供应充分，随着磷供应增加花芽的形成率也增加。柑橘花中所含的氮、磷、钾量比其他器官高，要使花芽发育良好，就需要有充足的三要素供给。

4. 内源激素

树体的生长势与细胞分裂素类似物关系密切，而与成花强度之间的关系尚不清楚(Nauer 等，1979)。用 $9\times10^{-3}\sim3.5\times10^{-2}$ mol/L 的 BA(细胞分裂素)处理特洛亚枳橙砧木的华盛顿脐橙植株的芽，能促使其早发快长；在处理的 3 周之内，萌发的芽比对照多 3 倍。

Guardiola 等(1988)报道，用浓度为 12 mg/L 的 2,4-D 处理，明显减少了华盛顿脐橙成花；水平拉枝促进柠檬枝梢成花。推测是因为水平拉枝使生长素的转运受到了抑制。用浓度为 500 mg/L 的生长素运输抑制剂 TIBA 处理 1 年生葡萄柚实生苗也能起到促花作用。

GA 类物质抑制花芽分化的效应早有定论。喷布 GA 在沙莫蒂甜橙上可以抑制花芽分化，在其他品种上的试验也得到了同样的结果。应用外源 GA_3 的有效浓度是小于 346 mg/L，也有报道 0.075 μg/芽的浓度即有抑制成花的效应。活跃的 GA 成分可能不是 GA_3 而是 GA_1。由于活性的 GA 被代谢成非活性的代谢产物，为了抑制成花，在花芽诱导期内重复使用 GA 是有必要的。

如果 GA 抑制花芽分化，那么抑制 GA 生物合成和运输的生长调节剂就应该能促进成花。已经确认的这类物质有多效唑(PP333)、矮壮素(CCC)、比久(B9)、苯并噻唑-2-氧基乙酸(BTOA)等；将这些物质喷到甜橙和柠檬树上能明显促进成花；这些物质处理甜橙树的效果，在地中海地区更为明显；而在日本的温州蜜柑、南非的尤力克柠檬、美国佛罗里达州的塔希提来檬上应用，则促花效果不明显。

外源 GA 的使用时期对抑制成花的效应有重要影响。Guardiola(1988)报道，其在一年内的不同时期喷布 10 mg/L 的 GA_3，发现 GA 抑制温州蜜柑成花有 3 个最佳抑制时期，或者说温州蜜柑对 GA 的抑花效应有 3 个敏感时期：第 1 个在 9 月，冬季休眠之前，同温州蜜柑秋梢的抽发同步；第 2 个在 1 月初，此时摘叶可以大大增强抑花效应；第 3 个是在发芽时。Lord 等(1987)证明，已经分化的花芽可能被 GA_3 转化成营养芽，用多效唑处理，花枝的百分率相应增加。推测 GA 可能单独抑制花芽的诱导，或者在影响诱导或发生两方面起作用。

为了揭示胁迫条件下内源 GA 的动态，Southwick 等(1986)以塔希提来檬为试材，设计了 2 种诱导成花试验，即以 18℃昼温/10℃夜温的低温胁迫和 −3.5 MPa 的水分胁迫，处理 4 周后又将试材放回非胁迫环境，处理前后和处理过程中，分别测定单个芽和叶内的 GA 含量。结果表明，2 种胁迫处理同样促进了花芽分化，但是处理过程中 GA 的变化动态有明显的差别。水分胁迫1 周后叶片的 GA 水平增长了 4 倍，接着以后的 3 周直到恢复灌水又逐步降低。灌水导致 GA 立即降低，在胁迫后 2 周内恢复到略高于胁迫前的水平。

与此相反，低温处理开始后的 2 周内，叶片的 GA 含量低到测不出来的水平；2 周之后，GA 升到略高于胁迫前的水平。芽的 GA 含量变化比叶片的稳定，水分胁迫到第 4 周时芽的 GA 含量都没有明显减少。水分胁迫 2 周后恢复灌溉，在接着的 2 周内，随着胁迫程度的下降，叶片的 GA 含量逐渐增加到高于胁迫前的水平。同样是在叶片内，低温胁迫 2 周内 GA 减少到胁迫前的 1/3，从冷凉条件下移开的 2 周内，芽的 GA 含量又增高到原有的水平。这些结果表明，2 种促花处理之间 GA 的变化不同，并未导致促花反应的差异。于是关于 GA 在花芽分化中的作用仍然不清楚。

Goldschmidt(1982，1992)测量了伏令夏橙的大年树和小年树的芽内 ABA(脱落酸)水平，并试图阐明大年树的果实负载和枝梢抑制之间的相关性。结果发现，大年树的芽内反 2-反 4-ABA 显著地高于小年树内的含量，但两者的顺 2-反 4-ABA 的含量差别较小。认为反 2-反 4-ABA 可能来自果实，并作为顺 2-反 4-ABA(异构体)的前体，调节休眠芽的生长。但也有研究者并未在伏令夏橙和威尔金橘的芽或果实组织内发现高含量的反 2-反 4-ABA 异构体，却在威尔金橘的大年树的叶、枝和芽中检测到高含量的顺 2-反 4 异构体。这些 ABA 的来源还不明白，对柑橘花芽分化的确切影响还有待研究。

20 世纪 80 年代，有关内源激素影响花芽分化的研究已由单一激素的效应发展到激素之间的比例或平衡关系的研究，并结合验证某些促花或抑花措施与激素平衡的关系。黄辉白等(1989)报道，灌水抑花与控水促花相比，使生理分化期内的 GA 保持高水平，ABA 低水平，CTK(细胞分裂素)后期中等水平，造成 ABA 或 CTK 对 GA 或 IAA(吲哚乙酸)比值的下降，但去叶抑花与留叶促花相比，并未改变 GA 的状况，而是降低了 ABA 或 CTK 的水平，从而使之与 GA 或 IAA 的比值下降。李学柱等(1992)证明，在柑橘花芽生理分化期之前喷布 200 mg/L 的 BA，极显著地增加了 GA 和 ZR 的含量，减少了 ABA 的含量，与之相应，极显著地抑制了花芽分化；在形态分化开始后与分化期喷布 BA，则能极显著地促进花芽分化及花器发育。关于这方面的研究，还需进一步深化。

近年出现了一种新的成花促进剂与柑橘成花的论点，Southwick 等(1986)报道的结果进一步支持这个论点。他们用塔希提来檬的压条苗置于控制环境之前，对 1/2 的枝剪顶，剪去梢间的 3 个节；然后放进 2 种控制温度条件：分别是 18℃昼温/10℃夜温的诱导温度和 30℃昼温/24℃夜温的非诱导温度条件，后者为利于新梢生长的温度条件。在非诱导温度条件下，剪顶或不剪顶的均只抽生营养枝；而在诱导温度条件下的植株产生的花枝多，尤以在未修剪的枝上形成的花枝百分率最高。据推测，由于顶端存在一种促进成花的因子，剪顶去除了这种因子，从而削弱了对诱导温度的成花反应。这种假定的促进因子，可能不会直接诱导成花，只是导致花诱导条件的转译。由此看来，关于成花促进剂是否存在及其生理效应如何还有待验证。

5. 遗传物质

遗传物质是一切生物生命活动的载体，自然也与柑橘的花芽分化有着密切的关系。黄辉白等(1989)研究了抑花与促花处理对暗柳橙核酸代谢的影响。环剥与GA处理相比，促花的环剥处理保持着花芽分化期间核酸总量的高水平，而抑花的GA处理在生理分化期间明显降低了核酸总量水平。RNA的变化趋势与总核酸含量的变化一致，DNA含量在2种处理之间无明显差别。环剥使RNA/DNA的值增大，而GA处理使其比值在生理分化期急剧降低。留叶促花处理的核酸变化趋势是在生理分化旺期RNA和DNA的水平上升，进入形态分化时一度下降后又上升；去叶抑花处理使生理分化期的DNA水平明显降低，RNA/DNA的值明显增高。过去的报道多认为，高RNA/DNA值对促花的有效性，而上述的结果却出现这样的矛盾：GA抑花处理导致RNA/DNA的值降低，而去叶抑花处理却反而使RNA/DNA的值升高。

李学柱等(1992)证明，锦橙大年树的早秋梢中内源GAs的含量高，从而强烈地抑制了花芽分化；多次喷布浓度为50 mg/L的GA_3，更增加了内源GAs的含量，更强烈地抑制了花芽分化。应用组织化学的分析表明，大年树营养芽茎尖组织各区域细胞(包括原套区、原体区即中央分生区、髓分生区、周围分生区)的DNA含量明显高于小年花芽，而RNA含量明显低于小年花芽，因而RNA/DNA比值明显低于小年花芽。而GA_3处理的营养芽与小年树比较的差异模式与上述大年树的模式相似，其差异的幅度比上述大年树的幅度更大。根据DNA→RNA→蛋白质的中心法则，由于大年与GA_3处理的营养芽中含有大量的GAs，使DNA大量积累，抑制了DNA转录成RNA，大大降低了RNA的含量，从而使各茎尖各区域的细胞不能旺盛地进行有丝分裂，最终抑制了花芽分化。Leandro等(2001)把拟南芥控制开花的*LEAFY*(*LFY*)基因和*APETALA1*(*AP1*)基因分别转入5周龄枳橙的幼苗外植体，然后取转化的幼苗梢尖(0.5 cm长)嫁接到实生的枳橙无菌砧木苗中进行无菌培养，当接穗长到一定程度，再一次嫁接到实生的枳橙砧木中，在温室中培养，结果是转*LFY*基因植株在温室中生长16个月后开花，而转*AP1*基因植株在温室中生长13个月后开花，这些转基因植株都能结出正常的果实，并在随后的几年也连续开花结果。GA处理可减少木本果树(包括柑橘)花的数量。用0.1 mol/L的GA_3处理成花诱导期的Orri橘[(*Citrus reticulata*×*C. temple*)嫁接在(*C. sinensis*(*L.*) *Osbeck*×*Poncirus trifoliate*)]的芽，发现成花相关基因*Flowering Locus T*(*FT*)、*Apetala1*(*AP1*)和其他花器官基因mRNA的水平降低。GA_3处理诱导*Leafy* (*LFY*)的mRNA产生，而*Flowering Locus C*

(*FLC*)类似基因和 *Suppressor of Overexpression of Constans1*（*SOC1*）基因的mRNA 含量无变化。值得注意的是，成花诱导期 *FT* 在芽中的表达量高于叶(Goldberg-Moeller 等，2013)。喷施 GA 合成抑制剂多效唑能解除 GA 对“Salustiana”(沙鲁斯梯阿纳)甜橙 *FT* 的抑制，增加 *FT* 的表达(Muñoz-Fambuena 等，2012)。

低温和控水是促进柑橘成花的有效手段。缺水促进甜橙 *FT* 的转录，而 *SOC1*、*AP1* 和 *LFY* 的转录水平降低；恢复灌水后 *FT* 的转录迅速恢复到处理前水平，*SOC1*、*AP1* 和 *LFY* 的转录水平升高。低温和控水同时处理能使 *FT* 的转录水平比只有控水处理的提高更多，且 *AP1* 和 *LFY* 也提高了。这证明了控水是通过上调 *FT* 基因来促进成花，*FT* 也是低温和缺水环境下甜橙叶片整合的成花诱导信号(Chica 等，2013)。

二、柑橘花芽分化的进程

多数柑橘是从冬季果实成熟前至翌年春季萌芽前进行花芽分化的。在同一地区的同一品种，由于树龄、树势等的不同，花芽分化的时间也不同。同一植株，一般是当年抽生的春梢进行花芽分化较早，夏梢次之，秋梢相对较迟。同一地区栽培的不同种类或品种或同一品种在不同地区的柑橘花芽分化的时间也不同。在广州地区，椪柑在 11 月上旬，暗柳橙在 11 月上、中旬，蕉柑在 11 月中、下旬开始花芽分化；而在福州地区，椪柑在翌年 1 月 13 日至 2 月 6 日开始分化。柑橘在未分化期，生长点狭小，被苞片包住；在花芽分化初期，生长点变得高而平，同时苞片松开。对于单朵花来说，各器官分化的顺序为：萼片→花瓣→雄蕊→雌蕊(图 8-1)。

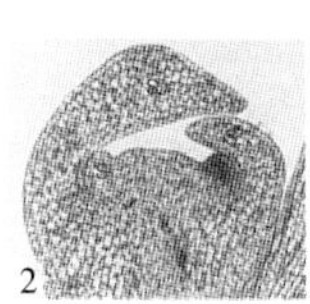
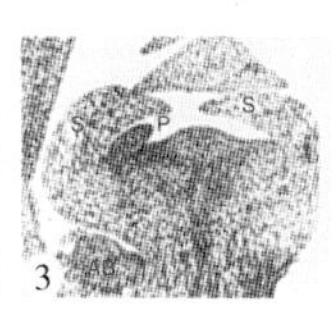
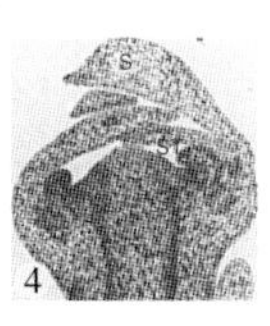
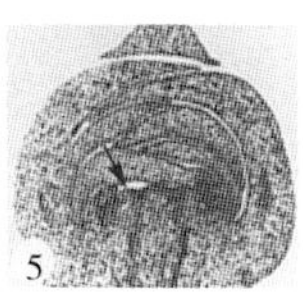
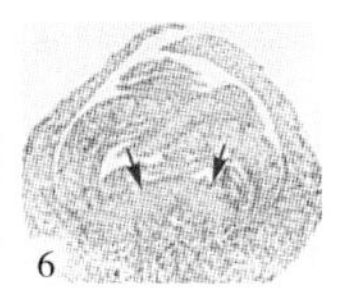

1. 萼片分化初期；顶端凸起，顶端下两侧叶腋上为芽原基(×132)；2. 萼片形成；生长点变高而平(×84)；3. 花瓣形成；腋芽分化(×53)；4. 雄蕊形成(×53)；5.、6. 心皮形成(×33)

AB：腋芽；P：花瓣；S：萼片；ST：雄蕊；箭头所指为心皮

图 8-1 华盛顿脐橙顶花芽分化过程(Spiegel-Roy 等，**1996**)

三、柑橘花芽分化的调控

柑橘栽培上运用各种技术措施来调节树体营养生长和开花结果之间的动

态平衡，达到调节花期或诱导多次开花结果的目的。目前调控柑橘开花结果的主要技术可分为物理调控和化学调控两类：物理调控主要是采用环割、修剪、断根、控水等措施来调控，化学调控主要是利用各种化学药剂来调控。物理调控不造成果实和环境污染，有利于柑橘的安全生产。

（一）花芽分化的物理调控

1. 环割促花技术

环割是指用环割刀具环绕植株小枝或大枝甚至树干切割，深达木质部，但不伤及木质部。其可中断有机物质向下输送，使碳水化合物暂时累积在环割口以上的部位，起到抑制营养生长、诱导花芽形成的作用。根据环割的方法和伤口宽度的不同，环割可以分为环切（scoring）和环剥（girdling）。此外，还有一种类似的方法叫环扎（wiring 或 strangulation），即利用细小的铁丝扎缢枝条或枝干以实现阻断韧皮部的养分输送，对树体的激素平衡也可产生间接影响：一是促进花芽分化的激素，包括 ABA、CTK、ET（乙烯）的增加；二是抑制花芽分化的激素，包括 GA、IAA 类的减少。达到促花效果后解除铁丝即可恢复正常的营养输送，在生产上同样可以达到环割的效果，其作用原理也相同（Goren 等，2005）。

柑橘花芽分化在冬季进行，所以环割促花多在末次秋梢充分老熟后进行。由于品种不同，末次秋梢的成熟期和花芽分化期有所不同，所以环割时间也有所不同。此外，同一品种在不同地区，因各地气候不同，物候期也有较大的差异。因此，只有根据品种及地区的差异掌握秋梢的成熟时间，因地制宜地进行环割，才能达到促花的效果。

树体环割后 30 d 左右，有时可以看到叶片出现褪绿现象，叶片淡绿，但没有出现黄化，这是正常的，对树体不会造成伤害；如果环割后在花芽分化阶段叶片颜色仍浓绿，没有褪色的迹象，说明环割程度不足，应再环割 1 次才能达到控梢促花效果。环割之后如果出现叶片大量黄化，并有少量落叶，可能是环剥程度过重或技术操作不当造成的。因此，应根据地区、品种、树龄、树势、肥水条件以及结果母枝的生长状况等，慎重选择环割方法，灵活掌握环割程度。

在广东博罗杨村柑橘场，对采用深根性酸橘或江西红橘作砧木、生长旺盛的初投产椪柑树进行环割或扎铁丝处理，有效地促进了成花（潘文力等，1997）。对生势壮旺而放秋梢又较早的植株，可于 10 月上旬秋梢充分老熟后进行主干闭合环割，环割后至 12 月中旬叶色仍较浓绿者，可再环割 1 次，使叶色从浓绿褪至淡绿，便能促进形成更多的花芽；除采用环割外，还可于 11 月上、中旬秋梢老熟后，用 16 号铁丝扎主干 1～2 圈，待叶色褪至淡绿后解缚，结果表明，扎铁丝的树平均每株产果 39 个，而对照树只有 15 个，处理株比对照株的结果量增加 160%，效果显著。

2. 断根促花技术

柑橘根系强大，尤其是繁殖时选用主根深生的砧木品种，其根群发达，地上部常常枝梢旺长，成花困难，特别是在主根深生、肥水充足的果园，树势旺长的初期结果树更显突出。断根(root pruning)促花的原理：①切断部分粗根，有助于减少根系对水分的吸收，使树液浓度提高。②切断部分细须根，可减少根系对养分的吸收，抑制枝梢生长。③断根后形成更多新根，有助于 CTK 的合成。

目前常用的断根方法：①利用果园深翻扩穴改土进行断根处理。②在树冠滴水线下挖环状沟或在树冠两侧挖条状沟，一般沟深 30～50 cm，沟宽20～30 cm，切断部分吸收根，晾晒 2～3 周后，分层施入有机肥后覆土。③整个树盘深翻，对树势壮旺、叶色浓绿、可能会抽出冬梢的树，可在整个树盘进行翻土，深度在 15～20 cm，锄断部分细须根，减少根系对水分和养分的吸收，从而抑制冬梢萌发，促进花芽分化。

应掌握在最后一次秋梢老熟后进行断根，此时也可以结合深翻扩穴改土一起进行。广东潮汕地区，蕉柑品种可于 12 月用犁在树冠两侧犁深 12～15 cm，断去部分细须根，晒至叶色褪绿时施入灰肥，然后覆土。广东博罗杨村柑橘场则利用 9～11 月深翻扩穴改土，断去部分粗根，可促进柑橘翌年多开花(甘廉生等，1990)。

断根注意事项：

(1)根据树龄、树势来评判断根程度，一般主根深生、树势旺盛、叶色浓绿、当年结果较少的青壮年树，断根程度可适当重一些；老树、弱树、当年结果多且叶色浅淡的树，宜轻断根或不断根。

(2)断根程度过重的树，断根后叶片明显褪绿，出现大量黄化植株，在花芽分化期间，如果末次梢的顶芽仍没有萌动，没有花芽形成的迹象，应适当淋水，喷叶面营养液 1～2 次，促进花芽形成。

(3)部分青壮年树或断根程度偏轻的树，断根后仍未能完全抑制冬梢生长，可采用断根加环割或加喷控梢促花药剂，一般在 11～12 月进行，先断根，后视冬梢的生长状态确定是采用环割还是喷药，冬梢欲出，可用环割，若冬梢已抽出，长度约在 3 cm 以下的应喷控梢促花药剂，抑制冬梢的生长。

(4)断根应结合冬季改土施有机肥一起进行，既能改良土壤，增加土壤的有机质含量，又能起到断根、抑制冬梢生长的作用。

(5)密切关注气候变化，采取相应的断根处理方式。断根一般是在冬季进行，但在冬季低温、干旱来得早的年份，是否采用挖沟断根处理须慎重考虑。

低温、干旱对枝梢的生长已有抑制作用，如果这时挖沟断根，末次梢顶芽受抑制的时间会更长，对花芽分化不利。因此，冬季低温、干旱来得早的年份不适宜采用挖沟断根的方式，可采用露根法。其方法是：在末次秋梢充分老熟后，锄开树冠下的表土，使根系裸露日晒，减少土壤水分，降低根系的吸收能力，抑制枝梢生长，对促进花芽分化有一定的效果。

3. 水分胁迫诱导成花技术

在热带、亚热带地区，多数柑橘类品种如柑、橙、柚、橘等一年中只春季开花一次，而柠檬、金柑和四季橘等一年中有多次开花结果的特点，多次开花主要与旱季出现的情况有关。干旱是诱导柑橘成花的主要因素之一。水分胁迫影响成花的机制是多方面的，有对生长发育的影响，有对内源激素水平的影响，有对碳素累积的影响，等等。水分胁迫通常是在秋梢完全老熟之后进行，胁迫持续的时间以1～2个月为宜，对于成熟期不同的品种而言，诱导花芽分化所需要的水分胁迫的时间是不同的。土壤湿度过高会导致营养生长过旺，不利于生殖生长。相反，过度的水分胁迫则不利于花芽分化，土壤湿度过低往往过度抑制生长，不利于花穗的萌动和抽发，性器官发育差，往往造成“花而不实”，特别是受旱之后遇连续的低温阴雨，老叶迅速黄化、脱落，新梢叶片又不能正常老熟。

水田柑橘应在花芽分化前停止灌水，待叶片微卷时再适当供水，这样有利于花芽分化；丘陵山坡地柑橘园在无灌水条件下可通过断根，减少根系吸收水分来达到控水的目的(甘廉生等，1990)。广东顺德花农通过“制水”法调控盆栽金橘、四季橘的花期。其方法是：金柑在处暑(8月22～24日)前7～10 d、新梢叶片完全转绿而新梢尚未充实时开始制水；四季橘果实的成熟期比金柑多30 d左右，故制水时间宜提前到大暑(7月22～24日)前7～10 d，以新叶已转绿、新梢开始硬化时制水为佳。制水后叶片开始出现微卷时洒些水使其复原，如此反复制水，经过5～6 d的制水之后即可加施浓肥，并每天进行叶面喷水2～3次，再经过15 d左右即可抽梢现花蕾。

4. 修剪诱导成花技术

修剪也是果树促花的一种重要手段，合理修剪能改变树体器官的“库一源”关系，调节营养生长与生殖生长、衰老与更新复壮之间的平衡关系，均衡树体内源激素的影响，使果树保持在良好的生长状态，促进花芽分化，调整结果量，维持丰产稳产，延长果树的经济寿命。营养生长过旺会耗损树体内积累的营养物资，从而不能满足花芽分化所需的营养，抑制花芽的形成；植株结果过多，则树体负载过重，树体营养被果实消耗过多，消耗大于积累，此时如果不及时补足营养，就会抑制新梢的正常生长，也不利于花芽分化。营养生长过旺或生殖生长过量时，都可用修剪来协调。修剪的调节效果与修剪时间、修剪方法和修剪程度有关，修剪程度、修剪方法和修剪时期适当与否将直接影响花芽分化。从柑橘的结果情况来看，顶端生长优势明显或直立生长旺盛的幼年结果树，在正常的情况下较难形成花芽；而侧斜生枝、下垂枝或生长势较缓和的树则易形成花芽。因此，修剪时应根据枝条的类型、当年的结果量和修剪后枝条的反应情况来确定具体的方法。

在柑橘生产中，常用的修剪方法有疏剪、短截、回缩、抹芽、摘心、弯枝(扭枝、拉枝、撑枝、吊枝)、疏花等，应根据不同树种、品种的生长特性选用不同的修剪方法。

(1)疏剪。又称疏枝、疏删，是指把枝条从基部疏除。疏除树冠外围的密生枝、衰弱枝、病虫枝和密蔽的内膛枝，改善树体的通风透光状况，增强同化功能，有利于营养物质的积累，可促使枝条生长健壮，有利于花芽形成和提高果实品质。

(2)短截。又称短剪，是指剪去枝条的一部分。短截程度不同所产生的效果也不一样。在花芽分化前，对无叶枝、弱枝或末次梢的细长枝进行适度短截，保留其粗壮的枝段，这样的短截，不会促进新芽的萌发，有利于留下来的新梢形成花芽和提高花质；对生长壮旺的幼年结果树若采用重短截修剪，会促使被剪枝条萌发新梢，消耗树体内的营养物质，不利于留下枝梢的花芽分化。短截越重，越不利于花芽形成。在花穗生长期对长花穗进行短截，可明显地减少花量，增加雌花比例，提高花质和坐果率。在花果期间通过疏花疏果的方法，可减少花果数量，提高花果质量，减少果树的负载量，利于增加单果重，提高果品的商品率。根据短截程度的不同分为轻短截、中短截、重短截和极重短截，可根据不同的目的灵活运用。树体枝梢稀疏时，也可用短截的方法促进新梢萌发、强化营养生长。

(3)回缩。又称缩剪，是对多年生枝干进行短截和疏剪。主要应用于密蔽树、老弱树、衰退树或大小年结果现象突出的高大树。通过回缩修剪，可使全树或局部枝干的生长势得到恢复，达到更新复壮、保持果树可持续优质丰产、延长果树经济寿命的目的。

(4)抹芽与抹梢。是指萌芽后，人工除去新芽和嫩梢。通过抹除嫩芽，可以抑制芽的生长，推迟枝梢的萌发期。如果柑橘结果树在冬季花芽分化期间萌发冬梢，会消耗树体内大量营养物质，影响花芽形成，通过抹除冬梢可促进柑橘花芽分化。

(5)摘心。是将枝梢先端的顶尖芽摘除。其作用是削弱顶端优势，促进枝梢充实和形成花芽。为培养健壮充实的秋梢结果母枝，对顶端优势明显或生长壮旺的幼年结果树，在晚秋梢顶芽尚未停止生长之前进行摘心，可缩短枝梢的生长期，使其尽快转绿老熟，促进枝梢充实，使枝梢向生殖生长方向转化。

(6)弯枝。是指改变枝梢的生长方向及生长势，使枝梢垂下，弱化生长势，并加大分枝角度，充分利用空间，提高光合效能，有利于柑橘开花结果。生长实践证明，中庸枝、斜生枝、下垂枝和水平枝，由于枝梢生长势缓和，易形成较多的中短枝，增加营养积累，能促进枝芽充实和形成花芽。因此，对树冠直立或具顶端优势的品种，可采用弯枝的措施削弱生长势，形成较多分枝数，增加营养积累，有利于花芽形成。

(二)花芽分化的化学调控

柑橘的花芽分化是一个复杂的过程，既受到内部遗传因子(基因)的控制，又受到环境条件的影响，还受到树体内一些特殊有机物质的调节。这些物质属于植物激素，在树体内含量极少，但其生理活性极强，对树体的生长、开花和结果有极大的影响。植物激素不像动物激素那样具有特定的合成器官，同一种植物激素可以在不同的器官或部位中合成。植物激素在树体内含量极少，难以提取，在生产上无法大规模地推广应用。随着科学的发展，人们已经能够人工合成许多具有天然植物激素生理活性的有机化合物，这些有机化合物称为植物生长调节剂。根据生长调节剂的生理作用可分为植物生长促进剂、植物生长抑制剂和植物生长延缓剂。在柑橘上应用于促花的生长调节剂多数是生长抑制剂或延缓剂。生长抑制剂使顶端分生组织细胞的核酸和蛋白质生物合成受阻，细胞分裂缓慢，抑制顶端分生组织生长，使之丧失顶端优势，植株形态发生很大变化，外施赤霉素不能逆转这种抑制效应。人工合成的生长抑制剂有三碘苯甲酸、整形素等。生长延缓剂抑制茎部近顶端分生组织的细胞延长，节间缩短，叶数和节数不变，株形紧凑，矮小，生殖器官不受影响或影响不大。生长延缓剂全是人工合成的，如矮壮素、多效唑、比久等。

能够有效促进柑橘花芽分化和形成的植物生长调节剂有矮壮素、多效唑、比久等。赤霉素在某些地区用于平衡大小年花量，即在大年用赤霉素适当抑制花芽分化，使植株大年花量减少，从而间接为小年促花。生长调节剂诱导柑橘实生苗开花，只有通过了性阶段发育后才有可能；成年树要在花芽生理分化期使用，效果才显著，在生理分化期以后施用，虽有一些影响，但作用效果不明显。

矮壮素、比久对甜橙和宽皮柑橘有明显的促花效果。9年生实生温州蜜柑珠心苗，在9月中旬喷施浓度为2 000 mg/L的矮壮素或浓度为2 000～4 000 mg/L的比久，能分别增加翌年的春花量118%和242%。温州蜜柑始果期在9月15日至11月25日，每隔10 d喷1次浓度为50 mg/L的核苷酸，能增加翌年的花芽分化数，其中以11月中旬喷施的效果最好，花芽分化量增加将近1倍。

试验证明，在花芽生理分化期前喷施多效唑，能极显著地促进成花，其中温州蜜柑类的适宜浓度为700 mg/L，椪柑为1 000 mg/L。在花芽形态分化阶段喷施浓度为200 mg/L的细胞分裂素，也能极显著地促进花器官发育和增加花量。秦煊南等（1994）于尤力克柠檬花芽分化前的10月下旬至11月上旬，树冠喷洒浓度为300～400 mg/L的多效唑2次，可极显著地促进成花和提高正常花的比例，对提高翌年的坐果率、抗寒力及降低冬季不正常落叶率，也有一定的效果。矮壮素、比久及青鲜素（MH-30）也能促进柠檬花芽分化。椪柑秋梢老熟后的10月和12月喷浓度为500 mg/L和1 000 mg/L的多效唑2次，各处理的花量是对照的167.7%～250.6%（许建楷等，1994）；丁舜之（2001）认为，大年温州蜜柑采果后10 d左右，喷浓度为15～20 mg/L的多效唑2次，每次间隔10～15 d，或喷15%的多效唑300～400倍液，可明显促进花芽分化和成花。

第二节　果实发育及调控技术

一、果实发育规律

柑橘果实是由子房发育而成的。子房的外壁发育成外果皮，即油胞层（色素层），油胞中含有多种芳香油。子房的中壁发育成中果皮，也被称为白皮层或海绵层，可食用或药用。子房的内壁为心皮，发育成瓤囊，内含砂囊（汁胞）和种子。砂囊由心室内壁细胞凸起后发育而成，是主要的食用部分。柑橘种子的胚有单胚和多胚两类，单胚是有性胚，多胚则含有1个有性胚和多个无性胚。无性胚由珠心细胞发育而成，故又称为珠心胚，仅含有母体的基因，其苗可作为该品种的新生系，用于该品种的提纯复壮。脐橙、温州蜜柑是柑橘类无核果实的代表品种。脐橙的果实顶部具有次生果，由次生雌蕊群发育而成。

果实的发育从雌蕊形成开始，包括雌蕊的生长、受精后子房等部分的膨大、果实的形成和成熟过程。从坐果到果实成熟经历的时间称为果实发育期。果实发育期的长短因品种而异，普通柑、橙或橘需要200 d，夏橙需要400 d时间。柑橘果实生长呈S形增长曲线，其生长发育过程分为3个时期：

第1期是细胞分裂期，从开花到果实各个组织形成的时期。此期内果实各组织的细胞数增加，子房壁发育成果皮并分化成油胞层和白皮层；心室的内壁发生许多突起，并向子室内延伸成汁胞；在此时期末果实各个组织细胞分裂结束。细胞分裂期的长短在不同的年份可能不同。1954年为4周，1955

年长达 9 周。果实体积从 0.04 mL 增长至 3.7 mL。主要是果皮的生长，此时果皮的体积占果实总体积的 75%～95%。

第 2 期为细胞增大期或加速生长期，此期大约经过 29 周。在南半球的澳大利亚为 12 月到翌年 7 月，在北半球的美国加利福尼亚州为 9 月到 12 月。此期内的果实无论形态、解剖和生理都发生了急剧的变化。组织的水合作用伴随细胞增大、分化，并形成果皮组织的海绵层。由于汁胞中果汁含量的增加，果肉也会膨大。这一时期对决定果实成熟时的大小极其重要。土壤水分和营养亏缺、干风和高温都会降低此期的生长量。

第 3 期称为成熟期，此期果实继续膨大，但速度减慢。果实的色泽、成分和风味发生明显的变化，果实的商品品质充分发育(李道高，1996)。

二、果实生长发育的调控

1. 提高坐果率

除单性结实和无融合生殖外，柑橘坐果都必须以授粉受精为前提，雌花经过受精后花瓣和雄花萎蔫，柱头变褐枯落，子房开始膨大，标志着果实发育的开始，这个从花向幼果的过程转变称为坐果。坐果与子房内的多种激素及其水平有关。果实在受精后子房的生长素、赤霉素、细胞分裂素等生长促进类激素的含量大大增加，而未受精的子房或胚珠中含有较高水平的生长抑制物质(脱落酸)，此抑制物质在受精后水平迅速降低直至消失。坐果并不是由一种激素所决定，而是取决于各种激素的相互关系。生长促进物质对养分起着动员作用，促使大量的碳水化合物和其他养分向果实分配。同时，在新梢先端和幼叶中合成的生长素及赤霉素与同化物质一起向果实输送。因此，子房要发育成果实就需要其内源激素达到一定的平衡。柑橘树萌芽、春梢生长、开花及幼果的早期发育所需的养分主要为树体上一年贮藏的养分，而每一品种，树体年贮藏养分的多少是相对固定的。因此，如果柑橘树萌芽展叶后春梢生长过旺，则会消耗过多的贮藏养分，开花结果得到的养分就少。如果不能满足开花结果的养分需求会造成大量落花落果，致使坐果率低。柑橘受精后，子房由于得到种子分泌的激素(主要是生长素)而发育成幼果，种子又具有吸收营养物质的作用，果实能不断成长。受精的花不易脱落，种子少或种子发育不健全的果实容易落果，这与生长素有密切关系。单性结实的柑橘子房壁具有产生生长素的能力，因此果实仍能正常膨大。当种子分泌的激素过低，或无核品种子房壁产生的生长素不足时，就会导致加速落果。

影响柑橘坐果的因素主要有品种遗传特性、树龄、授粉受精情况、果园立地条件及管理水平等，柑橘的坐果率通常在 1%～10%。造成落花的主要原因有贮藏养分不足、花器官败育、花芽质量差，以及花期不良的气候条件，如霜冻、低温、梅雨天气和干热风等。由于上述原因，导致花朵不能完成正常的授粉受精而脱落。造成落果的主要原因有授粉受精不良、子房所产生的激素不足、不能调运足够的营养物质促进子房继续膨大而引起落果；此外，土壤水分失调、病虫为害等也会引起果实脱落。

柑橘生产中防止落花落果、提高坐果率的措施主要有：

(1)环割(剥)保果。赤霉素在直接影响树体碳水化合物分配的同时，环割对树体的激素平衡也产生间接影响。环割对温州蜜柑营养生长的抑制效应表现在多方面，包括降低新梢的长度、减少新梢的节数，抑制夏梢的生长。在结果的柑橘树上的试验结果表明：在盛花期(5 月)进行环剥能提高坐果率，促进幼果果肉细胞膨大，使果实大小一致，连续环剥 3 年，连年增产。

(2)赤霉素(GA_3)保果。赤霉素是目前公认效果较好、应用最广的保果调节剂，对无核品种特别有效，一般在谢花期至第 1 次生理落果期使用。在温州蜜柑、椪柑等柑橘树谢花 2/3 和谢花后 10 d 左右，树冠分别喷洒浓度为 30～50 mg/L 的赤霉素 1 次，坐果率会显著提高。对于花量较少的柑橘树，谢花后对幼果期喷布浓度为 100～200 mg/L 的赤霉素 1 次，保果效果十分显著。

(3)细胞分裂素(CTK)保果。常用的细胞分裂素是 6-苄基腺嘌呤(6-BA)，谢花后用浓度为 50～100 mg/L 的 BA 喷布 1 次，或用 200～400 mg/L 的 BA＋100 mg/L 的 GA_3涂果，对防止第 1 次生理落果有明显效果。

(4)2,4-D 保果。一般用的是 2,4-D 钠盐或 2,4-D 丁酯，在谢花后春梢转绿后，用 5～10 mg/L 的 2,4-D 喷 1～2 次，对提高坐果率有一定的效果。

2. 果实发育的调控

果实发育需要大量的养分，其本身不能合成养分，果实是一个强力吸纳外部营养的“库”。果实中胚的发育及种子的多少决定了“库”的吸纳强度，种子影响果实的大小，如红江橙的无核果比有核果小。果实前期的生长依赖种子的发育，原因是种子尤其是胚乳和正在发育的胚是多种内源激素的合成中心，其产生的大量激素对养分有动员作用，使受精的果实成为强大的吸纳“库”，可与正在旺盛生长的枝条进行养分竞争。果实的发育是多种激素相互作用的结果，不同的生长阶段，控制果实发育的激素不同，若其中一种激素的含量特别低，限制了果实的生长，则其他激素的生理作用也会不明显。使用植物生长调节剂或其他农业措施调节果实内源激素间的平衡，可以促进果实的发育，这在许多果树上已获得验证。

目前常用促进柑橘果实发育的措施有：

(1)环割(剥)保果。环割保果已成为柑橘食品安全生产的主导技术。适时环割可保证果实发育，提高坐果率，增加产量。广东杨村柑橘场对椪柑幼年结果树连续2年进行了环割保果试验，结果表明：环割处理树比对照树提高坐果率32%，增产幅度达43.8%。环割时期一般在5～6月，此时正值幼果发育引起梢果争夺养分时期，若枝梢生长处于优势，则养分供应不足，会引起大量落果。因此，环割在春梢老熟后立即进行才能抑制夏梢生长，促进果实生长，砂糖橘就是用这一方法控制夏梢萌发的。对生长壮旺的结果树或当年成花较少的壮旺树，可进行二次环割保果，分别在谢花后和第2次生理落果前进行。对结果多且叶色淡绿的树或弱树、花多叶少的树不宜用环割法保果，否则树体易衰退。果实发育期(7月或9月)环剥可增大果实。浙江产区一般在第1次生理落果后至第2次生理落果前进行环剥保果。

(2)控梢保果。枝梢的生长消耗过量的养分会造成落果。无子砂糖橘萌发新梢能力很强，尤其是在夏季高温、高湿条件下，夏梢的萌发能力更强。在肥水管理水平较高的果园，摘1条夏梢，过几天在已摘除的叶芽处会长出2～3条新梢，壮旺树甚至长出5～8条新梢。人工摘梢从夏梢长至5～7 cm、新梢嫩叶还未展开时开始，7～10 d摘1次，摘至7月中、下旬(谢花后约120 d)，此时无子砂糖橘已进入稳果期(即使萌发新梢也不会引起落果)，可停止摘梢。单顶果在春梢转绿后接着在幼果的侧边萌发单条夏梢，由于春梢生长消耗了大量的养分，幼果养分积累少，夏梢长至5 cm时单顶果就会脱落。因此，应在单顶果上的夏梢长至5 cm前摘去，才能保住单顶果。此外，谢花后要控制氮肥的施用，除个别叶色差的树外，少施或不施氮肥与复合肥，以免促发大量夏梢、消耗养分，使幼果因养分供应不足而落果

(3)细胞分裂素类的应用。在7月初，椪柑定果期喷施浓度为100～200 mg/L的BA，可显著促进果实的发育和膨大，处理组果实横经≥6.5 cm的大果较对照增加7.51%～22.65%，而横径<5.5 cm的小果较对照减少12.59%～24.66%，且增加了单果重(倪竹如等，2000)。CPPU(氯吡脲)是一种活性很强的果实发育促进剂，在盛花后5 d和20 d，对沙田柚果实喷布浓度为20～100 mg/L的CPPU，可促进纵径和横径的增长，提高果实的单果重和产量。

(4)赤霉素类的应用。在福橘幼果初显期及第2次生理落果前用浓度为10 mg/L的赤霉素对果实进行处理，单果重和果实纵径、横径均比对照明显增加(王长方等，2004)。

(5)生长延缓剂类的应用。用浓度为150 mg/L的烯效唑对温州蜜柑进行喷布，果实重量比对照提高了15.19%，单产增加了1162.5 kg/hm^2(陈世平等，1998)。此外，应用浓度为500 mg/L、750 mg/L和1 000 mg/L的多效唑处理，能显著或极显著地提高四季柚当年的坐果率，处理果实的纵径分别比对照增大1.43 cm、1.79 cm和1.88 cm，横径分别比对照增大1.67 cm、1.43 cm和1.82 cm(陈巍等，1994)。生长延缓剂类能保果和促进果实发育的

主要原因，是它们能抑制枝梢的营养生长，减少营养消耗，以更多的营养供果实发育，促进果实增大。

3. 果实成熟的调控

果实成熟是指果实内部发生一系列复杂的质的变化，果实特有的色泽、香味、风味、质地等得以充分表现，而达到最佳的食用品质的过程。在自然条件下，随着果实的生长发育，生长素的含量下降至一定水平，果实对乙烯达到敏感阶段，同时果实内源乙烯逐渐增多，当增多到有效浓度以上，就开始了成熟过程。赤霉素对果实成熟过程的作用效果并不明显。细胞分裂素主要是延迟果皮的衰老，延迟果皮褪绿及变色。乙烯诱导果实成熟的过程与其促进组织衰老和IAA水平的降低相关，可影响其果皮的衰老和成熟。脱落酸具有加速衰老的作用，能促进柑橘成熟。生产中有很多利用植物生长调节剂对果实成熟进行调控的实践。

(1)促进果实成熟的调控。我国栽培的柑橘品种果实多数在11月至翌年1月成熟，大量鲜果在短期内涌向市场，给贮藏保鲜和运输造成了很大压力。为使柑橘果实能均衡地供应市场，除了培育不同成熟期的柑橘品种外，对柑橘产期进行调节也是一种有效的方法。使用植物生长调节剂对柑橘进行催熟，在生产中应用较多。

树上喷果或涂果：试验证明，在温州蜜柑或脐橙果实果顶出现黄色时，温州蜜柑用100～250 mg/L的乙烯利(ETH)对果实喷雾，脐橙用200～250 mg/L的乙烯利+1%的醋酸对果实喷雾，可使果实提早1～2周成熟。用吲熟酯(J455)也可使果实提早成熟，在脐橙盛花后3个月，间隔2～3周喷100～200 mg/L的吲熟酯2次，可使其提早1～2周成熟。

采后浸果：在果实初具鲜食熟度时用乙烯利浸果数秒，例如早熟椪柑和温州蜜柑用400～600 mg/L的乙烯利浸果，甜橙用500～1 000 mg/L的乙烯利浸果，可使果实提前1～2周成熟。

(2)延迟果实成熟的调控。对夏橙和柠檬延迟果实成熟的研究比较成功。在美国加利福尼亚州，伏令夏橙成熟期是4～5月，如果在成熟前喷20～40 mg/L的2,4-D或20 mg/L的2,4-D+20 mg/L的GA_3，可挂果延迟至9～10月采收。

第三节　疏花疏果

疏花疏果是指适当疏除花量过大、坐果过多、树体负载过重的树或枝上的花、果，以减少营养消耗，使留下的花、果能得到较多的养分，也会促进枝梢生长、使树体负担合理，达到健壮树体、提高产量和质量的目的。柑橘开花坐果需消耗大量养分，对大年树，除早春适当重剪外，蕾期要再疏除一些无叶花枝和密生枝。特别是花量多的柚树，无叶花序枝比例大，花叶比严重失调，蕾期有计划地疏花枝有利于提高坐果率和产量。生产上要按照疏弱留壮、去头掐尾留中间的原则，每个结果母枝只留中间 1～2 个健壮的花序，每个花序只留中间 2～3 朵饱满的花蕾，同时适当疏除结果母枝上的无花春梢，将营养相对集中于健壮的花朵上。第 2 次生理落果结束后的 6 月下旬至 7 月上旬要及时对坐果太多的植株进行疏果，以确保果大质优，防止大小年现象。疏果程度通常根据柑橘丰产稳产所要求的叶果比确定：温州蜜柑的叶果比为(25～30)∶1，南丰蜜橘(30～35)∶1，普通甜橙(60～80)∶1，脐橙(70～90)∶1，柚类(150～200)∶1。按照疏密留稀、留优去劣的原则，疏去小果、畸形果、病虫果、伤口果和密生果，盛果期的留果密度一般控制在 45 t/hm^2 左右。

目前疏果主要还是人工疏果，分全株均匀疏果和局部疏果。全株均匀疏果是按叶果比疏去多余的果，使植株各枝组挂果均匀；局部疏果是指按大致适宜的叶果比，将局部枝全部疏果或仅留少量果，部分枝全部不疏，或只疏少量果，使植株枝组间轮流结果。

1. 疏花

为确保连年丰产稳产，对大年树，在春季修剪时应疏除部分带花过密枝梢，也可疏除(短剪)部分有叶结果枝。在盛花期、谢花末期分别进行 2 次摇花，摇去畸形花、花瓣及授粉受精不良的幼果，减少养分消耗，提高坐果率。

2. 疏果

疏果前先对果园作大致判断，先疏坐果多的树。疏果分 2 次进行：第 1 次在第 1 次生理落果后大小果实分明时，疏去小果、病虫果、畸形果、密弱果；第 2 次在定果(7 月下旬至 8 月)后，按叶果比疏果。适宜的叶果比：早熟温州蜜柑(25～30)∶1，中晚熟温州蜜柑(20～25)∶1，本地早橘(70～80)∶1，椪柑(70～90)∶1，脐橙(50～60)∶1，温岭高橙(40～50)∶1，柚(200～250)∶1，伊予柑为(80～100)∶1，象山红杂柑(70～80)∶1。弱树叶果比适度加大。

第四节　柑橘套袋

水果套袋起源于日本，这一措施有力地促进了日本优质果品的出口。

在实践中形成了一整套生产高档水果的栽培技术。随着生活水平的提高，消费者越来越重视食品安全问题。为适应消费新形势，必须进一步改善果实的外观和内质，按无公害标准化生产技术规程进行果树栽培管理。柑橘套袋栽培，是柑橘无公害果品要求的一项重要技术措施，目前的应用还比较少。

一、柑橘果实套袋的作用

套袋可以使果实不受或少受不良环境的刺激，防止日晒、风吹、雨打、药害、病虫害及枝叶擦伤果面等，使果实表皮细嫩、光洁、无污染、色泽鲜艳，能充分提高果品的外观质量和商品率。

1. 提高果实外观品质

柑橘树冠外围向阳部位的果实，因无叶片遮挡，高温暴晒时容易使果皮形成日灼伤、果肉枯水，产生食用价值低的日灼果。传统方法是涂白或贴纸，但效果不理想。套袋可有效防止日灼果的产生，据统计，可减少琯溪蜜柚汁胞脆化、木质化率75%左右。在柑橘幼果期套袋护果，可有效防止擦伤，减少网纹果数量。赣南脐橙每年有15%左右的日灼果、网纹果，10%左右的药斑果、病虫果，极大地降低了商品果率。通过套袋可有效地提高柑橘优质商品果率。果实套袋还可以有效地改善柑橘果皮油胞粗细程度和均匀度，使整个果面光洁漂亮、色泽一致。据调查，脐橙套袋后脐黄果率、裂果率也比对照降低60%以上。

2. 防止病虫为害果实

柑橘果实发育期长，容易感染炭疽病、溃疡病、煤烟病和疮痂病，套袋后果实与外界隔离，可减少感染病菌的机会，降低病果率。介壳虫、锈壁虱也常为害柑橘果实，造成黑皮果和疤痕，影响果实的商品性。果实套袋前喷施农药得当，能阻隔树体上的虫源侵入果袋内部，使果实一直生长在无害虫的空间，最终得到无害虫为害的果实。吸果夜蛾、椿象、金龟子、橘小实蝇的为害也是柑橘异常落果的主要原因，会造成严重损失。

3. 降低农残，提高效益

在病虫对树体的为害不严重的情况，套袋果园可以减少农药的施用次数和使用量，从而节约成本、减轻农药对环境的污染。套袋果的农药残余量远低于一般果。果实套袋能减少病残果比率和提高果实品质从而提高其商品价值，其带来的综合增加值远大于套袋费用。

二、柑橘果实套袋的应用

1. 选择合适的品种套袋，不同品种选择不同的果袋

早熟温州蜜柑、脐橙、胡柚、雪柑、夏橙、沙田柚、琯溪蜜柚、柠檬等都适合套袋，其中宫川温州蜜柑、脐橙、柠檬的套袋效果最好，椪柑等不适合套袋。果袋可分为单层袋、双层袋、三层袋和塑膜袋等，果实需要着色的品种最好选用双层袋，有条件的果园还可选用三层袋，不需要着色的品种或黄色品种可选用单层袋，最好不用塑膜袋，特别是在重庆等温度、湿度都比较高的地区，更不适宜套塑膜袋。果袋按透光性又可分为透光袋、半透光袋、遮光袋。根据品种和套袋作用的不同使用不同型号的专用果袋，如脐橙果实套单层白色半透光专用纸袋效果最好；胡柚套内层为黑色的双层袋能使其提前转色、提早上市，有利于获取较好的经济效益。不同气候条件地区选用的果袋种类也不一样，如重庆地区的脐橙等要选用透气性、透光性能较好的单层白色或黄色果袋，柠檬宜用外黄内黑的双层果袋。

2. 套袋前的橘园管理

根据不同的树势、树体情况确定合理的载果量，不能盲目地多留或少留果实，造成果园结果的大小年现象。疏除小果、特大果、畸形果、病虫果、过密果等，尽量做到套袋果实分布均匀、大小基本一致。套袋前全园喷 1 次杀虫杀菌剂混合液，严格防控柑橘溃疡病、炭疽病、黑星病、红蜘蛛、锈壁虱、介壳虫等病虫害，要尽量避免喷药对果实产生药害。套袋应在喷药后 3 d 内完成，如喷药后未及时套袋遇到下雨时要补喷。最好上午喷药，下午套袋。

3. 套袋时间的确定

套袋宜从柑橘的第 2 次生理落果结束后开始。时间过早，因坐果未稳，会增大成本，同时也易损伤幼嫩的果皮；时间过迟，有的果面已形成伤害，起不到保护作用。套袋应选择晴天，待果实、叶片上完全没有水迹时进行。

4. 套袋方法

套袋时先把果袋完全撑开，观察通气孔是否完全打开，然后把果实套入袋内，袋口置于果梗着生部上端，将袋口折叠收紧，用封口铁丝缠牢，以避免昆虫、病菌、农药及雨水从果袋缝隙处进入。注意不能让果实紧贴果袋内侧，不能把枝叶套进袋内，严格遵循“一果一袋”的要求。每株树按先上后下、先里后外的顺序进行套袋，以方便操作。

5. 套袋后的橘园管理

套袋后柑橘园的管理与未套袋柑橘园基本一致，首先要做好柑橘园的排水工作，尽量保持土壤干燥。合理施肥，多施有机液肥，适时喷施微量元素肥，以促进果实着色，提高套袋果实的内、外品质。套袋后随时检查果实的病虫发生情况，可酌情减少喷药次数，若发现病虫为害严重，则应及时解袋喷药，再套袋。

参考文献

[1]陈巍，潘孝强．生长调节剂和人工控夏梢对四季柚幼树枝梢生长和结果的效应[J]．浙江柑橘，1994(2)：30-31.

[2]程洪，黄辉白．柑橘成花的抑制或促进处理对芽内游离氨基酸代谢的影响[J]．果树科学，1990，7(2)：75-80.

[3]丁舜之．中熟温州蜜柑大年如何成花[J]．柑橘与亚热带果树信息，2001，17(11)：24-25.

[4]甘廉生．柑橘荔枝香蕉菠萝优质丰产栽培法[M]．北京：金盾出版社，1990.

[5]黄辉白，高飞飞，许建楷，等．水分胁迫对甜橙果实发育的影响[J]．园艺学报，1986，13(4)：237-244.

[6]黄辉白．广东果树水分问题刍议[J]．华南农业大学学报，1989(1)：33-39.

[7]李道高．柑橘学[M]．北京：中国农业出版社，1996：91.

[8]郗荣庭．果树栽培学总论(第三版)[M]．北京：中国农业出版社，2000：63-73.

[9]刘孝仲，赖毅，许生吉，等．伏令夏橙花芽分化期蛋白质和氨基酸含量的变化[J]，园艺学报，1984，11(2)：85-92.

[10]倪竹如，陈俊伟，阮美颖，等．BA对椪柑果实生长发育及其同化产物分配的影响[J]．浙江农业学报，2000，12(5)：272-276.

[11]潘文力，冼星彩．椪柑栽培技术[M]．广州：广东科学技术出版社，1997.

[12]秦煊南，谢陆海，周仁刚，等．PP333对柠檬成花、花量及花质的影响[J]．中国柑橘，1994，23(3)：3-5.

[13]王长方，游泳，陈峰，等．天丰素、赤霉素A4调节福橘生长研究[J]．江西农业大学学报，2004，26(5)：759-762.

[14]许建楷，高飞飞，袁荣才，等．多效唑对促进椪柑成花和抑制冬梢的效应[J]．果树科学，1994，11(1)：33-34.

[15]曾骧．果树生理学[M]．北京：北京农业大学出版社，1992：134-185，249.

[16]Chica E J，Albrigo L G. Expression of flower promoting genes in sweet orange during floral inductive water deficits[J]. Journal of the American Society for Horticultural Science，2013，138(2)：88-94.

[17]Dashek W V. Erickson，S. S. Isolation，assay，biosynthesis，metabolism，uptake and translocation，and function of proline in plant cells and tissues[J]. Botanical Review，1981，47：349-386.

[18]Goldberg-Moeller R，Shalom L，Shlizerman L，et al. Effects of gibberellins treatment

during flowering induction period on global gene expression and the transcription of flowering-control genes in Citrus buds[J]. Plant Science, 2013, 198: 46-57.

[19]Goldschmidt E E, Harpaz A, Gal S, et al. Simulation of fruitlet thinning effects in Citrus by a dynamic growth model[J]. Proceedings of the International Society of Citriculture. 1992, 1: 515-519.

[20]Goldschmidt E E, Golomb A. The carbohydrate balance of alternate-bearing Citrus trees and the significance of reserves for flowering and fruiting[J]. J. Am. Soc. Hortic. Sci. 1982, 107: 206-208.

[21]Goren R, Huberman M, Goldschmidt E E. Girdling: physiological and horticultural aspects[J]. Horticultural Reviews, 2005, 30: 1-35.

[22]Goldschmidt E E. Endogenous abscisic acid and 2-trans-abscisic acid in alternate bearing 'Wilking'mandarin trees[J]. Plant growth regulation, 1984, 2(1): 9-13.

[23]Guardiola L, Almela V, Barres M T. Dual effect of auxin on fruit growth in Satsuma mandarin[J]. Scientia Horticulturae, 1988, 34: 229-237.

[24]Leandro P, Martin T M, Juaraz G, et al. Constitutive expression of Arabidopsis LEAFY or APETA, genes in citrus reduced their generation time[J]. Bio. Nature, 2001, 19(3): 263-267.

[25]Lord E M, Eckard K J. Shoot development in Citrus sinensis L. (Washington navel orange). II. Alteration of developmental fate of flowering shoots after GA3 treatment [J]. Botanical Gazette, 1987: 17-22.

[26]Muñoz-Fambuena N, Mesejo C, González-Mas M C, et al. Gibberellic acid reduces flowering intensity in sweet orange [Citrus sinensis (L.) Osbeck] by repressing CiFT gene expression[J]. Journal of Plant Growth Regulation, 2012, 31(4): 529-536.

[27]Southwick S M, Davenport T L. Characterization of water stress and low temperature effects on flower induction in Citrus[J]. Plant Physiology, 1986, 81: 26-29.

[28]Spiegel-Roy P, Goldschmidt. Biology of citrus[M]. Cambridge: Cambridge University Press, 1996: 70-125.

第九章　柑橘病虫害综合防治及果园防灾减灾

柑橘生产大发展后，防控大病大虫流行成为首要任务。病虫为害不但影响产业安全，对产量和品质的影响也突出，还是导致果面缺陷的重要因素，严重影响优质果品率。本章阐述我国柑橘主要病虫害的种类、发生现状、趋势与防治方法，柑橘非疫区与低度流行区建设，以及柑橘气象灾害的种类、防控措施与方法，以期提高我国柑橘果园防灾减灾的能力，减少或避免柑橘病虫为害和气象灾害给我国柑橘产业带来的损失。

第一节　柑橘主要病虫害发生现状、趋势与防控

一、柑橘主要病害

柑橘为多年生常绿果树，主要通过嫁接方式无性繁殖，在田间往往容易积累感染多种病原。已知有 300 多种柑橘病害，我国约有 150 余种，发生普遍且为害较为严重的约有 30 余种，按病原可分为四大类病害：真菌类、细菌类、病毒及类病毒类和线虫类。21 世纪以来，随着产业规模的扩大和全球化步伐的加快，病害传播也随种苗、接穗的频繁调运而加速，且时有新病害发生。随着我国柑橘良种无病毒苗木三级繁育体系的构建和应用，大面积使用无病毒苗木，在生产上柑橘病毒及类似病毒类病害的为害虽然得到了很大缓解，但伴随新一轮的柑橘发展热潮，部分区域的苗木、接穗仍处于供不应求状态，带病苗木、接穗的监管失控问题仍然突出。

（一）柑橘主要病害发生现状与趋势

1. 真菌病害

我国已知为害柑橘的真菌性病害有70多种，其中，常见的并对柑橘生产造成较大影响的包括柑橘炭疽病（*Colletotrichum gloeospoioides*）（图9-1）、黑斑病（*Phoma citricarpa*）（图9-2）、黑点病（*Diaporthe citri*）、脂点黄斑病（*Zasmidium citri-griseum*）、疮痂病（*Elsinoe fawcettii*）（图9-3）、灰霉病（*Botrytis cinerea*）、褐斑病（*Alternaria alternata*）（图9-4）、轮斑病（*Cryptosporiopsis citricarpa* sp. *nov*）（图9-5）、脚腐病（*Phytophthora* spp.）、白粉病（*Oidium tingitaninum*）、煤烟病（*Capnodium citri*）（图9-6），以及引起贮藏期果实腐烂的绿霉病（*Penicillium digitatum*）、青霉病（*P. italicum*）、酸腐病（*Geotrichum citri-aurantii*）、黑腐病（*A. citri*）、褐腐病（*P.* spp.）、褐色蒂腐病（*D. citri*）等。2006年陕西城固县温州蜜柑爆发低温气候下的轮斑病，近年已不局限于低温地区，在重庆万州等地也有700 hm^2橘园发生此病为害，且能感染不同品种；2008年大冻后，广东德庆0.67万多hm^2砂糖橘爆发急性炭疽病；2011年重庆万州约1.1万hm^2红橘爆发褐斑病，此外，该病在浙江、广东、广西等地也有一定面积的发生。树势弱、果皮松软的品种在田间较容易受真菌病为害，严重时造成大量落叶、枯梢、僵果，导致树势进一步衰弱，产量和品质大幅度下降；真菌病也是导致贮藏期果实腐烂的主要病害类别，尤以青霉病为害严重，减少采果和运输途中的机械损伤，以及注意商品化处理过程中的洗果、药剂处理等环节均可有效地减少果实腐烂。疏于管理的密植果园，树体长大封行后，容易郁闭而增大湿度，在低温冻害后或土壤积水时，真菌病害易趋重发生。

图9-1　柑橘炭疽病（卢志红 摄）

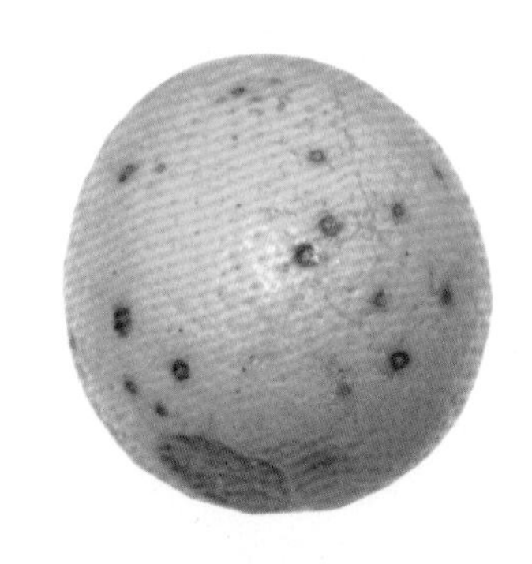

图9-2　柑橘黑斑病（唐淬 摄）

图 9-3 柑橘疮痂病(周彦 摄)

图 9-4 柑橘褐斑病(唐淬 摄)

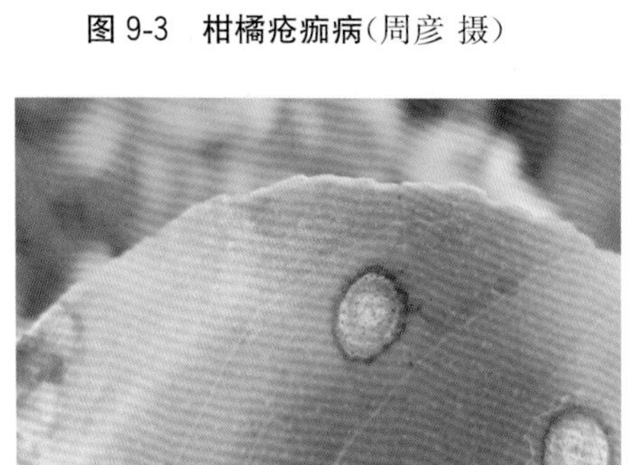

图 9-5 柑橘轮斑病(周彦 摄)

图 9-6 柑橘煤烟病(周彦 摄)

2. 细菌病害

细菌病害主要有 2 种：柑橘黄龙病(*Candidatus Liberibacter* spp.)(图 9-7)和柑橘溃疡病(*Xanthomonas citri* subsp. *citri*)(图 9-8)，因其发生面积大，流行性强，对我国柑橘产业的为害极大。柑橘黄龙病是一种全球分布的毁灭性病害，系柑橘产业的头号杀手，在我国已有百年发生史，目前有 11 个省(自治区)的 300 多个县发生此病，分布北缘至北纬 29°29′，并仍呈北移趋势，沿海省份长期受其干扰，四条优势柑橘产业带有一半受其威胁。2013 年后江西赣州大面积爆发柑橘黄龙病，截至 2018 年，赣州砍除病树近 5 000 万株，与赣南同处一条优势脐橙带的湘南、桂北及江西南丰蜜橘产区等正面临其严重威胁。伴随全球气候变暖，其传媒柑橘木虱存在继续北移的趋势，这将给两条仍无黄龙病的优势带(长江柑橘带、湘西一鄂西宽皮柑橘带)带来潜在威胁。溃疡病在我国大部分柑橘产区都有分布，以广东、广西、福建、湖南、江西、海南、云南等地发生较重。近年来，随着不规范的苗木、接穗和砧木种子的频繁调运，溃疡病呈扩散趋势，尤其是杂柑类品种发展迅速，其中沃柑对此病特别敏感，此病随沃柑的大发展而呈扩散态势。

图 9-7 柑橘黄龙病（苏华楠 摄）

图 9-8 柑橘溃疡病（周彦 摄）

3. 病毒及类病毒病害

目前，我国已有发生的柑橘病毒和类病毒病害有柑橘衰退病（*Citrus tristeza virus*，CTV）（图 9-9）、柑橘碎叶病（*Citrus tatter leaf virus*，CTLV）（图 9-10）、温州蜜柑萎缩病（*Satsuma dwarf virus*，SDV）、柑橘花叶病（*Citrus mosaic virus*，CiMV）、柑橘黄脉病（*Citrus yellow vein clearing virus*，CYVCV）（图 9-11）、柑橘脉凸病（*Citrus vein enation virus*，CVEV）、柑橘鳞皮病（*Citrus psorosis virus*，CPsV）、柑橘裂皮病（*Citrus exocortis viroid*，CEVd）（图 9-12），发现的类病毒还有柑橘类病毒Ⅰ[Citrus viroid Ⅰ，CVd-Ⅰ，又名 Citrus bent leaf viroid，CBLVd，包括柑橘类病毒Ⅰ-LSS（CVd-Ⅰ的变种）]、柑橘类病毒Ⅱ（Citrus viroid Ⅱ，CVd-Ⅱ）、柑橘类病毒Ⅲ（Citrus viroid Ⅲ，CVd-Ⅲ）、柑橘类病毒Ⅳ（Citrus viroid Ⅳ，CVd-Ⅳ）、柑橘类病毒Ⅴ（Citrus viroid Ⅴ，CVd-Ⅴ）、柑橘类病毒 OS（Citrus viroid OS，CVd-OS）。其中以 CTV 引起的柑橘衰退病在我国各柑橘产区分布普遍，速衰型衰退病曾导致云南等地以香橼作砧木柑橘的大量死亡，由于我国大量使用的枳壳、酸橘砧木抗（耐）速衰型和苗黄型衰退病，其为害不显现，但茎陷点型衰退病可导致某些敏感的甜橙、柚和杂柑品种上出现严重的茎陷点症状，造成果实品质降低、产量减少，失去经济价值，尤其是近年某些地方柑橘黄龙病暴发后，从外地引种时出现接穗普遍感染有严重的茎陷点型衰退病，导致数百万株苗木出现问题。自 2009 年以来，由 CYVCV 引起的柑橘黄脉病在我国多个柑橘产区发生，该病在柠檬和酸橙上表现典型黄脉症状，在温州蜜柑、甜橙、葡萄柚等品种的嫩叶上表现脉明症状。由于该病存在传毒昆虫媒介柑橘白粉虱，因此传播蔓延的速度较快，已对我国柠檬产业造成了较大冲击，威胁着柠檬产业甚至某些杂柑产业的可持续发展。由 CTLV 引起的碎叶病和 CEVd 引起的裂皮病，过去发生严重，在过去 20～30 年间经推广脱毒苗木后已极少发生，但近期随又一轮发展热潮，个别企业从泰国引进柚类品种，高接扩繁接穗后，引发数百万株苗木感染碎叶病，不规范的苗木生产和调运，有可能带来病毒病的再度流行。

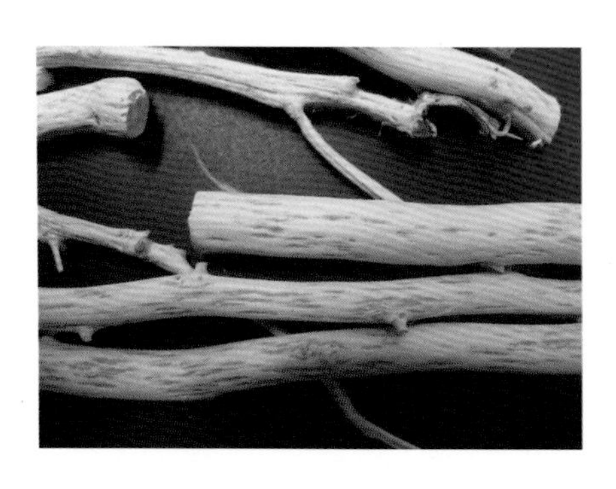

图 9-9　柑橘茎陷点型衰退病（周彦 摄）

图 9-10　柑橘碎叶病（赵学源 摄）

图 9-11　柑橘黄脉病（周彦 摄）

图 9-12　柑橘裂皮病（赵学源 摄）

4. 线虫病害

我国柑橘线虫主要有柑橘根线虫（*Tylenchulus semipenetrans*）和根结线虫（*Meloidogyne* spp.），两者在我国大多数柑橘产区均有分布，其中在华南产区，湖南、四川、福建等地为害较为严重。线虫病害在植株的根部形成根瘤，随着为害加剧，植株枝条变短，叶变小、发黄、卷曲、无光泽，呈缺水状，树势衰退。病树开花多，结果少且小，最终叶片干枯脱落、全株死亡。

（二）柑橘病害的防控

根据柑橘病害的类型、寄主和传播媒介的特征特性，采用不同的防控策略和方法进行防控，主要从下面介绍的 5 个方面进行。

1. 防控检疫性病害

针对黄龙病、溃疡病以及我国尚未发生的检疫性病害，首先通过相关植物检疫部门依法依规严格检疫，并建立阻截带和缓冲带，实施监测预警，防止或减缓检疫性病害从疫区通过苗木、接穗、果品调运等向非疫区传播和蔓延。对只在国外发生的危险病害，尽量避免从疫区国家或地区引进品种或进口果品。所有从国外引进的苗木和接穗均须经过严格的检疫，由有资质的单位严格隔离种植，确保无问题后方可进行繁殖推广。一旦在非疫区发现检疫性病害，必须及时铲除以消除隐患。在疫区，对柑橘黄龙病的防控主要采用3项基本措施：及时砍除病树、大面积联防联控木虱和栽种无病苗。对柑橘溃疡病的防控主要采用以铜制剂为主的化学防控，并结合摘除病枝病叶和冬季清园等农业措施。

2. 栽种无病毒苗木

由于柑橘树在年复一年的生产过程中经常会被致病病毒感染，尤其是一旦被系统传染性的病毒、类病毒和黄龙病细菌感染后，难以用化学药剂治愈。虽然部分病毒病如碎叶病和裂皮病可以靠接抗病砧木加以解决，但会增加很大的成本，且留下了可继续经嫁接传播的毒源。种源的无病毒化至关重要，栽种无病毒苗木可以从源头上阻止病害的传播和蔓延。对带病品种可以采用茎尖嫁接或热处理结合茎尖嫁接的方法进行脱毒，再通过病毒病的分子检测和指示植物确认获得无病毒种源。

3. 加强栽培管理

加强果园肥水管理，因地制宜地增施有机肥，适量增施磷、钾、钙肥，控制氮肥。肥水管理不当会影响柑橘树势。合理修剪，剪除病虫枝、衰弱枝、枯枝、落果枝等集中烧毁。及时疏果，保持树势稳定。注意防寒、防冻和防虫，减少伤口。这些措施有利于果园通风透气，创造不利于病虫害滋生的环境，可有效地减少炭疽病、树脂病、褐斑病等真菌病害的发生。

4. 化学防治

化学防治是柑橘病害防治的重要措施，在进行化学防治时应根据病害的发生规律，在病害最敏感的时期提前用药，把病菌控制在未萌发或未侵染状态，达到事半功倍的效果。对于柑橘黄龙病、柑橘衰退病、柑橘黄脉病等虫传病害，还需结合农业措施，及时有效地对媒介昆虫进行药剂防治。

5. 其他措施

弱毒株系交叉保护是防治植物病毒病为害的一种重要手段，可有效地防治虫媒传播的病毒病害，如柑橘衰退病，研究发现其弱毒系交叉保护的主要机理类似于转录后基因沉默，防治效果依赖于弱毒株系与攻击株系之间的序列相似程度，两者相似程度越高，则交叉保护的效果越好。但具有保护作用的弱毒株系一般具有寄主品种专化性和地域专化性，在不同品种和地域保护效果存在很大的差异。抗病品种选育是从寄主本身解决病害为害的有效途径，但杂交育种周期太长，可预见性低，转基因品种在生产上应用受到安全评估等的限制。此外，通过病毒介导将抗病基因导入柑橘品种的提高品种抗性等新方法还在研究之中。

二、柑橘主要害虫

(一)柑橘主要虫害发生现状、趋势

我国主要柑橘产区气候温暖湿润，柑橘物候期长，柑橘害虫(包括害螨)种类多、为害严重。据文献记载，我国已知的柑橘害虫种类多达865种，分别隶属于2门4纲14目106科，按科下种类数量划分依次为：夜蛾科(Noctuidae)48属87种，盾蚧科(Diaspididae)22属62种，天牛科(Cerambycidae)32属54种，蝽科(Pentatomidae)23属40种，蜡蚧科(Coccidae)9属32种，叶蝉科(Cicadellidae)20属27种，蝗科(Acrididae)13属23种，缘蝽科(Coreidae)9属23种，粉虱科(Coreidae)4属22种，丽金龟科(Rutelidae)6属21种，凤蝶科(Papilionidae)4属21种，叶甲科(Chrysomelidae)18属20种，蓟马科(Thripidae)12属20种等。按目下种类数量划分，我国柑橘害虫类群以半翅目最多，之后依次为鳞翅目、鞘翅目、直翅目。其他如蜱螨目、缨翅目、双翅目等类群物种数量相对较少，但对柑橘的为害同样严重，尤其是隶属于蜱螨目的柑橘全爪螨(红蜘蛛)在全国范围内对柑橘叶片的为害最为严重，而缨翅目的蓟马类和双翅目的实蝇类对柑橘产业也造成了重大的损失。柑橘木虱由于能够传播黄龙病菌，因此近年来也备受关注。

1. 柑橘螨类

由于果园植物单一，特别是近年来全球气候变暖，冬季温度升高，越冬虫口数量增加，氮磷肥等化学肥料和有机磷、拟除虫菊酯等化学农药的大量使用，使害螨的抗药性显著增强，且农药的使用又会大量误杀害螨的天敌，破坏了橘园的生态平衡，致使螨类成为我国柑橘园最为重要的害虫之一。为害柑橘的害螨分为两类：一类是叶螨类，约有22种，其中发生多、分布广、为害严重的有柑橘全爪螨(*Panonychus citri*)(图9-13)和柑橘始叶螨(*Eotetranychus kankitus*)；另一类是瘿螨类，以柑橘锈螨(*Phyllocoptruta oleivora*)和柑橘瘤螨(*Eriophyes sheldoni*)为代表，少数幼年橘园还发生有侧多食跗线螨(*Polyphagotar sonemuslatus*)。由于橘园生态系统的不平衡，致使橘园常发性、灾害性害螨如柑橘全爪螨的为害呈上升趋势，在我国柑橘种植区均发生，一年发生多代，其以成螨、若螨和幼螨刺吸柑橘叶片、绿色枝梢以及果实汁液为害，被害处呈现灰白色小斑点，严重时整个叶片及果实呈灰白色，导致提前落叶、落果，造成树势衰弱，影响柑橘的产量和品质。

2. 柑橘木虱

柑橘木虱(*Diaphorina citri*)(图 9-14)是柑橘新梢期的重要害虫，也是传播柑橘黄龙病的主要自然虫媒。在我国，20 世纪初主要分布于广东、广西、福建、台湾等地，随着全球气候变暖，逐渐北迁，现已扩散至云南、四川、湖南、江西、贵州、浙江等地。其每年可发生 8～11 代。春梢期是柑橘木虱繁殖的第 1 个高峰期，5 月中旬后，为柑橘木虱发生的第 2 个高峰期。由于夏梢抽发不整齐，致使田间虫口不断，虫态不一，世代重叠。秋梢期是一年中虫口密度最大、为害最为严重的时期。成虫在叶片及嫩芽上取食，若虫在嫩梢、嫩芽及芽上取食，被害新叶畸形，严重者整个芽梢干枯。若虫排出的分泌物可引起煤烟病，影响光合作用。更重要的是，柑橘木虱成虫和高龄若虫均具有高传毒性，并且成虫体内携带的病原有的可经卵巢传至后代。

图 9-13 柑橘全爪螨(豆威 摄)

图 9-14 柑橘木虱(林乾 摄)

3. 柑橘粉虱类

目前已知我国为害柑橘的粉虱有 12 种，其中以黑刺粉虱(*Aleurocanthus spiniferus*)和柑橘粉虱(*Dialeurodes citri*)为害柑橘叶片和果实最为严重。黑刺粉虱在我国柑橘产区分布广泛，20 世纪 90 年代后，在湖北、湖南、广东等地频繁发生。2004 年后，柑橘粉虱为害呈逐年加重的趋势，由次要害虫逐渐上升为主要害虫，常局部成灾。主要以成虫和若虫群集在叶片背面刺吸汁液，也可在叶片正面及果皮表面为害，被害处褪绿形成黄斑，导致叶片发黑，果实生长受抑制，同时分泌的蜜露诱发烟煤病，也有少量若虫取食果实和嫩枝，严重影响果实的外观品质和叶片的光合能力，导致树势衰弱，造成落叶枯梢，甚至落花落果。

4. 柑橘蚧类

蚧类害虫在生长繁殖过程中分泌蜡质物覆盖虫体形成各种介壳，随虫龄增大，介壳增厚、变坚硬，其分泌物和排泄物可诱致烟煤病，妨碍叶片的光合作用，加快寄主植物的衰亡。在我国，为害柑橘树的介壳虫种类有 55 种，其中为害严重的主要有吹绵蚧（*Icerya purchasi*）、矢尖蚧（*Unaspis yanonensis*）、褐圆蚧（*Chrysomphalus aonidum*）等。吹绵蚧以成虫和若虫群集于柑橘叶片、枝干、嫩芽、果实上取食汁液为害。被害叶片发黄，枝条萎缩，枝梢枯死，严重时落花和落果，同时诱发烟煤病，导致树势衰弱，全株枯死。矢尖蚧若蚧均匀分布在叶面上，逐渐长大并固定在柑橘叶片、果实和嫩梢上吸食汁液，受害轻的叶被害处呈黄色斑点，若许多若虫和成虫聚集取食，受害处反面呈黄色大斑，严重时叶片扭曲变形，叶片枯死脱落。果实受害处呈黄绿色，味酸。矢尖蚧在局部果园有爆发成灾且为害面积逐年扩大的报道。

5. 柑橘蚜虫类

我国为害柑橘的蚜虫有 10 种，主要有褐色橘蚜（*Toxoptera citricidus*）（图 9-15）、橘二叉蚜（*T. aurantii*）、棉蚜（*Aphis gossypii*）和绣线菊蚜（*A. citricola*）等 4 种。主要以若蚜和成蚜群集在柑橘树的嫩芽、嫩梢、花和花蕾及幼果上吸取汁液为害，通过取食可传播柑橘衰退病，其中以褐色橘蚜为害最重。褐色橘蚜在我国分布极广，是橘园的常发性害虫。主要通过成虫或若虫吸食柑橘的芽、嫩梢、嫩叶、花蕾和幼果的汁液造成为害。幼嫩组织受损伤后，导致叶片形成一些凹凸不平的皱缩、畸形，新梢枯死，叶片、幼果和花蕾脱落，并分泌大量蜜露，诱发烟煤病，使叶片发黑，严重影响果品的品质和产量。近年来，不同柑橘产区的蚜虫种类发生情况有所不同。

6. 柑橘实蝇类

为害柑橘的实蝇类害虫主要有 9 种，国内主要有柑橘大实蝇（*Bactrocera minax*）、蜜柑大实蝇（*B. tsuneonis*）和柑橘小实蝇（*B. dorsalis*）（图 9-16）。实蝇类害虫已经成为南方柑橘种植区常发生、甚至严重发生的类群。其分布范围近年来有逐渐蔓延的趋势，而且为适应新的生境，部分种类出现不断变换寄主的现象。实蝇类害虫产卵于柑橘幼果中，幼虫蛀食果肉，使果实未熟先黄或腐烂，最终导致果实提前脱落，被害果被称为蛆果、蛆柑。

图 9-15 柑橘褐色橘蚜（豆威 摄）

图 9-16 柑橘小实蝇（豆威 摄）

（二）柑橘害虫的防控

防控柑橘害虫应从其所处的特殊生态环境出发，综合应用以下多种防治措施，以达到防灾减灾的目的。

1. 检疫措施

随着国际及地区间频繁的贸易往来，给危险性害虫的引入带来了更大的可能。为此，应着力于检验检疫技术水平的提高，比如利用生物芯片、DNA条形码技术等，而不仅限于传统的低温处理、蒸汽处理、熏蒸、火烧、深埋等。

2. 农业措施

农业防治措施主要包括作物品种合理布局、清洁田园及改善田间小气候等。比如利用广泛应用于害虫综合防治中的“推一拉”策略，通过在主栽作物周边栽植害虫的嗜食寄主植物作为诱虫作物，吸引害虫在上面产卵，同时配合在主栽作物中套种具有趋避效果的非寄主植物。另外还包括选择种植抗性品种或成熟期较晚的品种，使其成熟期避开虫害高发期。

3. 物理措施

根据害虫的某些生物学特性，使用一些简单的方法和器械可以直接消灭害虫。最常用的物理措施有射线处理、高温处理、诱杀(糖醋液、黑光灯、性诱剂等)、捕杀、阻隔(如果实套袋)等。频振式杀虫灯是目前重点推广的物理防治技术，具有诱杀量大、杀谱广、杀害保益比例高等特点，效果十分显著。此外，利用昆虫激素和性信息素进行橘园害虫防治日益受到人们的关注和重视。如以橘园重要实蝇类害虫为例，利用性信息素防治橘小实蝇已被广泛应用。

4. 生物防治

害虫的生物防治具有自然资源丰富、对人畜安全、环境友好、不易导致害虫抗药性产生等诸多优点，在害虫的可持续治理中的作用越来越突出。天敌昆虫是橘园自然生态系统中控制害虫种群的重要因子，利用其控制橘园害虫是行之有效的措施。据统计，我国柑橘害虫天敌多达1 000多种，其中以寄生蜂种类居多，其次是瓢虫类、蜘蛛类、捕食螨类、步甲类、捕食蝽类、食蚜蝇类、寄生蝇类、草蛉和粉蛉类以及寄生菌类。因此，通过稳定橘园生态系统，使橘园生态系统多样化，为天敌昆虫提供良好的栖息环境，即可达到对柑橘害虫的有效防控。

5. 昆虫不育技术

昆虫不育技术是通过辐射或杂交等手段使害虫丧失繁育能力而自行灭绝的一种害虫防治方法。该方法具有专一性，使用安全，对环境友好，对某一目标害虫可以达到长期、有效、大面积的控制。20世纪50年代初，在美国库拉可岛首次成功利用不育技术消灭重大畜牧业害虫新大陆螺旋蝇(*Cochliomyia hominivorax*)。昆虫不育技术已在如双翅目和鳞翅目害虫的防治中取得了成功。随着分子生物学和组学技术研究的不断深入，在未来的害虫防治上，基于基因遗传工程的不育技术可能成为橘园害虫综合防治的重要组成部分。

6. 化学防治

化学药剂杀虫是传统害虫防治的主要措施，虽然其使用会带来农药残留、污染环境等问题，但由于其杀虫效果迅速，在病虫害综合防治中的地位还是很重要的。尽可能选用高效、选择性的化学农药，以减少对天敌及其他非靶标生物的杀伤。使用化学农药时应注意药剂的复配与混用，以延缓害虫抗药性的产生。

总之，橘园害虫种类繁多、数量庞大，须综合、合理地运用不同的防治措施，抓住防治关键期，才能起到较好的防治效果。随着可持续农业生产观念的增强，害虫防治的传统观念正在面临挑战。特别是分子生物学、遗传工程等高新技术的应用，害虫防治技术水平也明显提高。转基因抗虫技术已在多种作物上获得成功，植物源生物农药、昆虫激素信息素类似物、微生物杀虫增效剂等新一代农药在害虫防治中也发挥着重要作用，化学农药已由过去的灭杀防治剂发展到昆虫生长调节剂、昆虫行为调节剂和诱导调控剂农药，农药与生态环境的矛盾逐渐得到缓和。此外，害虫管理手段也日益得到改善。诸如数据库、专家系统的建立以及计算机管理系统和地理信息系统的应用，使害虫管理工作进一步朝着定量化、模型化和信息化的方向发展。这些均为橘园害虫(螨)综合防治的开展提供了重要保证。

第二节 柑橘非疫区与低度流行区建设

非疫区和低度流行区是由国际植物保护公约组织所做出的定义。非疫区是指有科学证据表明无某种特定有害生物发生，且必要时官方能维持此状态的地区。非疫区可由自然屏障或缓冲区隔离，通常有3种非疫区类型：全国非疫区、有零星疫情国家的非疫区和有疫情国家的非疫区。低度流行区是由主管机构确定的、特定的有害生物发生水平低且采取了有效的监测、控制或根除措施的整个国家或其中的部分地区或者多个国家组成的区域。这两者的主要区别在于，低度流行区内允许特定的有害生物少量存在，而非疫区内则不能存在这种有害生物。如果有害生物在某一地区出现，是建立低度流行区还是非疫区作为风险管理措施，要由有害生物的特点、分布以及建设的可操作性、经济可行性等因素决定。建立和维持非疫区和低度流行区，不仅可以有效控制检疫性有害生物的为害与传播，还可以增强产业的国际竞争力。联合国粮农组织(FAO)在1996年和2000年分别制定了《建立非疫区的要求》和《建立非疫生产地和非疫生产点的要求》2个国际标准，用于规范和指导各国开展非疫区建设。

一、我国柑橘非疫区建设

《全国农业植物检疫性有害生物名单》中目前柑橘检疫性有害生物有3种：柑橘溃疡病病原菌、柑橘黄龙病病原菌和蜜柑大实蝇。为了防止我国柑橘检疫性病虫害的发生与蔓延，2003年我国农业部制定了全国柑橘非疫区建设规划。由于重庆市三峡库区具有得天独厚的自然优势，冬季基本无柑橘冻害，而且基本无柑橘检疫性病虫害，又有大山的隔离，具备建设柑橘非疫区的自然条件，因此其作为我国首个柑橘非疫区于2007年开始建设。

1. 重庆柑橘非疫区建设目标及内容

重庆市柑橘非疫区建设内容包括建立疫情拦截屏障、疫情监控体系、疫情信息传递网络、疫情应急扑灭系统，目标是建成符合国际标准的无柑橘溃疡病、柑橘黄龙病、柑橘大实蝇(2009年从《全国农业植物检疫性有害生物名单》中删除)、蜜柑大实蝇、橘小实蝇(2009年从《全国农业植物检疫性有害生物名单》中删除)、地中海实蝇等检疫性有害生物的柑橘非疫区。根据重庆市三峡库区柑橘分布优势区域状况和疫情情况，选择柑橘产区的忠县、万州、奉节、开县、长寿、垫江、梁平、永川、江津、合川、涪陵、丰都、铜梁、巴南、北碚、九龙坡、渝北、璧山、云阳等19个区县建立非疫核心区。为了阻断疫情侵入，根据库区的天然隔离屏障条件和相关县的特殊地理位置，选择巫山、潼南、武隆3个县设立缓冲区。以突出重点、分类建设、统筹规划、分步实施、资源整合、强化功能、政府主导、社会参与为基本原则或指导思想。根据重庆市柑橘产业发展规划和疫情传播风险等级，以拦截外来有害生物入侵和铲除零星疫点为重点，分类建设非疫核心区和缓冲区。统筹规划疫情拦截屏障、疫情检测监控体系和疫情应急扑灭系统，根据非疫区建设的关键环节，先外后内、先缓冲区后核心区，分步实施。柑橘非疫区建设不另列专项，纳入植物保护二期工程建设范畴，整体推进，同时充分利用植物保护一期工程建成的设施设备，强化功能，发挥投资的综合效益。以国家投入为主，政府主导，积极引导龙头企业、合作组织、果农等社会力量共同参与建设。图9-17是重庆三峡库区柑橘主要分布区域及非疫区天然屏障示意图。

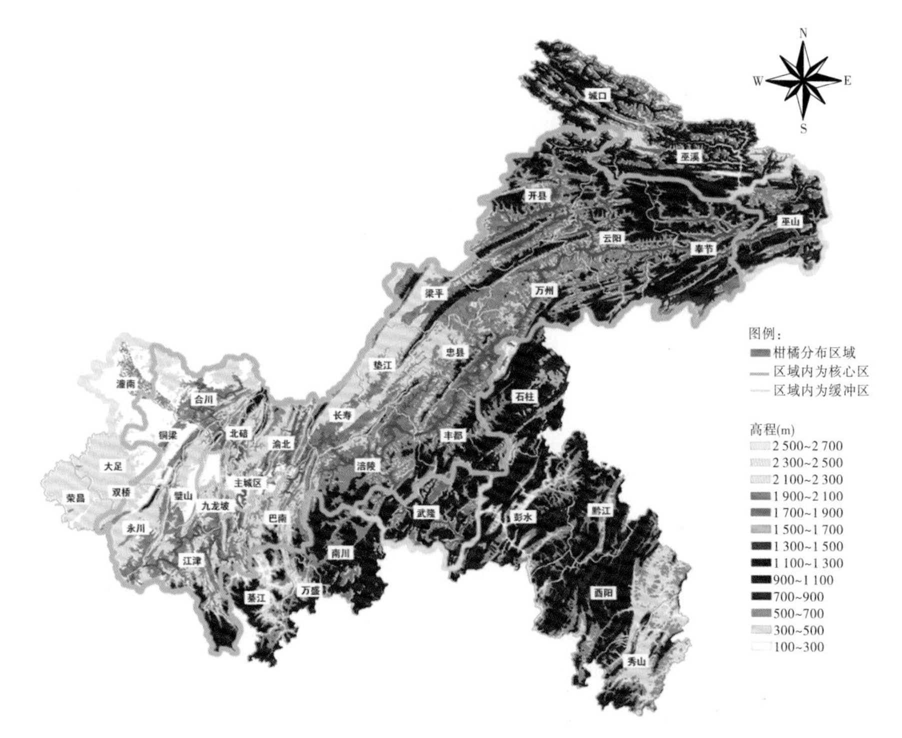

图 9-17　重庆三峡库区柑橘主要分布区域及非疫区天然屏障示意图

（重庆市种子管理与植物保护站提供）

2. 重庆柑橘非疫区建设成效

2007 年 7 月，农业部和重庆市人民政府正式启动了重庆市柑橘非疫区建设项目，制定了《三峡库区柑橘非疫区建设及实施方案》并发布了市长令。至 2010 年已建成重庆柑橘疫情监管中心、柑橘疫情监控和应急扑灭中心、重庆柑橘危险性有害生物检测鉴定中心、柑橘疫情监测与防控体系和预警系统、50 个柑橘疫情检查站、22 个县级疫情监测防控站、250 个乡镇疫情监控点、2 700 个疫情监测点。形成了市、区(县)、乡(镇)、点等不同级别的以及果园、公路、市场、码头、车站等不同重点区域的监测防控点与疫情检查站相结合的全方位疫情监测防控体系。2010 年柑橘大实蝇、橘小实蝇被重庆市列为农业植物补充检疫对象。图 9-18 为重庆市柑橘非疫区布局示意图。

由于严格检疫和监控，迄今未在重庆市柑橘非疫区发现有柑橘木虱和柑橘黄龙病入侵。在非疫区建设过程中，特别是 2016 年以来，由于重庆市柑橘苗木市场供不应求，柑橘苗木经营许可无门槛，市内育苗企业及个人骤增，大量的砧木苗从外地调入市内，全市多个柑橘产区发现柑橘溃疡病零星疫情，在当地植保部门的监督下，按照非疫区疫情扑灭规程及时进行了铲除。重庆

图 9-18 重庆市柑橘非疫区布局示意图(重庆市种子管理与植物保护站提供)

市柑橘大实蝇的发生区主要集中在重庆的两翼渝东北(长江沿岸)和渝东南(乌江沿岸),在渝东北的巫山、巫溪、奉节、开县、云阳、万州及渝东南的秀山、酉阳、彭水、黔江、武隆等区县均有发生,总发生面积达 1.47 万 hm^2。由于柑橘大实蝇的发生为害,部分果园损失严重,未进行防控的果园蛆果率达到 80%以上,给当地果农造成了较大的经济损失。2008—2011 年橘小实蝇年平均诱捕量为 3 491.8 万头,是柑橘大实蝇年平均诱捕量的 5.24 倍,与柑橘大实蝇种群相比,橘小实蝇发生总量较大,发生面积广,并有逐年升高的趋势,2011 在全市 28 个区县均诱捕到橘小实蝇成虫。在各级政府部门和技术部门的共同努力下,通过柑橘实蝇类害虫的系统监测以及柑橘实蝇类害虫绿色防控技术的应用,柑橘实蝇的发生面积和为害在逐年缩小。2017 年重庆市各级植物检疫机构的监测、普查统计结果表明:柑橘溃疡病在奉节、云阳、巫山、秀山、酉阳、江津、渝北、璧山、垫江、开州、永川、梁平、万州、忠县、长寿共 15 个区县的 73 个乡镇有分布,柑橘大实蝇在万州、涪陵、黔江、城口、南川、梁平、丰都、垫江、武隆、忠县、开州、云阳、奉节、巫山、巫溪、秀山、石柱、酉阳、彭水、江津、长寿、北碚、万盛共 23 个区县(经开区)的 324 个乡镇有分布,橘小实蝇在万州、沙坪坝、九龙坡、北碚、渝北、巴南、黔江、江津、合川、潼南、璧山、城口、丰都、武隆、奉节、石柱、秀山、酉阳、荣昌、永川、南川、开州、万盛共 23 个区县(经开区)的

89 个乡镇有分布。虽然自 2009 年起，柑橘大实蝇和橘小实蝇已从《全国农业植物检疫性有害生物名单》中删除，但从出口角度考虑，这 2 个害虫次年仍被重庆市列为地方检疫性害虫，实蝇类害虫仍然是重庆市柑橘非疫区建设的防控对象。柑橘溃疡病的铲除是该建设中的难点任务。

除此之外，2014 年安岳也启动了柠檬非疫区建设工作，沿 319 国道一线建立了出口柠檬非疫区。其目标是打破进口国技术壁垒，促进柠檬产品的出口安全，有效阻止检疫性有害生物的入侵扩散，保护柠檬的生产安全，减少农药使用，降低生产成本，提高柠檬的产量和品质，最终到达农民增收、企业增效的目的。

总之，柑橘非疫区建设显著增强了建设区域对柑橘外来危险性有害生物入侵的防御能力，降低了柑橘产业大发展后大病大虫流行的风险，预防了柑橘危险性有害生物带来的巨大经济损失，有效提高了柑橘果品的产量和质量，显著增加了库区农民的收入。此外，还有效地降低了农药的使用频率和用量，并且使天敌得到有效的保护，取得了十分显著的生态效益。但是要真正建成柑橘非疫区，还需政府部门的持续支持和相关部门、协会组织、果农的共同努力。

二、柑橘黄龙病低度流行区建设

柑橘黄龙病最早分别于 1913 年和 1919 年在我国台北和广东潮州有发生报道，迄今已有百余年发生史，能侵染几乎所有柑橘类植物，是世界柑橘产业的“头号杀手”。除我国台湾地区常年有发生外，我国大陆的广东、广西、福建、浙江、江西、湖南、云南、贵州、海南、四川共 10 个省（自治区）的 300 余个县发生过黄龙病，累计毁园数十万公顷，广东、广西、福建等省长期受其干扰。2013—2018 年，江西赣州等地黄龙病大面积暴发，砍除病树近 5 000万株，预估直接经济损失百亿元（按 200 元/株计）。自 2014 年以来，农业农村部在桂林、赣州和广州连续 5 次召开全国柑橘黄龙病防控现场工作年会，其重视程度史无前例，也组织了全国柑橘产区的普查、制定了专项诊断标准、防控规范和治理方案等。农业农村部自 2015 年以来，投入 2.32 亿元专项救灾资金防控此病，赣州地方政府对黄龙病防控投入超过 7 亿元，广东、湖南、广西、四川等省区也投入约 1.5 亿元专项防控资金，各地累计投入防控资金估算超过 12 亿元。我国柑橘黄龙病低度流行区建设尚处于摸索阶段。

（一）可行性

从我国广东、广西等部分地区的防控效果来看，建立和维持柑橘黄龙病低度流行区是切实可行的。对柑橘黄龙病防控目前最为有效的措施还是俗称的“三板斧”(及时砍除病树、大面积联防联控木虱和栽种无病苗)，正确使用这“三板斧”是建立和维持黄龙病低度流行区的关键。从广西和广东杨村柑橘场对黄龙病的综合治理与防控情况可以看出，黄龙病是可防可控的。2016 年以来，农业部种植业管理司每年均印发了《柑橘黄龙病防控补助试点实施方案》，这些措施均有利于黄龙病的低度流行区建设。

案例一：广东杨村柑橘场，1973 年后果园内柑橘木虱增多，黄龙病为害严重。1972 年以前种植的 96 万株柑橘几乎全部淘汰，1972—1977 年种植的 5.6 万株柑橘 1978 年的年发病率为 18%。1978 年冬季开始，结合及时挖除病树、重病果园成片更新和应用无病壮苗等措施加强柑橘木虱的防治，柑橘木虱虫口下降。到 1982 年，多数分场基本见不到柑橘木虱。黄龙病发病率逐年下降：1979 年为 3.23%，1980 年为 1.25%，1981 年为 3.76%，1982 年为 2.18%，1983 年为 0.96%，1984 年为 1.23%，1985—1992 年的年发病率都在 1%以下，其中 1991 年为 0.44%，1992 年为 0.28%。

案例二：广西在柑橘黄龙病疫情综合治理过程中采取了一系列措施，包括广泛宣传检疫防控知识、加强技术培训、利用“村规民约”促使广大果农变被动为主动、自觉参与防控工作，使柑橘黄龙病的综合治理工作成为全社会的大事，政府部门组织实施联防联控，这样操作成本低、效果好。据不完全统计，2006—2010 年黄龙病的平均病株率连续 5 年呈明显下降趋势，从 5.98%下降到 0.94%。2005—2013 年清除病树 2 000 余万株，其病株率从全区平均 6.45%下降到 1%以内，面积从 16.4 万 hm^2增加到 25.3 万 hm^2，产量从 189 万 t 增加到 420 万 t，成效十分显著。

(二)低度流行区建设的基本原则和措施

1. 基本原则

建设柑橘黄龙病低度流行区的基本原则是“统筹规划、政府主导、社会参与、突出重点、分步实施”。结合全国柑橘优势区域发展规划的区域布局，全国柑橘黄龙病防控补助试点区域中防控较好的省市县优先建立低度流行区。坚持“科学植保、公共植保、绿色植保”的理念，把握柑橘黄龙病发生为害的特点和传播规律，依靠科技进步，强化政策扶持，加强指导服务，优化果园结构，应用生物防治、物理防治、化学防治等综合防控技术，突出关键环节，推行统防统治，全力遏制黄龙病疫情蔓延为害。

2. 防控措施

(1)联防联控柑橘木虱。灭杀木虱是保障黄龙病低度流行的关键，柑橘木虱的防控必须采用联防联控，大面积大范围地对木虱实施防控，大面积无死角、无遗漏地全方位防控才会有好的效果。必须把握好时机，在春、夏、秋3个梢期对木虱进行灭杀，春梢萌芽前杀灭越冬后的木虱成虫也很重要，冬季清园可减少当年的虫口基数，且灭杀木虱必须先于抹梢。组建专门的木虱监控队伍，实施虫情监测、疫情发布、预警报告和植保作业指导，提高防虫效果。

(2)科学及时地砍除病树。利用光谱检测、试纸条田间快速检测、分子检测等多种技术手段及时发现疫情，发现后及时清除田间已染病的病株。砍挖黄龙病病株前必须先喷药杀灭病树上的木虱，避免将带病木虱成虫驱赶到健康树上，先灭木虱后砍病树。砍掉的病树，必须对树桩进行处理，确保树桩枯死不萌芽。

(3)强力推进无病毒种苗。制定和发布柑橘苗木管理条例，将无病毒苗木繁育推广应用纳入法制化轨道，严禁有问题的苗木进入，2019年11月广西实施了我国首个省级防控条例。

3. 保障措施

(1)强化组织领导。在推进柑橘黄龙病防控工作中，要强化行政推动，整合资源，加大投入，加强监管，推动各项工作有力、有序开展。要成立由政府领导任组长的协调机构，强化属地管理和行政推动，确保各项措施落到实处。

(2)强化指导服务。辖区植保植检机构要充分发挥技术优势，加大工作力度，推进黄龙病科学防控。一是加强监测预警，加大监测力度，准确掌握柑橘木虱的消长动态，在最佳防控时期前发布预警信息；二是明确黄龙病防控技术要求，选择高效低风险的农药产品，确保科学用药；三是加强技术指导，明确专人负责项目实施，指导服务组织制定防控技术方案和服务合同，明确各方责权利，并加强联防联控作业指导，督促服务组织做好作业记录，确保防治面积、质量和效果。

(3)加大宣传力度。充分利用广播、电视、报刊、互联网等媒体，大力宣传黄龙病疫情防控技术和检疫法规知识，引导社会化服务组织参与植物疫情防控公益服务，增强果农的科学防控意识，营造重大植物疫情联防联控、统防统治、群防群治的良好氛围。

第三节 柑橘气象灾害防控措施

柑橘为热带和亚热带水果，在我国柑橘产区洪涝、干旱、冻害、冰雹等自然灾害时有发生。全国每年因自然灾害而造成一定柑橘产量损失，果品质量也受到了不同程度的影响，局部地区经济损失惨重。因此，提高柑橘园防灾减灾的能力和水平就变得极其重要。

洪涝灾害对柑橘的损害包括短时间集中降雨引起山地果园土壤受到严重冲刷侵蚀而导致的果园毁坏，以及排水不畅致使根系因积水而引起柑橘树体生长受阻、树体迅速衰弱。干旱可导致柑橘枝梢果实停止生长，枝梢果实萎蔫或枯死，叶片卷曲，老叶提前脱落，根系死亡，严重时甚至整株枯死。4月至6月中旬的高温会导致柑橘落花落果，造成减产甚至绝收，夏秋的酷热和强阳光暴晒导致外露的柑橘果实表面温度达到40℃以上时，受光面会出现灼伤，使其失去商品价值。冰冻灾害会引起柑橘叶、枝、树干、根系、花、果实等受到不同程度的损伤，严重时会导致大量落果。柑橘不同器官的耐寒能力差异明显，幼叶、根颈、幼嫩的晚秋梢、果实最易受冻，成熟叶次之，枝干最耐冻。受冻程度受柑橘种类、品种、低温强度、低温持续时间等因素的影响。砧木品种的耐寒性：枳＞宜昌橙＞香橼＞枸头橙＞红橘＞酸橘，栽培品种的耐寒性：金柑类＞宽皮橘类＞橙类＞柚类＞柠檬类＞枸橼类。在冬季如果降温比较平缓，金柑类可以抵御－12～－10℃的低温，大多数宽皮橘品种可以抵御－9～－7℃的低温，甜橙类和柚类可以抵御－7～－5℃的低温，柠檬类可以抵御－3～－2℃的低温。大风、台风也会对柑橘树的树体和果实产生为害，我国沿海柑橘产区经常会受到台风的影响，大风会使果实与果实、树枝、树干间碰撞和摩擦，造成果实表面受伤而影响果品的品质。总之，要密切关注灾害预警，在灾害来临前提前做好防护措施，在柑橘生产中最大限度地降低损失。

一、减少果园洪涝灾害的措施

（一）预防措施

1. 加强排水系统建设

山地果园可修筑梯田，建立排水沟。梯田由梯面、梯壁、背沟和边埂组成，梯面用于种植柑橘和农事操作，梯面宽度一般要在3 m以上，最窄处不低于2.6 m，长度以60～100 m为宜，柑橘应种植在外侧1/3处。对于缓坡地中间每隔50～100 m开有腰沟，将水引向排水沟。

2. 减少水土流失

果园种植浅根系、矮秆草类植物或覆盖干草（或地膜），减少水土流失。

（二）减灾措施

1. 及时开沟排水

柑橘园积水较浅的，雨后及时疏通渠道，排除果园积水。对一些地势较低的柑橘园，积水较深时要及时开沟清淤、清沟排渍，排除果园积水，以降低地下水位和果园湿度。不能及时清理淤泥的果园，要挖深排水沟，使其沟沟相通，做到雨停水干，防止果园积水。果园土壤保持较好的通气状态，可以促进果树快速恢复生长和减少病害发生。

2. 及时中耕松土

雨涝后应及时中耕松土，以提高土壤的通透性、改善土壤的通气条件、防止土壤板结，从而促进根系生长、保障土壤墒情、维持树体水势。中耕时要适当增加深度，将土壤混匀、土块捣碎。根据土壤和果树生长的具体情况，可中耕1～2次。

3. 及时扶正树体

强降雨天气过后，要将被洪水冲倒、冲斜的果树及时扶正、培土、护根，并立支柱固定，防止其摇动和再次歪倒，清除果园内的杂物和幼龄果树叶面上的泥沙。根系被淤泥长时间堆积，会使土壤中的氧气缺乏而产生一些有害物质，必须迅速清除墒面淤泥，用清水喷洗枝叶上残留的污物，以确保树体正常生理活动的进行。修剪果树，去叶去果，减少蒸腾量，并清除柑橘园内的落叶落果。对因涝而烂根较重的果树，应清除已溃烂的树根，用石灰水刷白树干和树枝，并用稻草或麦秸包扎，以免太阳暴晒造成树皮开裂。涂白剂可用生石灰5 kg、硫黄粉1 kg、食盐少许和水17.5 kg混匀成浆，涂刷主干、主枝，以防止日晒和天牛产卵。

4. 及时清园消毒

雨过天晴后，要及时清理柑橘园地面、树干和树枝上残存的渣滓、杂物等，并集中烧毁，再用高压喷雾器喷清水洗树叶、树枝及果实上的残留物。对全园用80%的代森锰锌可湿性粉剂800倍液、50%的多菌灵粉剂500～600倍液或70%的托布津700～800倍液等杀菌剂对树冠和树盘进行一次彻底喷雾，并在地面、培坎等死角撒施石灰，彻底清园消毒。

5. 及时追施肥料

受灾果树的根系从土壤中吸收养分的能力下降，果树树势变弱，通过喷施页面肥，保障树体营养，尽快恢复树体生长势。叶面肥可选用0.1%～0.3%的磷酸二氢钾加0.3%的尿素或其他营养性叶面肥，每隔5～7 d喷1次，连喷2～3次，补充营养。树势恢复后，按树体结果量和生长势进行土壤追肥，以氮肥为主，磷、钾肥为辅，加强营养，促进果树恢复生长。基肥可提前到秋季的9月底至10月初施用，追肥全年可增加到4～5次。

6. 及时修剪疏果

雨涝后及时适当修剪，尽快剪除雨涝灾害引起的病枝、病叶和病果，并将其清除出园进行深埋或焚烧，修剪时剪平伤口。生长过旺的树，剪掉徒长枝和上部的过密新梢，适当回缩部分过长枝，摘除部分小果，以减轻果树的负载量。雨涝灾害较重的柑橘园，不宜采用环剥方式来控制树体和新梢旺长。

7. 及时防控病害

受涝后的柑橘树，易患脚腐病、树脂病、炭疽病、褐腐病、生理性缺素症。通过挖土晾根、刮病斑、消毒、药剂涂树干防治脚腐病和树脂病，主要使用氢氧化铜 10～20 倍液涂刷伤病部位。有溃疡病的果园，剪除溃疡病枝、病叶、病果，集中销毁，并全园喷布铜制剂。其他病害可采用广谱性杀菌剂进行防治，可选用 80%的大生 M-45 可湿性粉剂 600～800 倍液，70%的代森锰锌可湿性粉剂 500～600 倍液或 70%的甲基托布津可湿性粉剂 500～600 倍液，每 10～15 d 喷 1 次，连喷 2～3 次。针对红蜘蛛、锈壁虱、介壳虫、粉虱、潜叶蛾、蚜虫等害虫，选对口农药进行防治。

二、减少干旱灾害的基本措施

（一）预防措施

1. 适地建园和选择砧木

易遭受干旱的地区选取坡度较小、具有灌溉条件、土层深厚、土壤有机质含量较高的地块建立柑橘园，选择红橘、酸橙、香橙、粗柠檬、枸头橙、枳橙等主根深、根系发达的品种作砧木。

2. 水利设施和覆盖保护

建立蓄水及灌溉设施，用杂草、作物秸秆、树叶、枝丫等实行全园覆盖或树盘覆盖，或用三叶草、意大利多花黑麦草等生草栽培覆盖。

3. 修剪、刷杆和使用抗旱剂

合理修剪，降低叶面蒸腾速度，提高光合作用效率，促进根系生长。刷白树干，减少树体水分蒸发，防止日灼病发生。利用高分子液态物质、高吸水树脂等抗旱剂预防橘园干旱。

（二）减灾措施

1. 加强供水

柑橘树受旱后，应及时用沟灌或喷灌等方法进行灌溉。由于根系和叶片受到了一定的损伤，补水量应逐次增加，不可突然大量供水，以免继续伤根、伤叶。

2. 施肥和使用生长调节剂

受旱后，每隔 7～10 d 叶面喷肥 1～2 次，每次喷施 0.3%的尿素和 0.2%的磷酸二氢钾混合溶液，施壮果促梢肥可防止秋旱，施采果肥可防止冬旱，根际施肥每次每株施入腐熟的20%的人畜粪水加200 g尿素，在树冠喷施10～15 mg/L的2,4-D溶液防止叶片脱落。

3. 修剪及树体保护

7月中、下旬结合夏季修剪抗旱。对受中度旱害的树体，应尽量保留现有枝叶，修剪宜轻；对受重度旱害的树，适度回缩2～3年生枝，促进树冠内膛多发枝梢。由于旱后枯枝、落叶较多，容易受日光灼伤，应及时对柑橘树主杆刷白。在修剪后的柑橘枝干伤口处用托布津20倍液或叶枯宁20倍液涂抹，涂干后再用黑色塑料薄膜包扎，以促进伤口愈合。

三、减少高温灾害的措施

（一）预防措施

1. 适宜品种和肥水管理

在经常发生高温灾害的地区，栽种耐高温的品种；改善果园生态环境，增施、深施有机肥改土，提高土壤中的有机质含量，加强肥水管理，增强树势。

2. 覆盖保护和防护林缓解

利用生草栽培或行间覆盖及树冠覆盖遮阴网有效降低果园内或树冠的温度、减少蒸腾，建设防护林，可缓解柑橘园的高温热害。

（二）减灾措施

1. 喷水降温和中耕松土

高温季节适时灌水润土，可以抗旱降温，改善柑橘园小气候，从而减轻高温对柑橘的伤害。锄园松土，既可保墒抗旱、消除板结、减少地面蒸发失水，又能消灭杂草、减少病虫害、增强土壤的通气性，促进根系发育，提高抗旱能力。

2. 抹梢和施抑蒸剂

及时抹去树冠外多余的嫩梢，以减少水分蒸发和营养物质浪费，从而促进果实膨大。喷施抑蒸剂使枝、叶、果表面形成一层高分子膜，能有效地减少水分蒸腾，增强树体抗高温能力，防止裂果和日灼。

3. 施肥和使用生长调节剂

高温干旱久不下雨时，可喷施0.3%的尿素水溶液或50×10^{-6}的赤霉素水溶液，防高温干旱裂果，注意重喷柑橘树体中、下部，每6～7 d喷1次，连喷3～4次。或取新鲜草木灰5～6 kg加水100 kg，充分搅拌几分钟，静置14～16 h，滤渣后喷施，每2～3 d喷1次，连喷2～3次，因草木灰中的钾离子具有较强的水合能力，可缓解柑橘树旱害，从而减少落果、缩果，促进果实膨大。

四、减少冰冻灾害的措施

(一)预防措施

1. 适地建园和选择砧木

选择没有或者不常出现低温冻害的地块建柑橘园，一般来说在海拔 500 m 以下且无霜期长的地区建园比较安全，丘陵坡地选择坡腰逆温层地段和向阳坡建园较好。选择耐寒性强的柑橘品种和砧木。

2. 栽培管理

通过合理疏果、控梢，合理施肥，适度修剪，防控病虫害等措施增强树势，提高树体的耐寒性。冻前灌水可减缓降温速度，从而降低低温对柑橘树的伤害。

3. 保温升温

通过覆盖保温，包扎或涂白树干，培土壅蔸保护树体，设置防风林，可以减轻寒潮的直接伤害。寒潮到来时，在果园阴燃干草、枯枝叶等进行熏烟，可提高或维持果园温度。

(二)减灾措施

1. 松土开沟

春季气温开始回升的时候，是柑橘园恢复生产的最佳时期，此时应该及时耕种松土，将树盘内的杂草尽早铲除。耕种深度以 10 cm 最佳。中耕的同时施春肥 1 次，在果园内部做好开沟排水工作，以有效地避免果园积水，使土壤迅速升温。

2. 增施春肥

柑橘园遭受冻害天气后，树势大大降低，此时应该及时增加春肥的施加次数，尽快恢复树势，帮助柑橘树早日萌发和健壮枝丫。在柑橘树萌芽前期的 13 d 左右是第 1 次施春肥的最佳时间，第 2 次施肥时间为柑橘树萌芽的 2～3 周，第 3 次施肥可在必要时进行。主要以有机肥、钾肥、磷肥、氮肥为主，如稀薄人粪尿、硫酸钾、尿素等。如果土壤过于干燥，应该以施速效肥为主，如水溶性复合肥、硫酸钾、尿素等；如果土壤过于湿润，最好进行浅沟施肥或树冠下散施。具体的施肥量应该根据树势的强弱和树冠的大小而定。

3. 枝干修剪

应根据冻害程度来确定受冻树的修剪。对于轻度冻害，主要的剪除对象为冻害枝叶，对健康枝叶尽量保留，对于纤弱枝适度截短，促进新梢的快速萌发。中度冻害时，部分冻伤的大枝为3年以上的，多数冻死的树枝为2～3年生的，全部冻死的为1年生树枝，主干基本完好，此时应该将全部枯枝剪除，主要截短无叶枝，疏删为辅，对于较大的锯口或剪口，应及时消毒并涂抹相应的保护剂。对于重度冻害，分两步进行修剪，灾后的第1次修剪应该剪除所有冻死枝叶，第2次修剪以树枝或树干生死分界线以下的3～5 cm为最佳修剪位置。使用利刃将比较大的伤口截面处理光滑，并对截面及时消毒和涂抹保护剂。

4. 防治病害

柑橘园遭受冻害后如有迅速升温的天气，会引发树脂病、炭疽病等多种病害大量发生。最主要的病害为树脂病，根据发病部位的不同，对其的命名也不一样，如褐色蒂腐病主要发生于贮藏果实部位，沙皮病主要发生于幼果或枝叶上。修剪前喷施杀菌剂可以有效防止病菌的传播，在春梢的萌发期预防沙皮病，当花谢超过2/3和幼果时期各喷药1次，常用的药剂为70％的甲基硫菌或50％的腿菌特。在枝干部位纵刻病部进行涂药治疗，最佳涂药时间为4～5月和8～9月，每个时期涂药3～4次，使用的药剂为70％的甲基硫菌120倍液可湿性粉剂或50％的退菌特100倍液可湿性粉剂。

5. 控花控果和促花保果

冻害后为了促进树势的恢复和抗逆能力的提高，应该尽量减少开花数量和结果数量。但针对冻害较轻的柑橘园，在花质较差、花量较少的情况下，需促花保果，以有效降低落花落果现象，促进柑橘产量的提升。

五、减少台风灾害的措施

（一）预防措施

1. 选择品种和修剪

选择温州蜜柑、椪柑、柚子等抗风的柑橘品种，通过修剪使树冠矮化、低冠，并使用吊枝、用竹木固定树体等措施。

2. 防风措施

营造果园防护林，一般选用乔木作为防护林树种。利用防风纱和防风网，将塑料防风纱挂在铁柱或木桩上可用来代替防护林，也可用防风网把树罩上。

（二）减灾措施

1. 排除积水和护理伤枝

夏秋季柑橘园积水18 h以上就会引起霉根落叶，因此，台风过后要尽快排除柑橘园中的积水，尤其要开通深沟，降低地下水位，防止坐浆霉根。及时清理被台风刮断的枝干、树上缠挂的漂浮物等，扶正被风吹倒或歪斜的植株，填土压实，并用支柱支撑加固树体。

2. 土壤管理和及时修剪

对于被台风冲刷造成根系裸露的柑橘园，应及时培土护根，并结合中耕疏松表土，适当施些焦泥灰，改善土壤的通气条件，使根系得以正常生长。疏剪部分枝叶、摘除部分果实，减少水分蒸腾与养分消耗。树体生命有危险时，则应加重处理。

3. 合理施肥和防病

通过追施叶面肥补给树体速效性养分，待柑橘树保住生命、树势有所好转后，再施速效肥，促进树体复壮及幼果发育。在喷施叶面肥时，结合喷洒杀菌剂以防止病害发生。

4. 涂白、清洗树冠

涂白树干以减轻柑橘落叶，并防止日灼发生。沿海柑橘园还需用清水喷树冠洗盐。

六、减少冰雹灾害的基本措施

(一)预防措施

在没有或少冰雹的地区建园。利用尼龙网罩树，保护枝、叶、果实等不被砸伤。

(二)减灾措施

1. 修剪与喷药

受雹灾的柑橘树，特别是受灾重的树，枝条上的伤口多，落叶多，应及时剪去被冰雹严重砸伤的枝条，让其重新萌发强壮的新枝。同时，清理地面的落叶、落枝和落果，以防止各种病菌的繁殖蔓延。冰雹过后，柑橘树干、枝叶会留下大量伤口，各种病菌容易从这些伤口侵入为害，应及时喷洒1次杀菌剂，以防止伤口被病菌感染。常用药剂有代森锰锌、波尔多液、丙森锌、甲基托布津、多菌灵、百菌清等。

2. 追肥与抹芽

酌情适量追施尿素、硝酸钾、复合肥或腐熟的有机肥等速效肥。如土壤较干燥，化肥应配成浓度为0.5%～1%的液肥浇施，少量多施，以促发新梢和促进伤口愈合，加快新梢老熟和促发下一次新梢。如冰雹发生在8～10月、冬季有冻害的地区，原则上不追肥，以免萌发大量的晚秋梢和冬梢，加重冻害。受冰雹为害的柑橘树，在灾后15 d左右会出现大量萌芽，消耗大量养分，应及时抹除生长位置不当或过多的芽。

3. 保花保果保枝干

在谢花70%时喷1次"BA+GA"保花保果剂，提高坐果率，谢花后15 d再喷1次，减少生理落果，减少产量损失。对皮层被砸伤的枝干，在越冬前应及时用保温材料包扎枝干，以免受冻。

参考文献

[1]陈昌胜，黄峰，程兰，等. 红橘褐斑病病原鉴定[J]. 植物病理学报，2011，41(5)：449-455.

[2]陈道茂，汪永国. 我国柑橘蚜虫类优势种群及猖獗原因与控制对策[J]. 中国南方果树，1998，27(4)：16-17.

[3]陈德严. 果树台风灾后管理措施[J]. 中国南方果树，2006，35(5)：71.

[4]陈萌山. 建设水果非疫区势在必行[J]. 中国农业信息，2008，8：4-5.

[5]陈乃中，吴佳教. 澳大利亚实蝇非疫区的组建与维护[J]. 植物保护，2005，31(3)：79-81.

[6]陈乃中，吴佳教. 澳大利亚实蝇非疫区的组建与维护[J]. 植物保护，2005，31(3)：79-82.

[7]邓家锐，敖义俊，张雁鹏，等. 柑橘园御寒防冻实用技术措施[J]. 果农之友，2018，11：13-14.

[8]邓烈. 柑橘黄龙病防控对策建议[J]. 中国果业信息，2016，33(5)：18-20，24.

[9]邓明学. 以控制木虱为重点的柑橘黄龙病综合防治理论的形成过程、依据和技术要点[J]. 中国农学通报，2009，25(23)：368-363.

[10]狄德忠，施灵智. 台风天气对黄岩柑橘的影响与预防措施[J]. 浙江柑橘，1991，1：22-23.

[11]杜永华，冯乔君，戈汉宁，等. 冰雹灾害对柑橘生产危害及灾后管理技术研究[J]. 农技服务，2015，32(11)：100.

[12]何利刚，蒋迎春，吴黎明，等. 几种柑橘资源的抗寒性测定及初步评价[J]. 农业科技通讯，2015，5：176-178.

[13]何秀玲，袁红旭. 柑橘溃疡病发生与抗性研究进展[J]. 中国农学通报，2007，23(8)：409-412.

[14]胡正月，谢日星，朱清能. 柑橘冬季干旱及防旱技术[J]. 江西园艺，2000，5：34-35.

[15]湖北省农业科学院果树茶叶研究所柑橘团队. 柑橘园雨涝灾害后减灾和病害防控[J]. 农家顾问，2016，8：37-38.

[17]雷仲仁，郭予元，李世访．中国主要农作物有害生物名录[M]．北京：中国农业科学技术出版社，2014．
[18]李国怀，章文才．柑橘园生草栽培高温干旱期的生态生理效应研究[J]．中国南方果树，1996，25(2)：7-9．
[19]李红叶．柑橘病害的发生与防治[M]．北京：中国农业出版社，2011．
[20]李小华．南康市伏秋干旱灾害及防御对策研究[J]．江西气象科技，2002，25(3)：19-21．
[21]廖承清，朱亚东，张爱美，等．中国柑橘害虫多样性及功能团研究[J]．赣南师范学院学报，2013，3：34-36．
[22]刘刚．重庆市发布农业植物检疫性有害生物分布情况[J]．农药市场信息，2018，612(3/30)：59．
[23]刘洪，董鹏，周浩东，等．重庆市柑橘非疫区建设方案及其实施[J]．植物检疫，2008，22(4)：260-262．
[24]刘晓纳，徐媛媛，朱世平，等．不同柑橘砧木的耐旱性评价[J]．果树学报，2016，33(10)：1230-1240．
[25]刘元明．植物检疫在农产品非疫区生产中的地位与作用[J]．湖北植保，2003(6)：31-32．
[26]罗远英，黄红莲，廖启芳．柑橘遭大风冰雹袭击后的管理要点[J]．柑橘与亚热带果树信息，2001，17(6)：26-27．
[27]马凤梅，李敦松，张宝鑫．中国柑橘病虫害及其综合治理研究概述[J]．中国生物防治，2007，S1：87-92．
[28]农业部种植业管理司．2016年柑橘黄龙病防控补助试点实施方案[J]．中国果业信息，2016，33(5)：23-24．
[29]彭洪波．重庆市实蝇类害虫监测及柑橘大实蝇大区域绿色防控技术示范推广[D]．重庆：西南大学，2012．
[30]彭良志，邓秀新，周常勇，等．柑橘防灾减灾技术手册[M]．北京：中国农业出版社，1995．
[31]冉春，雷慧德，李鸿筠，等．柑橘矢尖蚧综合防治研究进展[J]．植物保护，2002，28(5)：45-48．
[32]谭荫初．柑橘园预防高温热害的措施[J]．柑橘与亚热带果树信息，2000，16(4)：27-28．
[33]王春林．《实施卫生与植物卫生措施协议》的影响及其政策取向[J]．植保技术与推广，2001，21(12)：32-34．
[34]王福祥．WTO/SPS委员会第33次会议情况及启示[J]．中国植保导刊，2005，11：45-46．
[35]王华嵩，赵才道，黎怀燮，等．辐射不育技术防治柑橘大实蝇的效果[J]．核农学报，1990，4(3)：135-138．
[36]韦秋凤．浅析干旱天气对广西柑橘生产的影响及对策措施[J]．南方园艺，2019，30

(3)：27-29.
[37]吴炳龙. 特大雹灾之后的柑橘管理[J]. 中国南方果树，1997，26(2)：14-15.
[38]吴志红，王凯学. 大力推行公共植检，开创疫情防控新局面[J]. 植物检疫，2012，26(4)：84-86.
[39]伍兴甲. 柑橘要防冰雹危害[J]. 湖南农业，2015，12：25.
[40]夏声广，唐启义. 柑橘病虫害防治[M]. 北京：中国农业出版社，2006.
[41]现代农业(柑橘)产业技术体系. 柑橘防灾减灾技术手册[M]. 北京：中国农业出版社，2009.
[42]向往. 冰冻灾害柑橘果园恢复生产管理技术[J]. 南方农业，2014，18(36)：144，146.
[43]项宇，王玉玺，吴立峰，等. 推进我国非疫区建设为优势农产品出口服务[J]. 中国植保导报，2008，28(1)：39-41.
[44]谢新旺，张名福. 柑橘受冻因素与有效抗冻栽培技术应用[J]. 福建果树，2011，3：34-36.
[45]熊红利，林云彪，项宇，等. 柑橘黄龙病与柑橘木虱在我国发生北界调查[J]. 植物保护，2011，25(4)：79-80.
[46]熊伟，王雪生，夏仁斌，等. 特大干旱下柑橘园非充分灌溉试验及抗旱与恢复生产综合技术集成[J]. 中国南方果树，2007，36(1)：3-5.
[47]颜送贵. 湖南西北部地区柑橘抗旱节水保水技术[J]. 果树实用技术与信息，2011，11：26-27.
[48]杨义伶，黄春辉，辜青青，等. 不同抗旱性柑橘砧木相关生理指标及基因表达差异分析[J]. 江西农业大学学报，2012，34(6)：1118-1123.
[49]殷友琴. 我国柑橘线虫病的发生与防治的现状[J]. 植保技术与推广，1994(4)：24-26.
[50]俞立达，崔伯法. 柑橘病害原色图谱[M]. 北京：中国农业出版社，1995.
[51]云南柑橘黄龙病调查组. 云南柑橘黄化问题考察报告[J]. 中国柑橘，1981(4)：14-16.
[52]曾小军，周军，丁建，等. 气象灾害对江西柑橘生产的影响及防治措施[J]. 江西农业学报，2011，23(11)：141-143.
[53]张宏宇，王永模，蔡万伦，等. 我国主要柑橘害虫发生危害现状[J]. 湖北植保，2009，S1：52-53.
[54]章玉琴，李敦松，黄少华，等. 柑橘木虱的生物防治研究进展[J]. 中国生物防治，2009，25(2)：160-164.
[55]赵学源. 对当前广西柑橘黄龙病防治中若干问题的意见[J]. 广西园艺，2006，17(2)：3-5.
[56]重庆市柑橘非疫区建设与管理办法[J]. 中国果业信息，2008，25(2)：28-29.
[57]周常勇. 我国柑橘衰退病的发生概况与展望[C]//第一次全国植物病毒与病毒病防治研究学术讨论会论文集. 北京：中国农业科技出版社，1997.

[58]周常勇. 对柑橘黄龙病防控对策的再思考[J]. 植物保护，2018，44(5)：30-33.

[59]周亚洲，徐兆林，周利，等. 湖南柑橘灌溉现状及节水栽培技术研究[J]. 湖南农业科学，2010，19：46-48.

[60]周彦，周常勇，李中安，等. 利用弱毒株交叉保护技术防治甜橙茎陷点型衰退病[J]. 中国农业科学，2008，41(12)：4085-4091.

[61]祝飞. 冰雹对柑橘的危害与管理措施[J]. 浙江柑橘，2002，19(4)：22.

[62]Cook S M，Khan Z R，Pickett J A. The use of push-pull strategies in integrated pest management[J]. Annual review of entomology，2007，52：375-400.

[63]E Baumhover A H. Screw-worm control through release of sterilized flies[J]. Journal of Economic Entomology，1955(48)：462-466.

[64]Mcinnis D O，Lance D R，Jackson C G. Behavioral resistance to the sterile insect technique by Mediterranean fruit fly(Diptera：Tephritidae) in Hawaii[J]. Annals of the Entomological society of America，1996，89(5)：739-744.

[65]Pelz-Stelinski K S，Brlansky R H，Ebert T A，et al. Transmission parameters for Candidatus liberibacter asiaticus by Asian citrus psyllid (Hemiptera：Psyllidae)[J]. Journal of Economic Entomology，2010，103(5)：1531-41.

[66]Staten R T. Genetic control of cotton insects：The pink bollworm as a working program [J]. Vienna：IAEA-SM-327/28，1993，(5)：269-284.

[67]Zhou C Y，Hailstones D，Broadbent P，et al. Mechanism of mild strain cross protection against plant viruses：a review[M]//植物病理学研究进展. 北京：中国农业出版社，2001：287-307.

第十章　柑橘质量控制与优质安全生产

柑橘是世界第一大水果，我国柑橘栽培的面积和产量均位居世界第一，柑橘也是农业农村部确定的我国13种优势农产品之一。在规模、效益连年提升的同时，国家和地方各级政府高度重视柑橘质量标准体系的建设，注重发挥标准在指导生产、提升质量、确保消费安全、推动出口创汇等方面的作用。本章介绍我国逐步构建的柑橘质量标准体系与质控下的安全生产标准要求。

第一节　柑橘质量与技术标准

一、柑橘质量与安全

1. 品质概述

随着农业农村部柑橘优势区域规划的实施和“无公害农产品行动计划”的深入开展，地方各级领导和果农的质量安全意识得到增强，柑橘产品的总体质量水平已有很大的提升。农业农村部柑橘及苗木质量监督检验测试中心对全国10余个省(自治区、直辖市)柑橘主产区鲜果多年抽样检验结果显示，柑橘鲜果的优等果率逐年提高，内在品质较好，但外观质量受果实表面病虫斑、药迹斑、粉尘附着斑等的影响还不尽如人意，同时采后商品化处理水平还有待继续提升。

以脐橙为例，我国江西赣南、湖北巴东和重庆奉节脐橙的外观颜色、果皮光滑度和口感风味等都明显优于美国脐橙，美国脐橙的果皮较粗糙、着色不充分、肉质较粗、可溶性固形物含量低于中国脐橙，风味较淡(表10-1)。

表 10-1 几种产地脐橙果实品质对比

品 种	采样地	单果重/g	TSS/%	总酸/%	果汁率/%	感官评价
纽荷尔脐橙	江西信丰	256.0	13.7	0.81	56.57	果皮光滑，深橙红色，味浓
纽荷尔脐橙	江西寻乌	280.0	13.0	0.75	55.00	果皮光滑，深橙红色，味浓
纽荷尔脐橙	湖北巴东	269.5	13.0	0.48	56.22	果皮光滑，橙红到橙黄色，味浓
红翠脐橙	重庆奉节	255.0	11.3	0.72	55.61	果皮较光滑，橙红或浅红色，味较浓
美国新奇士脐橙	北京双安商场	346.0	10.5	0. 63	53.18	果皮较粗糙，浅橙红到橙黄，味淡

数据来源：农业农村部柑橘及苗木质量监督检验测试中心历年检测结果。

注：TSS 表示可溶性固形物含量。

2. 安全现状

政府部门高度重视农产品质量安全，不断加强监管力度，柑橘质量安全水平得到了很大的提高。对于出口贸易型的企业，一般会按照柑橘优势区域布局和无公害产地环境条件的要求，组织标准化生产管理，操作行为比较规范，农药残留、有害元素得到了全面有效的控制，这些企业生产的果品安全状况较好。但对于种植面积不大的家庭果园，果农的质量安全意识不高，栽培技术、管理水平低，农药施用不规范、不合理，不同程度地存在农药残留问题。

二、柑橘技术标准体系现状

（一）柑橘质量标准

我国柑橘质量标准体系由国家标准、行业标准、地方标准和企业标准四级标准组成。现行的柑橘国家、行业标准共有 76 项（不含污染物农药残留检测方法标准，可查阅 GB2762、GB2763 中的相关内容）。其中，国家标准 31 项（表 10-2）、农业行业标准 38 项（表 10-3）、出入境检验检疫标准 3 项、商品标准 1 项和轻工产品标准 3 项。从颁布时间来看，标龄在 5 年内的有 21 项，5～10 年的有 37 项，10 年以上（属于超长标龄）的 18 项；从主要内容来看，产地环境、苗木类的产前标准有 11 项，生产规程类的产中标准有 16 项，产品等级及检测类的产后标准有 40 项，加工工艺及产品类的标准有 9 项。

表 10-2　现行柑橘国家标准

序号	名　称	代　号
1	柑橘苗木产地检疫规程	GB 5040－2003
2	柑橘嫁接苗分级及检验	GB/T 9659－2008
3	南方水稻、油菜和柑橘低温灾害	GB/T 27959－2011
4	柑橘黄龙病菌实时荧光 PCR 检测方法	GB/T 28062－2011
5	柑橘溃疡病菌实时荧光 PCR 检测方法	GB/T 28068－2011
6	地理标志产品 赣南脐橙	GB/T 20355－2006
7	地理标志产品 永春芦柑	GB/T 20559－2006
8	鲜柑橘	GB/T 12947－2008
9	地理标志产品 南丰蜜橘	GB/T 19051－2008
10	地理标志产品 常山胡柚	GB/T 19332－2008
11	地理标志产品 黄岩蜜橘	GB/T 19697－2008
12	脐橙	GB/T 21488－2008
13	地理标志产品 寻乌蜜橘	GB/T 22439－2008
14	地理标志产品 琼中绿橙	GB/T 22440－2008
15	地理标志产品 瓯柑	GB/T 22442－2008
16	地理标志产品 尤溪金柑	GB/T 22738－2008
17	出口柑橘鲜果检验方法	GB/T 8210－2011
18	琯溪蜜柚	GB/T 27633－2011
19	农药 田间药效试验准则(一) 杀虫剂防治柑橘介壳虫	GB/T 17980.12－2000
20	农药 田间药效试验准则(一) 杀菌剂防治柑橘贮藏病害	GB/T 17980.39－2000
21	农药 田间药效试验准则(二) 第 58 部分：杀虫剂防治柑橘潜叶蛾	GB/T 17980.58－2004
22	农药 田间药效试验准则(二) 第 59 部分：杀螨剂防治柑橘锈螨	GB/T 17980.59－2004
23	农药 田间药效试验准则(二) 第 94 部分：杀菌剂防治柑橘脚腐病	GB/T 17980.94－2004
24	农药 田间药效试验准则(二) 第 102 部分：杀菌剂防治柑橘疮痂病	GB/T 17980.102－2004
25	农药 田间药效试验准则(二) 第 103 部分：杀菌剂防治柑橘溃疡病	GB/T 17980.103－2004

续表

序号	名称	代号
26	橘小实蝇疫情监测规程	GB/T 23619—2009
27	柑橘生产技术规范	GB/Z 26580—2011
28	糖水橘子罐头	GB/T 13210—1991
29	浓缩橙汁	GB/T 21730—2008
30	橙汁及橙汁饮料	GB/T 21731—2008
31	苹果、柑橘包装	GB/T 13607—1992

数据来源：食品伙伴网、中国标准服务网。

表 10-3　现行有效的柑橘行业标准

序号	名称	代号
1	红江橙苗木繁育规程	NY/T 795—2004
2	柑橘高接换种技术规程	NY/T 971—2006
3	柑橘无病毒苗木繁育规程	NY/T 973—2006
4	柑橘苗木脱毒技术规范	NY/T 974—2006
5	农作物种质资源鉴定技术规程　柑橘	NY/T 1486—2007
6	无公害食品　柑橘生产技术规程	NY 5015—2002
7	柑橘栽培技术规程	NY/T 975—2006
8	浙南一闽西一粤东宽皮柑橘生产技术规程	NY/T 976—2006
9	赣南一湘南一桂北脐橙生产技术规程	NY/T 977—2006
10	柑橘全爪螨防治技术规范	NY/T 1282—2007
11	柑橘主要病虫害防治技术规程	NY/T 2044—2011
12	水果套袋技术规程 柠檬	NY/T 2314—2013
13	鲜红江橙	NY/T 453—2001
14	常山胡柚	NY/T 587—2002
15	玉环柚(楚门文旦)鲜果	NY/T 588—2002
16	椪柑	NY/T 589—2002
17	锦橙	NY/T 697—2003
18	垫江白柚	NY/T 698—2003
19	梁平柚	NY/T 699—2003
20	柑橘采摘技术规范	NY/T 716—2003

续表

序号	名 称	代 号
21	沙田柚	NY/T 868—2004
22	砂糖橘	NY/T 869—2004
23	宽皮柑橘	NY/T 961—2006
24	柑橘贮藏	NY/T 1189—2006
25	柑橘等级规格	NY/T 1190—2006
26	琯溪蜜柚	NY/T 1264—2007
27	香柚	NY/T 1265—2007
28	五布柚	NY/T 1270—2007
29	丰都红心柚	NY/T 1271—2007
30	柑橘类水果及制品中总黄酮含量测定	NY/T 2010—2011
31	柑橘类水果及制品中柠碱含量测定	NY/T 2011—2011
32	柑橘类水果及制品中香精油含量测定	NY/T 2013—2011
33	柑橘类水果及制品中橙皮苷和柚皮苷含量测定	NY/T 2014—2011
34	柑橘类水果及制品中离心果肉浆含量测定	NY/T 2015—2011
35	绿色食品　柑橘类水果	NY/T 426—2012
36	制汁甜橙	NY/T 2276—2012
37	柑橘及制品中多甲氧基黄酮含量的测定　高效液相色谱法	NY/T 2336—2013
38	绿色食品　橙汁和浓缩橙汁	NY/T 290—1995

数据来源：食品伙伴网、中国标准服务网。

另外，据不完全统计，浙江、福建、湖南、江西、广西、湖北和重庆等主产区根据本地特色品种发展情况，制定了上百项有关苗木、商品果的质量标准以及建园、苗木繁育、栽培技术、病虫害防治和果实采收、贮藏保鲜等配套地方标准。

我国柑橘标准体系已初步形成，这为提高柑橘质量，为无公害果品的生产及认证，柑橘产品的质量检测，规范市场秩序，维护生产、销售和消费者三方利益，促进我国柑橘业整体水平的提高起到了重要作用。以《鲜柑橘》(GB/T 12947)和《绿色食品 柑橘类水果》(NY/T 426)等产品标准为例，它们均对柑橘的外观质量和理化指标等做了规定；在《绿色食品　柑橘类水果》等标准中对杀扑磷等 24 种农药残留和铅、镉含量也做了规定。

(二)安全卫生限量及检测方法标准

新颁布实施的《食品中农药残留最大限量》(GB 2763)中将柑橘类水果分为橙、橘、柠檬、柚、柑、佛手柑、金橘共7种，涉及柑橘生产的农药种类有160种，包括除草剂10种、杀菌剂39种、生长调节剂3种、杀虫剂87种、杀虫/杀螨剂3种、杀螨剂17种、增效剂1种(表10-4)。

据中国农药信息网所载，目前我国用于柑橘生产的农药共有128种，其中杀虫/杀螨剂61种、杀菌剂46种、除草剂9种、植物生长调节剂12种。这些已登记的农药中有43种尚未制定限量标准，包括13种杀虫/杀螨剂、19种杀菌剂、10种植物生长调节剂和1种除草剂，详见表10-4。

表10-4 我国柑橘中农药登记及最大残留限量制定情况

序号	农药名称	用途	限量/(mg/kg)
1	2,4-滴和2,4-滴钠盐[D]	除草剂	1[1]，0.1[2]
2	2甲4氯(钠)[D]	除草剂	0.1[2]
3	阿维菌素[D]	杀虫剂	0.01[1]，0.02[2]
4	艾氏剂[J]	杀虫剂	0.05
5	百草枯	除草剂	0.02[1*]，0.2[2*]
6	百菌清[D]	杀菌剂	1[2]
7	保棉磷	杀虫剂	1
8	倍硫磷	杀虫剂	0.05
9	苯丁锡[D]	杀螨剂	1[2]，5[3]
10	苯菌灵[D]	杀菌剂	5[2*]
11	苯硫威	杀螨剂	0.5[2*]
12	苯螨特	杀螨剂	0.3[2*]
13	苯醚甲环唑[D]	杀菌剂	0.6[1]，0.2[2]
14	苯嘧磺草胺[D]	除草剂	0.01[1*]，0.05[2*]
15	苯线磷[J]	杀虫剂	0.02
16	吡丙醚[D]	杀虫剂	0.5[1]，2[2]
17	吡虫啉[D]	杀虫剂	1[2]，1[3]
18	丙炔氟草胺[D]	除草剂	0.05[2]
19	丙森锌[D]	杀菌剂	3[2]
20	丙溴磷[D]	杀虫剂	0.2[2]
21	草铵膦[D]	除草剂	0.05[1]，0.5[2]
22	草甘膦[D]	除草剂	0.1[1]，0.5[2]

续表

序号	农药名称	用途	限量/(mg/kg)
23	虫酰肼	杀虫剂	2
24	除虫脲[D]	杀虫剂	0.5[4]，1[5]
25	春雷霉素[D]	杀菌剂	0.1[2]*
26	哒螨灵[D]	杀螨剂	2[2]
27	代森联[D]	杀菌剂	3[2]
28	代森锰锌[D]	杀菌剂	3[2]
29	代森锌[D]	杀菌剂	3[2]
30	单甲脒和单甲脒盐酸盐[D]	杀虫剂	0.5[2]
31	稻丰散[D]	杀虫剂	1[2]
32	滴滴涕[J]	杀虫剂	0.05
33	狄氏剂[J]	杀虫剂	0.02
34	敌百虫[D]	杀虫剂	0.2
35	敌敌畏[D]	杀虫剂	0.2
36	地虫硫磷[J]	杀虫剂	0.01
37	丁硫克百威	杀虫剂	1[6]，0.1[7]
38	丁醚脲[D]	杀虫剂/杀螨剂	0.2[2]*
39	啶虫脒[D]	杀虫剂	2[1]，0.5[2]
40	毒杀芬[J]	杀虫剂	0.05*
41	毒死蜱[D]	杀虫剂	1[6]，2[7]，1[8]
42	对硫磷[J]	杀虫剂	0.01
43	多菌灵[D]	杀菌剂	5[2]，0.5[9]
44	多杀霉素	杀虫剂	0.3*
45	噁唑菌酮[D]	杀菌剂	1[2]，1[9]
46	氟苯脲	杀虫剂	0.5[2]
47	氟吡甲禾灵和高效氟吡甲禾灵	除草剂	0.02*
48	氟虫腈[J]	杀虫剂	0.02
49	氟虫脲[D]	杀虫剂	0.5[2]，0.5[9]
50	氟啶虫胺腈[D]	杀虫剂	2[2]*，0.4柠檬，0.15柚
51	氟啶脲[D]	杀虫剂	0.5[2]
52	氟氯氰菊酯和高效氟氯氰菊酯	杀虫剂	0.3
53	复硝酚钠[D]	植物生长调节剂	0.1[2]*
54	甲胺磷[J]	杀虫剂	0.05
55	甲拌磷[X]	杀虫剂	0.01

续表

序号	农药名称	用途	限量/(mg/kg)
56	甲基对硫磷[J]	杀虫剂	0.02
57	甲基硫环磷[J]	杀虫剂	0.03*
58	甲基异柳磷[X]	杀虫剂	0.01*
59	甲氰菊酯[D]	杀虫剂	5[2]，5[3]
60	甲霜灵和精甲霜灵	杀菌剂	5
61	腈菌唑[D]	杀菌剂	5
62	久效磷[J]	杀虫剂	0.03
63	抗蚜威	杀虫剂	3
64	克百威[X]	杀虫剂	0.02
65	克菌丹[D]	杀菌剂	5[2]
66	喹硫磷[D]	杀虫剂	0.5[2]*
67	乐果	杀虫剂	2[2]*，2[9]*
68	联苯肼酯[D]	杀螨剂	0.7[2]
69	联苯菊酯[D]	杀虫剂/杀螨剂	0.05[2]，0.05[9]
70	邻苯基苯酚	杀菌剂	10
71	磷胺[J]	杀虫剂	0.05
72	硫环磷[X]	杀虫剂	0.03
73	硫线磷[J]	杀虫剂	0.005
74	六六六[J]	杀虫剂	0.05
75	螺虫乙酯[D]	杀虫剂	0.5[1]*，1[2]*
76	螺螨酯[D]	杀螨剂	0.4[1]，0.5[2]
77	氯吡脲[D]	植物生长调节剂	0.05 橙
78	氯虫苯甲酰胺	杀虫剂	0.5*
79	氯丹	杀虫剂	0.02
80	氯氟氰菊酯和高效氯氟氰菊酯	杀虫剂	0.2[2]，0.2[3]
81	氯菊酯	杀虫剂	2
82	氯氰菊酯和高效氯氰菊酯[D]	杀虫剂	1[6]，2[7]，0.3[8]
83	氯噻啉[D]	杀虫剂	0.2[2]*
84	氯唑磷[X]	杀虫剂	0.01*
85	马拉硫磷[D]	杀虫剂	2[6]，4[7]
86	咪鲜胺和咪鲜胺锰盐[D]	杀菌剂	10[1]，5[2]
87	醚菌酯	杀菌剂	0.5 橙、柚

续表

序号	农药名称	用途	限量/(mg/kg)
88	嘧菌酯[D]	杀菌剂	1[2]
89	嘧霉胺	杀菌剂	7
90	灭多威[X]	杀虫剂	0.2
91	灭线磷[X]	杀虫剂	0.02
92	灭蚁灵	杀虫剂	0.01
93	内吸磷[X]	杀虫剂/杀螨剂	0.02
94	七氯	杀虫剂	0.01
95	氰戊菊酯和S-氰戊菊酯[D]	杀虫剂	0.2[1]，1[2]
96	炔螨特[D]	杀螨剂	5[2]，5[9]
97	噻菌灵[D]	杀菌剂	10[2]，10[9]
98	噻螨酮[D]	杀螨剂	0.5[2]，0.5[9]
99	噻嗪酮[D]	杀虫剂	0.5[2]，0.5[9]
100	噻唑锌[D]	杀菌剂	0.5[2]*
101	三环锡	杀螨剂	0.2 橙
102	三氯杀螨醇[J]	杀螨剂	1[2]，1[9]
103	三唑磷[D]	杀虫剂	0.2[2]
104	三唑酮	杀菌剂	1[2]
105	三唑锡[D]	杀螨剂	2[6]，0.2[7]
106	杀虫脒[J]	杀虫剂	0.01
107	杀铃脲[D]	杀虫剂	0.05[2]
108	杀螟丹[D]	杀虫剂	3[2]
109	杀螟硫磷	杀虫剂	0.5*
110	杀扑磷[X]	杀虫剂	0.05[1]，2[2]
111	杀线威	杀虫剂	5*
112	双胍三辛烷基苯磺酸盐[D]	杀菌剂	3[2]*
113	双甲脒[D]	杀螨剂	0.5[2]，0.5[9]
114	水胺硫磷[X]	杀虫剂	0.02
115	四螨嗪[D]	杀螨剂	0.5
116	特丁硫磷[J]	杀虫剂	0.01*
117	涕灭威[X]	杀虫剂	0.02
118	肟菌酯[D]	杀菌剂	0.5(7 种柑橘)
119	戊唑醇[D]	杀菌剂	2[2]

续表

序号	农药名称	用途	限量/(mg/kg)
120	烯啶虫胺[D]	杀虫剂	0.5[2*]
121	烯唑醇[D]	杀菌剂	1[2]
122	辛硫磷[D]	杀虫剂	0.05
123	溴螨酯[D]	杀螨剂	2[2]，2[9]
124	溴氰菊酯[D]	杀虫剂	0.05[2,9]，0.02(其余)
125	亚胺硫磷[D]	杀虫剂	5[2]，5[9]
126	亚胺唑[D]	杀菌剂	1[2*]
127	亚砜磷	杀虫剂	0.2* 柠檬
128	烟碱	杀虫剂	0.2[2]
129	氧乐果[X]	杀虫剂	0.02
130	乙螨唑[D]	杀螨剂	0.1[1]，0.5[2]
131	乙酰甲胺磷	杀虫剂	0.5
132	异狄氏剂	杀虫剂	0.05
133	抑霉唑[D]	杀菌剂	5[2]，5[9]
134	蝇毒磷[J]	杀虫剂	0.05
135	增效醚	增效剂	5
136	治螟磷[J]	杀虫剂	0.01
137	唑螨酯[D]	杀螨剂	0.5[1]，0.2[2]
138	丙环唑	杀菌剂	9 橙
139	代森铵	杀菌剂	3 橙
140	啶酰菌胺	杀菌剂	2
141	二氰蒽醌	杀菌剂	3[2]，3 柚
142	氟硅唑[D]	杀菌剂	2[2]
143	福美双[D]	杀菌剂	3 橙
144	福美锌	杀菌剂	3 橙
145	咯菌腈	杀菌剂	10
146	甲基硫菌灵[D]	杀菌剂	5[2]
147	溴菌腈[D]	杀菌剂	0.5[2*]
148	腈苯唑	杀菌剂	1 柠檬；0.5 除柠檬外
149	吡唑醚菌酯[D]	杀菌剂	2[1]
150	除虫菊素	杀虫剂	0.05
151	甲氨基阿维菌素苯甲酸盐[D]	杀虫剂	0.01[2]

续表

序号	农药名称	用途	限量/(mg/kg)
152	甲氧虫酰肼	杀虫剂	2
153	苦参碱[D]	杀虫剂	1[2*]
154	噻虫胺	杀虫剂	0.07[1]；0.5[2]
155	噻虫嗪[D]	杀虫剂	0.5[1]
156	虱螨脲[D]	杀虫剂	0.5[2]
157	苄嘧磺隆[D]	除草剂	0.02[2]
158	敌草快[D]	除草剂	0.02[1]；0.1[2]
159	丁氟螨酯[D]	杀螨剂	0.3[1]；5[2]
160	萘乙酸和萘乙酸钠	植物生长调节剂	0.05[2]
161	S-诱抗素[DH]	植物生长调节剂	—
162	苯氧威[D]	杀虫剂	—
163	苄氨基嘌呤[D]	植物生长调节剂	—
164	波尔多液[D]	杀菌剂	—
165	赤霉酸[D]	植物生长调节剂	—
166	虫螨腈[D]	杀虫剂	—
167	除草定[D]	除草剂	—
168	呋虫胺[D]	杀虫剂	—
169	氟啶胺[D]	杀虫剂	—
170	氟环唑[D]	杀菌剂	—
171	氟节胺[D]	植物生长调节剂	—
172	琥胶肥酸铜[D]	杀菌剂	—
173	几丁糖[D]	杀菌剂	—
174	甲基营养型芽孢杆菌 LW-6[D]	杀菌剂	—
175	碱式硫酸铜[D]	杀菌剂	—
176	糠氨基嘌呤[D]	植物生长调节剂	—
177	枯草芽孢杆菌[DH]	杀菌剂	—
178	矿物油[D]	杀虫剂	—
179	喹啉铜[D]	杀菌剂	—
180	藜芦碱[D]	杀虫剂	—
181	硫黄[D]	杀菌剂	—
182	硫酸铜钙[D]	杀菌剂	—
183	络氨铜[D]	杀菌剂	—

续表

序号	农药名称	用途	限量/(mg/kg)
184	氢氧化铜D	杀菌剂	—
185	噻虫啉D	杀虫剂	—
186	噻菌铜D	杀菌剂	—
187	噻森铜D	杀菌剂	—
188	三十烷醇DH	植物生长调节剂	—
189	石硫合剂D	杀虫剂	—
190	松脂酸钠D	杀虫剂	—
191	松脂酸铜D	杀菌剂	—
192	苏云金杆菌DH	杀虫剂	—
193	王铜D	杀菌剂	—
194	烯腺嘌呤D	植物生长调节剂	—
195	烯效唑D	植物生长调节剂	—
196	硝虫硫磷D	杀虫剂	—
197	氧化亚铜D	杀菌剂	—
198	乙酸铜D	杀菌剂	—
199	乙氧氟草醚D	植物生长调节剂	—
200	乙唑螨腈D	杀虫剂	—
201	吲哚丁酸D	植物生长调节剂	—
202	印楝素D	杀虫剂	—
203	中生菌素D	杀菌剂	—

注：MRL值无上标数字时，指适用于柑橘类水果，1. 适用柑橘类水果(柑、橘、橙除外)，2. 适用柑、橘、橙，3. 指柠檬、柚、佛手柑、金橘，4. 适用柑橘类水果(柑、橘、橙、柚、柠檬除外)，5. 适用柑、橘、橙、柚、柠檬，6. 适用柑、橘，7. 适用橙、柠檬、柚，8. 适用佛手柑、金橘，9. 适用柠檬、柚；“*”表示临时限量；“D”表示该农药在我国柑橘作物上已登记；“—”表示我国尚未制定该农药在柑橘上的MRL；“H”表示该农药在我国豁免制定食品中最大残留；“J”表示该农药禁止生产、销售和使用；“X”表示该农药限制使用；37、67、131三种农药自2019年8月1日起禁止使用(包括含其有效成分的单剂、复配制剂)。

国家标准《食品安全国家标准　食品中污染物限量》(GB 2762)，取消了总汞、无机砷等有害元素在柑橘水果中的限量标准，规定：铅的限量为≤0.1 mg/kg，检测标准为GB 5009.12；镉的限量为≤0.05 mg/kg，检测标准为GB 5009.15。

（三）存在的问题

我国由于缺乏标准研制平台，标准研制项目少、经费缺、时间紧，加之制（修）标人员素质参差不齐，风险管理意识薄弱等因素，现行国家标准、行业标准存在偏重于产品等级规格（约占48%）、行业标准标龄偏长（超过50%）等问题。更关键的问题还表现在下述4个方面。

1. 缺乏总体规划，标准体系协调性较差

部分柑橘行业标准与国家标准衔接不好。以甜橙固酸比为例，《鲜柑橘》（GB/T 12947）中为≥9.5∶1，而《锦橙》（NY/T 697）中为≥8.0∶1，比国家标准还低，即使统一了指标，这种按具体品种制定标准的做法也值得商榷。

分类尺度不一，造成重复制定标准。在制定产品标准时，产品分组尺度不一，有的按组类制定标准，有的按具体产品制定标准，造成重复。如已经制定了《鲜柑橘》（GB/T 12947），又分别制定《脐橙》（GB/T 21488）、《椪柑》（NY/T 589）、《锦橙》（NY/T 697）等。分品种制定的《垫江白柚》（NY/T 698）、《梁平柚》（NY/T 699）等，产品地域特色明显，申报地理标志产品标准更合理。

2. 追踪国际相关标准不够，制定的产品标准不能与国际接轨

等级标准设立具体的卫生指标不够科学。国际食品法典委员会（CAC）、联合国欧洲经济委员会（UNECE）等，均未在其产品标准中设立卫生指标，如CAC的《橙类标准》（CAC STAN 245）中仅包括最低品质要求、成熟度判断标准、分级及容许差异、销售标签；而我国柑橘类水果等果品标准中通常设立具体的卫生指标，这样做未必科学。表10-5列出了部分国家或组织柑橘鲜果质量标准的主要指标。

表10-5 国内外柑橘鲜果质量标准的主要指标比较

组织或国家	外观质量	内在品质
UNECE	果形，成熟度，果面洁净度，果皮粗糙度，果径大小，各种损害	果汁率
美国	果形，色泽，着色度，质地，损伤和腐烂等缺陷，病虫斑和痂疤等损害	果汁率，可溶性固形物，总酸量，固酸比
日本	果形，均匀度，果径大小，果面缺陷，日灼，病虫害，伤害，浮皮	—
南非	成熟度，外观缺陷，色泽，冻害，枯水和失水	果汁率，可溶性固形物，总酸量，糖酸比
中国	果形，果径大小，色泽，表皮光洁度，果面缺陷，损伤与病害	可溶性固形物，总酸，固酸比，可食率

数据来源：食品伙伴网、联合国欧洲经济委员会（UNECE）官网、美国农业部（USDA）官网、南非国家官网等。

鲜果可食率不能完全体现品质。主要国际组织、贸易国柑橘标准中，罕见可食率指标，如CAC《橙类标准》(CAC STAN 245)中，无论鲜销还是加工橙类，规定的是最低出汁率。我国制定标准之初，出于鲜销的目的，柑橘果品标准一般设立可食率，而没有出汁率要求。出汁率高，可食率则高，而可食率高，出汁率不一定也高。

基本未做产品可追溯要求。欧美等国正力推“农场到餐桌”的全程控制机制，实现农产品生产的标准全覆盖，突出生产过程的可追溯管理和产品的可追溯性，对包装标识的要求越来越严格，比如要求标明出口果园注册代码、包装企业代码等，而我国柑橘果品标准中对实现可追溯的信息代码要求几乎为空白。

此外，柑橘加工制品营养标签多数未做要求，如《浓缩橙汁》(GB/T 21730)、《橙汁及橙汁饮料》(GB/T 21731)。

3. 关键指标参数的设定缺乏基础数据支撑

由于缺乏必要的基础数据积累，对国外可能成为技术贸易壁垒的指标参数难以应对，如柑橘鲜果的出汁率、种子数指标等。以柚类出口大国南非为例，其有关标准规定：所有品种柚类种子数≤9粒，出汁率≥35%。农业农村部专业检测机构多年检测结果表明，我国柚类只有极少数品种符合该规定，这意味着更多的柚类将被对方拒之门外，显然对我国柚类出口构成技术性壁垒。我国柑橘产品标准《鲜柑橘》(GB/T 12947)，不但没有涉及柚类，而且所适用的宽皮柑橘类也没有种子数指标。

部分涉及等级评定的参数指标设定不合理，如酸度，根据农业农村部专业检测机构2015—2019年的检测结果，约35%的椪柑因酸度超过1%，达不到《鲜柑橘》(GB/T 12947)中二等果酸度≤1.0%的要求，而成为等外果，该酸度指标是否合理还需要更多的检测数据来验证。

4. 标准制定过程中相关各方的参与程度不一

发达国家对柑橘等果品质量管理特别严格，从业人员的标准质量意识强，对标准执行情况的检查，政府有明确的部门分工。如美国由农业部(USDA)下属农产品营销局(AMS)的新鲜农产品处(FPB)负责果品等级标准制定与维护。从申请立项到形成标准，生产、包装、销售、检测及消费者等所有利益相关方广泛参与，全程公开，所有果品等级标准均可从其官网免费下载。

而我国柑橘等果品的生产、加工、销售分散，从业人员的科技素养参差不齐，对标准制定过程生疏，与标准制定部门的信息沟通有限，导致制定的标准脱离生产实际，也到不了相关从业人员的手中。比如，我国柑橘等级标准中对各种品质缺陷仅有文字描述，标准使用者如果缺乏栽培知识，可能会对菌迹、油斑、药迹等描述感到难以把握。加之尚未实行柑橘等果品市场准入制度，产品流通基本上处于自由贩卖、看货论价的无序状态，从业者对标准也就“有标不依，执标不严”了。

三、标准的发展趋势

尽管随着我国柑橘产业的不断发展，柑橘标准体系日趋完善，但在打造标准制(修)定管理平台、协调各级各类标准、追踪国际标准动态等方面，还有待加强。

一是充分发挥标准构架的互补优势。我国柑橘标准体系在构架上存在互补优势，国家标准、行业标准、地方标准在技术指标上可以相互弥补、相互协调，在生产和贸易的各环节形成良好的互补优势。

二是加快标准的更新速度。在标准涵盖的品种范围、指标设定等方面，更快地适应柑橘产业发展的新形势，根据柑橘生产和贸易的需要来更新标准。

三是提高标准的技术水平。如柑橘等级标准对外观指标的规定，由多为定性描述向量化方向发展，应参照发达国家或国际组织对柑橘外观指标的系统量化要求。

四是进行系统化产品分类，有针对性地设置安全限量指标。如欧盟将柑橘类水果分为甜橙、宽皮柑橘、柠檬、来檬、葡萄柚、金柑、其他柑橘，有针对性地提出农药残留限量。

第二节　柑橘质量安全控制

一、影响柑橘质量安全的因素

1. 环境因素

环境污染问题日益突出。柑橘的环境污染包括大气污染、土壤污染和灌溉水污染。

(1)大气污染。空气中的二氧化硫、氟化物、氯气、烟雾、雾气、粉尘、烟尘等气体、液体和固体颗粒会对果品的产量和品质造成很大的影响，有些污染物还会在果品内积累，人们食用后可产生急、慢性中毒。

(2)土壤污染。土壤中常见的污染物主要来源于工业“三废”的排放，农药、化肥、污泥垃圾等杂肥的施用，以及污水灌溉。

(3)灌溉水污染。灌溉水污染主要来源于工业废水和城市生活用水，造纸厂、化工厂、电镀厂的废水中含有大量的铅、铬、汞等重金属元素，是灌溉水污染的重要来源。

2. 残留污染

化肥和农药在果品生产中发挥着不可替代的作用，但是长期大量使用化肥和农药，将严重影响果品质量安全。我国的农药用量居世界首位，且90%以上都是化学农药，生物农药应用相对较少。过量使用化肥不仅极大地影响了果品的品质，对人体造成伤害，还会破坏土壤的团粒结构，减弱土壤的持水力，降低土壤抗御干旱的能力。有些果农仍在使用国家禁用的高毒、剧毒、高残留农药，在防治病虫害时随意提高农药浓度，增加用药次数，不重视农药使用的安全间隔期。

城市生活垃圾、污泥的剧增和含重金属农药、化肥的不合理使用，使土壤环境不断受到污染。加之污水灌溉频繁，以及有些水果本身对某些重金属元素的富集作用，常造成果品重金属含量超标。果品中含量超标的重金属可以通过食物链对人体造成潜在的危害，会引起一些慢性疾病，甚至致癌、致畸等。

为了增加卖相，追求反季节上市带来的溢出利益，以及为了缩短生产周期，部分生产者和经营者超标使用果实膨大剂、增红剂、催熟剂等植物生物调节剂，成为另一类对食品安全隐患。

3. 果品贮运、流通过程存在的问题

我国果品贮藏业起步较晚，虽已有较大发展，但仍有较大发展空间。发达国家水果采后都能得到及时贮藏，并且80%为气调贮藏。我国的果品贮藏能力仅为总产量的30%～40%，还主要以土法贮藏为主，冷藏、气调贮藏仅占10%左右。某些冷藏企业为降低贮藏成本，最大限度地利用库内空间，通风道太小，贮存量太大，造成制冷不均匀，冷藏质量难以保证。

包装材料的选择存在不规范、不安全、污染环境的问题。在贮藏、运输、销售过程中还存在人为污染，为了保鲜、增加贮藏时间，不法商贩往往超标使用防腐剂和保鲜剂。

4. 果品质量安全意识不强

目前一些果农还停留在传统的管理方式上，喷药、施肥等方面具有很大的随意性。有些果农仍在使用国家禁用的高毒、剧毒、高残留农药，盲目提高农药浓度、增加用药次数，不重视农药使用的安全间隔期；存在过度依赖施用氮肥、绿肥未经充分发酵的现象。

5. 果品质量标准体系不健全

我国的果品质量标准数量少、标龄长，且带有明显的计划经济色彩，存在着产供销脱节、内外贸分离等诸多弊端，重点不突出，不能完全适应市场经济发展需要。果品质量标准在制定过程中仅依据现有生产状况，忽视了对外贸易的需要，指标偏低，产前、产中、产后各环节标准不配套，不能充分发挥整体作用。

6. 果品质量安全监管检测力度不够

目前人们对果品质量安全的重视程度还远远不够，果品中农药残留和重金属超标问题依然存在。这就要求我们继续加大果品质量安全的普查力度，做好果品产前、产中、产后各个环节的监控工作，不断提高果品质量安全水平。另外，我国目前的果品质量安全检测体系不完善，检测设备和技术比较落后，可操作性不强，根本达不到国家规定的资质标准，发挥不出应有的作用，在农药残留检测方面对国际果品标准和先进检测手段缺乏研究和利用。

二、柑橘质量安全控制技术

（一）产地环境条件控制措施

1. 生态条件

园区应选建在柑橘最适宜生态区或适宜生态区（表 10-6），且无污染源或不受污染影响，生态环境良好，具有可持续生产能力的生产区域。

表 10-6　我国柑橘生态区划的气温指标及生态条件

柑橘种类	适宜区域	年均温/℃	≥10℃年积温/℃	极端低温/℃	1月均温/℃	历年最低均值/℃
宽皮柑橘	最适宜区	17～20	5 500～6 500	＞－5	5～10	－4～0
	适宜区	17～16	5 500～6 500	＞－7，＜－5频	4～5	－5～－4
		20～22	6 500～7 500	率低于20%		
	次适宜区	14～16	4 500～5 000	＞－10，	2.5～4	－6～－5
		22～23	7 500～8 000	＜－7，频率低于20%		
	可能种植区	＜14	＜4 000	＜－10	＜2.5	＜－6
	或不适宜区	＞23	＞8 000			
甜橙	最适宜区	18～23	5 500～8 000	＞－3	7～13	＞－1
	适宜区	16～18	5 000～5 500	＞－5	5～7	－3～－1
				＜－3，频率低于20%		
	次适宜区	15～16	4 500～5 000	＞－7	4～7	－5～－3
		＞23	＞8 000	＜－5，频率低于20%		
	可能种植区	＜15	＜4 500	＜－7	＜4	＜－5
	或不适宜区	＞24	＞8 500			

数据来源：《柑橘营养与施肥》，沈兆敏、刘焕东主编，中国农业出版社（北京），2013年8月出版。

柑橘对生态条件的要求：

(1)以26℃为中心，23～34℃均可生长。停长温度12.8～13℃或37～39℃。年日照时数1 200～2 200 h，以1 200～1 500 h最宜。我国年日照时数大都在1 000～2 700 h。

(2)年降雨量1 000 mm左右，以1 000～1 500 mm适宜，我国南方年降雨量大都在1 000～2 200 mm。空气相对湿度75%左右。土壤相对含水量60%～80%。

(3)土壤pH值5～8.5可种植柑橘，以6.0～7.0为pH值最适宜范围。

(4)年均温17.5～18℃的山地海拔500 m以下适宜种植甜橙，500～800 m适宜种植宽皮柑橘。一般海拔300～2 000 m均可种植柑橘。

2. 空气质量

应符合《环境空气质量标准》二级标准(GB3095)要求。

3. 灌溉水质

灌溉用水质量应符合《农田灌溉水质标准》(GB5084)要求。

4. 土壤环境质量

土壤环境质量应符合《土壤环境质量标准》二级标准(GB15618)要求。

5. 基地建设和保护

规范基地建设，按生产技术规程等标准组织生产，确保产地在今后生产过程中环境质量不下降，具有可持续生产能力。

(二)肥料污染控制措施

基本原则是以有机肥为主、以化肥为辅，所施的肥料不应对果园环境和果实品质产生不良影响，提倡覆草或种植绿肥，积极推广测土平衡施肥。

1. 各种营养元素合理搭配

生产安全、优质的柑橘果品，必须根据柑橘树的需肥特点和土壤供肥状况，合理确定各营养元素的配施比例，提倡使用有机肥料和微生物肥料。

2. 增产增收与培肥改土相结合

制定施肥计划时，科学调整施肥方案，在保持柑橘园营养元素投入、产出相平衡的前提下，使某些养分合理盈余，结合科学耕作，逐步提高土壤肥力的等级。

3. 禁止使用的肥料

禁止使用未经无害化处理的污泥、城市垃圾，禁止使用含有重金属、橡胶等有害物质的生活废物，禁止使用医院的粪便、垃圾和工业垃圾，禁止使用未腐熟的人畜粪便，禁止使用未获国家有关部门批准登记生产的肥料。

4. 植物生长调节剂类物质的使用

使用原则：允许有限度地使用对改善树冠结构和提高果实品质及产量有

显著作用，并对环境和人体健康无害的植物生长调节剂，禁止使用可能对环境造成污染和对人体健康有危害的植物生长调节剂。

目前允许使用的生长调节剂主要有赤霉素类、细胞分裂素类、乙烯利、苄基腺嘌呤、6-苄基腺嘌呤、矮壮素等。

禁止使用的植物生长调节剂有比久。

（三）农药污染综合控制措施

在安全、优质柑橘果品生产中，有害生物综合治理必须坚持“科学植保、公共植保、绿色植保”的理念，培育和选用抗（耐）病虫的优良品种，通过栽培管理，改善和优化果园生态系统，创造一个有利于柑橘生长发育而不利于有害生物生长发育的环境条件。

病虫害的防治应优先采用农业措施、物理措施和生物措施防治，保护和利用自然天敌，发挥生物因子的控害潜能，必要时使用化学防治，合理选用高效低毒、低残留农药，将柑橘有害生物的危害控制在允许的经济阈值以下。

1. 农业防治

农业防治的基本方法有：

（1）建立合理的种植制度。合理的种植制度有多方面的防病虫作用，它既可调节农田生态环境，改善土壤肥力和物理性质，从而有利于作物生长发育和有益微生物繁衍，又能形成不利于病虫的生态环境，从而直接控制病虫的为害。如柑橘园的生草栽培和幼龄柑橘园的间作套种等种植制度可有效地控制病虫害的发生。

（2）加强田间栽培管理。科学的田间管理是改变农业环境条件最迅速的方法，对于防治病虫害具有显著作用。如适时播种、嫁接和定植、合理施肥和灌溉、适时整形修剪等，既可改变柑橘树的营养状况和生长环境，提高其抗病虫能力，同时还能恶化病虫的生存环境，达到抑制病虫发生或直接消灭病虫的目的。

（3）保持田园卫生。田园卫生措施包括清除收获后遗留在果园的病虫株残体，生长期砍除病株与铲除发病中心，清洗消毒农机具、工具、架材、农膜、仓库等。这些措施可以显著地减少病虫源数量。

（4）建立无病虫苗木基地。种子、接穗、苗木和其他繁殖材料是病虫借以传播的重要途径。对于以种苗为传播来源的病虫，培育无病虫种苗是减轻田间受害的重要措施。种苗繁殖地应做到土净、水净、肥净、种净，即各个环节都不携带防治对象。

2. 生物防治

生物防治是利用天敌昆虫、有益微生物、生物代谢产物控制有害生物种群数量的一种防治技术，具有安全、不污染环境、资源丰富等特点。但生物防治受环境因素影响较大，有的发挥作用较慢，在实际应用时应与其他防治方法结合才能更好地控制病虫为害。

生物防治的基本方法有天敌的利用、微生物的利用、生物产物如昆虫激素、苦参碱、烟碱等的利用等。

3. 物理防治

对害虫类可采用射线照射法、种子窒息法、种苗汰选法等方法进行防治。

射线照射法：利用原子核分裂时发出的射线直接杀死病虫或使害虫不育。

种子窒息法：用石灰水浸种、仓库充氮等方法创造缺氧条件，杀灭病虫。

种苗汰选法：通过症状观察，确定、剔除带病种苗，从而淘汰病苗。

4. 化学防治

化学防治就是利用化学农药来防治有害生物的方法。化学防治具有防治病虫害效果好、作用快(特别是对暴发性的病虫能在短时间内控制为害)、使用方法简便、便于机械化作业、不受地区限制等优点。

农药的使用必须保证科学、合理，否则会对植物产生药害、污染环境和产品，导致人畜中毒、病虫产生抗药性、杀伤天敌，以及破坏整个农业生态系统等严重后果。

农药的施药方法有喷雾法、喷粉法、种子处理、土壤处理、熏蒸法、烟雾法等。

(四)包装、贮藏与运输、标识控制措施

1. 包装

产品包装从原料、生产、使用、回收和废弃的整个过程都应有利于农产品安全和环境保护，且对人体无害。要求包装材料安全、卫生、无污染、牢固、环保，以期节省资源、保护环境(如可回收循环利用、能降解等，减少或避免废弃物产生)。

2. 贮藏与运输

保证果品在贮藏、运输过程中不遭受污染、不改变品质，并有利于环保、节能。防腐保鲜剂应选用国家允许使用的杀菌剂、保鲜剂或食品添加剂，并严格按照产品说明使用。具体可参照 NY/T 1189 执行。

果品采后贮藏保鲜的方法主要有：

(1)生物技术保鲜。生物技术保鲜是采用微生物菌株或抗生素类物质，通过喷洒或浸渍处理果品，以降低或防止果品采后腐烂损失的保鲜方法。目前典型应用有生物防治和遗传工程等技术。通过使用乳酸菌类、抗菌肽类、光合菌生物保鲜剂等物质，可有效地抑制有害菌类在果品上生长，从而达到保

鲜的目的。有试验表明，用酶类物质处理脐橙后，能显著提高脐橙的果汁含量、营养物质和感官品质。

(2)天然保鲜剂保鲜。天然生物保鲜剂主要包括植物源、动物源和微生物源的保鲜剂，主要是茶多酚、蜂胶提取物、橘皮提取物、魔芋甘露聚糖、连翘提取物、花生壳中的木樨草素、壳聚糖、生物碱等，都已有在食品和果蔬方面取得良好保鲜效果的报道。有试验结果表明：用3%的壳聚糖涂膜果实可明显延缓富川脐橙的酸含量、总糖含量、维生素C含量的降低，延长贮藏寿命。

(3)其他适用于柑橘保鲜的方法。贮前热处理能明显抑制柑橘病菌的发生、降低果实的腐烂率，同时也能较好地保持果实中可溶性固形物、可滴定酸和维生素C的含量；低浓度的1-MCP能抑制柑橘的腐烂。中草药提取液(如黄连水浸提液)对柑橘采后贮藏期主要真菌病害的体外抑制效果，与常用化学杀菌剂咪鲜胺相当，有开发成天然植物防腐保鲜剂的潜力。涂膜技术可以增加柑橘果实表面色泽、延缓后熟、保持品质，提高柑橘果实的商品价值。

3. 标识

属于农业转基因生物的产品，应当进行转基因标识；依法需要实施检疫的动植物及其产品，应当附检验检疫合格标识；对获得质量安全认证的产品，应有明显的标志证明等。

(五)农药残留检测新技术

农药残留检测方法大致可分为三大类：生物测定法，化学分析法，免疫分析和生化检测法。第三类检测方法目前发展很快，在此做一介绍。

1. 农药残留的免疫分析法

免疫分析法(IA)是一种基于抗原抗体特异性识别和结合反应的分析方法。该技术开发的检测试剂盒，具有特异性强、灵敏度高、分析容量大、方便快捷、成本低廉等优点，可广泛应用于现场样品和大量样品的快速检测。但该方法的开发过程需要投入较多资金、较长时间，且只适用于单一农药残留的快速检测分析。

2. 农药残留的生化检测

有机磷与氨基甲酸酯农药共为神经系统乙酰胆碱酯酶抑制物，因此可以利用农药靶标酶——乙酰胆碱酯酶(AChE)受抑制的程度来检测有机磷和氨基甲酸酯类农药。该方法具有快速方便、前处理简单、不需要仪器或仪器相对简单等优点，适合于现场的定性和半定量测定。

生物传感器法有酶传感器、全细胞传感器和免疫传感器等。免疫传感器的应用可大大提高检测灵敏度，并大大缩短检测时间。而生物传感器与光纤技术结合的产物——光导纤维传感器则在快速检测和在线检测中有着广阔的应用前景。

此外，凝胶渗透色谱(GPC)(又称分子筛凝胶色谱)发展也相当迅速，其原理是以多孔凝胶(如葡萄糖、琼脂糖、硅胶、聚丙烯酰胺等)作固定相，根据溶质(被分离物质)分子量大小不同从而达到分离目的。农药残留的提取净化，用于食品中各类添加剂及非法添加剂的检测过程中。

(六)建立、健全质量安全相关体制

1. 强化标准意识

要强化标准意识，加大实施力度，严格按标准组织生产，积极引导生产者在果品生产中最大限度地降低化肥、农药对果品的污染。

2. 完善产品质量安全管理体系

首先，要完善产品质量安全法律法规体系。必须建立和完善与《农产品质量安全法》配套的各项规章制度。如加快建立农业投入品安全使用、柑橘果品质量安全监管、标识及质量追溯机制，逐步建立健全适用、科学、先进的柑橘产品质量安全法律法规体系。

其次，要逐步健全柑橘质量安全标准和认证体系。完善柑橘质量控制标准，使柑橘质量信息明确化、具体化，以有效解决逆向选择和败德行为导致的市场失灵或市场运行低效问题。

再次，要建立一个有效的柑橘质量安全检测系统。使监管部门做到职能定位准确，监管方向清晰。让柑橘供应链全过程得到有效监管，避免出现“管理真空”。

3. 加快产品质量安全市场准入机制建设

基于质量安全角度构建柑橘水果供应链，尽快建立全国统一的农产品质量市场准入机制。在建立过程中，应考虑到产品质量安全市场准入在技术管理、规制重点、准入程序、准入方式等方面存在的复杂性。必须正确处理好4个方面的关系：①产品市场准入与农产品总量安全战略的关系。②产品消费安全与政府监管成本的关系。③果农增收与质量安全管理成本提高的关系。④监督管理与正确引导的关系。

第三节 柑橘绿色、有机果品生产技术

一、绿色柑橘生产技术

绿色果品是指经中国绿色食品发展中心认定、许可使用绿色食品标志的

无污染、安全优质的营养食品。随着我国人民物质文化生活水平的显著提升，生产绿色果品成为果树产业发展的必然趋势。目前，我国果品在国际市场上的占有率低、价位不高、创汇能力差的原因，除果品质量不高外，未能达到绿色果品的标准也是重要因素。因此，为全面符合新形势的要求，应探究绿色柑橘种植管理技术，通过合理施肥、有效修剪、完善的生草栽培、环保绿色的处理等措施，提升产量与质量，进而获得更好的效益。

（一）绿色果品与绿色柑橘的生产

绿色食品标准要求，生产地的环境质量应符合《绿色食品产地环境质量》（NY/T391），生产过程中应严格按照《绿色食品农药使用准则》（NY/T 393）、《绿色食品肥料使用准则》（NY/T 394）的要求，限量使用限定的化学合成生产资料，并积极采用生物学技术和物理方法保证产品质量符合绿色食品产品标准的要求。认证和监管实行环境和产品质量监测、生产过程控制、质量认证和证明商标管理相结合的方式，采取政府推动与市场拉动相结合的发展机制。

我国柑橘生产中存在着滥用农药、过量施用化肥、柑橘生产环境污染严重、农药残留超标等问题。目前，我国绿色果品工程刚刚启动，需要大力宣传绿色果品的观念，同时要认识到绿色果品生产的紧迫性，为广大果农普及绿色柑橘的种植技术。

（二）绿色柑橘生产技术

1. 园地的选择与建设

（1）生态环境标准。建立绿色柑橘生产基地时，应先请环保部门监测基地的大气（表 10-7）、土壤（表 10-8）、水质（表 10-9）等符合绿色食品产地环境质量标准，果树的生长区域没有工业企业的直接污染，以及水域上游、上风口没有污染源对该地区构成污染威胁，区域内的各项指标符合国家要求，并有一套措施确保该地区今后生产过程中环境质量不下降。

表 10-7　空气环境质量要求

项　目	浓度限值（标准状态）	
	日平均	1 h平均
总悬浮颗粒物（TSP）	≤0.30 mg/m^3	—
二氧化硫	≤0.15 mg/m^3	≤0.50 mg/m^3
氮氧化物（NO_x）	≤0.10 mg/m^3	≤0.15 mg/m^3
氟化物	≤7 μg/m^3（动力法），≤1.8 μg/d（挂片法）	≤20 μg/m^3（动力法）

注：日平均指任意 1 d 的平均浓度；1 h 平均指任意 1 h 的平均浓度；连续采样 3 d，3 次/d，早、中、晚各 1 次；氟化物采样可用动力采样滤膜法或石灰滤纸挂片法，分别按各自规定的浓度限值执行，石灰滤纸挂片法挂置 7 d。

表 10-8　土壤中各项污染物的含量限值　　单位：mg/kg

pH 值	镉	汞	砷	铅	铬	铜
＜6.5	≤0.30	≤0.25	≤25	≤120	≤50	≤50
6.5～7.5	≤0.30	≤0.30	≤20	≤50	≤120	≤60
＞7.5	≤0.40	≤0.35	≤20	≤50	≤120	≤60

表 10-9　农田灌溉水中各项污染物的浓度限值

项　目	浓度限值	项　目	浓度限值
pH 值	5.5～8.5	总铅	≤0.1 mg/L
总汞	≤0.001 mg/L	六价铬	≤0.1 mg/L
总镉	≤0.005 mg/L	氟化物	≤2.0 mg/L
总砷	≤0.005 mg/L	类大肠杆菌	≤10 000 个/L

注：灌溉菜园用的地表水需测粪便大肠菌群，其他情况下不测粪便大肠菌群。

(2)选择适宜的气候、土壤、地形。绿色食品包含了优质的概念，绿色柑橘生产基地也应符合优质柑橘生产的要求：绿色食品生产要求控制化学物质的使用，这就更加需要利用各种生态因素来控制灾害的发生。在选择绿色柑橘生产基地时要特别注意 3 个方面的条件：①气候适宜于柑橘栽培，避免选择在易发生冻害、风害、涝害和干旱的地区。②土壤肥沃，土质疏松，有机质含量在 1.5%以上，微酸性，土层深厚，活土层在 60 cm 以上，地下水位离畦面不少于 1 m。③地形以丘陵和低山缓坡为好，坡度最好在 20°以下。基地周围最好有适当的地形阻隔，以有利于基地形成相对独立的生态系统。在柑橘生态适宜区的北缘地区，最好选择坐北朝南的坡地、北面有山岗的平地或大水体附近，出现强冷空气时能避免或减轻冻害的发生。果园周围最好有适当的防护林，特别是沿海可能受到台风影响的地区，营造防护林应选择速生树种，并与柑橘没有重要的共生性病虫害。

(3)选择良种。栽培品种的选择应体现优质性，依据环境状况、园地条件进行主产品的优选，明确生产种植的主体模式以及发展方向。

2. 土肥水的管理

1)土壤管理

土壤管理是绿色柑橘果树生长发育的基础。创造适宜树体生长结果的肥、水、气、热等土壤条件，是土壤管理要达到的目的，可以采取深翻改土、使用有机肥和绿肥、中耕、覆盖培土等措施来达到这一目的。

(1)深翻改土，熟化土壤。对土壤熟化程度不高的柑橘果园，必须进行深翻改土、熟化土壤。深翻可2年进行1次，时间一般以在秋梢停止生长后或者采果后进行为好。在夏、秋季雨水较多的绿色柑橘种植区，也可尝试秋季深翻。

土壤管理通常在秋梢停长后进行，从树冠外围滴水线处开始，逐年向外扩展40～50 cm，深度40～50 cm(山地改土位置在梯面内侧及株间)。回填时混入经腐熟的绿肥、饼肥、堆肥、秸秆或人畜粪尿等。回填时将挖出的表土放在底层，将心土放在上层。回填后对穴内灌足水分。

(2)间作绿肥或者生草。绿色柑橘果园实行间作绿肥或者生草栽培。种植绿肥以豆科植物和禾本科牧草为宜，适时翻埋于土壤中或覆盖于树盘。这些间作物的作用主要有：增加土壤有机质；占领地表，控制恶性杂草的生长；为柑橘害虫天敌创造理想的栖息场所，间作物上的花粉和螨类还是捕食螨等天敌的优良食料。

(3)覆盖与培土覆土。将绿肥作物的茎叶、秸秆、杂草、干草和厩肥等材料，覆盖在柑橘树周围的地面。覆盖可以达到保温防寒、防湿抗旱、防雨免淋、提高果实糖度等目的，也有利于根际微生物的活动。

2)肥料管理

施肥原则应以有机肥为主、无机肥为辅，以根际施肥为主、叶面施肥为辅，搞好测土配方施肥，充分满足柑橘对各种营养元素的需要。做到有机肥与无机肥相结合、迟效肥与速效肥相结合、土壤施肥与叶面施肥相结合。

(1)允许使用的肥料种类及其使用规则。根据《绿色食品肥料使用准则》(NY/T394)的规定，生产绿色食品允许使用的肥料种类主要有堆肥、沤肥、厩肥、沼气肥、绿肥、作物秸秆、泥肥、饼肥、商品有机肥料、微生物肥料、有机复合肥、腐殖酸类肥料等。

商品肥料及新型肥料必须通过国家有关部门的登记认证及生产许可，并符合相应的质量标准，使用时须按照说明书的要求操作。最后一次追肥应在采果30 d之前进行。

(2)适量施肥。施肥量视树势、树龄、品种、土壤条件等不同而异，一般以每产果1 000 kg施纯氮6～10 kg、五氧化二磷5～8 kg、氧化钾6～10 kg为宜。土壤施肥主要是施采后肥和壮果肥，必要时施少量的芽前肥。可采用环状沟施、条沟施和土面撒施等方法施肥。除土壤施肥外，必要时还可辅之以根外追肥，特别是微量元素缺乏时，要及时进行叶面喷施补充。开花期发现树势过弱，可喷洒叶面肥以促进春梢和花蕾(子房)的生长发育，减少落花落果。

3)水分管理

(1)灌溉。柑橘树在春梢萌动及开花期(3～5月)、果实膨大期(7～9月)

及采后对水分敏感。此期间发生干旱应及时进行灌溉，灌溉水应采用水质符合《绿色食品产地环境质量》(NY/T 391)规定的水源。除传统的灌溉方式外，有条件的果园最好采用微喷灌或滴灌。

(2)排水和控湿。及时清淤，疏通排水沟渠，使果园有积水时能及时排出。地膜覆盖是控制土壤湿度的有效方法，一般可在8月施过壮果肥后开始覆盖。夏季雨多，果个较大的年份应适当提早覆盖，反之则应适当延迟覆盖。

3. 枝梢和花果的调控

(1)调节枝梢生长的主要措施。对枝梢生长的调节主要通过控制施肥和适当修剪来实现。看树施肥：对树势过强、枝梢生长过旺的树少施或不施；树势过弱、枝梢生长不足时应及时增施肥料，或采用根外追肥以尽快补充营养。同时，在枝梢生长过旺时结合修剪、抹梢、摘心等措施来控制枝梢生长。

(2)适宜树形和修剪原则。适宜树形因品种不同而有差异。温州蜜柑等品种的适宜树形为自然开心形，橙类、柚类、柠檬等的适宜树形为变则主干形。成年果园树冠覆盖度应控制在80%以内，行与行之间的树冠间距保持在50～80 cm，株与株之间的树冠间距控制在30～50 cm。树冠高度一般控制在3 m以下。修剪时应注意因地制宜、因树修剪、轻重得当、促叶透光、立体结果。

(3)花果调控。为促进翌年开花，秋季对旺盛生长的树可采用环割、断根、控水等措施。花量较少、春梢抽发较多时，应当在春梢展叶时留4～5片叶摘心，并疏删过旺的枝梢，也可结合采取环剥、叶面喷布营养液肥或微量元素等措施，以提高坐果率；对坐果率很低或坐果不稳定的品种，可以喷施通过发酵生产的赤霉素进行保果。不得使用化学合成的植物生长调节剂。

如要控制翌年花量，冬季修剪应以短截、回缩为主，花量较多时，花期适量剪去花枝。强枝适当多留花，弱枝少留或不留花；有叶花多留，无叶花少留或不留；剪除畸形花、病虫花等。

4. 病虫害防治

绿色食品柑橘生产中病虫草害的防治，应在选用抗病虫品种、对苗木和接穗的调运实行严格检疫的基础上，从整个果园的生态系统出发，综合运用各种措施，创造不利于病虫和恶性杂草滋生、有利于提高树体抗病力和害虫天敌繁衍的环境条件，保持果园生态系统的平衡和生物多样性，以充分发挥自然控制的作用。对于可能造成危害的病虫草害，优先采用物理措施或生物措施防控。只有在病虫预报和种群监测结果达到防治指标，而又没有其他有效的防治措施可供选用时，才考虑用化学药剂防治。化学药剂要严格按照《绿色食品农药使用准则》(NY/T393)的规定选择对病虫害效果好，对天敌安全，对人畜低毒，对果实和环境无污染的品种。具体措施为：

(1)农业措施。包括建设防护林、选用抗病品种、合理间作、生草栽培、修剪、清洁果园、排水、避雨、控梢等农业措施，减少病虫源，加强栽培管理，增强树势，提高树体自身的抗病虫能力。提高采果质量，减少果实伤口，降低果实腐烂率。

(2)物理措施。①灯光诱杀，可用黑光灯和频振式杀虫灯诱杀吸果夜蛾、金龟子、卷叶蛾等害虫。②趋色性防治，用黄板可诱杀蚜虫、蓟马等害虫。③物理阻隔保护，如包扎主干防止天牛产卵，在果实上贴纸片防止日灼，果实套袋防止吸果夜蛾等。④人工捕杀害虫。

(3)生物防治。①保护果园中已有天敌资源。②引入果园中没有的重要天敌资源。

(4)化学防治。柑橘病虫害的化学防治关键要掌握好4点：一是在确实有必要的时候用药，主要是掌握好防治指标；二是在适当的时候用药，即掌握好防治适期；三是选择允许在绿色食品生产中使用的有效农药，严禁使用剧毒、高毒、高残毒的药剂、基因工程产品及制剂；四是按照《绿色食品农药使用准则》(NY/T 393)严格掌握使用次数、浓度(或施药量)和安全间隔期，允许使用的每种化学合成农药每年尽量交替使用。

5. 采后处理

贮藏过程中尽量减少防腐剂、保鲜剂对果品的污染，尽量采用气调、冷藏保存，并保持采收、贮藏及运输环境的密封、卫生，减少动物、微生物及周围环境对果品的后期污染。

二、有机柑橘生产技术

有机柑橘不同于绿色柑橘，不是注重最终果实的农药或其他有毒物质残留量是否超标，而是关注果品生产、加工、贮藏的全过程。有机柑橘的生产技术是将传统的柑橘栽培技术和现代生物技术相结合的一种新型柑橘生产技术。

(一)有机果品

有机食品是一类真正源于自然、富营养、高品质的环保型安全食品。有机食品需要符合4个条件：①原料必须来自已建立的或正在建立的有机农业生产体系，或采用有机方式采集的野生天然产品。②产品在整个生产过程中严格遵循有机食品的生产、加工、包装、贮藏、运输标准。③生产者在有机食品的生产和流通过程中，有完善的质量跟踪审查体系和完整的生产及销售记录档案。④必须通过独立的有机食品认证机构的认证审查。现阶段，我国有机果品的生产还处在起步阶段，发展的空间还很大。发展果品有机生产，对增加果品附加值，解决农民就业、持续增加群众收入都具有积极的意义。

（二）有机柑橘生产技术

1. 园地的选择与建设

有机柑橘生产基地的地理位置，首先要求远离城市，远离主干公路，生态绿化要好，小气候条件要好，与其他果园至少距离 800 m，防止病虫害交叉传播。其次要考虑生产基地周边的生态环境质量，包括大气、土壤、水源等。有机果园应建立在没有大气污染，空气质量达到《环境空气质量标准》(GB 3095)中所规定的一级标准的地方；水源水质优良且供水方便，附近及上游水源不能有对果园构成污染威胁的污染源，灌溉水最好是雨水、天然河流式山泉，不含汞、铅、氯化物、氟化物等物质；有机果园要求土壤土质肥厚，富含有机质，耕性良好、疏松、透气、保肥保水能力强，无农药残留，pH 值在 6.5 左右等。

柑橘属于多年生植物，需要 3 年的转换期(U)，3 年后才属于有机柑橘，3 年内的柑橘分别属于 U1、U2、U3 产品。若种植地为新开荒的、长期撂荒的、长期按传统农业方式耕种的或有充分证据证明多年未使用禁用物质的农田，也应经过至少 12 个月的转换期。转换期从提交申请之日算起。转换期内必须完全按照有机农业的要求进行管理。

如果有机柑橘生产区域有可能受到临近的常规生产区域污染的影响，则在有机和常规生产区域之间应当设置缓冲带或物理障碍物，保证有机生产地块不受污染，以防止临近常规地块的禁用物质的飘移入侵。缓冲带的宽度应视污染源的强弱、远近、风向等因素而定，一般为 30 m。在有机生产区域周边设置天敌的栖息地，提供天敌活动和寄居的场所，提高生物多样性和自然控制能力。

2. 品种的选择

优先使用有机种苗，其次是转换期种苗，再次是绿色种植基地的种苗，禁止使用转基因苗木。所选种苗应是抗病抗性品种，适应当地土壤和气候条件，对主要害虫、杂草和病害有较强的抵抗力。栽植前按规划应进行品种核对、登记、挂牌、苗木质量检查与分级，并且要求苗木品种纯正、根系健壮完好、枝粗、节间短、芽饱满、皮色光亮、无检疫性病虫害，并达到国家或部颁标准。栽培一般分为秋栽和春栽。在无冻害地区以秋栽(9 月下旬至 10 月上旬)为好，春栽一般在果苗萌动前(3 月份)为宜。栽植密度按行株距 4 m×2 m(1 245 株/hm^2)或 4 m×3 m(840 株/hm^2)实施。

3. 土肥水管理

(1)土壤管理。适时采集土样分析，了解土壤理化性状及肥力状况，作为土壤管理的依据；采取适当轮作、间作绿肥或适时休耕以维持并增进地力。

有机栽培技术中土壤管理的基本原理是：充分发挥土壤的活力，提高土壤本身的机能，以改善土壤的物理性状，利用根系的旺盛生长，防止病虫害侵入。有机果园比传统果园更注重生草栽培与地面覆盖，即在果树的行间种草、树盘覆草，包括豆科作物在内的合理轮作复种和间作套种，以增加作物品种的多样性、减少蒸发、保护天敌、培肥土壤、防止病虫杂草为害等。有试验比较了生草园、免耕园和清耕园捕食性天敌的差异，其结果是生草园的天敌多于免耕园，免耕园的天敌又多于清耕园，植被多样化后益害比大大提高，天敌可有效地控制果园害虫的为害。

(2)施肥。有机肥是指经过无公害化处理的堆肥、沤肥、厩肥、沼气肥、绿肥、饼肥及有机柑橘专用肥。但有机肥料的污染物质含量应符合规定的标准(砷≤30 mg/kg、铅≤60 mg/kg、汞≤5 mg/kg、铜≤250 mg/kg、镉≤3 mg/kg、铬≤70 mg/kg、DDT≤0.2 mg/kg 等)，并经有机认证机构的认证。矿物源肥料、微量元素肥料和微生物肥料，只能作为培肥土壤的辅助材料。微量元素肥料在确认柑橘树有潜在缺素危险时作叶面肥喷施。微生物肥料应是非基因工程产物，并符合《微生物肥料》(NY227)的要求。禁止使用化学肥料和含有有毒有害物质的城市垃圾、污泥和其他物质等。

具体的施肥要求是：①用环状沟施肥法，即在树冠滴水线下偏外挖环状沟，沟深 20 cm 左右，将肥料均匀撒施于沟内，再回填土将肥料覆盖，以提高肥料的利用率。②在柑橘生长季节的 2 月底至 3 月初、5 月上旬、6 月下旬至 7 月上旬浇施腐熟后的有机液肥(20 kg/株)或柑橘专用有机肥(2.5～5.0 kg/株)，在 9 月中、下旬施入腐熟的农家肥(25～50 kg/株)。③叶面肥应根据柑橘树体的生长情况合理施用，使用的叶面肥必须在农业农村部登记注册并获得有机认证机构的认证，叶面肥应在采果前 10 d 停止使用。

(3)排水和灌溉。在湿润多雨季节，适当修建排水沟，使多余的雨水及时排出果园，避免雨水过多引起的涝灾。

为保证树体在干旱季节的生长需要，灌溉水的水质必须无污染、符合以下要求：pH 值 5.5～7.5，总汞≤0.01 mg/kg，总镉≤0.05 mg/kg，总砷≤0.5 mg/kg，总铅≤0.1 mg/kg。

4. 病虫草害控制

(1)病虫害控制。利用病虫害防治的阈值原理是有机果品生产的“黄金规划”，即只有当病虫害数量增大到一定程度、超过一定的阈值、估计其导致的经济损失大于防治所付出的成本时，才采取防治措施，容忍生产中出现不显著的病虫密度。具体的防治措施有：结合修剪，剪掉病虫枝，刮除树干翘裂病皮，清除病僵果和枯枝落叶等。利用害虫的趋光性防治害虫，如用黑光灯诱杀金龟子、卷叶蛾等，用黄色荧光灯诱杀吸果夜蛾等。利用害虫的趋化性防治害虫，如在糖醋液中加农药诱杀橘小实蝇、拟小黄卷叶蛾等。保护和利用当地柑橘园中的草蛉、瓢虫和寄生蜂等天敌昆虫，以及蛙类、螨类和鸟类等有益生物，减少人为因素对天敌的伤害；引入和繁殖病虫害天敌和有益微生物，保护和扩大天敌的栖息地（行间种植绿肥作物或牧草等）；允许使用生物源农药，如微生物源农药苏云金杆菌（Bt）、植物源农药苦烟水剂；允许使用矿物源农药。

（2）杂草控制。柑橘园区采用树盘清耕、行间生草栽培模式，当树盘内出现杂草或行间杂草高度超过 20 cm 时，应进行人工除草，或用未经有毒有害物质污染的作物秸秆、薄膜等其他合成材料覆盖，这些覆盖材料必须在柑橘果实收获后从园区移走。

禁止使用混配的化学合成的杀虫剂、杀菌剂、杀螨剂、除草剂和植物生长调节剂，植物源农药宜在病虫害大量发生时使用，矿物源农药应严格控制在非采果季节使用。

5. 整形修剪

合理修剪、合理负载、增强树体的抗逆能力，是有机柑橘栽培中树体管理的重要原则。除剪掉徒长枝、密生枝、重叠枝、下垂枝和病虫枝外，还要按照改良的树体结构及不同树龄进行大改形。对幼树要注意培养树体骨架结构，选留好各级骨干枝，对辅养枝长放或轻短截；对结果树要调节好营养生长与结果的矛盾，利用辅养枝结果，适时适量回缩。注意更新复壮枝组，稳定树势，使树势趋于缓和中庸，稳定产量。同时注意“稀化”果园，对密植园一定要进行间伐，以使树体通风透光，提高果品的产量和质量。

6. 追踪体系的建立

有机柑橘生产和管理人员要对种苗的选择、病虫草害及其防治、施肥、灌溉和生产工具的使用情况进行详细记录，以便使有机柑橘生产具有可追溯性。

7. 采后处理

有机柑橘采后要用特定的材料包装，单独存放于有机产品仓库，禁止使用防霉剂。若不得不与常规产品共同存放时，必须在仓库内划出特定区域，采取必要的包装、贴标签等措施来确保有机柑橘不与常规柑橘混放。要有专用的有机柑橘车辆运输，或运输有机柑橘前要将车辆清洗干净，以免受到污染。

参考文献

[1]王成秋，焦必宁，唐忠海，等．柑橘质量安全及其对策措施研究[J]．中国南方果树，2005，34(1)：19-21.

[2]滕明，林东森. 多措并举，提高果品安全水平[J]. 烟台果树，2010(3)：9.
[3]李海山，谭鑫，刘树海. 果品贮藏业存在的问题及对策[J]. 河北果树，2012(4)：2-3.
[4]吕舒曼，陈健，冯瑞祥，等. 岭南果品质量安全现状及对策[J]. 广东农业科学，2009(3)：165-167，174.
[5]王会欣，任瑞，王秀芬. 河北省果品质量安全存在的问题及对策[J]. 河北林业科技，2009(6)：43-45.
[6]刘娟娟，刘金柱，李兰. 果品质量安全存在问题与对策[J]. 河北果树，2012(5)：32-33，35.
[7]刘传德，周先学，牟建进. 果品质量安全监控对策[J]. 北方园艺，2007(10)：64-65.
[8]石效贵，公庆党. 山东省果品安全问题的探讨[J]. 经济林研究，2004，22(1)：68-70.
[9]左义河，冯佰利. 山西省农产品质量安全现状评析[J]. 农业科技管理，2006，25(4)：41-44.
[10]晓荣，饶景萍，赵政阳. 以质量、安全为目标的苹果标准化生产现状及对策[J]. 陕西农业科学，2007(3)：120-121，143.
[11]江李云. 影响提高农产品质量安全水平的因素与对策[J]. 安徽农学通报，2008，14(9)：86-87.
[12]赵政阳. 陕西苹果质量安全影响因素及其控制研究[D]. 杨凌：西北农林科技大学，2007.
[13]俞宏. 我国果品质量安全现状及提高果品质量对策[J]. 中国农村科技，2004 (1)：34-35.
[14]李玉萍，古小玲，梁伟红，等. 我国荔枝质量安全现状与对策[J]. 中国果树，2009(6)：70-72.
[15]黄昀，李道高. 柑橘环境质量与食用安全控制[M]. 重庆：重庆出版社，2006：177-190.
[16]邓军蓉，祁春节，彭行荣. 基于质量安全构建农产品供应链的思考——以柑橘为例[J]. 湖北农业科学，2009，48(7)：1773-1775.
[17]李海山，谭鑫，宋海舟. 果品质量安全存在问题及对策[J]. 河北果树，2011(5)：14-15.
[18]吕志华. 济宁市果品质量安全示范区标准[J]. 基地建设，2011(3)：48-50.
[19]李志霞，聂继云. 无损检测技术及其在果品质量安全检测中的应用[J]. 中国农业科技导报，2013，15(4)：31-35.
[20]任艳芳，刘畅，徐玲玲，等. 中草药提取液对柑橘采后主要病菌抑制效果研究[J]. 北方园艺，2010，23：179-181.
[21]邱静. 我国主要农药残留快速检测方法及产品现状分析[J]. 农产品质量与安全，2011(5)：41-46.
[22]程存刚，刘凤之，康国栋. 我国苹果产业科技需求与发展对策[J]. 中国果树，2007(5)：58-59.
[23]屈立武，谭谊谈，周雅涵，等. 天然涂膜材料在柑橘贮藏中的应用研究进展[J]. 食

品工业科技，2013，3：379-382.
[24]黄永川，柴勇，康月琼，等. 农药残留检测分析技术进展[J]. 南方农业，2007，1(3)：90-92.
[25]周相娟，李伟，许华，等. 凝胶渗透色谱技术及其在食品安全检测方面的应用[J]. 现代仪器，2009(1)：1-4.
[26]廖炜. 柑橘采后储藏保鲜技术研究进展[J]. 中国市场，2011(49)：28-30.
[27]刘贵海，孟繁武，李和平. 绿色果品生产的关键技术[J]. 农业环境与发展，2004，21(5)：7.
[28]中华人民共和国农业部. NY /T391—2000 绿色食品产地环境质量标准[S]. 北京：中国标准出版社，2001.
[29]张志恒. 柑橘安全生产技术体系的创建及推广[D]. 杭州：浙江大学，2005.
[30]邱栋梁，林水兰，张光华. 脐橙绿色生产技术规程[J]. 亚热带农业研究，2010(1)：13-18.
[31]余小丽. 绿色柑橘病虫害综合防治技术[J]. 果农之友，2012(10)：27.
[32]杜纵绪，张洪，张兆欣. 国内外有机生产概述[J]. 安徽农业科学，2006，34(7)：1334-1335.
[33]魏长宾，孙光明，李绍鹏，等. 有机果品生产技术[J]. 广西热带农业，2005(2)：18-20.
[34]陈策. 果树的有机生产[J]. 果农之友，2005(2)：8-9.
[35]申双贵，黄中培. 有机柑橘生产及初加工技术[J]. 河北农业科学，2008(1)：111-113.
[36]陈汉杰，张金勇，郭小辉，等. 国内外有机苹果生产的病虫害防治[J]. 果农之友，2007(4)：5-6.
[37]谭平. 西南地区有机柑橘生产管理技术[J]. 农民科技培训，2012(12)：33-34.
[38]刘学海，王夫美，闵现芳，等. 有机果品生产概述[J]. 河北果树，2009，2：1-2.

第十一章 柑橘采后生理、贮藏及商品化处理

我国每年因采后处理不当导致的柑橘类果实腐烂和损耗率高达20%以上，烂果和生产废水对柑橘产区的环境污染等问题也亟待引起关注和重视。本章针对上述问题，分三节介绍柑橘采收技术与采后生理研究现状、贮运保鲜技术、商品化处理技术及其发展趋势。

第一节 柑橘采收技术与采后生理研究现状

我国的柑橘以鲜食为主，对内在品质和外观品质都有较高的要求。采收是柑橘由田间生产转向市场销售的起始环节，该环节在整个产业链中具有承上启下的重要作用，适时科学地进行采收对维持果品的内在品质和降低腐烂率都具有重要意义。多数柑橘品种采收后品质不再提高，采收时期直接影响到果实品质和贮藏寿命；采收方式及采收时果实的损伤状况直接影响到柑橘果实的腐烂率。因此，搞好柑橘商品化处理和贮藏保鲜工作应从果实采收开始抓起。

一、柑橘采收技术

1. 影响柑橘果实质量的因素

(1)影响柑橘果实内在品质的因素。柑橘果实的品质受品种、砧木、采收成熟度、栽培管理水平和生态环境等很多因素的共同影响。粗柠檬、红橘、枳柚等速生性砧木柑橘树所结果实的总可溶性固形物含量、有机酸含量和果汁含量，通常用较枳作砧木的柑橘树所结果实的要低。不同品种成熟果实的总可溶性固形物含量通常有较大的差异。随着果实成熟糖度增加，但过熟后

糖度会下降。成熟度与含酸量的下降有关，采收时期对果实采后糖、酸的变化有很大的影响。由于采前气候因素的影响，不同年份柑橘果实的成熟期和含糖量也可能存在差异。果园土肥条件对果实品质的影响很大，氮(N)、磷(P)和钾(K)对柑橘果实的内在品质通常有很大的影响。高水平的氮可增加果汁的含酸量，略微增加果汁的可溶性固形物含量，降低果实的出汁率和固酸比；高水平的磷可增加果汁含量和固酸比，降低果汁的含酸量；高水平的钾可增加果汁的含酸量，降低果汁含量和固酸比。成年树比幼树所结果实的总可溶性固形物含量高，风味更好。着生在遮阴的树冠内膛的果实比光照充足的外围果实的总可溶性固形物含量低。

(2)影响柑橘果实外观色泽的因素。优质柑橘商品果实对外观色泽有明确的要求。柑橘着色主要受温度的调控，对昼夜温差和低温持续时间有严格的要求。通常高纬度、高海拔果园的果实优先着色；而部分低纬度、低海拔果园的早熟脐橙或温州蜜柑到采收时尽管内在质量已达到了成熟度的要求，但依然可能着色不良，无法直接销售，需要用乙烯进行脱绿处理或放置一段时间才能使果实达到市场对果实外观色泽的要求。

2. 柑橘成熟期的判断

柑橘是非呼吸跃变型水果，果实内在品质的变化与外观色泽没有必然的联系，多数柑橘产区无法简单地从外观判断果实是否成熟。柑橘的内在品质主要受品种特性、生态环境(如积温和灌溉条件)、栽培农艺措施等因素的影响；而外观色泽受品种遗传特性和成熟期昼夜温差的影响最大，季节性的气候条件、砧木、栽培技术和树龄等因素也对柑橘的着色有重要影响，直接影响到柑橘的成熟期。

柑橘类果实拥有一个庞大的家族，全球柑橘品种多达上千个，各地的生态环境或小气候存在差异；消费者的偏好也有所差异，如欧洲和北美地区的消费者喜欢食用偏酸的果实，而亚洲消费者则更喜欢偏甜的果实。因此，根据不同的目标市场，对柑橘的采收成熟度的定义有可能不同。对果实的成熟度，目前国际公认的有总可溶性固形物含量、总酸含量、固酸比、出汁率和果实外观色泽等5项指标。

柑橘果实的总可溶性固形物中糖分约占85%，通常用总可溶性固形物来反映果实的含糖量。柑橘果实生长发育后期，随着成熟度的增加，果实的含糖量会增加，但当果实过熟时，含糖量会下降。绝大多数柑橘品种在果实生长发育阶段有机酸含量逐渐上升，当果实成熟时有机酸含量开始下降。果实中的有机酸含量通常用NaOH滴定法测定，所以有时也称为可滴定酸。未成熟果实由于糖分含量低而有机酸含量很高，所以通常糖酸比(固酸比)很低，导致果实风味很酸。随着果实成熟度的增加，碳水化合物向糖分转化加速，同时有机酸含量下降，所以糖酸比升高，果实风味变甜。

出汁率表示果实中所含果汁的多少，以百分数表示。随着果实成熟度的增加、果汁含量上升，但当果实过熟时果汁含量会下降。

另外，近年来随着各产区土肥条件的改变或品种自身的原因，柑橘果实不化渣或化渣性差等问题已引起普遍关注。由于果实的化渣性直接影响到食用口感，在将来也有可能将化渣性列为衡量柑橘果实内在品质的一项指标。

采收后的柑橘果实，尽管切断了来源于树体的物质运输成为一个独立的生命实体，果实的品质和营养成分不再提高，但是果实自身的呼吸代谢还在继续，因此果实应当达到适宜的成熟度后再采收。

亚热带柑橘产区，果实成熟季节由于昼夜温差加大，宽皮柑橘和橙类果实成熟时果皮由绿色转为橙黄或橙红色，果肉含酸量下降，果汁增多，固酸比升高，部分果实香气增加。就近销售和短期贮藏的果实可在接近或完全成熟时采收；长期贮藏的果实应在八成五至九成成熟时采收。生产中贮藏用的柑橘可以果面2/3以上转色或固酸比适宜[橙类(9～10)∶1，橘类(12～13)∶1]时采收为宜。西方人喜欢偏酸口味，甜橙固酸比应在(8～9)∶1时就开始采收。

柑橘果皮和果肉的成熟通常并不同步。在低纬度地区，当果肉达到食用成熟度时果皮往往依然保持绿色；在我国柑橘北缘产区，如湖北丹江口和陕西汉中，每年柑橘转色期较长江以南的产区可能要早10 d左右；同一产区的高海拔山腰较山下着色早。即使在同一株树上，不同大小的果实其成熟期也有差异，伏令夏橙和柳橙一般小果先成熟，应优先采收，而椪柑等宽皮柑橘枝梢顶端的果实先着色，应优先采收大果，小果和着色不良的果实后期采收。

柑橘采收最好选择在晴天、空气湿度较低的天气进行，露水干后及时采摘。如果是阴天，最好在下午采果，雨天不要采果。

3. 柑橘采收技术要求

成熟的柑橘果实较大，水分含量高，果面油胞发达。宽皮柑橘果皮质地松脆，很容易受到机械损伤，哪怕是轻微的损害也有可能成为采后病害入侵的门户。因此，把好柑橘的采收关十分重要。

柑橘采收前需要做一些必要的准备工作。采果用具要消毒，并做好对果实的防护工作，如清除泥沙、加缓冲衬垫等；准备好手套、圆头果剪和采果袋等；做好对采果人员的培训，采果人员要修剪指甲，禁止传染病患者入园采果。

柑橘采收分为人工采收、机械采收和化学辅助采收。鲜食柑橘普遍采用人工采收。

人工采收：采果时，作业人员要戴好手套，胸前配备便携式采果袋，在果园内合适位置放置周转果箱。如果满树采收应按先下后上、先外后内的顺序采摘。严格实行“一果两剪”，第 1 剪距果蒂 1 cm 左右将果实剪下，第 2 剪使果蒂平整、萼片完整，切记应使剪口平滑，以免在果筐中对邻近果实造成损伤。采好的果实应轻轻放入采果袋，切忌远距离投掷，尽量减轻对果皮的伤害。采收时及时剔除病虫果、畸形果和伤残果，条件许可时可进行初步挑选，拣出着色太差、过大或过小的级外果。果实成熟度不一致时，应采黄留青，分期分批采收。带有衰退病、黄龙病等病原菌的果园，采完 1 株树后要对果剪进行消毒，防止病原传播。

机械采收：人们对柑橘机械采收的研究始于 20 世纪 50 年代中期，但迄今机械采收在柑橘产业中的应用还十分有限。由于机械采收在采摘时没有选择性，而且对果面伤害较大，目前仅限于对部分加工果实的采摘。

我国柑橘栽培地域广阔，品种繁多，成熟期跨度很大。云南、福建等河谷地区的柠檬和温州蜜柑在 8 月中、下旬开始采收，而三峡库区的夏橙到翌年 5～6 月还有未采收的果实。我国柑橘以鲜食为主，加之柑橘园多分布在丘陵和山区，因此一般要求人工采摘。

柑橘采收一般要求分期分批采摘，先熟的先采，除晚期清园外，不提倡全园一次性采收。由于采果时劳动力相对紧缺，应优先采摘市场价格好、着色好的大果，小果和残次果可等到清园时集中采摘。

我国消费者习惯以果蒂的色泽和完整程度来判断柑橘的新鲜度和品质，果蒂也是柑橘果实采收时受到创伤最严重、病原微生物最易入侵的部位。因此，保护果蒂的完整对柑橘贮藏和销售很重要。为了保护果蒂(萼片)完整，建议采用“一果两剪”的手工采摘方式。

山地果园建议使用 25～30 kg 的塑料果筐。平地果园如果具备机械装卸条件的可用大的木质扁平采果箱，果箱的大小以方便升降叉车搬运为准，一般单箱装果量以 250～300 kg 为宜，装果厚度在 80 cm 内。田间采果箱不能装得太满，表面要留 10～15 cm 高的空间，以方便叉车操作，防止果箱堆叠时压伤果实。采收后要尽快将果箱运抵采后处理厂。

装载和运输柑橘果实的果箱一定要内壁光滑，不能有突出或锋利的棱角，以防伤及果实。采果袋最好设计成底部可开口的样式，当果袋装满时可直接打开袋底，将果实转移到果箱内，这样转移果实比从袋口倒果对果实造成的损伤要小。叉车堆叠果箱时升降操作要尽可能平稳，避免骤然升降。

建议组织专业的采果人员采收柑橘果实，采收前对采果人员进行专业培训。目前国内一些大的果业公司，如江西某鲜果有限公司就有自己的专业采果队。由于组织得力、管理到位，该公司每年贮藏的柑橘好果率明显优于当地的其他公司。柑橘果实采收的效率与采果人员的熟练程度、柑橘品种类型、坐果率、果实大小、果园地势地貌等多方面的因素有关。一般成年树比较丰产、稳产，树体枝刺少，有利于采收，而幼年树坐果不均匀、树体枝刺较多，不利于采摘，这也是柠檬类果实采摘成本高的原因之一。

很多生产者误以为柑橘类果实不易受损伤，可以粗放采摘。其实不然，柑橘类果实在采收或采后处理过程中很容易受到机械损伤，只是这些损伤往往需要经过一段时间才能表现出来，这时果实已经运出，柑橘生产或采摘人员一般不会注意到。所以柑橘采收必须精细，避免造成损伤。

二、柑橘果实采后生理变化

1. 柑橘采后的主要生理变化

柑橘是非跃变型水果，应在树上充分成熟后再采收。通常情况下，采收后柑橘果实的品质不再提高，整个贮藏过程中发生的生理变化大多与柑橘营养成分损失和品质劣变有关。生产中人们关注的生理变化主要是柑橘贮藏过程中的失水、呼吸和糖、酸等指标的变化。这些指标不仅影响到果实的销售（外观），也影响到果实的风味、营养及功能性成分，关系到消费者的切身利益。但是，系统研究柑橘果实贮藏期间生理变化的报道还不多，华中农业大学柑橘采后研究小组最近几年开展了部分柑橘品种贮藏期间生理变化的基础数据采集工作，发现柑橘果实贮藏期间的生理指标受品种、产地或不同年份的气候因素影响较大，不同年份之间的重复性较差，多数情况下其变化趋势还是比较一致的。

2. 水分蒸腾

柑橘贮藏过程中的水分蒸腾损失与柑橘的失重、失鲜、硬度等关系密切；贮藏环境湿度不足还可能引起果面干疤、果肉粒化和宽皮柑橘浮皮等生理失调。所以防止水分损失是柑橘贮藏保鲜的首要任务。但采收初期适当的失水却有利于柑橘的贮藏和保鲜，生产中对柑橘“发汗”处理的目的，就是通过适度的失水胁迫，提高果实对贮藏逆境的适应性。贮藏期间影响柑橘果实失水的因素有：①品种遗传特性决定的解剖学结构。紧皮柑橘较宽皮柑橘失水慢，圆球形果实较长果形果实失水慢，中心柱充实的较中心柱空虚的失水慢。②采前的生态环境和栽培技术。部分产区发现 2012 年的橙类果实因当年干旱而失水明显较以往年份要快。③果实的采收成熟度。④贮藏环境的温度、相对湿度和通风情况。⑤商品化处理情况等。

3. 呼吸代谢

贮藏期的柑橘果实依然是一个生命实体，正常的呼吸是柑橘果实健康的重要特征之一。呼吸对柑橘贮藏具有两面性：一方面，呼吸作用会消耗糖和有机酸等营养成分，导致果实品质下降；另一方面，呼吸为柑橘果实自身正常的生理活动提供了能量和代谢底物，使得果实的生命得以维持，并且在一定程度上能够抵抗不良贮藏环境。柑橘贮藏过程中的呼吸强度整体上呈现波动性。

糖和有机酸是构成果实营养品质和口感风味的主要成分，糖和有机酸的含量直接决定了柑橘果实的贮藏寿命。柑橘果实中的可溶性糖主要是蔗糖、葡萄糖和果糖；有机酸主要是柠檬酸(约占总酸的 90%)。贮藏过程中，糖和有机酸的变化主要受呼吸代谢调节，柑橘贮藏的基本要求是在维持果实正常生命活动的前提下尽可能降低果实的呼吸强度。贮藏期间部分柑橘类果实的糖和有机酸呈现逐步下降的趋势，也有部分呈现先上升后下降的趋势，但在变化过程中均表现出波动的特性。

第二节 柑橘贮运保鲜技术

一、柑橘贮运保鲜的环境条件要求

1. 温度

温度直接影响果实的呼吸代谢和病菌的生长繁殖速度。在贮藏环境中，果实的呼吸代谢随温度的升高而增强(表 11-1)，导致果实营养物质消耗、衰老的加快。病菌的生长繁殖速度也随温度的升高而加快，温度愈高果实腐烂愈快。常温贮藏的柑橘，开春后由于库温逐渐升高，果实腐烂会明显增多，品质快速下降。但柑橘的贮藏温度又不能太低，否则柑橘果实受冷会发生冷害、水肿等生理病害，随之腐烂变质而失去经济价值。适宜柑橘贮藏的温度条件：甜橙类、宽皮柑橘类和杂柑类库内温度为 6～8℃，柚类为 8～10℃，柠檬为 10～12℃。

表 11-1 奥林达夏橙在不同贮藏条件下呼吸强度

贮藏条件	0～2℃	3～5℃	6～8℃	9～11℃	13～15℃
重复 1	4.44	4.05	6.48	8.71	11.69
重复 2	4.17	3.05	6.57	8.71	11.11
重复 3	4.82	3.81	6.55	10.69	12.66
平 均	4.48	3.64	6.53	9.37	11.82

注：数据源自中国农业科学院柑橘研究所贮藏研究组研究报告(2012 年)。单位：CO_2 mg/(kg·h)。

2. 湿度

果实刚采下时，果皮的相对湿度处于饱和状态，当附近的空气湿度低于果皮湿度时，果皮里的水分会蒸腾散失，果实失水过多后出现萎蔫，影响果实的新陈代谢，原果胶分解加快，削弱果实的抗病性和耐贮性，促进褐斑病等病害的发生。而空气湿度过高时，又会使真菌等微生物的繁殖生长加快，引起果实腐烂。在选择湿度时还必须考虑到其他环境条件，通常认为，在低温条件下果实可以在比较高的相对湿度条件下进行贮藏，而在较高的温度条件下应当保持相对较低的空气湿度。适宜柑橘贮藏的湿度条件：甜橙类、柠檬，相对湿度为90%～95%；宽皮柑橘类、柚类、杂柑类，相对湿度为85%～90%。薄膜包装单果可以大大削弱库内湿度条件对果实的影响。

3. 气体成分和风速

除温度和相对湿度外，空气组分也对柑橘果实贮藏产生较大的影响。O_2是生命活动中不可缺少的成分，它直接影响果实的呼吸代谢。适当降低空气中的O_2含量或增加CO_2含量，能抑制果实的呼吸作用，有利于保持果实品质。但柑橘果实对CO_2较敏感，贮藏环境中的CO_2含量过高会导致果实的CO_2伤害，发生病变，特别是在低氧环境贮藏时要特别注意。柑橘贮藏适宜的气体成分是：O_2含量10%～15%；CO_2含量甜橙类1%～5%，宽皮柑橘类、柚类、杂柑类和柠檬1%～3%。柑橘贮藏环境的风速过大会增强果实的蒸腾，过小则不利于空气流通和降温，柑橘贮藏的适宜风速是：非制冷贮藏时为0.05～0.10 m/s，制冷贮藏时为0.15～0.30 m/s。

4. 环境卫生

贮藏场所和包装容器的清洁卫生对柑橘果实的贮藏保鲜很重要。不清洁的场所和包装容器中，高浓度的霉菌孢子会侵染果实导致腐烂。有人对同一来源甜橙进行贮藏场所和包装容器消毒与不消毒的对比试验，贮藏105 d，消毒处理的腐烂率为1.7%，未消毒处理的腐烂率高达14.0%，可见贮藏环境的清洁卫生非常重要。另外，贮藏库周围不得有不良气体等污染源，建库时要调查周围的环境卫生情况。

二、柑橘贮藏设施及贮藏管理

（一）地窖

1. 地窖的特点

地窖内湿度大、温度稳定、空气相对静止，含有少量CO_2。缺点是操作不方便、贮量小、前期温度高等，仅适用于冬季气温较低的地区。在低温地区，地窖贮藏的果实新鲜饱满、失重小、褐斑病果少，贮藏期长。

2. 地窖的建造

室内外均可建窖，但须选择清洁、无污染、地势高、干燥、地下水位低(低于窖深)、土壤保水性能好、结构紧密不易倒塌的地方。窖形以“三角瓶”式(图 11-1，曾灵君绘)最普遍。室外窖需在窖口、窖颈及窖面抹 1 层三合土，窖口略高于地面以防雨水内灌。窖盖可用 5～8 cm 厚的石板或水泥板。窖口直径 0.45～0.55 m，窖颈长 0.45～0.55 m，窖深 1.90～2.20 m，窖底直径 2.30～2.60 m，窖底有 0.35～0.45 m 的陡壁，便于摆放果品。为了便于管理，可采用挖窖群的模式，即在一块较为平整的土地上每隔 3～5 m 挖 1 个窖，形成窖群(图 11-2)。

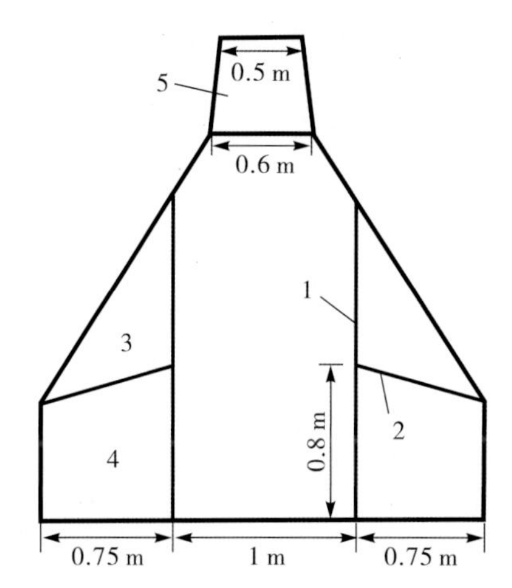

1. 楼柱；2. 抬杠；3. 楼层贮果处；
4. 楼底贮果处；5. 窖颈

图 11-1 地窖纵剖面图(曾灵君绘)

图 11-2 地窖群(王日葵 摄)

3. 贮藏前的准备

贮藏前，旧窖应修(削)壁换底，清除被污染的表土，填补清洁土。视窖内土壤干湿程度，灌清水 50～150 kg，盖上盖板。入窖前 15 d 进行消毒，先用 0.1%的多菌灵喷窖，密封 3～5 d 后，再用硫黄粉点燃熏蒸杀菌杀虫(每立方米库房体积用硫黄粉 10 g 和氯酸钾 1 g，混匀，点燃)，密封 3～5 d，再敞窖 2～3 d 备用。

4. 地窖贮藏管理

将经严格筛选后准备贮藏的柑橘用药物处理，待果面药液干后及时放入窖内(图 11-3)，盖上盖板。入窖最初几天要将盖板稍微掀开点缝隙以通风，使果实逐步适应窖内的环境，待果面不会形成水汽时再将窖口盖严。

入窖初期应及时翻果检查，剔除伤果。以后每隔 2～3 周检查 1 次，捡出腐烂、干痕、霉蒂、油胞下陷等果实。每次下窖翻果前必须用点燃的油灯试探窖内的 O_2 含量是否充足，如果油灯熄灭，人就不能入窖，这时应向窖内鼓风，调节 CO_2 和 O_2 的浓度，直到油灯不熄灭时方可入窖，以免发生窒息危及生命。

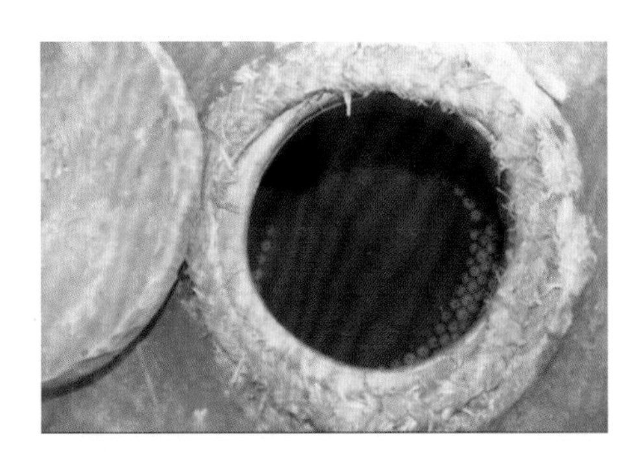

图 11-3 地窖贮藏柑橘（王日葵 摄）

（二）联拱沟窖

1. 联拱沟窖的特点

联拱沟窖是一种以地窖贮藏原理为基础的全地下贮藏设施，除了良好的保温、保湿性能外，还能调节窖内的温度和湿度：采用夹墙、夹底、窖外喷水、通风，利用自然冷源，进行窖内温、湿度的调节。还能在一定程度上提高窖内 CO_2 的浓度。据笔者调查，在四川岳池等地，联拱沟窖内冬天可保持在 10～11℃，6～7 月的最高库温也只有 24℃，相对湿度可调至 93％～98％，CO_2 浓度保持在 1.0％～3.5％。联拱沟窖的操作比地窖更方便，贮量也大大增加。

2. 联拱沟窖的建造

选在清洁、无污染、地下水位低于窖底、容易排水的地方建造联拱沟窖。沿南北向开挖深约 4.0 m、宽 7.5～8.0 m 的壕沟，用砖或条石砌 2 个并列的联拱窖，根据地形也可建多个联拱，每个联拱窖由缓冲间、贮藏室、通风道和夹底 4 部分组成。窖的长度随地形而定，以 25～30 m 为宜，窖底距拱顶 3.0～3.2 m，窖内宽 2.4～2.5 m，中间设宽 0.9～1.0 m 的走道。两侧用砖砌夹壁墙，贴墙设置 4 层小水泥板用以放置贮藏柑橘，水泥板伸出约 70 cm，最下层距地面 60 cm，其他层间距 45 cm。拱顶正中设换气天窗。夹壁墙与窑墙之间设通风道，通风道宽约 20 cm。在夹壁中距夹壁和拱墙上交界处约 15 cm 处安装水管，水管上每隔 15 cm 钻 1 个直径 2 mm 的喷水孔。窖前后两端皆设保温隔热墙，窖的正面开设高 1.9 m、宽 0.9 m 的外门，门内设缓冲间（图 11-4，图 11-5，图 11-6）。

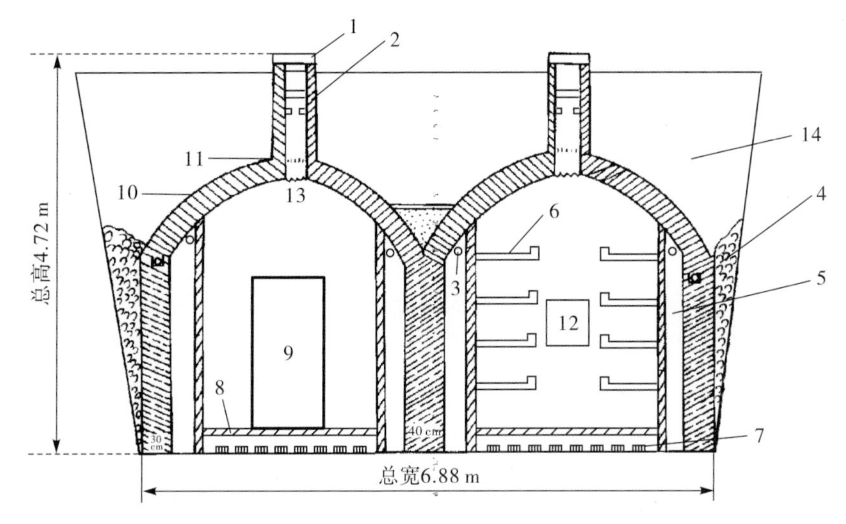

1. 天窗盖；2. 天窗；3. 喷水管；4. 窖外侧混凝土层；5. 通风道；6. 预制板贮藏架；7. 夹底进风口；8. 夹底；9. 窖门(高 1.9 m，宽 0.9 m)；10. 混凝土拱面；11. 窖顶；12. 窖后端通风口；13. 防鼠网；14. 窖顶土层

图 11-4　联拱沟窖横剖面图(引自张自栋《联拱沟窖》)

图 11-5　联拱沟窖外貌(王日葵 摄)

图 11-6　联拱沟窖贮藏柑橘(王日葵 摄)

3. 贮藏前的准备

入窖前 1 个月调节好窖内湿度，如窖壁贮果台板干燥应喷足够的清水，在贮果台及窖底垫山坡上风化不久的红石骨子沙，以利透气保湿。入窖前需进行杀菌杀虫处理，方法与地窖的相同。

4. 贮藏管理

果实采收后及时进行药物处理，预贮后入窖。果实管理要点：①适当通风换气，降低温度。冬季室外气温低、窖温高，将通风道小门打开，引入冷空气调节窖温；3 月后气温回升，白天关闭通风道，晚上打开；4～5 月，窖温低、室外气温高，关闭通风道。②及时灌水提高窖内湿度。湿度不足时，可以通过从后风道口灌水、夹墙喷水或水泥台板薄膜下灌水，来提高窖内空气的湿度。③定期翻果检查，严格密封，确保温度、湿度和 CO_2 浓度在适宜范围。入窖后 15 d 翻检第 1 次，以后每 30 d 翻检 1 次。入窖初期，每 7 d 换气 1 次，以后每 15 d 换气 1 次，每次换气时间 1～2 h。

(三)改良通风库

1. 改良通风库的特点

改良通风库是在自然通风库的基础上，对其通风方式进行改进，安装了机械通风设备的贮藏设施。改良通风库的保温、保湿性能好，能保持库内温度相对稳定，日温差可小于 1℃，相对湿度可保持在 90%左右，降温通风速度快，而且建造相对简易、操作方便、贮量大、贮藏保鲜效果好。

2. 改良通风库的建造

(1)选址。库房应建在交通方便、四周开阔、附近没有有害气体等污染源的地方。库房的方位要根据当地的气候而定，冬天最低气温在 0℃以上的地区，库房以降温为主，其方位应是东西向延长，这样既可减少太阳西晒，又能较好地利用北方的冷风；而冬天最低气温在 0℃以下的地区，库房需要防寒的时间较长，其方位以南北向延长为好。

(2)总体结构。库房由缓冲间(也称预贮间)和贮藏间组成。库房大小根据贮量而定，不宜过宽，宽度以 10～15 m 为宜，长度不限，库高 5 m 左右。库房的贮果能力一般为 300～500 kg/m^2，贮藏间的面积不宜过大，以贮果 150～200 t 为宜。库房可分成若干贮藏间，以有利于分批贮藏和调节、控制温湿度(图 11-7、图 11-8)。

(3)保温结构。改良通风库的外围墙体需用双层砖墙，墙厚 50 cm，中间留 20 cm 的空间作为隔热层，内填炉渣、谷壳、锯末等隔热材料，也可直接用空气隔热。库顶设有天花板，其上铺 30～40 cm 厚的稻草等隔热材料，以减弱太阳辐射热的传递。库房安装双层套门，避免开门时热空气直入贮藏间，门内填锯末、泡沫等隔热材料(图 11-7、图 11-8)。

(4)通风系统。改良通风库的通风系统由地下通风道、屋檐通风窗、库顶抽风道、排风扇等组成。每个贮藏间设 2 条地下通风道，地下通风道一端在预贮间，经贮藏间，另一端在库外 1 m 以上，地下通风道截面大小为 50 cm×50 cm，距地面 50 cm，在库内每隔 3 m 设 1 个通风口；进风口呈喇叭状，安装风门插板和防鼠网。在库顶抽风道中安装排风扇，以提高通风速度(图 11-7 至图 11-12)。

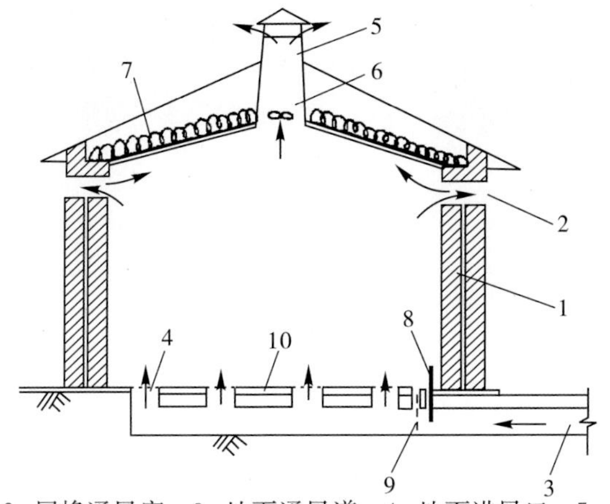

1. 保温墙；2. 屋檐通风窗；3. 地下通风道；4. 地面进风口；5. 库顶抽风道；6. 排风扇；7. 库顶隔热材料；8. 风门插板；9. 防鼠网；10. 库底面

图 11-7 改良通风库原理图(曾灵君 绘)

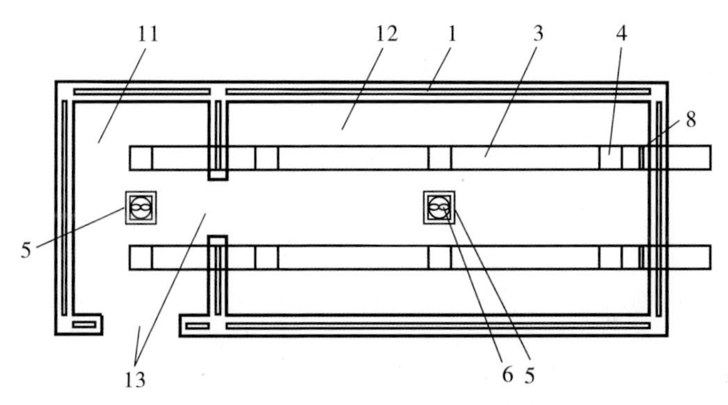

1. ～10. 同图 11-7；11. 预贮间；12. 贮藏间；13. 库门

图 11-8 改良通风库俯视图(王日葵 绘)

图 11-9 改良通风库外貌(王日葵 摄)

图 11-10 改良通风库地下进风口(王日葵 摄)

图11-11 改良通风库地下通风道(王日葵 摄)

图 11-12 改良通风库库顶抽风道(王日葵 摄)

3. 贮藏前准备

每年贮藏结束后，对果箱、果篓等进行清洗、暴晒。入库前 15 d 进行库房清毒，可用硫黄粉和氯酸钾熏蒸，每立方米库房体积用硫黄粉 10 g 和氯酸钾 1 g 点燃熏蒸，密闭 5 d 后，打开通风口、通风窗，通风 2～3 d 备用。

4. 贮藏管理

(1)入库。果实经药剂处理、预贮、单果包装后入库贮藏。果实贮放有堆贮和架贮 2 种形式(图 11-13、图 11-14)。堆贮呈“品”字形堆码，底层用木条或砖块或铁架垫高 10 cm 左右，箱之间应留 2～3 cm 的空间，最高一层离天花板应在 1 m 以上；架贮可在库内安装竹架、铁架或水泥架。

图 11-13 改良通风库堆贮(王日葵 摄)　　图 11-14 改良通风库架贮(王日葵 摄)

(2)管理。贮果期管理分 3 个阶段：①入库初期应加强通风，以尽快降低库内温度、调整湿度、促进新伤愈合。及时翻果检查，剔除伤果。②12 月至翌年 2 月，库外温度比较接近库内所需温度，贮藏效果最好，管理也较简单，只需适当通风换气。但在气温较低(0℃以下)的地区需增加防寒措施。③自开春到贮藏结束，这段时间气温逐渐回升，库温也随之升高，库房管理以降温为主，夜间或出现低温天气时要适当机械引进冷空气，以降低库温。如库内湿度过低，可在地面洒水增湿。对果实加强检查，及时剔除腐烂果、干痕果、干蒂果等。

(四)冷库

1. 冷库的特点

冷库具有良好的隔热性能，能自动控制温度和湿度，使其保持在最适宜的范围。但冷库投资大，运行成本高，操作技术复杂，库温控制不当时容易产生柑橘冷害。

2. 冷库的建造

(1)选址。库房的周围环境应优良，须避开和远离有毒气体、灰沙烟雾、粉尘等污染源。库房所在地应交通方便、地势较高、干燥、地质条件良好，具备可靠的水源和电源。

(2)总体和围护结构。①总体结构。冷库通常由贮藏间、预冷间、缓冲通道(缓冲间)、机房等构成(图 11-15)。②围护结构。冷库的围护结构有钢筋混凝土结构、砖混凝土结构和钢架结构，可根据实际情况进行选择。

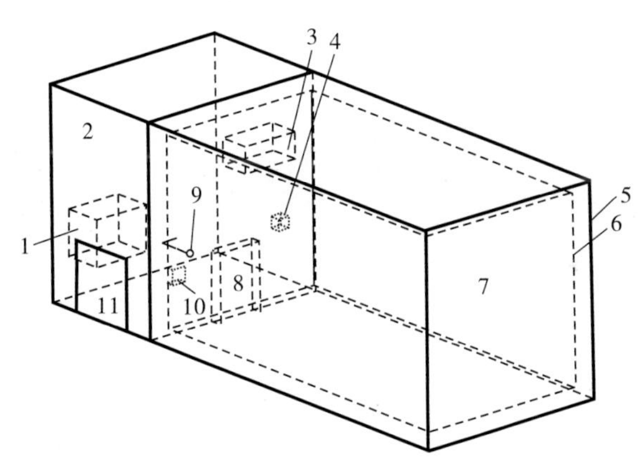

1. 冷凝机组；2. 缓冲间；3. 冷风机；4. 加湿器；5. 围护墙体；6. 保温板；7. 贮藏间；8. 贮藏间库门；9. 温度、湿度感应器；10. 温度、湿度自动控制器；11. 缓冲间库门

图 11-15 冷库立体结构透视图(王日葵 绘)

(3)保温结构。①保温材料。冷库保温材料多采用聚氨酯夹心板或聚苯乙烯夹心板，板厚：聚氨酯板 0.1～0.15 m，聚苯乙烯板 0.15～0.2 m，夹心板两侧用彩色钢板、铝板或不锈钢板等。聚氨酯材料的强度、隔热性能等优于聚苯乙烯材料，多应用于速冻冷库或较低温冷库。聚苯乙烯夹心板的隔热性能较好且价格适中，通常用于普通低温冷库和高温冷库。库底最好采用聚氨酯夹心板。保温板之间、保温板与墙体之间进行无缝黏合。②防潮层。库房墙体、库顶、库底与保温板接触面，以及保温板之间的连接处要设防潮层，

以提高库体的保温、保湿效果。③库门。用聚氨酯夹心板冷库专用门，厚度为0.1～0.2 m，安装时应确保库门和其周边墙体密封良好。

(4)主要设备。①制冷设备。制冷系统的冷凝机组(压缩机组和冷凝器)安装在库房外，冷风机和温度感应器安装在贮藏间，温度自动控制器安装在缓冲间，压缩机、冷凝器、冷风机和温度感应器连接在温度自动控制器上，接通电源后可实现温度的自动控制(图 11-16、图 11-17)。每 100 m^3的贮藏空间安装的压缩机，功率以 2.5～3.0 kW 为宜，冷凝器和冷风机的功率要与之相匹配。②加湿系统。可使用超声波加湿器、电极式加湿器、高压喷雾加湿器等进行冷库加湿(图 11-17)。每 100 m^3的贮藏空间安装的加湿器，出汽量以 2 kg/h 为宜。安装湿度自动控制器，实现自动加湿。③换气设备。可在贮藏间墙体上开通风窗，安装排风扇，以方便快捷地通风换气。但要确保设备安装良好，不影响墙体的保温效果。

图11-16 冷库中的冷凝机组(王日葵摄)

图11-17 冷库中的冷风机和加湿器(王日葵摄)

3. 贮藏前的准备

冷库贮藏前应做好库房的清洁消毒，用 0.1%的咪鲜胺在库内喷雾杀菌，封闭 3～5 d 后，敞库 2～3 d 备用。检查维修设备，以及购置贮藏专用塑料箱和清洁消毒等。

4. 冷库贮藏管理

(1)温度调节。将库内温度调节到适宜柑橘果实贮藏的范围，避免局部或短时间超限低温的发生。进库的果实必须经过预冷散热处理，并控制每天果实的进库量在高温季节不超过库容量的 1/5，在低温季节不超过库容量的 1/2。

(2)湿度控制。如果安装了自动加湿器，将相对湿度设置在所需范围即可；如果没有安装自动加湿器，可用往库房内喷水等方法提高湿度。

(3)通风换气。冷库相对密闭，注意每天换气，以排除过多的 CO_2 和其他有害气体。

(4)果实管理。对于冷库内空气相对湿度较低而且风速较大，特别是无加湿器的冷库，进库的柑橘要求先进行打蜡处理或单果薄膜包装。冷藏的柑橘果实要定期进行抽样检查，了解贮藏效果。冷库贮藏大包装可用塑料箱、木箱、纸板箱等(图 11-18、图 11-19)。

图 11-18 柑橘纸箱包装冷库贮藏(王日葵摄)

图 11-19 柑橘塑料箱包装冷库贮藏(王日葵摄)

(五)湿冷通风库

1. 湿冷通风库的特点

湿冷通风库将自然冷源和风冷式制冷系统相结合，自然冷源充足时关闭制冷系统，利用地下通风系统引进冷湿空气进行降温、保湿，节省了能源；外界温度过高时，利用制冷系统降温，能按需要将库温保持在适宜温度。配置了自动加湿系统，能将库内湿度保持在适宜范围。该库型具有以下几种运行模式：地下通风模式、机械制冷模式、地下通风和自动加湿模式、机械制冷和自动加湿模式。库房可周年使用，能贮藏多种农产品。

2. 湿冷通风库的建造

(1)选址。同改良通风库和冷库的要求。

(2)总体结构。湿冷通风库由缓冲间和若干贮藏间组成，配备有机械换气系统、温湿度自动控制系统(图 11-20)。

(3)建筑结构。库体由缓冲间和贮藏间构成，缓冲间和贮藏间均为长方体形状，缓冲间位于贮藏间库门侧并与贮藏间相连。①缓冲间：墙体是中空砖墙，库底为混凝土结构，库顶为空心混凝土结构。②贮藏间：墙体由中空砖墙和保温板组成，库底由混凝土层、防水层和保温板组成，库顶由空心混凝土和保温板组成。每个贮藏间设 2 条地下通风道，通风道从贮藏间地下通向库外(不与缓冲间连通)。

保温砖墙厚 0.4 m，保温板厚 0.15 m，库底混凝土层厚 0.4 m，库顶空心混凝土厚 0.5 m。库顶通风窗为正四边柱体，顶端加正四边锥体以便遮雨，分别设在缓冲间库顶、贮藏间库顶中央，内空俯视面边长为 0.5 m、高出库顶

1.8 m、顶部四周有宽×高为0.25 m×0.3 m的风口；贮藏间有2条地下通风道，库内端与贮藏间库门侧保温墙距离0.5 m，库外端与贮藏间底侧保温墙距离1 m，地下通风道宽0.5 m，深度：库内端离贮藏间库面1.15 m、库外端离贮藏间库面1.25 m(图11-20至图11-22)。图11-21、图11-22分别为缓冲间(长、宽、高为4.6 m、3.1 m、5.1 m)和贮藏间(长、宽、高为9.3 m、4.3 m、4.8 m)的俯视图和正视图。在应用中，可根据需要按比例改变缓冲间和贮藏间的大小。

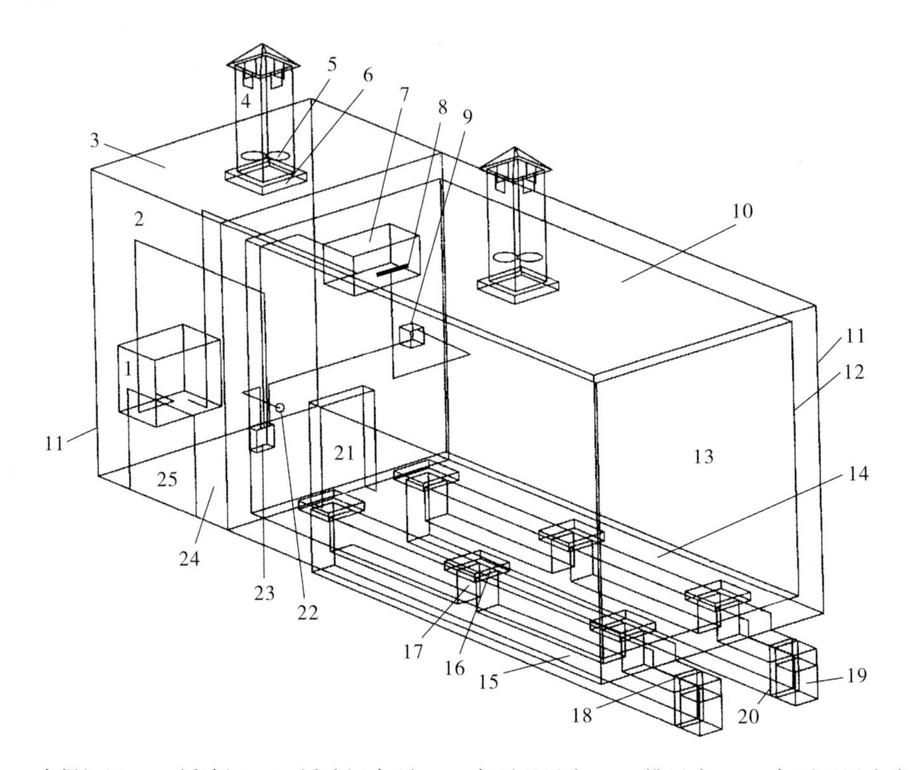

1. 冷凝机组；2. 缓冲间；3. 缓冲间库顶；4. 库顶通风窗；5. 排风扇；6. 库顶通风窗密封板；7. 冷风机；8. 加湿喷头；9. 加湿器；10. 贮藏间库顶；11. 保温砖墙；12. 库体保温板；13. 贮藏间；14. 贮藏间库底；15. 地下通风道；16. 地下通风道出风口密封板；17. 地下通风道出风口；18. 地下通风道进风插板口；19. 地下通风道进风口；20. 地下通风道进风插板；21. 贮藏间库门；22. 温度、湿度感应器；23. 温度、湿度自动控制器；24. 缓冲间库底；25. 缓冲间库门

图11-20 湿冷通风库立体结构透视图(王日葵 绘)

(4)制冷系统。冷凝机组(压缩机组和冷凝器)安装在库外，冷风机和温度感应器安装在贮藏间，温度控制器安装在缓冲间，压缩机、冷凝器、冷风机和温度感应器连接在温度自动控制器上，连接电源，实现制冷和温度自动控制

(图 11-23、图 11-24)。每 100 m³的贮藏间安装的压缩机功率以 2.5～3.0 kW 为宜，冷凝器和冷风机的功率与之相匹配。

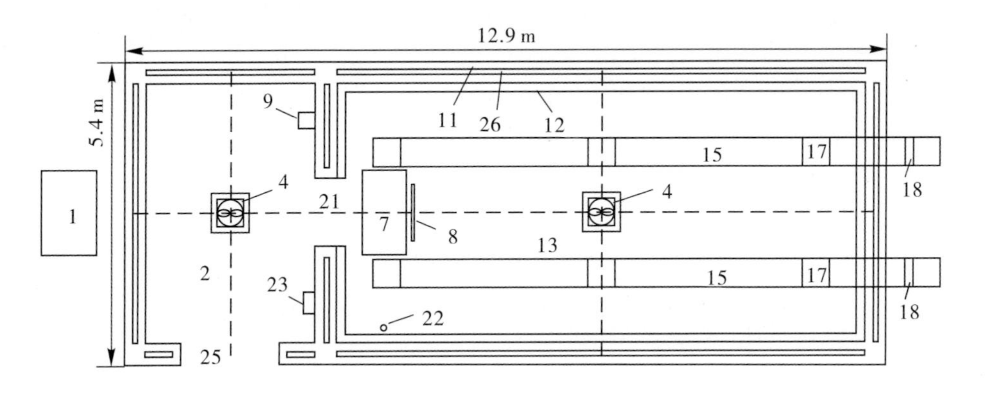

1.～25. 同图 11-20；26. 墙体空心层

图 11-21 湿冷通风库俯视图(王日葵 绘)

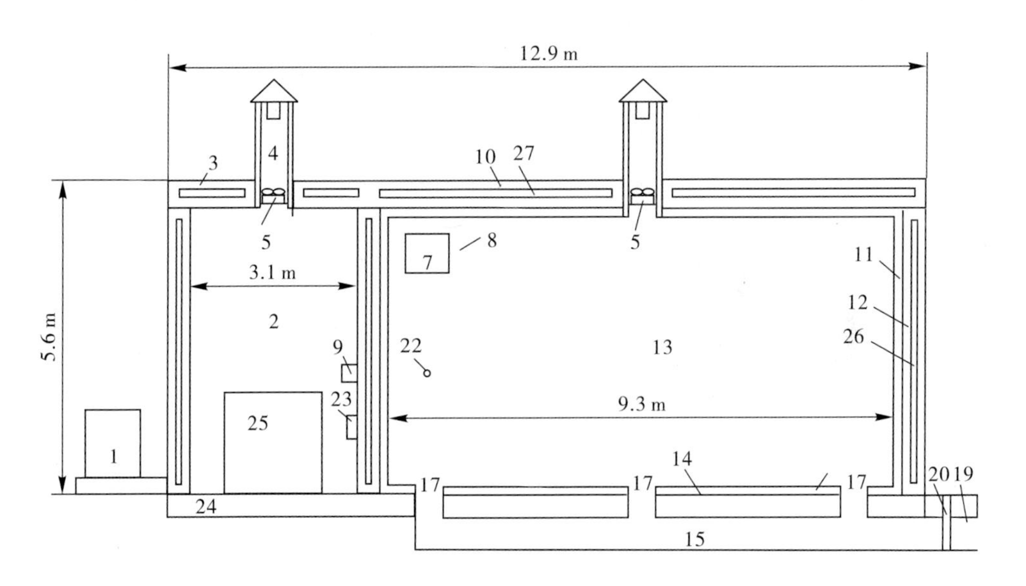

1.～26. 同图 11-21；27. 库顶空心层

图 11-22 湿冷通风库正视图(王日葵 绘)

(5)使用电极式加湿，湿度感应器安装在贮藏间内，加湿喷头安装在冷风机出风口，加湿器和湿度控制器安装在缓冲间内，加湿器连接自来水管，加湿器、冷风机连接在湿度自动控制器上，连接电源，实现加湿和湿度自动控制(图 11-24、图 11-25)。每 100 m³的贮藏间安装的加湿器，以出气量 2 kg/h 为宜。也可使用超声波加湿器、高压喷雾加湿器等进行湿冷通风库加湿。

图 11-23 湿冷通风库中的冷凝机组（王日葵 摄）

图11-24 湿冷通风库中的冷风机、加湿喷头和温湿感应器（王日葵 摄）

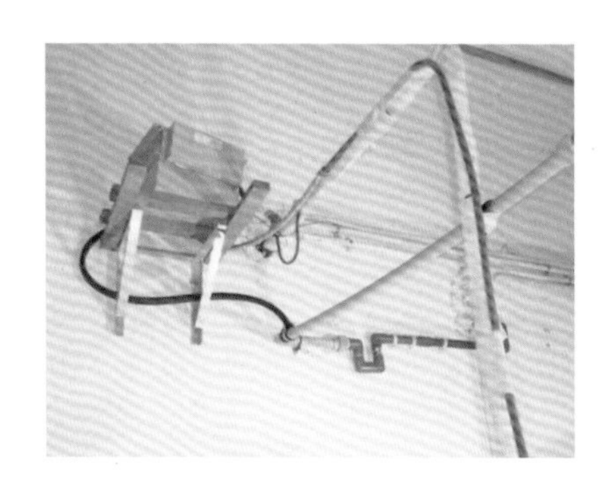

图 11-25 湿冷通风库中的加湿器（王日葵 摄）

（6）通风系统。通风系统由地下通风道、库顶通风窗和机械排风设备构成。每个贮藏间和缓冲间设库顶通风窗并安装排风扇，连接电源，即可进行机械排风（图 11-20 至图 11-22）。每 100 m^3 的贮藏间及其缓冲间安装的排风扇功率以 80～100 W 为宜。

3. 贮藏前的准备

与前述冷库贮藏前的准备相同。

4. 贮藏管理

（1）通风贮藏。当室外平均气温低于果品适宜贮藏温度或进行风预冷时，关闭制冷系统，利用地下通风系统调节温度。

（2）制冷贮藏。当室外平均气温高于果品适宜贮藏温度时，利用制冷系统调节温度。开启制冷系统，将温度控制器的控制温度设置在所需范围。贮藏过程中注意通风换气，排除过多的 CO_2，补充 O_2。

（3）加湿。在通风贮藏或制冷贮藏中，湿度过低时开启加湿系统，将湿度控制器的相对湿度设置在所需范围。

（4）果实管理。同冷库和改良通风库。

三、主要贮藏病害及其防治

（一）柑橘真菌性病害的主要特征及其防治

1. 青霉病（*Penicillium italicum*）和绿霉病（*P. digitatum*）

青霉病病菌和绿霉病病菌使果实发病的过程和症状很相似，分辨方法见表11-2。初期出现水浸状淡褐色圆形病斑，病部果皮变软、腐烂，后扩展迅速，用手按压病部果皮易破裂，病部先长出白色菌丝，很快就转变为青色或绿色霉层（图11-26、图11-27）。2种病菌常混生在同一病斑上。

表11-2 青霉病和绿霉病症状比较

项目	青霉病	绿霉病
孢子丛	青绿色，可发生在果皮上和果心空隙里	橄榄绿色，只发生在果皮上
白色霉带	较窄，仅1～2 mm，外观呈粉状	较宽，为8～15 mm，略带胶着状，微有皱纹
病部边缘	水浸状，规则而明显	水浸状，不规则且不明显
病菌黏性	对包果纸及其他接触物无黏着力	包果纸往往贴在果上，也易与其他接触物黏结
气味	有霉味	有芳香味

图11-26 柑橘青霉病病状（王日葵 摄）

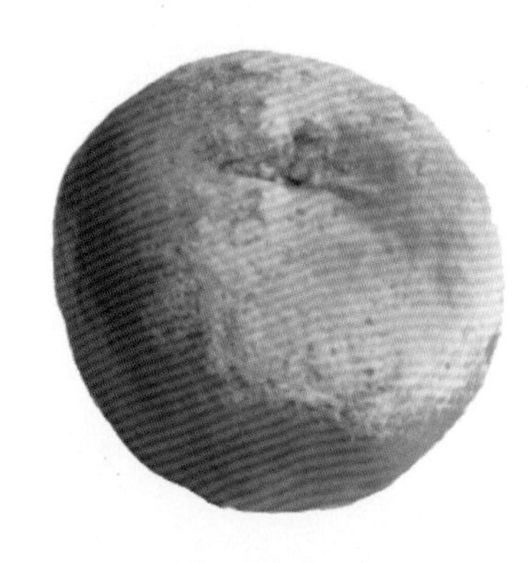

图11-27 柑橘绿霉病病状（王日葵 摄）

2. 黑腐病(*Alternaria citri*)

黑腐病有2种症状类型：一种是果皮先发病，外表的症状明显，病菌由果皮侵入果肉，引起果肉腐烂。这种病征是由于果皮受伤后，病菌从损伤处侵入而引起发病，初期在果皮上出现水浸状淡褐色病斑，扩大后病部果皮稍下陷，长出灰白色菌丝，很快转变成墨绿色的霉层，病部果皮腐烂，果肉变质味苦，不能食用。另一种是果实外表不表现症状，而果心和果肉已发生腐烂，这种病征是由于病菌在幼果期侵入，潜伏在果心，以后病菌在果实内部扩展并引起果心和果肉腐烂，而外表无明显症状。见图11-28。

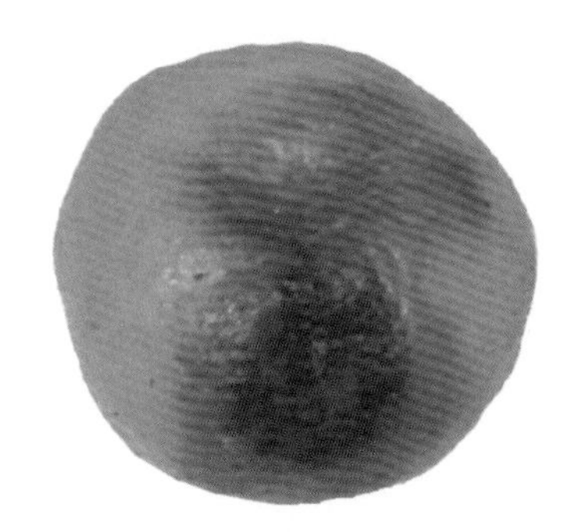

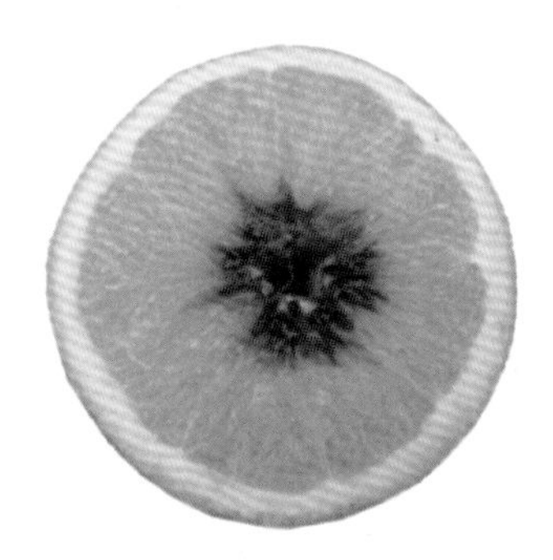

图11-28 柑橘黑腐病病状(王日葵 摄)

3. 蒂腐病(*Phomopsis citri*)

蒂腐病又名褐色蒂腐病，症状特征为环绕蒂部出现水浸状，淡褐色病斑，逐渐变成深褐色，病部渐向脐部扩展，边缘呈波纹状，最后可使全果腐烂。患病果皮较坚韧，手指按压有革质柔韧感。由于病果内部腐烂的速度较果皮快，因此当外果皮变色扩大至果面的1/3～2/3时，果心已全部腐烂，故有“穿心烂”之称。见图11-29。

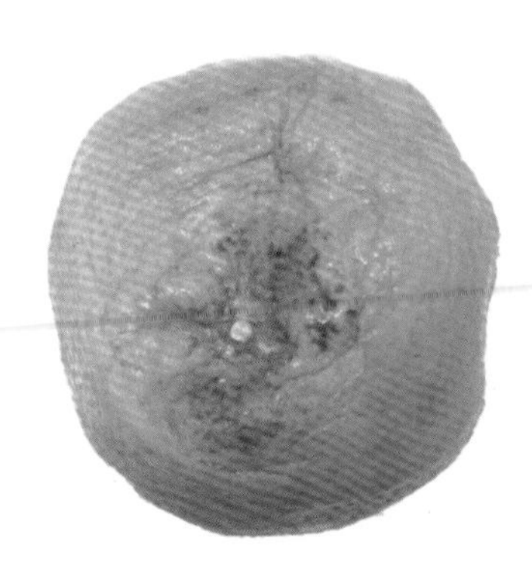

图11-29 柑橘褐色蒂腐病病状(王日葵 摄)

4. 焦腐病(*Diplodia natalensis*)

焦腐病又名黑色蒂腐病，果实发病多自蒂部或近蒂部伤口开始，病部病斑呈黑色，后蔓延全果并进入果心。腐烂果实常溢出棕褐色黏液，剖开病果可看到腐烂后的果心和果肉变为黑色。见图 11-30。

图 11-30　柑橘焦腐病病状(王日葵 摄)

5. 疫菌褐腐病(*Phytophthora citrophthora*)

果实感染后，表皮发生污褐色至褐灰色的圆形斑，很快蔓延至全果。病果有强烈的皂臭味，在干燥条件下病果果皮质地坚韧，在高温条件下病果长出白色绒毛菌丝。此病在贮藏期传染迅速，可以使全箱腐烂甚至全窖腐烂。见图 11-31。

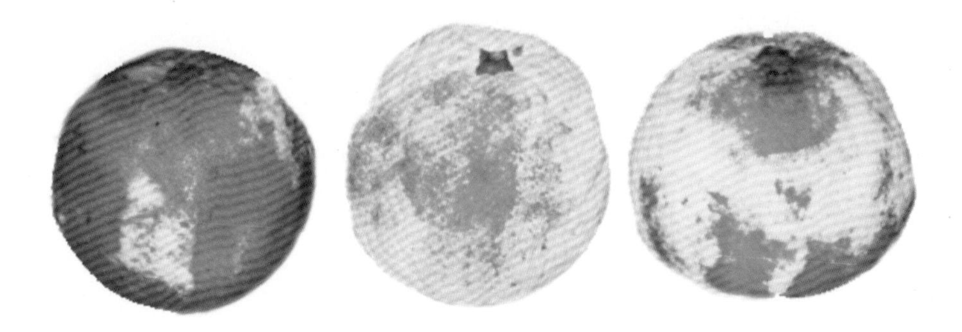

图 11-31　柑橘疫菌褐腐病病状(王日葵 摄)

6. 酸腐病(*Oospora citri-aurantii*)

病菌从伤口或果蒂部入侵，病部首先发软，变色为水浸状，极柔软，易压破，在温度适宜的情况下患部迅速扩大，侵及全果。果实发病腐败后产生酸臭味，表面长出白色、致密的薄霉层，略有皱褶，为病菌的气生菌丝及分生孢子，烂果最后成为一堆溃不成形的胶黏物。见图 11-32。

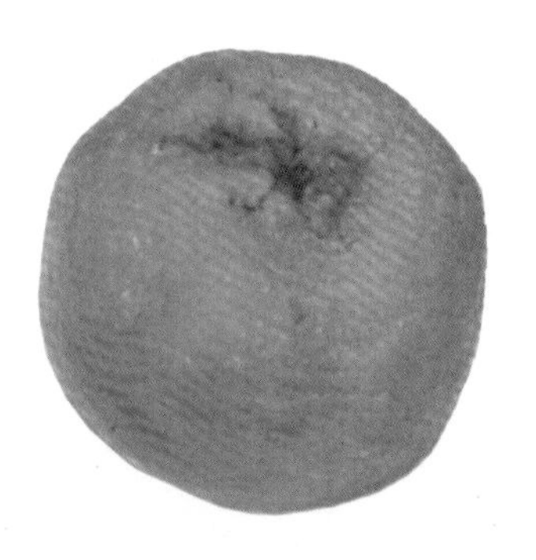

图 11-32 柑橘酸腐病病状（王日葵 摄）

7. 炭疽病（*Colletotrichum gloeosporioides*）

柑橘炭疽病有干疤、泪痕和腐烂 3 种类型。干疤型症状多出现在果腰部位，病斑呈圆形或近圆形，凹陷，黄褐色或深褐色，病部果皮呈革质或硬化，病变组织限于果皮层。泪痕型症状是在阴雨或潮湿的条件下，大量的分生孢子从果蒂流到脐部，病菌侵害果实表皮层而形成红褐色或暗红色的条状痕斑，仅影响果实外观，病菌不侵入白皮层。腐烂型症状主要出现在贮藏期，多从果蒂或靠近果蒂的部位开始发病，初为淡褐色水浸状，后变为褐色而腐烂。病斑的边缘整齐，果皮腐烂后引起果肉腐烂。见图 11-33。

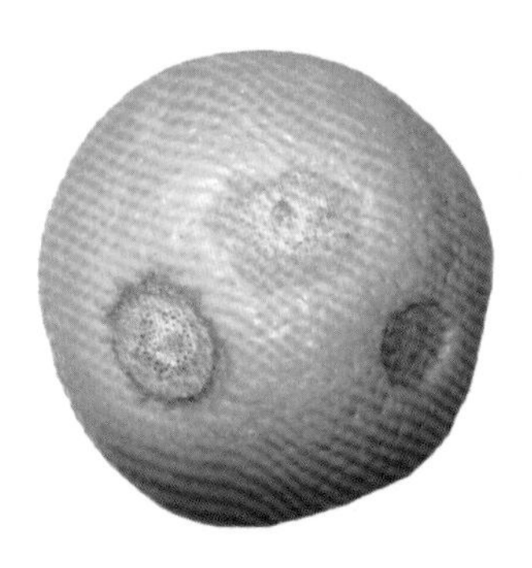

图 11-33 柑橘炭疽病病状（王日葵 摄）

8. 真菌病害的防治

（1）采前预防。真菌病害的防治要从栽培管理抓起，做好果园的病虫害防治。搞好修剪，清除病虫果、枝、叶，减少病源。加强肥水管理，使树体强壮，增强果实的抗病性。

（2）采后防腐处理。果实采后进行防腐剂处理，常用化学杀菌剂有多菌灵、托布津、苯来特、抑霉唑、咪鲜胺、仲丁胺等。近年来，国内外开发出多种微生物源和植物源杀菌剂，这类杀菌剂无毒无害，在生产中可选择使用。

(3)贮期防治。加强管理，保持贮藏环境清洁卫生，单果套袋，保持适宜的温湿度。

(二)柑橘生理性病害的主要特征及其防治

1. 柑橘生理性褐斑病

(1)症状。病变多数发生在果蒂周围，果身有时也有出现。初期为浅褐色不规则斑点，以后颜色逐渐变深，病斑扩大。病斑处油胞破裂、凹陷干缩，病变部位仅限于外果皮，但时间长了病斑下的白皮层会变干，果实风味异变。见图 11-34。

图 11-34 柑橘生理性褐斑病病状(王日葵 摄)

(2)防治措施。果实采收不宜过晚，适当提前采收可以减少贮藏期发病；严格控制贮藏库中的温度、湿度和 CO_2 含量，库温尽量控制在果实贮藏最适宜的温度范围，相对湿度保持在 85%以上，库内 CO_2 含量不高于 5%，O_2 含量不低于 10%。

2. 柑橘枯水病

(1)症状。枯水果实外观完好，果内汁胞变硬、变空、变白、缺汁而粒化，或者汁胞干缩缺汁。果皮变厚，白皮层疏松，油胞层内油压降低，色变淡而透明，脆裂，易与白皮层分离。中心柱空隙大，囊壁变厚，果实风味变淡，严重枯水的果实食之无水无味。见图 11-35。

(2)防治措施。目前还没有十分有效的防治方法。采前加强果园的肥水管理，采前喷 20 mg/L 的赤霉素或采后用 100 mg/L 的赤霉素浸洗，适期采收，适当延长预贮时间和保持适宜的温湿度等措施，可以减少贮藏果实枯水的发生。

图 11-35 柑橘枯水病病状(王日葵 摄)

3. 柑橘水肿病

(1)症状。发病初期果皮无光泽、颜色变淡，手按稍觉软绵，口尝稍有异味。随着病情的发展，整个果皮色淡白，局部出现不规则、半透明水浸状或不规则浅褐色斑点，此时水肿果实有煤油味。病情严重时整个果实为半透明水浸状，表面胀饱，宽皮柑橘手感松浮，橙类软绵，均易剥皮，有浓厚的酒精味。若继续贮藏，则被微生物侵害而腐烂。

(2)发病原因。贮藏温度偏低，属冷害的一种表现；贮藏库通风不良，CO_2积累过高，引起CO_2伤害。

(3)防治措施。保持适宜的贮藏温度、适时通风换气，便能有效防止水肿病的发生。

四、柑橘防腐保鲜处理技术

1. 防腐保鲜剂

柑橘防腐保鲜剂有可湿性粉剂和乳油 2 类，其作用有：抑制病菌滋生和发展，减少贮藏病害和腐烂；抑制果蒂离层形成，抑制果实呼吸作用，延缓果实衰老，提高果实耐贮性。柑橘防腐保鲜剂由杀菌剂和植物生长调节剂组成，可在市场上购买，也可自行配制。杀菌剂有化学杀菌剂和生物杀菌剂，柑橘贮藏保鲜常用化学杀菌剂见表 11-3。植物生长调节剂使用生长素，浓度 100～250 mg/L。为确保食用安全，在防腐保鲜药物的选择上，一定要符合无公害食品的要求，不得使用标准中禁止使用的药物，不得超浓度使用，每批果实只能处理 1 次，全果食用的只能使用食品级药剂。

表 11-3 柑橘贮藏保鲜常用杀菌剂及浓度

杀菌剂	抑霉唑	咪鲜胺	苯来特	噻菌灵	仲丁胺
浓度/(mg/L)	500	500	500	1 000	1%(浸果)，0.1(熏蒸)

2. 防腐保鲜处理方法

最好在柑橘采收当天进行防腐保鲜处理，最迟不能超过 2 d，否则处理效果将大大降低。处理方法：按要求配制好防腐保鲜剂，将果实浸湿药液后取出晾干即可。可手工处理(图 11-36)，也可机械处理(图 11-37)。短期贮藏单用杀菌剂处理即可，长期贮藏时须用杀菌剂和植物生长调节剂混合处理。

图 11-36　柑橘手工防腐保鲜处理(王日葵 摄)

图 11-37　柑橘机械防腐保鲜处理(王日葵 摄)

五、柑橘单果包装贮藏

1. 柑橘单果包装的作用

用薄膜包裹柑橘果实的作用：减弱果实水分的蒸腾作用，减少果实失重损失(表 11-4)，防止果实萎蔫；使果实新鲜饱满，较好保持原有风味；降低褐斑病的发生率；起隔离作用，通过阻止交叉感染而减少腐烂发生。

表 11-4　柑橘薄膜单果包装贮后失重率

处　理	失重率/%		
	锦橙(贮 150 d)	椪柑(贮 100 d)	温州蜜柑(贮 110 d)
0.015 mm 薄膜包果	2.3	2.1	2.1
对照(裸果)	18.7	21.3	28.5

数据源自中国农业科学院柑橘研究所贮藏研究组研究报告(2008 年)。

2. 柑橘单果包装方法

(1)材料。柑橘贮藏中效果最好的单果包装材料是薄膜果袋。使用厚度合适的薄膜袋才能取得好的效果，包装甜橙类和宽皮柑橘类果实以厚度 0.010～0.015 mm 为宜，包装柚类以 0.015～0.03 mm 为宜。

(2)包装方法。将果实适当预贮后再进行包装，在刚采下或果面水分未干时包装会在袋内结水珠，影响贮藏效果。包装时薄膜袋开口朝下，这样防止水分损失的效果更好(图 11-38)。

图 11-38 柑橘薄膜单果包装(王日葵 摄)

六、柑橘果实贮藏管理

(一)预贮

1. 预贮的意义

柑橘预贮也称预冷，是指将药物处理过的果实放置在阴凉干燥、通风良好的场所或冷库，进行短期存放。

预贮的作用主要有：①预冷。刚采下的果实温度较高，呼吸作用和蒸腾作用很强，如果直接包装入箱，果实会“发烧”、结水珠，引起果实腐烂变质。通过预贮可以降低果实温度，减弱呼吸作用。②进一步发现、剔除伤果。采收中受伤的果实有一部分难以辨别而及时挑出，这些受伤果实在湿润条件下易因微生物的侵入而腐烂。经过较干燥条件下的预贮，伤口会逐渐愈合并显现出来，挑选贮藏果或分级时可以更准确地剔除伤果。③软化。预贮后果皮因为部分水分蒸发而稍有弹性，可减少在包装和运输过程中的碰压损伤。④减少病害发生率。预贮过的果实，在贮藏中可降低褐斑病和枯水病的发生率。

2. 预贮方法

只要具备通风、干燥、低温的条件，库房贮藏间、缓冲间或一般的房间均可进行柑橘预贮。预贮时果实不能堆得太厚，如果是箱装，不要装得太满。甜橙类的预贮时间在 2～3 d，柚类和宽皮柑橘以 3～5 d 为宜。预贮时间依预贮场所的温度、湿度、通风条件等的不同而有差异。可以用手捏法或称重法来判断预贮是否到位：用手轻捏果实，感觉果实稍微变软且有弹性时即为适度；测量果实重量，在果实失重 1%～2%时结束预贮。

（二）果实贮期管理

柑橘进库后，根据不同的贮藏方式进行管理，除了注意控制库内温度、湿度和气体成分外，还要经常对果实进行观察，特别是在贮藏前期和常温贮藏中翌年温度回升以后。注意果实病变、腐烂、失重等情况，有条件的最好20～30 d翻果检查一遍，剔除腐果、病果，并根据果实的衰老和发病腐烂等情况确定贮藏结束时间。病变较轻的果实尽快拣出利用，以减少损失。还需注意防鼠害等。

七、柑橘运输和销售

1. 柑橘运输

柑橘运输过程中要防止机械损伤，尽可能满足贮藏保鲜环境条件。应做到以下几点：装运前果实应经过预冷处理，排除田间热。装运鲜果的工具必须清洁、牢固、干燥、无异味，有防雨、防潮、防污染和遮阴的物品。运输时要做到三快：快装、快运、快卸。严禁果实在露天日晒雨淋。果箱要牢固，内壁光滑，严禁散装。整个运输过程中都要轻拿轻放，严禁乱丢乱掷。押运员在运输途中要精心管理。用机械保温车运输时，押运员可按要求调节为最适运输温度。高温季节柑橘运输应采用冷藏车，低于0℃时则采用保温车运输。

2. 柑橘销售

在销售过程中，应通过综合技术措施来延长柑橘的货架寿命，防止因环境条件的改变而造成腐烂和质量劣变。应做到以下几点：尽量提供最适宜的贮藏环境条件，摆放在阴凉处，防止暴晒、雨淋；果实的大包装不要太密闭，以避免因缺氧而使果实风味异变；单果包装或打蜡后的柑橘，能减少销售过程中的失重损失，防止果实萎蔫。

第三节 柑橘商品化处理技术与发展趋势

一、柑橘商品化处理

柑橘的商品化处理包括进入市场销售之前所进行的分级和“美容化妆”。商品化处理能显著提高果品的外观品质，使其卖相十足，对内在品质的维持也有一定的作用。商品化处理是柑橘产业链条中必不可少的重要环节，是柑橘产业由传统生产向现代产业营销模式转变的重要体现。商品化处理是目前我国柑橘产业链中最薄弱的环节，直接影响了柑橘的生产效益和产业的可持续性。

柑橘果实商品化处理的主要内容，涉及对果实进行初选、防腐处理、发汗、清洗、打蜡、分级和包装等过程，有时还包括脱绿。不同的企业在生产规模和设备等方面会有差异，但其生产流程大同小异，一般都遵循方便操作和经济适用的原则。通常情况下柑橘采后商品化处理厂应划分为 3 个功能分区：前处理区主要负责果实卸载、脱绿和临时存放，包装生产线对果实进行清洗、打蜡、分级等处理，包装后处理区主要负责对包装处理后的果实进行集中存放和装载。

二、脱绿

早熟柑橘品种，或在昼夜温差小的低纬度、低海拔地区栽培的柑橘，柑橘果实内质已经达到采收要求时果皮仍未很好着色，此时采收后的柑橘需要进行脱绿处理。柑橘脱绿是指在特定环境条件下利用一定浓度的乙烯来破坏果皮中的叶绿素，促使果面表现出该品种固有的色泽。柑橘脱绿不是催熟，其前提是果实已经成熟，所使用的乙烯对人体无毒害作用。有研究认为，早熟柑橘中的叶绿素以叶绿素 A 为主，较易脱绿，但晚熟柑橘中的叶绿素以叶绿素 B 为主，不易被乙烯破坏，可能出现“返绿”现象，所以晚熟柑橘脱绿不易成功。我国部分在 10 月中旬之前上市的早熟温州蜜柑，果实采收季节昼夜温差小，通常果实着色不佳。江西赣南等地由于冬季气温下降较迟，早熟脐橙往往着色不良，这些果实部分需要经过脱绿处理才能上市。柑橘脱绿处理的效果与果实本身的底色（自然着色程度）、脱绿室的温度、湿度、气体成分、乙烯浓度、通风换气速度、脱绿库的有效库容等因素均有一定关系。公认的柑橘乙烯脱绿的几个关键指标为：温度 20～29℃，相对湿度 90%～95%，乙烯浓度 5～10 mg/L，库房每小时换 1 次气，尽量降低 CO_2的浓度。温度对脱绿效果有很大的影响：脱绿室内的气温偏高时脱绿时间较短，果面色泽偏橙黄色；气温偏低时脱绿需要较长时间，果面可能出现橙红色。如果采收时自然着色能达到 1/4 以上，乙烯脱绿后的果面色泽较好，如果采收太早，即使用乙烯脱绿果面也很难达到该品种的固有色泽。目前普遍认为脱绿处理对柑橘的内在品质有较大的负面影响，而且较容易造成果蒂褐化、脱落或烂果等。

三、洗果

刚刚采收的柑橘果实，表面往往会积累大量的田间灰尘和残留农药，卖相不佳，且附着有部分病原微生物或害虫，一般需要清洗。清洗可使果面光洁，降低腐烂率，提高商品性。有浸泡、冲洗、喷淋等洗果方式。通过清洗还可降低果面农药残留，除去污垢。洗果要求水源清洁，一般还要在水中加入适当的杀菌剂如次氯酸钙、漂白粉等，洗果后要等果面水分适当干燥后才能进行下一步的处理。

洗果在除去果实表面污染物的同时，也会洗脱部分果面蜡质，加速果实失水，不利保鲜和贮藏，所以洗果后往往需要通过打蜡或套袋措施减少水分蒸腾。

四、打蜡

洗果将会洗脱部分前面使用的防腐剂，清洗后的果实如果不能在短期内销售，则需要进行防腐保鲜处理。经防腐保鲜处理的果实如果是短期贮藏或近期销售，通常需要进行打蜡(涂膜)处理。需要特别指出的是，打蜡是柑橘商品化处理的重要措施之一，它好比对果实进行“化妆”，使之更吸引消费者、更具卖相，在短期内它对防腐和保鲜也有一定的效果，但打蜡的果实很容易发生生理失调，产生异味。严格来讲，打蜡是销售前的商品化处理措施，适合于在销售地进行。如果是长期贮藏，我国多数产区会用厚度为0.015～0.020 mm的聚乙烯袋对单果进行包装后再贮藏。近年来福建等地对柚子等大型柑橘果实采用机械薄膜包封，即将柑橘果实装入热缩性薄膜(0.02～0.04 mm聚乙烯膜)袋中，在150～170℃的高温下瞬间加热，然后冷却收缩使薄膜紧密地包裹在果皮上。薄膜包封可以减少失重、保持果实硬度、延长货架期，能防止交叉感染、减少腐烂，使果实外形美观，还可以在薄膜上印刷图案和商标。

五、风干处理

不论采用何种方式打蜡，最后都必须除去蜡液中的溶剂，目前生产中主要使用水溶性蜡液，水溶性蜡液的干燥主要依靠通过果实表面的干热空气带走水分。风干设备应考虑购买、使用成本和干燥速度，以及当地的气候条件和人员的技术水平等。设备太复杂时对维护人员的技术水平要求高。在干燥过程中，每个涂有水溶性蜡液的果实表面大约失水 0.2 g，果实自身可能失重 2 g 左右，失重多少与品种类型有关。

六、果实分级

为了使果实在销售时尽量整齐一致，须对果实进行分级。生产中常按果实纵横径的大小来分级，多采用滚筒式的分级设备，这种设备造价低，可节省投资。但采用滚筒式设备进行分级对果实的损伤比较严重，处理后果实的腐烂率较高，分级的精度也较低。光电分级系统是目前较先进的分级设备，工作时盛果的托盘在分级线上移动，而果实本身相对于托盘并不移动，因此分级过程对果实的损伤极轻，其精度也较滚筒式设备高。光电分级系统还可以根据需要对处理能力进行调节，单通道的处理能力为 5～6 t/h，1 套 8 通道设备的处理能力最高可达 50 t/h。

七、贴标签、包装

对于高端商品果，在分级和包装之前需要在果面贴标签，即在打蜡后的果面上粘贴一个不干胶标签，标记其通用产品代码。目前国内此项工作刚刚起步，仅有极少数企业进行。

柑橘类果实的贮藏寿命相对较长，只要贮藏和包装方式得当，就可贮藏 2 周到 6 个月不等，贮藏寿命因品种类型而异，葡萄柚、柠檬、来檬和某些甜橙类的贮藏寿命和货架期比较长，果实通常需要经过一段时间贮藏后再上市，并不需要采后立即投放市场。包装有助于在贮藏和运输过程中保护果实。包装材料要有足够的强度，以保证在运输、堆垛过程中不变形，不对果实造成伤害。还要求包装材料具有防潮、保湿、透气良好的性能，以防止包装箱内 O_2 和 CO_2 浓度失调。目前柑橘的包装容器有硬纸盒、标准果箱、铁丝捆扎的果箱、木质板条箱、塑料容器或编织袋等。包装容器的选择应根据柑橘产区或目标市场的需求而定。

八、柑橘商品化处理的发展趋势

商品化处理是农业产业化、现代化的必然要求。在整个柑橘产业链中，柑橘商品化处理的重要性得到了越来越广泛的认可。当前，我国是世界柑橘生产大国，但不是强国，短板之一就是采后商品化处理的整体水平低，处理能力严重不足。美国、西班牙等发达国家柑橘采后商品化处理能力达到 70%

以上，而我国目前的处理能力还不足30%。所以我国柑橘商品化处理的发展空间十分广阔。

我国柑橘商品化处理体系还很不成熟，橘农、处理企业以及流通和销售各个环节之间的利益分配不合理，未能形成一个有机的利益共同体。生产者将果实损耗的风险转嫁给下游的经营者，经营者将果实损耗的成本预先添加给上游的生产者，致使果品腐烂率高，生产效益不稳定，消费者得到的果实的品质难以保证等问题较突出，这也是我国最近几年柑橘商品化处理过程中亟待解决的问题。结合国内外的实践经验，走规模化、合作化的道路，形成利益共同体，在严格执行有关标准的前提下提高从业人员的素质，是未来我国柑橘商品化处理发展的必然趋势。整体而言，我国江西赣南柑橘商品化处理近年发展很快，而且水平也较高，其他柑橘主产区则参差不齐，生产能力也有限。

商品化处理目前是一个典型的劳动密集型工作，如江西杨氏果业生产高峰期每天的从业人员达到2 000多人。随着大量农村人口向城市转移，农村青壮年劳动力越来越少，用工荒已蔓延到各柑橘主产区，将来谁来干活已是我们必须考虑的现实问题，因此，柑橘果实商品化处理对设备的自动化程度提出了更高的要求。

近年来，我国食品安全事件时有发生，食品安全问题已经引起了社会越来越多的关注。柑橘产业也有一些涉及食品安全的典型案例，如蛆柑事件、染色橙事件等。究其原因是多方面的，如某些领域无标准可依，或有标准不执行，或监管不严等。另外，柑橘商品化处理的效果，除了设备和操作人员以外，还与采后投入品的性能密不可分。目前，我国柑橘采后投入品，如果蜡、防腐剂等大多依赖进口，而专业消毒或洗果液等目前还是空白。这些因素直接影响到柑橘产业安全。根据我国各大柑橘主产区的品种特性和生态特点，制定切实可行的国家或行业标准，走自主研发之路，开发适合我国国情的专用柑橘采后投入品是做强国产柑橘产业的必由之路。

亟须澄清“柑橘商品化处理就是打蜡，防腐保鲜就是用药”的经验错觉。目前有部分柑橘经销商盲目追求果实亮度，忽视果实的内在品质，认为果蜡打得越厚越好卖，这种观点违背果实的生命活动规律，弊大于利。另外，很多人一见到柑橘果实腐烂便想当然地认为是防腐保鲜剂用量不足，随意加大用药量，这种做法非常有害。完好的柑橘果实其实很耐存放，腐烂与果实本身的生理状况、环境中病原微生物的种群、基数、抗药性、杀菌剂的使用以及生产管理措施等因素均有关。柑橘防腐保鲜一定要树立系统防控理念。

参考文献

[1]王日葵，胡西琴，王成秋，等. 中国农业行业标准 NY/T 1189—2006《柑橘贮藏》[M]. 北京：中国农业出版社，2006.

[2]李奇菊，杨灿芳. 中国农业行业标准 NY 5014—2005《无公害食品柑果类果品》[M]. 北京：中国农业出版社，2005.

[3]邵蒲芬. 柑橘采后处理技术[M]. 北京：金盾出版社，1997.

[4]邓烈. 柑橘优质高产栽培及采后处理技术[M]. 北京：中国农业科技出版社，2001：134-155.

[5]何天富. 中国柚类栽培[M]. 北京：中国农业出版社，1999：255-275.

[6]田世平. 果蔬产品采后贮藏加工与包装技术指南[M]. 北京：中国农业出版社，2000：123-128.

[7]刘晓东，曾灵君，邵薄芬，等. 柑橘自然通风贮藏库库型的改进[J]. 中国柑橘，1986，15(4)：28-29.

[8]胡西琴，邵蒲芬，王日葵. 柑橘不同厚度薄膜袋单果包装贮藏试验[J]. 中国柑橘，1988，17(4)：34-35.

[9]邵蒲芬，胡西琴，王日葵，等. 锦橙贮藏果实适宜采收指标的研究[J]. 中国柑橘，1991，20(3)：24-25.

[10]胡西琴，王日葵，朱让果，等. 柑橘主贮藏方式和管理方法调查[J]. 中国柑橘，1991，20(4)：25-28.

[11]胡西琴，邵蒲芬，王日葵，等. 宽皮柑橘果实贮藏期间汁胞粒化与某些生理特性的关系[J]. 园艺学报，1997，24(2)：133-136.

[12]王日葵. 我国柑橘贮藏保鲜的现状、问题及对策[J]. 天津农业科学，1997(3)：6-7.

[13]王日葵，邵蒲芬，周炼，等. 天彩牌果蜡、鲜果牌果蜡在夏橙商品化处理中的应用研究[J]. 中国南方果树. 1999，28(4)：12.

[14]王日葵，邵蒲芬，周炼，等. 鲜果牌A型果蜡对锦橙商品性的影响[J]. 中国南方果树，2000，29(4)：13.

[15]王日葵，王成秋，周炼，等. 我国柑橘商品化处理技术现状调查研究[J]. 中国南方果树，2002，31(6)：26-27.

[16]王日葵，邵蒲芬，周炼，等. 涂蜡对柑橘生理变化和商品性的影响[J]. 保鲜与加工，2005(2)：21-22.

[17]王日葵. 柑橘商品化处理技术应用现状和前景分析[J]. 中国南方果树，2005，34(4)：17-18.

[18]张镜昆. 化州橙留树保鲜研究[J]. 园艺学报，1997，14(2)：103-107.

[19]王向阳，席玙芳，王英杰，等. 椪柑粒化型枯水与内源激素的关系[J]. 浙江农业学报，1997，9(2)：103-105.

[20]庞杰，张百超. 贮藏红橘褐斑和枯水控制途径研究[J]. 中国柑橘，1992，21(3)：28-29.

[21]林绍峰. 雪柑褐斑病控制途径研究[J]. 中国柑橘，1995，24(3)：42.

[22]宗汝静，邵蒲芬. 塑料薄膜包装柑橘果实贮藏效应研究[J]. 园艺学报，1981，8(3)：15-18.

[23]Fernando A，Jacqueline K B. Postharvest peel pitting at non-chilling temperatures in grapefruit is promoted by changes from low to high relative humidity during storage[J]. Postharvest Biology and Technology，2004，32：79-87.

[24]Kanlayanarat S，Oogaki C，Gemma H，et el. Occurrence of rind-oil spot of Hassaku (Citrus hassaku Hort. exTanaka) fruits stored under different temperatures and relative humidities[J]. Journalof the Japanese Society for Horticultural Science，1988，57(3)：513-520.

[25]Grierson W，Wardowski W F. Market diseases of citrus(2nd edition)[J]. Plant Disease Bulletin，New South Wales Department of Agriculture，1972，107：24.

[26]Dou H. The effect of coating application on chilling injury of grapefruit cultivars[J]. HortScience，2004，39：558-561.

[27]庞学群，张昭其，黄雪梅. 果蔬采后病害的生物防治(综述)[J]. 热带亚热带植物通讯，2002，10(2)：186-192.

[28]范青，田世平，李永兴，等. 枯草芽孢杆菌(Bacillus subtilis)B-912对采后柑橘果实青、绿霉病的抑制效果[J]. 植物病理学报，2000，30(3)：343-348.

[29]张红艳，鲍红峰，彭抒昂. 脐橙果实贮藏过程中主要有机物质含量的变化[J]. 热带亚热带植物通讯，2003，32(4)：1-3.

[30]陈红，张华珍，刘俭英. 涂蜡柑橘果实热风干燥过程的观察[J]. 华中农业大学学报，2002，21(4)：392-394.

[31]谢建华，叶文武，庞杰. 柑橘类果实枯水机理及控制措施的研究进展[J]. 保鲜与加工，2004(5)：3-6.

第十二章　柑橘加工与综合利用

柑橘能成为世界第一大水果，除了其本身优良的内外品质外，加工发挥了重要作用。通过加工，柑橘实现了3倍以上的增值，同时满足了消费者对各种柑橘加工制品的需求。柑橘汁是消费者最青睐的果汁，其消费量占世界果汁总消费量的近2/3。柑橘罐头也倍受消费者欢迎。柑橘果实的各个部分，从外果皮油胞层到中果皮白皮层、内果皮囊衣，再到果肉(汁胞)和种子，所含的香气、风味、营养和功能性成分非常丰富，适宜分层次资源化利用。比如，外果皮可提取香精油和色素，中果皮和内果皮可提取果胶、类黄酮和不溶性膳食纤维，汁胞可制作果汁和果肉等产品，种子可提取油脂、蛋白质、甾醇和柠檬苦素等。对柑橘果实的这种深层次、全方位开发利用被称为柑橘全果资源化利用。

第一节　柑橘加工概况

一、加工概况

柑橘是世界第一大水果，2018年的产量为1.47亿t，其中的约1/4用于加工。加工产品主要是柑橘汁(柑橘汁是世界第一大果汁)，目前年产1 350万t左右(以原汁计，下同)，占世界果汁产量的60%，其中橙汁大约1 200万t，柠檬、来檬汁65万t，葡萄柚汁50万t，宽皮柑橘汁35万t。柑橘的第二大加工产品是柑橘罐头(柑橘罐头是世界第三大水果罐头)，年产量约90万t，以橘瓣罐头为主，占总产量的90%以上，此外还有葡萄柚瓣罐头、橘汁胞罐头和全果罐头。其他柑橘加工品还有：糖制品，包括果酱、果冻、果茶和蜜饯等；发酵制品，包括果酒和果醋等；各种副产品，包括香精油、果胶、类黄酮、皮渣饲料和膳食纤维等。柑橘加工产品中果汁占90%、罐头占5%，糖制品占4%，发酵制品占1%。副产品中最重要的是柑橘皮精油，2016年世界生产了大约10万t甜橙皮精油，出口额达10亿美元，2.5万t柠檬皮精油，出口额约10亿美元，其次是皮渣干饲料，年产100万t左右。

2018年中国生产了4 138万t柑橘，是世界第一大柑橘生产国。由于历史、传统和经济的原因，中国种植的柑橘以鲜食为主，目前用于加工的柑橘不到5%，加工产品主要是橘瓣罐头和橙汁，年产量分别达到40万t和25万t，用果量相差无几。橘瓣罐头主要用于出口，年出口量30万t左右，占世界橘瓣罐头贸易量的2/3。我国产的橙汁主要用于内销。随着我国经济长期高速发展，国内橙汁的消费量近20年来快速增长，年递增20%以上。2012年我国橙汁的产量和进口量合计已达80万t，人均年消费量由过去的不到0.1 L提高到0.5 L，但与世界人均年消费量2 L和发达国家人均年消费量15 L还相差甚远。可以预计，中国橙汁的产量和消费量还会继续快速增长。

柑橘果实加工后一般会增值2～3倍。美国佛罗里达州是世界第二大橙汁加工基地，曾经年产橙汁600万t左右。21世纪初，佛州柑橘果实年产值大约30亿美元，加工后增值至90亿美元。因此，柑橘加工是助推柑橘产业发展的重要动力。巴西是世界最大橙汁生产国，年产橙汁约750万t，大约占世界橙汁产量的60%，其中冷冻浓缩橙汁120万t和NFC(非浓缩)橙汁100万t。美国是世界第二大橙汁生产国和第一大葡萄柚汁生产国，目前年产橙汁300万t左右，其中NFC橙汁200万t，冷冻浓缩橙汁20万t，年产葡萄柚汁30万t，其中冷冻浓缩葡萄柚汁4万t，NFC葡萄柚汁10万t。阿根廷是世界第一大柠檬汁生产国，年产柠檬汁30万t左右，主要制成冷冻浓缩柠檬汁。

二、加工利用途径

柑橘果实浑身都是宝，在水果中的综合营养价值和经济价值最高，适合资源化利用。可以根据各部分理化性质和营养成分，对柑橘果实分层次地进行加工利用，生产上千种产品。图12-1所示是柑橘果实加工利用的主要途径。以甜橙为例，1 000 kg甜橙果实可以生产原汁500 kg或65°Brix的浓缩汁90 kg、皮精油2.8 kg、橙肉5 kg、72°Brix糖蜜34 kg、d-苧烯2.8 kg、干皮渣饲料60 kg和水溶性香精油0.08 kg。除此之外，还可以利用皮渣生产果胶30 kg或膳食纤维50 kg、橙皮苷4.5 kg等。按目前的市场价格计算，1 000 kg甜橙的到厂价约为1 000元，其生产的主、副产品价值约3 500元，可增值3.5倍，产生约1 000元的利润。

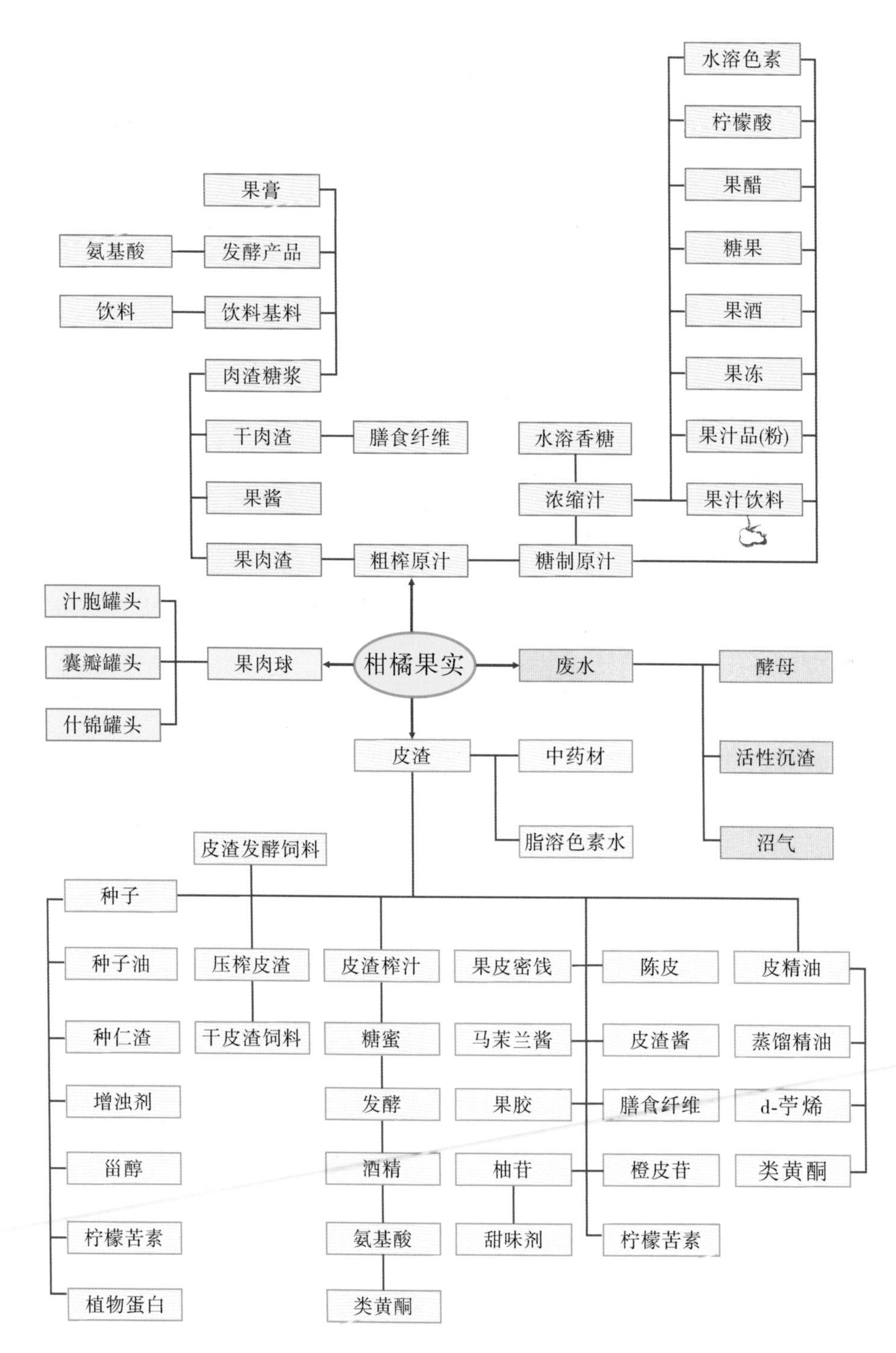

图 12-1　柑橘果实加工利用途径（吴厚玖 绘）

第二节　柑橘加工产品

一、柑橘汁

依照产品特点和加工方法分类，柑橘汁主要有柑橘原汁、柑橘浓缩汁和柑橘汁饮料。柑橘原汁又可细分成非浓缩柑橘汁（NFC，用高品质柑橘原料洁净加工，巴氏灭菌，无菌灌装，冷链贮、运、销）、罐藏柑橘汁（常温保存）和还原柑橘汁（由浓缩柑橘汁加水还原）；浓缩柑橘汁可分成冷冻浓缩柑橘汁、降酸冷冻浓缩柑橘汁和罐藏浓缩柑橘汁（常温保存）；柑橘汁饮料是用柑橘原汁或浓缩柑橘汁加水和其他食品配料，调配成柑橘汁含量在10%～90%的饮料。此外，还有脱水柑橘汁，即柑橘汁干粉，不过这类产品的市场份额很小。我国的柑橘汁生产和消费还处于初期，其分类和标准尚待完善。

柑橘加工的目的是最大限度地保存柑橘果实原有的色香味和营养，尽可能地将柑橘果实中的有效成分分离纯化，根据人类需求做成各种产品。原料的质量决定了加工产品的质量。除此之外，原料一般要占加工产品生产成本的70%左右，也就是说，原料价格决定了加工产品的主要成本。在计划经济时代，我国柑橘生产十分落后，柑橘鲜果供不应求，几乎没有质量好的果实被用于加工。改革开放以来，我国柑橘产业快速发展，产量由1978年的38万t，提高到2018年的4 138万t，增长了近109倍。柑橘果实不仅产量增加、品种增多，而且质量也不断提高，一些地区开始建设加工专用品种原料基地，为我国柑橘加工业的发展开创了一个新的局面。生产柑橘汁除了要求原料果实价格合理、供应期长，含糖量高等，还要求果实出汁率高，最好在50%以上，固酸比适当，最好在15～25，色泽要深，最好在36分以上，无苦涩味等。原料糖度高1个百分点，生产1 t 65°Brix的浓缩汁就可节省原料1 t；原料出汁率高1个百分点，生产1 t 65°Brix的浓缩汁就可节省原料50 kg。在美国和巴西等柑橘加工发达国家，加工用的原料都是专用原料，原料价格取决于含糖量的多少，鼓励果农种植高品质原料。

下面简要介绍柑橘原汁、柑橘浓缩汁和柑橘汁饮料的加工技术。

（一）柑橘原汁的加工

原汁是指采用机械等物理方法从新鲜水果的果实中直接分离提取的果汁，无任何添加物。也包括由浓缩果汁加水还原成的浓度与原汁一样的果汁，这样的果汁除了可添加补充在浓缩过程中损失的天然香气成分外，不得添加其他任何成分，这种果汁也叫还原汁。

原汁的加工流程(图 12-2)为：果实卸载→暂贮→粗选→取样检测→清洗→精选→分级→榨汁→粗滤→精滤→脱气→巴氏灭菌→灌装。

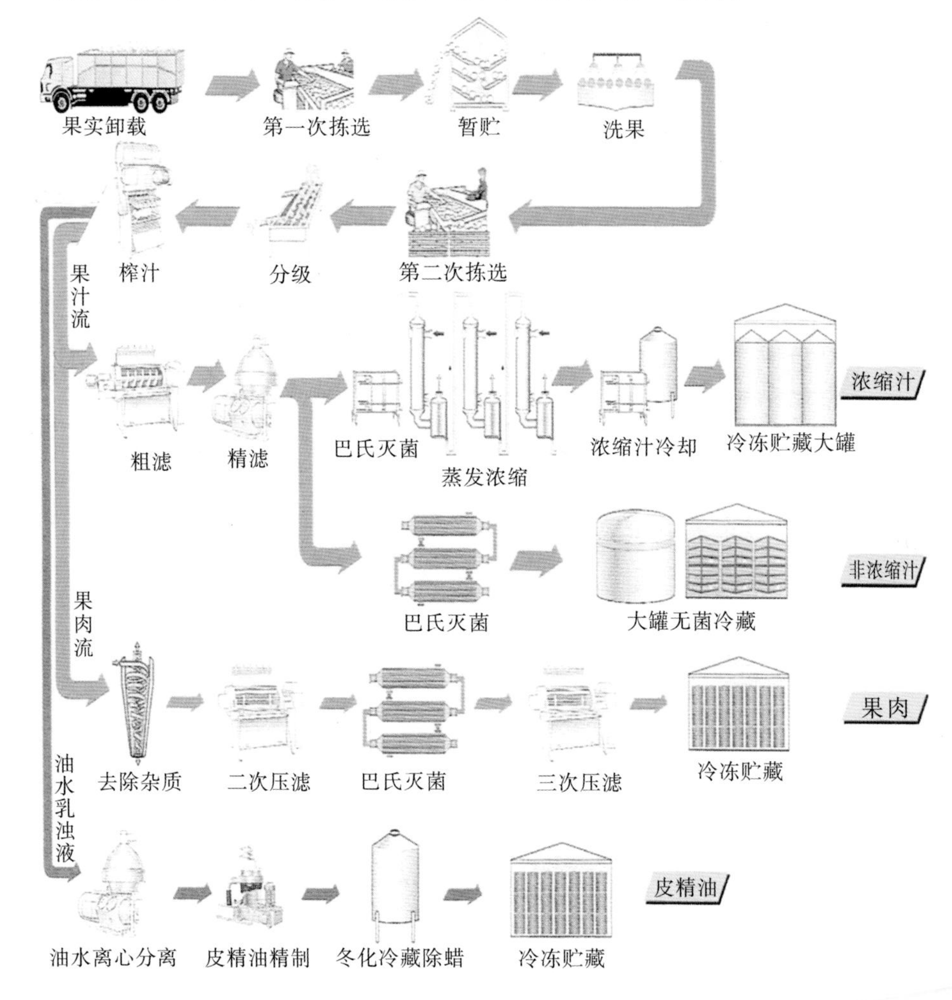

图 12-2 柑橘汁加工流程(源自 www. ultimatecitrus. com)

(1)果实卸载。从果园收购的果实运抵工厂称重后卸载，做 NFC 果汁的原料要求果实品质高，可溶性固形物在 10.5°Brix 以上，固酸比在 15 以上，从采收到加工最好不超过 48 h，以保证果实的新鲜度。

(2)暂贮。将不同果园的果实在中转仓库分仓暂贮(图 12-3)，根据加工要求的不同，产品暂贮 2～3 d，若当时的气温低，刚采收的果实可暂贮 7 d。暂贮除了保证原料的连续供应外，还可以根据检测结果，将不同质量的分仓果实按产品要求进行混合榨汁，从而得到质量一致的果汁。

图 12-3 柑橘加工果实暂贮仓(源自 JBT 公司)

(3)粗选。剔除腐烂病虫果和枝叶等杂物。

(4)取样检测。从同一果园批次收购来的果实在线随机取样，分析果实质量，质量指标主要是果实大小、出汁率、可溶性固形物和可滴定酸含量，这些指标可为加工前果实的混合调配提供指导，也可以是确定原料价格的依据。出汁率高、含糖量高的果实生产的果汁不仅品质好，而且吨耗率低，价格当然也更高。

(5)清洗。用水或清洗剂对果实进行 2～3 次清洗，包括浸泡、清洁剂洗涤、刷洗和净水喷淋，清洗果皮表面的泥沙、残留的农药、病虫斑等污物，特别是用作生产 NFC 果汁的原料果实必须清洗干净，而且最好用臭氧或次氯酸等消毒剂消毒。

(6)精选。再次人工剔除暂贮过程中产生的腐烂果等。

(7)分级。为了达到最佳榨汁效果，应根据榨汁机的要求将果实按大小分级，如 JBT(原 FMC)榨机一般要求将甜橙分成直径 70 cm 以上、60～70 cm 和 60 cm 以下 3 个等级。

(8)榨汁。目前柑橘榨汁机主要有 3 种类型，即 JBT 全果榨汁机、Brown 锥汁机和 Polyfruit 滚筒榨汁机，其中 JBT 全果榨汁机应用最广泛，70%以上的橙汁是由 JBT 榨汁机榨取的。JBT 榨汁机具有出汁品质高、出汁率高、果实各部分瞬间分离、综合利用方便以及可以压榨所有适宜做汁的柑橘品种等优点。

(9)粗滤。刚压榨出来的果汁含有大约 25%的果肉、囊衣碎片和瘪种子等，必须将其降低到合理程度。一般果汁中的果肉含量不能超过 12%，有的厂家或消费者希望果肉含量低至 3%～5%，如果要进一步浓缩，果肉含量也必须降低到这样的程度或更低。去除瘪种子等杂质用旋分机，要降低果肉含量一般用螺旋榨汁机（又叫精制机）去除果汁中的大部分果肉，可以将其降低到12%左右。

（10）精滤。由于粗滤去除果肉的数量有限，要将果肉含量降低到3%～5%，就必须用筛孔更小的精制机或者离心机。精滤可将果肉含量降到5%以下。

（11）脱气。生产原汁特别是NFC果汁，必须通过脱气去除果汁中的氧气，如果不去除氧气，在高温灭菌或贮藏过程中它可能会氧化果汁的色素、维生素和香气成分，造成果汁褐变、维生素和香气损失。一般采用真空喷雾法脱气。脱气后果汁中O_2的含量不宜超过1 mg/L。此外，真空脱气同时也能去除果汁中过量的皮精油。皮精油中的主要成分是d-苧烯，它容易氧化和聚合，并产生一种类似松节油的、令人不愉快的气味。原汁中皮精油的含量应控制在0.04%以下，同时尚可回收水溶性香精油，回填到终端产中去。脱气工艺流程如图12-4所示。

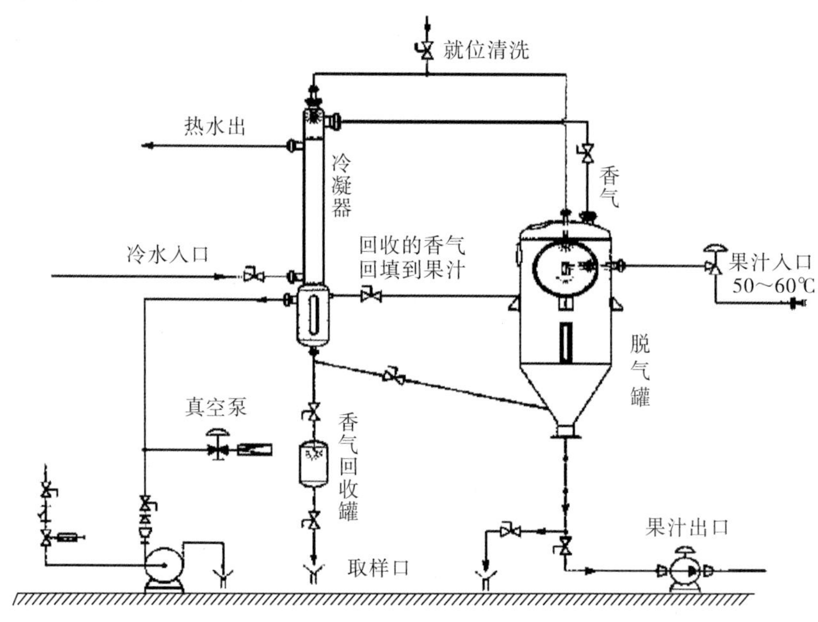

图12-4 柑橘果汁脱气示意图（源自JBT公司）

（12）巴氏灭菌。新榨的柑橘汁除了可能会受到腐败微生物如乳酸菌、酵母菌和霉菌等的污染外，果汁中的果胶酶也可能分解果胶，引起果汁分层。必须通过杀灭腐败微生物和钝化果胶酶来保持果汁品质。由于柑橘汁属热敏性果汁，杀菌灭酶温度不能太高，时间不能太长，生产上采用巴氏灭菌灭酶法（高温瞬时）灭菌灭酶，根据产品的要求不同定为90～98℃/15～45s。NFC柑橘汁的灭菌灭酶工艺条件是95℃/30s，如果果汁的pH值<4，杀菌机质量稳定，可以将杀菌温度降低到85℃左右。

(13)灌装。根据灌装条件不同和容器不同，可将灌装分成热灌装和无菌冷灌装。热灌装主要用于传统的铁听包装容器或耐热塑料瓶，灌装温度一般为82～85℃，若采用真空灌装，可将温度降低到74℃，但是灌装后，应尽快将容器温度冷却到30℃以下。无菌冷灌装主要用于纸盒小包装、无菌袋和大罐冷藏，灌装前要求对设备、容器和灌装环境进行彻底消毒，灌装过程要处于无菌状态。经巴氏灭菌后的果汁应立即冷却到4℃左右，然后直接在无菌条件下灌入容器，小包装的果汁可在4～0℃条件下贮运，大包装或大罐宜在0℃左右条件下贮运。

(二)柑橘浓缩汁的加工

果汁浓缩主要有加热蒸发、冰冻结晶和膜分离等3种方式，其中加热蒸发浓缩又分成常压加热浓缩和真空(减压)加热浓缩2种。常压加热浓缩温度高、时间长和热效率低，对热敏性柑橘汁的色泽、香气、风味和营养会造成很大损失，现在已不采用。真空加热浓缩通过降低压力来降低果汁的沸点，同时采用机械方法，使果汁在真空室内形成薄膜状，加大蒸发面积，这样的双重作用可以使果汁中的水分在较低的温度下快速蒸发。目前柑橘汁主要采用真空加热浓缩法。

1. 真空加热浓缩法

同常压加热浓缩相比，真空加热浓缩具有浓缩温度相对较低、浓缩速度快、效率高、节能、成本低等优点，是目前柑橘汁的主要浓缩方法。根据浓缩器的结构分类，有降膜式、升膜式、搅拌式、刮板式和离心薄膜式等。目前用得最多的是喷流降膜或升模式浓缩器，其中有一种短时增温浓缩器(TASTE)从20世纪60年代就开始用于柑橘汁浓缩(图12-5)，其特点是连续单通道，降膜式垂直长管，多级多效，高真空无蒸发压缩，高温短时浓缩。图12-6(源自Chen等，1979)说明了一种7级4效的加温短时浓缩器的工作流程，表12-1则提供了这种浓缩器的工作参数。

图12-5 柑橘汁短时增温浓缩塔
(源自JBT公司)

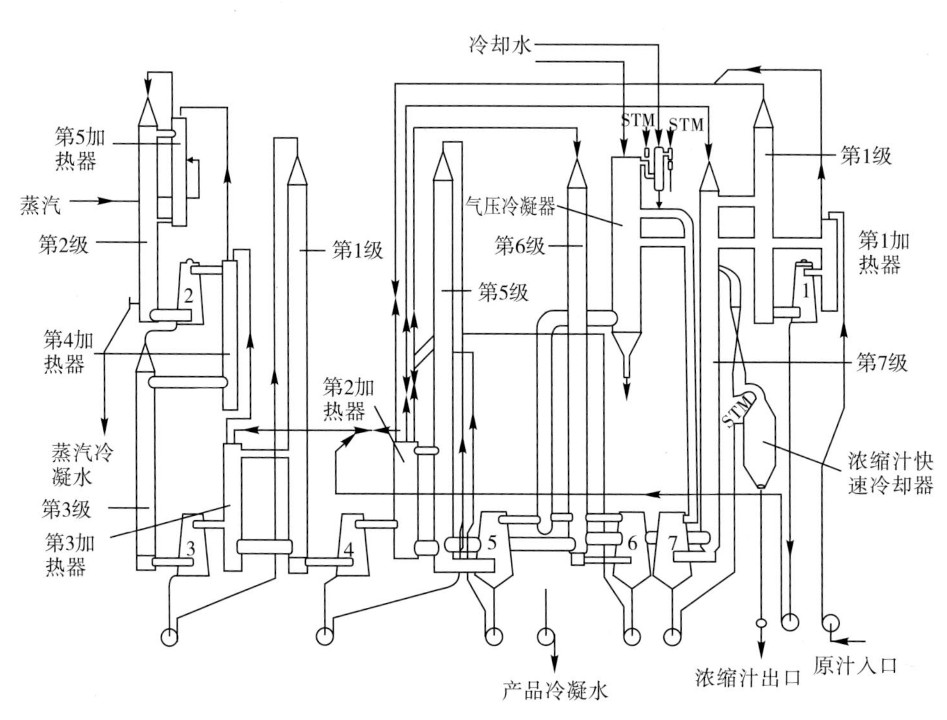

图 12-6　7 级 4 效短时增温柑橘汁浓缩器工作原理(源自 Chen 等，1979)

表 12-1　7 级 4 效短时增温橙汁浓缩器的工作参数

效	级	工作温度/℃	浓缩度/°Brix	滞留时间/s
4	1	48.4～44.4	13.1	40
1	预热	76.7～96.1	13.1	10
1	2	96.1～81.1	18.4	45
2	3	81.1～70.6	28.2	45
3	4	70.6～53.9	48.5	65
4	5	53.9～41.1	55.8	70
4	6	45.0～39.4	61.5	75
4	7	45.0～39.4	65.0	80
		合计滞留时间		430

资料源自 Chen 等(1993)。

由于多效蒸发器可以重复利用蒸汽，效数越高，利用热蒸汽的效率也越高。一般来说，1 kg 蒸汽 4 效型蒸发器可以蒸发 3.3 kg 的水分，5 效型可蒸发 5.7 kg 的水分，7 效型可蒸发 6.44 kg 的水分。世界 50%以上的柑橘浓缩汁是由这种短时增温浓缩器生产的。这种真空加热浓缩器可以起到灭菌、钝化果胶酶、脱气和浓缩的作用。由于在真空高温过程中果汁内易于挥发的水溶性香气成分容易损失，这类浓缩器都设有冷凝系统回收香气成分。

真空浓缩器中还有一种离心薄膜浓缩器值得一提。该类浓缩器的工作原理是：果汁由分配器喷到高速旋转的多层圆锥盘表面，形成 0.1 mm 以下厚度的薄膜，在真空条件下加热，水分瞬时蒸发。这种浓缩器的工作温度较低，只有 40～60℃，时间也短，只要几十秒，优点是果汁的色泽、温度和营养保留较好，缺点是因水环式真空泵导致用水量大、能耗较大、热效率较低、生产量有限以及需要在浓缩前或浓缩后灭菌和钝化果胶酶。

2. 冰冻浓缩法

在结冻条件下，果汁中水的冰点温度高，会率先结成冰晶，分离去掉水冰晶粒，剩下的不易结冰的可溶性固形物得以浓缩，由此得到浓缩汁。冰冻浓缩的优点是果汁在低温下浓缩，色泽、风味和营养均保存良好，果汁的质量高。缺点首先是在浓缩前或浓缩后必须进行巴氏灭菌，以杀灭有害微生物和钝化果胶酶；其次是浓缩度有限，难以超过 50°Brix；再就是排除水冰晶时不可避免地要黏附一些可溶性固形物成分，造成部分果汁损失；还有就是设备投资大，操作成本高等。因此，冰冻浓缩法几乎未投入商业用途。

3. 膜浓缩法

膜浓缩的原理是：用一种人工半透膜，在一定的压力下，将体积小的水分子同体积较大的可溶性固形物如糖、有机酸、维生素、纤维素、果胶、酮醛酯等香气分子分开，从而达到浓缩的目的。美国的 Separasystems LP 公司、FMC 公司和 Dupont 公司曾联合研制了 FreshNote 膜浓缩装置(图 12-7)，将超滤和反渗透膜合理组合，成功地将 12°Brix 的橙汁浓缩到 45°Brix，较好地

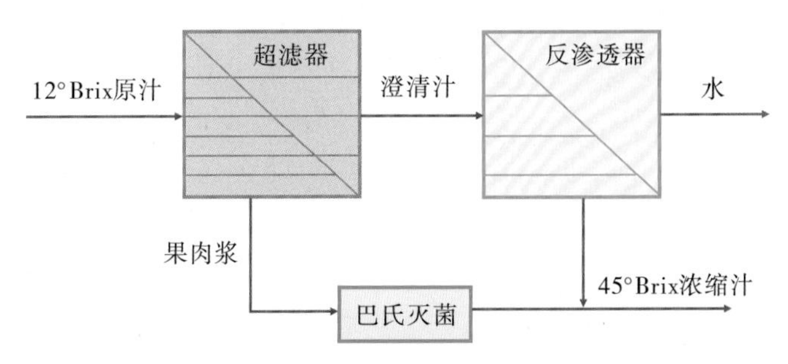

图 12-7 FreshNote 膜浓缩工艺流程(源自 JBT 公司)

解决了橙汁中果肉微粒、果胶、糖等黏性物质对膜的阻塞，同时将超滤分离出的果肉巴氏灭菌后加入到浓缩汁中去，这样很好地保证了浓缩汁的产率和品质。最近发展了一种膜蒸馏技术，采用疏水微孔膜并利用膜两侧的蒸汽压力差为驱动力，将传质的低分子成分和高分子成分分离，结合了膜分离和蒸馏技术的优点，可将柑橘汁浓缩到70°Brix。

以上3种浓缩技术中，真空浓缩的成本最低，是膜浓缩的1/3，是冰冻浓缩的1/5。但真空浓缩汁的风味较差，得分仅为膜浓缩汁的1/4和冰冻浓缩汁的1/3。膜浓缩技术将是一种非常有希望用于柑橘汁浓缩的新技术，有可能在柑橘汁加工中部分取代真空浓缩技术。

4. 浓缩汁的灌装、调配和贮运

为了防止风味、色泽和营养的损失，浓缩后浓缩汁应立即冷却到－4℃左右并输送到大罐中暂贮。美国佛州橙汁加工厂最大的浓缩汁贮罐有近380 m^3(10万gal)的容积，可装近500 t 65°Brix的浓缩汁。冷库的冷藏温度一般要求在－25～－18℃，以防止风味变差和颜色褐变。在排除罐内空气并用氮气填充贮罐后，可将贮温提高到－10～－6℃。也有将柑橘汁采用无菌灌装机低温灌装到带内衬的商业通用250 L铁桶中贮存的，贮存温度－25～－18℃。

定型浓缩汁产品提供给客户前，必须按照客户要求对可溶性固形物浓度、固酸比、色泽、风味和果肉含量等果汁参数进行调配。除了用不同原料品种的果汁和不同质量参数的果汁进行调配外，还可将浓缩过程中分离的皮精油、水溶性香精油和果肉等添加回去，最后加水，这样还原成的柑橘汁的品质可以与新鲜果汁相差无几。

调配好的浓缩汁必须立即冷却到－4℃并灌装到有塑料内衬的铁桶或纸箱中，再冷冻到－18℃以下。目前有的公司为了节省包装和运输成本，采用冷壁大罐运输，每个罐可装10 t以上浓缩汁。在定点装卸港口都建有专用设施和贮仓(罐)，形成一条经济实用的贮运冷链。

(三)柑橘汁的质量要求

美国是柑橘汁生产技术发达国家，也是世界柑橘汁消费大国，美国生产了世界上30%的柑橘汁，消费量占世界的35%。许多主要的柑橘加工技术和新产品起源于美国，如全果榨汁、超高压灭菌(HPP)和短时增温浓缩技术，冷冻浓缩柑橘汁和非浓缩柑橘汁等。美国对柑橘汁的质量要求具有代表性，为行业公认。美国将橙汁分为8种类型：①巴氏灭菌橙汁(非浓缩)；②罐藏橙汁；③还原橙汁；④冷冻浓缩橙汁；⑤降酸冷冻浓缩橙汁；⑥罐藏浓缩橙汁；⑦生产用浓缩橙汁；⑧脱水橙汁。将质量指标规定为感官指标、理化指标和卫生指标。感官指标由外观、结絮、色泽、杂质(缺陷)、风味、还原性和分层组成；理化指标由酸、白利糖度或可溶性固形物、固酸比和可回收香精油组成；卫生指标同其他食品原料一样，必须符合美国食品、药品和化妆品管理局的有关规定。美国将柑橘汁分成A级(优)和B级(良)两种，并采用百分制来评价感官指标，色泽、杂质和风味3个重要指标的权重分别为40分、20分和40分，A级不低于90分，B级不低于80分。理化指标根据不同产品规定了最低可溶性固形物含量、固酸比或固酸比的范围和最高可回收香精油，其A级橙汁和葡萄柚汁的理化指标如表12-2所列。美国橙汁的理化和感官指标分别见表12-2至表12-5。

表12-2 美国A级橙汁和葡萄柚汁的理化指标

产 品	最低糖度/°Brix	固酸比	可回收香精油/(V/V)
巴氏灭菌橙汁(NFC)			
加利福尼亚州和亚利桑那州	11.0	(11.5～18.0)∶1	0.035
其他州	11.0	(12.5～20.5)∶1	0.035
罐藏橙汁			
(°Brix<11.5)	10.5	(10.5～20.5)∶1	0.035
(°Brix≥11.5)		(9.5～20.5)∶1	0.035
还原橙汁			
加利福尼亚州和亚利桑那州	11.8	(11.5～18.0)∶1	0.035
其他州	11.8	(12.5～20.5)∶1	0.035
冷冻浓缩橙汁			
加利福尼亚州和亚利桑那州	41.8	(11.5～19.5)∶1	0.035
其他州	41.8	(12.5～19.5)∶1	0.035
降酸冷冻浓缩橙汁	41.8	(20.0～26.0)∶1	0.035
罐藏浓缩橙汁	41.8	(11.5～20.0)∶1	0.035
生产用浓缩橙汁	11.8	(8.0～24.0)∶1	
非还原葡萄柚汁	9.0	(8.0～14.0)∶1	0.020
还原葡萄柚汁	10.0	(8.0～14.0)∶1	0.020
冷冻浓缩葡萄柚汁	38.0	(9.0～14.0)∶1	0.020
生产用浓缩葡萄柚汁		6.0∶1	

资料源自USDA，1983。

表 12-3 美国巴氏灭菌(NFC)橙汁质量指标

指 标	A级	B级
表观	新鲜	新鲜
结絮	无	无
分层	无	少许
色泽	很好，36～40 分	好，32～35 分
杂质	无，18～20 分	基本无，16～17 分
风味	很好，36～40 分	好，32～35 分
总分	不低于 90 分	不低于 80 分
最低可溶性固形物/°Brix	11.0	10.5
固酸比		
加利福尼亚州和亚利桑那州	(11.5～18.0)：1	(10.5～23.0)：1
其他州	12.5：1～20.5：1	(10.5～23.0)：1
可回收香精油/(最高 V/V)	0.035	0.045

资料源自 USDA，1983。

表 12-4 美国还原橙汁质量指标

指 标	A级	B级
表观	新鲜	新鲜
结絮	无	无
分层	无	少许
色泽	很好，36～40 分	好，32～35 分
杂质	无，18～20 分	基本无，16～17 分
风味	很好，36～40 分	好，32～35 分
总分	不低于 90 分	不低于 80 分
最低可溶性固形物/°Brix	11.8	11.8
固酸比	(11.5～18.0)：1	(11.0～23.0)：1
可回收香精油/(最高 V/V)	0.035	0.045

资料源自 USDA，1983。

表 12-5 美国冷冻浓缩橙汁质量指标

指 标	A级	B级
表观	新鲜	新鲜
结絮	无	无
分层	无	少许
色泽	很好，36～40分	好，32～35分
杂质	无，18～20分	基本无，16～17分
风味	很好，36～40分	好，32～35分
总分	不低于90分	不低于80分
最低可溶性固形物/°Brix	41.8	42.0
固酸比		
加利福尼亚州和亚利桑那州	(11.5～19.5)∶1	10.0∶1
其他所有州	(12.5：1～19.5)∶1	10.0∶1
加水还原汁最低可溶性固形物	11.8	11.8
可回收香精油/(最高V/V)	0.035	0.040

注：加水还原汁资料源自USDA，1983。

巴西是最大橙汁生产国，浓缩橙汁年产量在120万t左右(以65°Brix计)，占世界橙汁年产量的60%，巴西的橙汁质量的感官和卫生指标基本上沿用美国的标准。表12-6列出了巴西冷冻浓缩橙汁的主要质量指标。巴西和美国的橙汁质量指标值得借鉴。

表 12-6 巴西冰冻浓缩橙汁的主要质量指标

指 标	标准产品	低果肉含量产品
可溶性固形物/°Brix	65.5～66.5	65.5～66.5
固酸比	(10～20)∶1	(10～20)∶1
维生素C/(mg/100 g)	>300	>300
果肉含量/%	6.0～12.0	>2.0
色泽/USDA分值	36～38	37～38
杂质/USDA分值	19～20	19～20
风味/USDA分值	37～38	37～38
黏度/($\times10^{-3}$ Pa·s，Brookfield法)		1 000～2 000
可回收香精油/(V/V)	0.008～0.013	0.008～0.013

我国也制定了橙汁及橙汁饮料的标准，即GB/T 21731—2008(表12-7和

表 12-8)。但是观感评价未量化，理化标准不尽合理，如规定了蔗糖、葡萄糖和果糖的范围值和果糖、葡萄糖的比值，实际上有些橙汁这三种糖的含量并不在标准规定的范围内，因此该标准需要修正，以使其更科学合理。

表 12-7　我国橙汁及橙汁饮料的感官指标

项　目	特　性
状态	呈均匀液状，允许有果肉或囊胞沉淀
色泽	具有橙汁应有之色泽，允许有轻微褐变
气味与滋味	具有橙汁应有的香气及滋味，无异味
杂质	无可见外来杂质

表 12-8　我国橙汁及橙汁饮料的理化指标

项　目	指　标		
	非复原橙汁	复原橙汁	橙汁饮料
可溶性固形物(20℃，未校正酸度)/%	≥	10.0	11.2
蔗糖/(g/kg)	≤	50.0	
葡萄糖/(g/kg)		20.0～35.0	
果糖/(g/kg)		20.0～35.0	
葡萄糖/果糖	≤	1.0	
果汁含量(g/100 g)		100	≥10

(四)柑橘汁饮料

柑橘汁饮料是指原汁含量在 10%～99%之间的柑橘类饮料，可分成碳酸饮料和非碳酸饮料两大类。前一种冲入 CO_2，原汁含量多在 10%以下，如可口可乐公司的芬达汽水和百事可乐公司的美年达汽水，这类饮料主要起清凉、解渴和消遣作用，对柑橘汁的消费量很小。后一种是普通果汁饮料，原汁含量多在 10%以上，包括带肉果汁饮料，如统一公司的鲜橙多、汇源公司的真鲜橙等橙汁饮料、可口可乐公司的美汁源果粒橙汁等。这类饮料种类繁多，除能满足各种口味外，兼有营养保健作用，多在进餐时或社交场合饮用，已成为日常常见消费食品。这类饮料可用不同种类的柑橘汁混合调配，也可以与其他果菜汁如西番莲汁、番木瓜汁和胡萝卜汁等混合调配成复合果汁或果蔬混合汁，如农夫山泉公司的果蔬橙汁。这类混合汁除了在风味和色泽上互补外，在营养上也可互补，逐渐受到消费者青睐。

果汁饮料制作的主要工艺流程如图 12-8 所示，下面简要说明其操作要点。

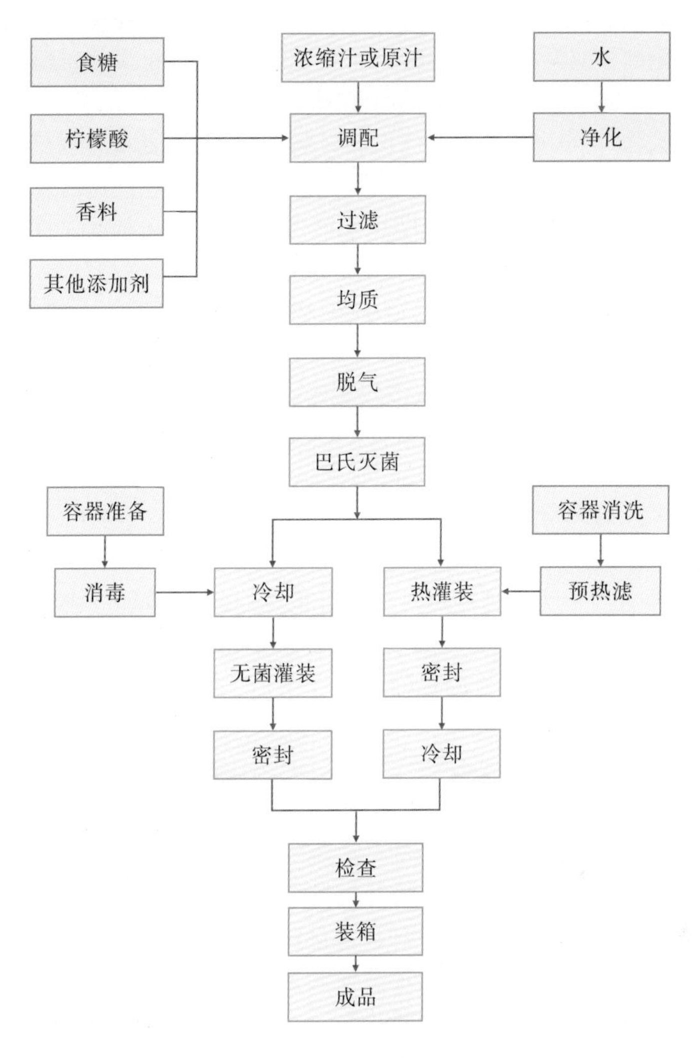

图 12-8 果汁饮料制作工艺流程(吴厚玖 绘)

(1)调配。柑橘饮料的基料大多用浓缩汁，也有用原汁的。有的饮料厂为了简化工艺，要求专门生产基料的厂家或生产浓缩汁的厂家按他们的要求提供调配好的基料，自己加水和香料即可灌装。自己做基料的饮料厂，根据配方定量称取果汁制成果汁基料，如果是浓缩汁，先用水稀释后，再加入一定量的蔗糖、葡萄糖液或果葡萄浆等。果葡糖浆的甜味口感最好，被越来越多的饮料厂用作甜味剂。蜂糖也是一种很好的甜味剂，但其价格较贵，多用于保健饮料。糖液的配制以常温拌溶最好，配制浓度多在30°Brix左右，用0.3 mm以下孔径(60～80目)的滤布除去杂物，最好用专门的溶糖或滤糖机械进行。加糖后再加饮料用水定容，搅拌均匀，调到成品设定糖度。接着添加食品增稠剂、防腐剂、乳化剂等配料，调匀后依序加入有机酸、香料、赋香或保香剂等。充分搅匀后试测、试饮，调整到满意为止。最后通过 0.2 mm 或更小孔径(80 目或以上)的滤器过滤，也可用棉饼过滤机、板框过滤机或精滤膜过滤机等过滤。

(2)均质。过滤后的果汁接着进行均质，其目的在于使各种成分充分混合和微粒化，提高果汁组织的均匀度和浊度的稳定性。这对浑浊性果汁特别重要。对于果肉浓浆配制的果汁，若果肉含量过高，均质后会大大增加果汁的黏度而失去清爽感。因此，清凉型果汁饮料中的果肉浆配比不宜超过 5%，或者在均质和脱气后加入果肉，以保持果肉的咀嚼感。

(3)脱气。均质后的果汁混入了较多的空气，必须加以脱除。脱气机在 50～60℃条件下使用的真空度为 14.7～20.0 kPa(110～150 mmHg)，脱气后果汁的 O_2 含量最好不超过 1 mg/L。

(4)灭菌。一般采用巴氏灭菌法，使用热效率高的管式换热器或板式换热器进行。果肉含量高的果汁最好用管式换热器，灭菌温度在 95℃左右，灭菌时间短于45 s。灭菌后的果汁要快速冷却到 30℃以下，以免营养和香气成分过多地损失。

(5)灌装和密封。根据容器材质和饮料质量要求分热灌装和冷灌装。玻璃瓶、金属罐和耐热塑料瓶采用热灌装，灭菌后的高温果汁在 80℃左右灌装、封盖、倒瓶，然后立即分梯度冷却到 30℃以下。由复合材料制成的包装盒(袋)和塑料瓶(罐)采用低温(15℃或以下)无菌冷灌装，这样有利于热敏性的果汁的色、香、味和营养的保存，有利于降低能耗。

制作饮料需用大量的纯净水，对水质的要求也很高，因为这直接影响到饮料的质量。无论水源如何都要进行包括软化处理在内的有针对性的净化处理。水软化处理的方法很多，有石灰软化化学凝结法、电渗析法和离子交换法等。目前多采用电渗析法或离子交换法来软化水，去掉盐离子，再用超滤和反渗透法净化水，除去病菌和微异物。对饮料用水的要求是必须达到国家饮用水的卫生、感观和理化指标，总硬度应该小于 8。

相较于普通果汁饮料，碳酸饮料的制作工艺简单一些，其关键技术是要把足量的二氧化碳混入饮料中。由于二氧化碳的溶解度与温度成反比，因此通常把水或与水混合好的果汁冷却到 4℃左右再与二氧化碳混合，随即灌装和密封。一般来说，柑橘汽水的参考含气量是：橙汁汽水 1.5～2.5 倍，橘汁汽水 2.5～3 倍，柠檬汽水 3.5～4 倍，白柠檬汽水 2.5～3.5 倍。

柑橘汁饮料的种类繁多，其配方不胜枚举，下面略举 5 例。

(1)鲜橙汁

成品 1 000 kg

浓缩橙汁(65°Brix)　　36.4 kg　　苯甲酸钠　　0.27 kg

甜蜜素	0.4 kg	甜橙香精	0.7 kg
阿拉伯树胶	0.45 kg	白砂糖	60 kg
或果胶	0.5 kg	或果葡糖浆	85 kg
或黄原胶	0.3 kg	柠檬酸	1 kg
增香剂	0.005 kg		

加水定溶到 1 000 kg

(2)带肉橙汁(又叫粒粒橙汁)

成品 1 000 kg

汁胞或果肉	50 kg	琼脂	2 kg
橙原汁	100 kg	橙香精	1 kg
西番莲汁	50 kg	β-胡萝卜素	0.5 kg
白砂糖	100 kg	苯甲酸钠	0.4 kg
或果葡糖浆	140 kg	柠檬酸	15 kg

加水定量至 1 000 kg

(3)橘子汽水

成品 1 000 瓶(250 mL/瓶)

橘原汁	12.5 kg	日落黄色素	0.005 kg
白砂糖	25 kg	胭脂红色素	0.00025 kg
糖精纳	0.01 kg	苯甲酸钠	0.05 kg
柠檬酸	0.325 kg	橘子香精	0.375 kg

加水定量至 250 L

(4)运动保健饮料

成品 1 000 kg

橙原汁	100 kg	氯化钾	0.37 kg
白砂糖	55 kg	氯化钠	0.8 kg
葡萄糖	10 kg	碳酸镁	0.025 kg
柠檬酸	1.2 kg	乳酸钙	0.15 kg
柠檬酸钠	0.7 kg	维生素 C	0.9 kg
甜橙香精	1 kg	葡萄柚香精	0.5 kg

加水定量至 1 000 kg

(5)橙汁晶(粉)

半成品 1 000 kg(干燥前)

浓缩橙汁	500 kg	麦芽糊精	300 kg
柠檬酸	20 kg	磷酸钙	2.5 kg
柠檬酸钙	2.5 kg	甜橙香精	2.5 kg

水　　　　　　　　　　172 kg

把橙汁晶的配料充分混合，加热到30℃左右，喷雾干燥成粉状或制成晶粒状固体饮料，若用粉末香精，可在喷干后加入。

二、柑橘罐头

（一）原辅料

加工柑橘果瓣罐头通常以产量大的温州蜜柑以及本地早橘、早橘、红橘等蜜橘类为原料，国外还有用杂柑类的甘夏、葡萄柚做原料，近年来，我国以杂柑类品种胡柚开发的罐头也有了一定规模的产业化生产。另外，作为饮料生产配料的汁胞也以罐头的形态流通，柑橘汁胞罐头的主要原料品种是椪柑和胡柚，也有用甜橙的，随着罐头加工技术的发展，可用作柑橘罐头加工原料的品种出现增加的趋势，使制品呈现多样化。

目前原料果实都是执行各自的企业标准，中国农业科学院柑橘研究所、浙江台州一罐食品有限公司等正在起草橘瓣罐头的相关行业标准。对原料果实的基本要求是：

果形：具该品种固有的形状。

完好度：无腐烂果、虫蛀果、冻伤果、揭蒂果和畸形果。

色泽和风味：具该品种固有的色泽、风味和香气等特征，无严重苦涩味等异味。

成熟度：汁胞加工用原料果实的果面着色五成以上，柑橘果瓣罐头加工用原料果实果面着色七成以上。

此外，“落地果”不宜用于柑橘果瓣罐头加工。近10多年来，在柑橘橘瓣罐头发生腐败的情况中，出现了罐头不胖听，开罐后才发现部分或全部橘瓣崩溃解体，混于糖液中的现象。分析研究后认为，这种腐败现象是巴氏梭状芽孢杆菌引起的，它是一种严格厌氧菌，存在于土壤和蔗糖中，在低pH值的环境下生长良好，其孢子耐热性很强，低温杀菌不能使其致死。因此，必须剔除泥浆果，以消除柑橘罐头出现这种特殊腐败的隐患。

一直以来白砂糖和水是主辅料，随着消费者营养取向的增强，已有部分柑橘果瓣罐头以柑橘果汁或混合果汁作为其内容物的汁液，果汁也成了主辅料；食品添加剂有柠檬酸以及防止内容物产生白色沉淀的橙皮苷分解酶、甲基纤维素；加工助剂有脱囊衣用的纯碱、盐酸和果胶酶、纤维素酶。所有的辅料、加工助剂都必须符合相关的国标。

（二）生产流程

现代柑橘罐头综合生产体系及工艺流程如图12-9所示。

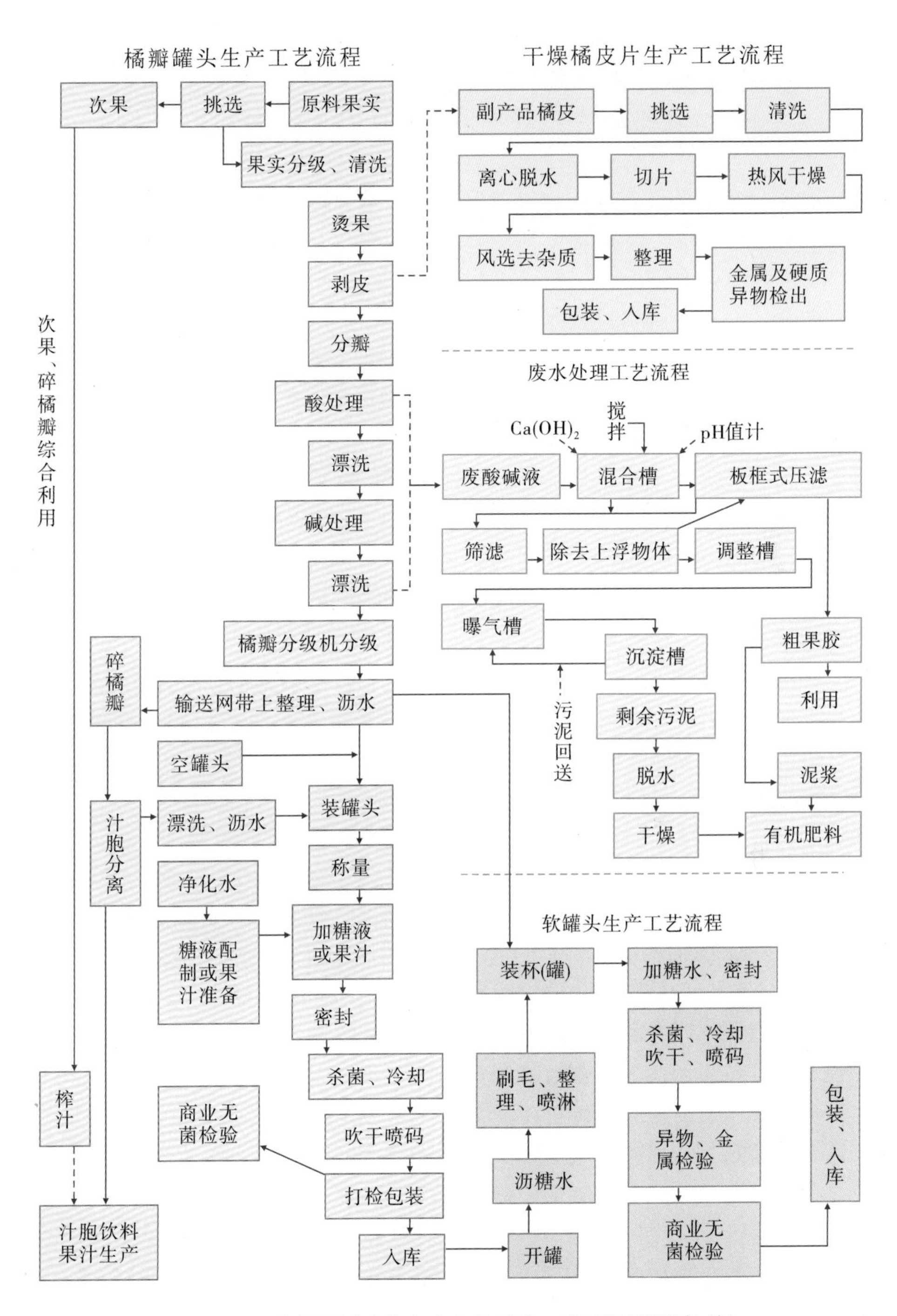

图 12-9 现代柑橘罐头综合生产体系及工艺流程(程绍南 绘)

（三）工艺操作要点

1. 马口铁罐头

（1）原料果实预处理。通过选果分级可以提高酸碱处理程度的均匀性，提高制品的品质，使果瓣的色泽、大小、形态、质地一致性良好，降低原料果实的损耗。选果时应先剔除腐烂果、病虫严重为害果、特大特小果，其他好果进入分级机分级，温州蜜柑类原料果实分级机各级滚筒的孔径为 5.8 cm、6.4 cm、7.0 cm、9.0 cm，这样，各级滚筒出来的果实横径大致符合日本标准，即 SS(小小)5.0～5.5 cm、S(小) 5.5～6.1 cm、M(中)6.1～6.7 cm、L(大)6.7～8.7 cm，其中 SS、S、M 三个级别的果实最适合生产橘瓣罐头。胡柚原料果实分级机各级滚筒的孔径可比温州蜜柑类的分别大 1 cm 左右。分级完毕，应在洗果机中把果实充分洗涤干净，采用果蔬洗涤剂可以去除果实表面的农药残留，这也是提高制品安全性的措施之一。

（2）烫果。果实通过连续烫果机的水槽进行烫果处理，处理水温为 95℃，果实浸烫时间为 30～60 s，处理的结果是果实“皮烫、肉不烫”。生产季节的不同时期要根据原料品种(系)的改变、贮藏期长短等，调节果实的浸烫温度和时间。

（3）剥皮。烫果完毕后立即趁热剥皮，用竹片小刀或不锈钢小刀从果实蒂边果皮插入，剥去果皮，并同时去掉橘络，严格防止用指甲剥皮损伤果肉。浙江象山已有自主研发的自动剥皮机投入产业化应用。

（4）分瓣。剥去果皮后的果肉球表面湿润滑溜，在分瓣前应使用隧道式吹风风干机将果肉球表面适当干燥，以利轻松分瓣。隧道式吹风风干机可自制，隧道长 10 m、宽 50 cm、高适当，内设置传送网带和从橘球(或橘瓣块)的出口向进口方向的吹风结构，风速为 4 m/s。采用弓形分瓣器可提高分瓣速度和质量。弓形分瓣器由直径 0.6 cm 的聚丙烯圆棒弯成半月形弓状，大小按其弦部跨度计，8～12 cm 均可，弓的弦部绷紧 1 根 1 mm 粗的带微波齿的不锈钢丝即成。操作时把橘球先分成半球块，一手轻执橘瓣块，使瓣背向上，另一手执分瓣器弓部，把钢丝弦对准瓣间缝隙，边锯入边剔开果瓣，锯剔一下分离一瓣，操作熟练后能达到既不损伤果瓣，又高速分瓣的效果。

（5）酸碱处理去囊衣。酸碱处理有全去囊衣处理和半去囊衣处理两种，后者已逐步被淘汰。目前我国工厂普遍采用自动流槽全去囊衣酸碱处理，可以确保酸碱处理可均匀到达每一片橘瓣。流槽呈多层盘转状，总长一般为 1 700 m，其中酸槽长 840 m，碱槽长 336 m，水槽长 546 m；自动控制处理液的温度，果瓣在随处理液的自流过程中自动滴加酸、碱，以补充处理过程中酸、碱的减损，处理时的酸、碱液浓度和温度见表 12-9。酸碱处理采用的盐酸和氢氧化钠必须符合食品加工助剂的标准。去除囊衣后的果瓣通过输送水槽送往橘瓣分级机。

表 12-9 自动流槽全去囊衣酸碱处理的条件

品 种	酸处理			碱处理		
	浓度/%	时间/min	温度/℃	浓度/%	时间/min	温度/℃
温州蜜柑	0.45～0.55	25	25～28	0.35～0.45	7～10	28～32
本地早橘	0.15～0.25	25	25	0.45～0.55	7～10	25～30
红橘	0.8	25	20～25	0.2	3～6	28～30

(6)橘瓣分级。使用自动橘瓣分级机对橘瓣进行大(L)、中(M)、小(S)区分。橘瓣随水流从橘瓣分级机顶部进入，流入两辊一组、多组排列的分级机构，沿着两辊间自上而下不断扩大的间隙，小、中、大的果瓣先后从间隙中落下，进入各自下方的输送水槽中。

温州蜜柑各级橘瓣的大小标准大致是：大(L)，长 4.4 cm、宽 2.0 cm、瓣背厚 1.3 cm；中(M)，长 3.4 cm、宽 1.6 cm、瓣背厚 1.2 cm；小(S)，长 3.0 cm、宽 1.3 cm、瓣背厚 1.5 cm。此标准可供设计或调整橘瓣分级机时参考。

(7)网带输送、整理、沥水。操作员从网带上拣出碎片、囊衣残片、种子等，同时在网带输送过程中沥去水。

(8)装罐、加糖水(或果汁)。空罐使用前需经热水清洗。装罐时不同罐型的全去囊衣橘瓣(固形物)装量见表 12-10。糖水调制时可加入柠檬酸，加入量必须根据原料果实的含酸量来定，以保证制品的开罐 pH 值在 3.4～3.6。可通过计算来确定。

表 12-10 不同罐型的全去囊衣橘瓣(固形物)装量

中国罐型	日本罐型	净含量/g	装罐量/g
15173	1 号罐	3 000	2 100～2 250
9121	2 号罐	850	600～650
8113	3 号罐	550	370～400
7113	4 号罐	425	280～300
781	5 号罐	312	190～220
530 玻璃瓶		530	350～370

糖水加入前的温度要保持在 80℃以上，不要使用上一班留下的糖液。加糖水时，一般小罐型留 2～3 mm 的顶隙，大罐型留 5～7 mm 的顶隙，以防止

产生“假胖听”。

(9)排气、密封、杀菌、冷却。1号罐及18 L箱在装入橘瓣后应经排气后再真空密封，小罐型不必排气可直接真空密封。全去囊衣罐头真空密封的真空度控制在0.04～0.05 MPa。杀菌工序与制品的品质密切相关，目前我国已淘汰立式杀菌锅沸水杀菌法，已普遍采用低温回转式连续杀菌机，1号、2号、4号、5号罐的全去囊衣柑橘罐头的杀菌工艺条件分别是25 min/85℃、14 min/85℃、10 min/84℃和10 min/84℃，用碎橘瓣和次果生产的橘瓣及汁胞罐头的杀菌时间应适当延长。将杀菌后的罐头在冷却槽内冷却到38℃。

(10)商业无菌检验。为了确保柑橘罐头在保质期内安全可靠，在实施全面质量管理并通过ISO22000认证的前提下，采用商业无菌检验法对每批罐头进行抽样检验，具体按照国标GB4289.26执行。检验过程简述：①对ISO22000规定做的生产操作记录，做全面检查；②按1/1000的比例对制品抽样；③样品称重；④保温：柑橘罐头为酸性食品，在(30±1)℃下保温10 d；⑤检验和结果判定：开罐进行感官检查，如pH值和感官质量正常，则判定商业无菌检验合格；⑥如pH值和感官质量两项均不正常，则制品为非商业无菌；⑦如其中一项不正常，则必须进一步作镜检和微生物培养检查，再根据镜检和培养的结果参照GB4289.26来判定。

2. 高阻隔性塑料成形容器软罐头

1)生产流程

在柑橘橘瓣罐头生产季节之后，以1号罐型柑橘橘瓣罐头的内容物为原料，以高阻隔性塑料(乙烯-乙烯醇共聚物，EVOH)杯或罐为包装容器进行二次加工，业内称其制品为软罐头，这样可使工厂实现周年生产。

(1)开罐。以马口铁1号罐型柑橘橘瓣罐头的内容物为原料，开罐时应注意开罐机刀具的工作状态，在出现马口铁碎屑落入罐内混入橘瓣中时，要及时更换刀具。

(2)沥糖液及刷毛、整理、喷淋。把罐中的内容物倒入糖液收集桶上方的筛网上，沥去糖液，再把橘瓣放入刷毛机中，刷去橘瓣上已松动分离的汁胞，用喷淋水淋洗后，在网带上拣去碎片。

(3)装杯(或装罐)、加糖液、充氮气(或不充)、密封。把从刷毛机出来的完好橘瓣用于装杯或装罐，然后进入“加糖液(或果汁)、充氮气(或不充)、密封”一体机自动完成所有工序。常用杯型的固形物装杯量见表12-11。

(4)杀菌、冷却、吹干、喷码。在低温链板式连续杀菌机内完成杀菌和冷却，杀菌关键极限值见表12-11。因软罐头属二次加工，内容物经二次加热杀菌，冷却槽应配置制冷机，使槽内水温保持在8℃以下，以做到快速冷却，有利于抑制制品在销售过程中的褐变。

表 12-11 柑橘等水果软罐头(EVOH 塑料杯装)杀菌关键极限值

项 目	4 OZ			7 OZ		240 g	
固形物装杯量/g	90			113		137	
pH 值	≤3.6	≤3.8	3.9～4.2	≤3.8	3.9～4.2	≤3.8	3.9～4.2
杀菌初温/℃	≥50	≥50	≥50	≥50	≥50	≥50	≥50
杀菌温度/℃	81	85	89	85	89	85	89
杀菌时间/min	≥8	≥16	≥20	≥20	≥22	≥22	≥24
杀菌终点杯中心温度/℃	72	76	80	76	80	76	80
各种杯装软罐头封口强度(抗爆压力)/MPa	≥0.04 并且≤0.09						
可检出金属及硬质异物的直径/mm	≥2						

注：杀菌温度不允许低于关键极限值，如高出关键极限值时，只限定在 2℃以内。

(5)异物检验。杯内有无异物，需通过光照台由人工完成，随后再经过金属检测机检验，内有头发、硬质异物的为不合格品，必须剔除。

(6)商业无菌检验。同前述马口铁罐头。

2)生产中遇到的问题及其解决措施

(1)保质期内橘瓣色泽变差。适当增加杯(罐)壁中间的阻氧层(EVOH 层)厚度，但容器的成本会有所增加；生产过程中严格执行加热工序的操作规范，严格按关键极限值控制杀菌温度，避免发生过热的情况；冷却槽必须有制冷措施，使制品迅速冷却；原料罐头开罐后必须立即进入二次加工工序，不能长时间暴露在空气中；每班生产结束时必须把未及加工的原料橘瓣存入冷藏库；适当提高维生素 C 的用量；以彩印纸板套套在杯型软罐头外面可防止阳光直照，抑制货架期的变色。

在柑橘橘瓣罐头生产季节，把橘瓣直接装杯(罐)，一次加工成软罐头，其色、形、味比二次加工制品有较大幅度的提高。

(2)杯的封口强度(抗爆压力)不合格，易开口漏液。调节“加糖液、密封”一体机第一封头和第二封头的工作温度，以适当提高第一封头的温度为宜；在一体机上发生杯沿沾附上橘瓣散出的囊胞被盖膜封入的情况时，该制品极易开口漏液，因此，操作员发现后应把黏附在杯沿的汁胞揩去，或者在第一封头前的台板上设置刮板，以清除杯沿上黏附的汁胞，提高封口抗爆压力的合格率；一体机的台板不水平时，封头压封时压力就不均匀，受力小的一侧的封口强度弱，易开口漏液，应及时调节，保持台板的水平。

(3)废糖液的处理。因软罐头生产采用大罐装橘瓣为原料，产生的大量废糖液需要及时处理和利用。目前的解决措施是以活性炭进行澄清、脱色，确定的工艺条件为活性炭用量6%、处理温度50℃、处理时间2 h，可以得到清澈透明、无色无味的糖液。在处理后的糖液中添加0.3‰的偏重亚硫酸钠可以抑制其出现加热返黄的现象。

(4)防止汤汁浑浊且产生白色沉淀的方法。最有效的方法是在糖液中添加甲基纤维素(MC)和橙皮苷分解酶，自20世纪90年代以来，我国对外出口的柑橘罐头都采取了这一措施。具体使用量是：甲基纤维素的添加量为10～17 mg/L，一般对1号罐(温州蜜柑)每罐添加0.9～1.0 g；橙皮苷分解酶(日本进口粉剂)在5号罐中的添加量为5 mg。

3. 橘瓣调配的什锦水果罐头

国内外市场对什锦水果的马口铁罐型和软罐头制品有较大且稳定的需求，最流行的是橘瓣、菠萝块、黄桃片三色什锦水果罐头。泰国的产品中还加入了少量的番木瓜红色果肉丁加以点缀，很受市场欢迎。

以4号罐(净重425 g)为例，三色什锦水果罐头的固形物装杯(罐)量为：固形物装量280 g，3种水果的装量及比例是橘瓣(7～8瓣)15%、菠萝块(3～4块)12%、黄桃片(5～6片)18%，需添加适量的柠檬酸，使开罐pH值保持在3.6。杀菌工艺条件为10min/93℃。工艺流程及操作要点参考前面所述。

4. 环境友好生产措施的实施

在柑橘罐头生产中的环境友好措施主要是酸碱废水的处理。据对某柑橘罐头厂的调查，废酸液pH值1.6，CODcr 8 860 mg/L；废碱液pH值12.9，CODcr 11 900 mg/L；烫果水pH值4.2，CODcr 5 100 mg/L；漂洗水和车间清洁水pH值6.3，CODcr 1 900 mg/L。因此，必须建立废水处理系统，在柑橘罐头车间严格实行废酸碱液等废水的分流收集、集中处理，其工艺流程见图12-9。每班处理量80 t自动流槽全去囊衣酸碱处理的废水发生量为烫果废水2.4 t、废酸液8 t、废碱液9 t、漂洗废水1 280 t、车间清洁废水480 t、生活废水200 t，每班最大废水排放量1 978 t，混合废水的水质的pH值5.3、CODcr 1 780 mg/L 。

图12-9中，在混合槽中$Ca(OH)_2$的投入量以达到国家排放标准pH值6～9为目标；混合槽有混凝沉淀作用，上部废水及上浮物和沉淀浆经板框压滤机压滤排出的废水一起通过筛滤，所有废水经调整槽送至曝气槽，降低其生物耗氧量(BOD)，在去除剩余污泥后，可以达到《污水综合排放标准》(GB8978)规定的三级标准，能通过城市排污管道排放。板框压滤机出来的固形物为粗果胶，可作土壤改良剂使用。

三、其他柑橘产品

糖制品是将果实进行特定的预处理后，用食糖浸渍或煮熬，使之渗入产品中，提高产品的含糖量(一般在60°Brix以上)，同时又能较好地保持果实固有的色香味和营养的食品。由于糖制品含糖高，水分活度低，渗透压高，微生物不能进行正常的代谢，因此，比较容易保存。传统上人们有在家中用糖浸制果品的习惯。柑橘糖制品种类繁多、风味上佳、富有特色，深受人们喜爱。糖制品可分为蜜饯和果酱两大类，它们的区别主要在于蜜饯一般不破坏果实的组织，或以整果、或以果实的某一部分(如皮或囊瓣)用以糖制，成品也基本保持原料固有形状；果酱则将果实组织捣碎进行熬煮，成品无一定的形状。柑橘糖制品同果汁和橘瓣罐头相比，对原料的要求没有那么严格，而且对原料利用率高，除种子外，果实的各部分都可以利用，是一类很有特色的柑橘加工产品。

1. 蜜饯类

柑橘蜜饯制品以橘饼和柚(橙)皮糖加工历史最为悠久，这是两种高糖制品(含糖量高于70%)，前者以橘子特别是红橘为原料，后者以柚果的白皮层为原料，实际上都是用果皮制成的蜜饯，由于柑橘皮含有丰富的类黄酮、类柠檬苦素、维生素和果胶，因而具有开胃健脾、消痰化瘀、生津止渴、清热祛邪、止咳、消炎、降低胆固醇等功能。柑橘高糖蜜饯的制作方法大同小异，主要分成原料预处理、浸糖和干燥三项操作。下面以橘饼为例简介其加工方法。

1)橘饼

工艺流程为：

原料检选→洗果→磨皮→划缝→压汁去核→硬化→漂洗→预煮→漂洗→糖煮→整形→干燥→拌糖或上糖衣包装。

(1)原料拣选和洗果。选用品种相同、成熟一致、无病虫和损伤的果实做原料，对果实大小无严格要求，红橘、本地早橘、椪柑、温州蜜柑、金柑等都可做原料；洗去果实表面的污物、泥沙等。

(2)磨果。用磨果机、擦皮机或手工磨去部分或全部油胞层，以利于去除辛辣苦麻味，但注意不要过度磨损果皮。意大利Fratelli Indelicatrice公司生产的Sfummatrice MK/2型振动磨油机可用于橘子磨果，既可达到机械磨皮，又可回收香精油。

(3)划缝、压汁和去核。用划缝机或锋利的小刀沿每一囊瓣背面纵划一刀，深及果肉、压扁橘子，挤出果汁和种子，做成橘坯，果汁和种子可以分别收集利用。

(4)硬化和漂洗。把橘坯投入饱和石灰水或0.05%～0.1%的氯化钙溶液中硬化1～2 h或更长时间，捞出压干后用水漂洗若干次，去净石灰水和钙盐。

(5)预煮和漂洗。把橘坯投入沸水中煮10～20 min，直到果皮变软为止。也可在水中加入0.05%～0.1%的硫酸铝(明矾)煮10 min左右，取出立即用冷水漂洗、压干，反复进行若干次，除去残留苦味。

(6)糖煮。按橘坯和砂糖1∶0.5的比例加糖，先取1/3定量的砂糖放入夹层锅，加水溶解，放入橘坯，加水淹没橘坯为度，文火浸煮，让其吸收糖液。待糖分渗入橘坯后，又分两次把剩余砂糖加入锅内，不断轻轻翻搅，防止焦煳，煮至橘坯透明、糖液浓度达到70°Brix或糖液温度达到108～110℃时为止。捞出橘坯，沥干。若橘坯的酸度太低，在煮制时可加入少量柠檬酸，使成品酸度达到0.5%～1%。煮糖可分成浸糖、煮糖两步进行。先把橘坯投入含糖量50°Brix左右的糖液中浸泡1～2 d，然后再用60～70°Brix的糖液浸泡3～5 d，最后再将橘坯连同糖液倒入锅中煮制。浸糖如果用真空浸糖机进行，效果会更好。

(7)整形和烘干。橘坯冷却后，人工整理，压成扁圆形，装屉晒干或烘干。烘干温度60～80℃，可用微波干燥机干燥，当橘坯不黏手时，均匀拌上干燥的砂糖或绵白糖，或者上一层糖膜。

(8)包装。选择大小、形状、色泽一致的橘饼，分级包装在塑料袋和纸盒中，再装箱放在阴凉干燥的地方。

成品要求是原料果实固有的橘红色或橙红色，有光泽，块形完整，具有柑橘果实特有的香气，无异味，柔软化渣，含糖量高于70%，含水量低于20%，卫生指标符合国家有关标准，苯甲酸钠或山梨酸钾等食品级防腐剂含量低于0.05%。

甜橙、金柑等品种果实也可按上述方法制成“橙饼”或“金柑饼”。

2)低糖鲜香蜜饯

在制作过程中，高糖蜜饯高温熬煮时间长，对果实原料中的色、香、味和营养成分破坏较大，产品缺乏原料果实固有的风味和营养。此外，高糖食品易使人发胖和患糖尿病。随着生活水平的提高，人们对低糖、低热量、低脂肪的保健食品需求量越来越大，蜜饯产品也在向低糖和营养方向发展。

中国农业科学院柑橘研究所以柑橘囊瓣和果皮为原料，研制出两种低糖鲜香蜜饯新产品“柑橘晶瓣”和“柑橘皮金条”。这两种产品含糖量均在50%左右，含酸量在1%左右，维生素C含量高于25 mg/100 g，成品色泽鲜艳透明，风味酸甜适口，甜而不腻，具有原料果固有的鲜香风味，很受消费者欢迎。

2. 果酱类

果酱类糖制品可根据其原料、制法和风味的不同，大致分成果酱、果冻和马茉兰酱(包括果茶)三种。果酱以果肉和一部分经过处理了的果皮为原料，成品呈半流体胶凝状。果冻是用果汁做原料，并添加果胶、琼脂等胶凝剂，成品呈凝胶状。马茉兰酱或果茶是柑橘果酱特有的一个种类，制法同果酱，主要原料是果汁和经糖渍处理的柑橘果皮，果皮呈细丝状或颗粒状均匀分布在成品中，形成特殊风味。果茶以品种命名，如柚子茶、柠檬茶、橘子茶和甜橙茶等，食用方法同浓缩汁，兑水饮用。

1)果酱

果酱制作的工艺流程如图 12-10 所示。

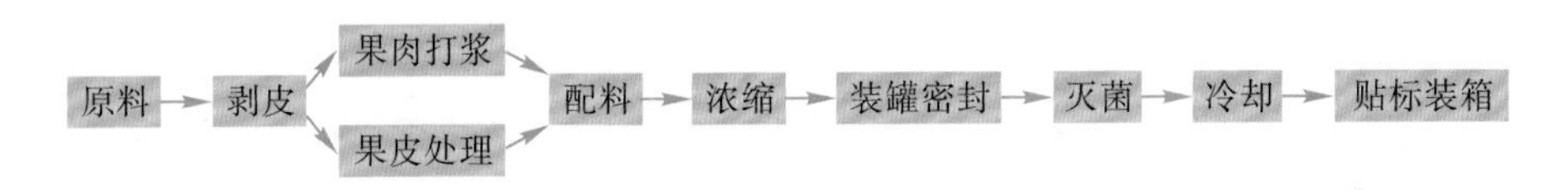

图 12-10 柑橘果酱制作流程

(1)原料清洗。洗去果面污物泥沙，剔除烂果杂物。

(2)剥皮。在沸水中烫煮至果皮易剥，一般烫煮 0.5～1.5 min，趁热剥皮。

(3)果肉打浆去核。用打浆去核机捣碎果肉，剔除种子。若要全果打浆，需先磨去皮精油。

(4)果皮处理。选取无疵果皮，先用 10%的盐水煮沸 2 次，每次 15 min 左右，再漂洗约 12 h，每 2 h 换 1 次水，取出后压榨以除去水分，再用孔径 2～3 mm 的绞肉机绞碎果皮备用；或将果皮切成小块，用水煮沸两次，每 30 min 换1 次水，再用流水漂洗 30 min，直到果皮无苦涩味为止。

配方：果肉浆 50 kg，砂糖 44 kg，绞碎果皮 6 kg。

将果肉和果皮混合后用胶体磨磨成细泥沙状。也可用柑橘榨汁厂精制机排出的果肉替代果肉浆。需要测定果肉浆的糖酸含量，并在配料时减扣，保证成品的糖酸符合规定的含量。

(5)浓缩。用夹层锅浓缩。原料配好后先加热浓缩 25 min，分 2 次下糖液(70°Brix)，浓缩至可溶性固形物达到 65～67°Brix 时起锅装罐，此时用瓢舀起有“挂牌”现象，或果酱温度达到 110℃，但总浓缩时间不宜超过 50 min，时间过长会直接影响果酱的色、香、味和凝胶度，过短会因蔗糖转化不足使果酱在贮存中出现蔗糖结晶析出现象。成品酸度控制在 0.5%～0.7%，不足时可添加适量柠檬酸。

(6)装罐密封。要趁热装罐，可先将洗净的瓶和盖消毒，装罐和封罐时温度不宜低于 80℃，若采用无菌装罐可省去灭菌工序。

(7)灭菌和冷却。趁热灭菌，灭菌工艺条件为 3～10 min/100℃。铁罐可用冷水速冷。玻罐用温水梯度冷却至常温。

(8)成品要求。酱体呈金黄色或橙红色，具有柑橘香气，无焦煳、苦涩等异味，组织呈黏稠状，置于平面上可徐徐流散，但不分泌汁液，无糖结晶，无杂质，总糖不低于 57°Brix，卫生指标符合国家的有关要求。

此外，罐头厂或果汁厂加工中排除的碎橘瓣、果肉渣等，都可用作原料来制作柑橘酱。果茶和果冻等的加工方法与果酱大同小异。

2)柚子茶

韩国以香橙为原料生产的柚子茶品质好、价格高，多年来风靡亚洲。我国香橙的产业化栽培刚起步，但各地以胡柚、野生杂柑(柚)、柠檬、金柑等为原料开发出了各种“柑橘茶”。国内的这类产品虽然风味、香味等品质要素不及韩国的“柚子茶”，但因具有一定的价格优势，在国内的销路也不错。以下对这类制品的相关内容作一简单介绍(即饮蜂蜜柚子茶属果汁饮料类不在此列)。图 12-11 是柚子茶的生产工艺流程。

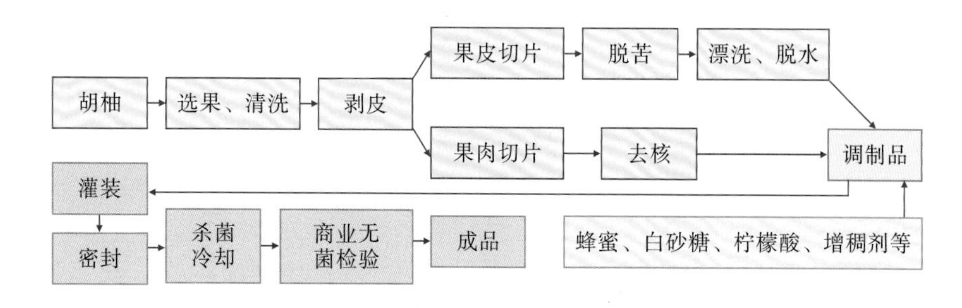

图 12-11　胡柚茶的生产工艺流程(程绍南 绘)

胡柚皮脱苦是生产的关键环节，这里介绍胡柚皮脱苦的 2 种方法：①用柚皮苷分解酶(国产，液态，1 000 国际单位/mL)进行。取一定重量的厚 1 mm、长 2.5 mm 左右的果皮，加入皮重 1.5 倍的水，将 pH 值调整为 3.8，加温到 45℃，加入总重量 0.1%的酶制剂，保温 30 min，沥水、漂洗后离心脱水即成。该法可使胡柚果皮柚皮苷的含量从 1 126 mg/L 下降到 405 mg/L。虽然处理后的口感还有点清苦，但其既脱除了大部分苦味，又保留了胡柚的特色风味。②用果皮重量 1.5 倍的 10%的食盐水浸泡果皮，加热至 80℃，保温 10 min 后，沥水、漂洗后离心脱水即成。结果表明，该法可使胡柚果皮柚皮苷的含量从 1 126 mg/L 降到 456 mg/L，效果也还可以，成本比酶法低，制品中残留的苦味也为消费者认可，有生产应用价值。

3. 发酵制品

柑橘发酵制品主要有果酒、果醋和发酵饮料，其中柑橘酒历史悠久，产量相对较高。这里对柑橘酒的加工作一简单介绍。

柑橘酒芳香醇厚，回味无穷，是消费者喜爱的果酒之一。根据制作方法的不同，可分成发酵酒和蒸馏酒 2 类。发酵酒是用果肉浆或果汁经酒精发酵后制成的酒，酒精度低于 15%。蒸馏酒是全果或果肉或果汁或皮渣甜蜜发酵完成后，再经蒸馏制得的酒，如白兰地、水果白酒等，酒精度在 30%～50%。

果酒发酵是一个十分复杂的过程，但可以简单地归纳成下列反应式：

$$\underset{\text{果糖或葡萄糖}}{C_6H_{12}O_6} \xrightarrow[\text{酵母菌}]{\text{酶}} \underset{\text{乙醇}}{2CH_3CH_2OH} + \underset{\text{二氧化碳}}{2CO_2\uparrow} + \underset{\text{热量}}{117\,kJ}$$

果酒发酵有 2 个关键因素：一是原料果汁含糖量要高、含酸量要低，因为糖是发酵基质，酸低才有利于酵母生长；二是酵母菌种要好，要求酵母菌的发酵能力强，酒精产率高，对二氧化碳有一定抗性。一般来说，糖度为 23%～25%、酸度为 0.5%～0.8%的果汁适宜酿酒。许多柑橘品种的果汁酸高糖低，难以达到这一要求，可采用下述方法弥补：选择高糖低酸的品种做原料；让果实充分成熟后榨汁；用 0.3～0.5 μL/L 浓度的乙烯利催熟果实，降低酸度；用碳酸钾和碳酸钙等碱或盐以及阴离子交换树脂和电透析阴离子交换膜除去一部分果酸；加入蔗糖或浓缩汁，补充糖分不足。

柑橘发酵酒的酿制工艺流程如图 12-12 所示。

操作要点：

(1)制汁。与前述柑橘原汁制法一样。除此之外，可全果打浆，筛除种子后，果皮、果肉浆均可作为原料。

(2)预处理。用 1%～3%的果胶酶处理果汁或果肉浆，分解果胶，制得澄清汁，以利以后果酒的澄清，还可提高出汁率。可用蔗糖或浓缩汁把果汁糖度调到 23%～25%，酸度调到 0.5%～0.8%，由于 1.7%的糖分可发酵生成 1%(体积比)的酒精，因此，这样调配后的果汁基质可发酵酿成酒精含量 13%～15%(体积比)的柑橘酒，刚好符合产品要求的酒度。调配好的果汁要立即灭菌，除掉杂菌。

(3)发酵。可选用发酵能力强的果酒酵母 *Sacharomyces* sp. 或 *S. ellipsoideus*，先将菌种扩大培养成酒母，然后将酒母液按 5%～10%的比例接种到果汁中，加入 0.1%的碳酸铵，以补充柑橘汁中缺乏的氮源，提升酵母的生长和发酵能力。发酵可在木桶中进行，也可在池或罐中进行。事先将发酵容器清洗干净，用 75%的酒精或 0.01%的高锰酸钾消毒，装入的果汁应控制在容器容量的 80%左右。果汁入池时可加入偏重亚硫酸钾或亚硫酸(相当于 100 mg/L 的二氧化硫)等防腐剂。发酵初始温度宜控制在 25～28℃，发酵高峰时宜控制在 20～25℃。主发酵 7～10 d 完成，然后进行后发酵，即将主发酵得到的原酒液倒入洗净并消毒后的桶(池)中，装入量控制在容器容量的 90%，再适量

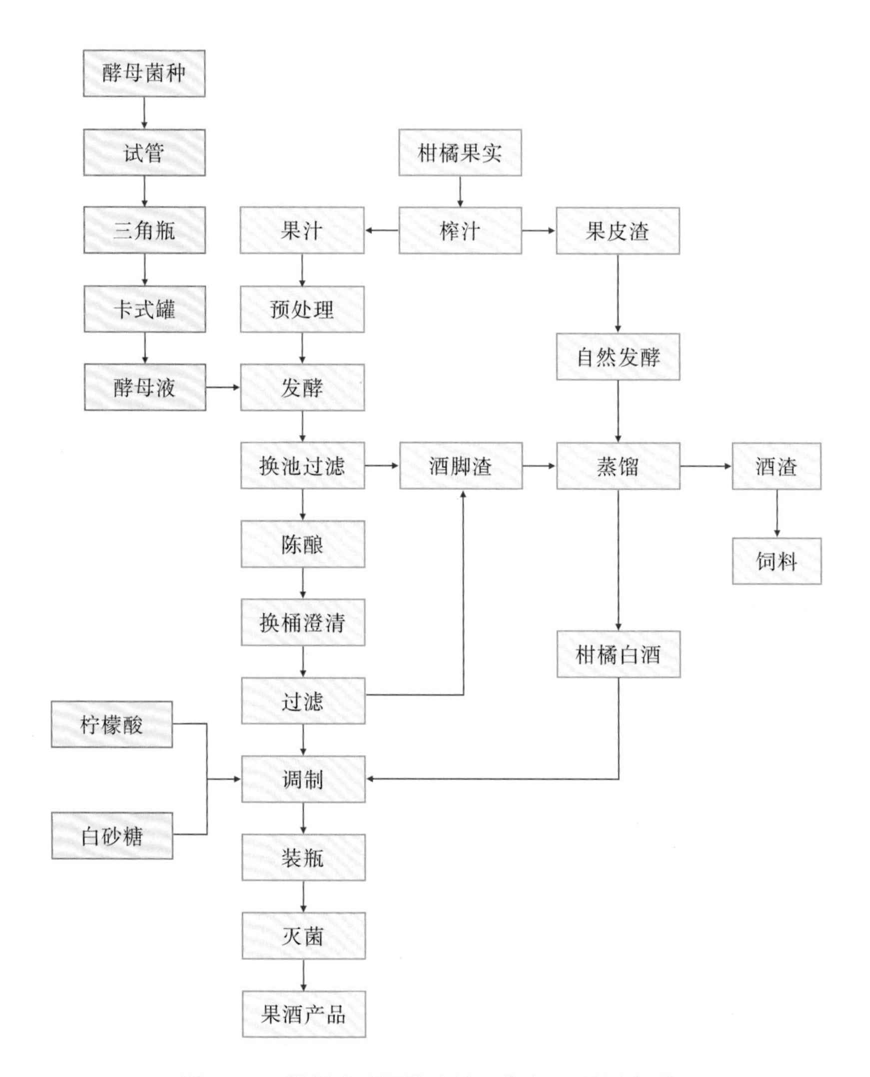

图 12-12　柑橘发酵酒的酿制工艺流程(吴厚玖 绘)

加入亚硫酸(相当于 100 mg/L 的二氧化硫)等防腐剂，后发酵的温度控制在 16℃左右，发酵时间约需 25～30 d。

(4)换池过滤。发酵结束后，先放出上清液，并用压滤机过滤，装入干净、消过毒的贮酒桶(池)中，如酒度不够，用蒸馏酒或食用酒精将酒度调配到要求标准(如 15%)后静置。酒脚的滤渣可蒸馏回收酒精。

(5)陈酿。将调好的果酒液在 12～15℃下放置 2～6 个月进行陈酿，每隔 1 周补充 1 次因挥发损失的酒液，保持装桶时果酒的充满度。

(6)过滤。完成陈酿的酒液需要过滤，除去酒中的浑浊物，尤其是悬浮物，使果酒清澈透明。这些物质主要是蛋白质、溶胶微粒等。可用蛋清、明胶或单宁辅助过滤澄清。最好采用超滤膜过滤果酒，既可澄清果酒，又可除去有害微生物起到灭菌作用。

(7)调制。如酒精度、甜度和酸度等未达到产品要求，可用蒸馏酒或食用酒精调配酒精度，用精糖调配糖度，用柠檬酸调配酸度。如果需要还可适当调香。

(8)灭菌。装瓶密封后在 70～75℃的热水中灭菌 15～29 min。

(9)质量要求。我国尚未制定柑橘酒的质量标准，可参考葡萄酒或其他果酒的质量指标。要求发酵柑橘酒的色泽浅橙色(甜橙酒)、浅橙红色(橘子酒)或浅黄色(柠檬酒)；澄清透明，无沉淀和悬浮物；酒香醇正，有原料果香味；酒精含量≥7%；糖含量 20～50 g/L；可滴定酸含量 7～9 g/L；二氧化硫残留量≤20 mg/L。

四、加工副产品及综合利用

柑橘果实的综合利用一般是指柑橘加工副产品的生产，柑橘副产品的产值可相当于甚至超过柑橘汁或橘瓣罐头的产值。因此，不能只把副产品的生产简单地看成是“废物利用”，而应当看成是原料的分层次资源化利用。图 12-13 是橙汁生产中几种副产品获得的示意图。原料是 1 000 kg 甜橙果实，可以生产主产品原汁 400 kg，副产品橙肉 4 kg、皮精油 2.84 kg、水溶性香精油 0.078 kg、d-苧烯约 2.84 kg、糖蜜 34.36 kg 和干皮渣饲料 60 kg。除此之外，还可提取果

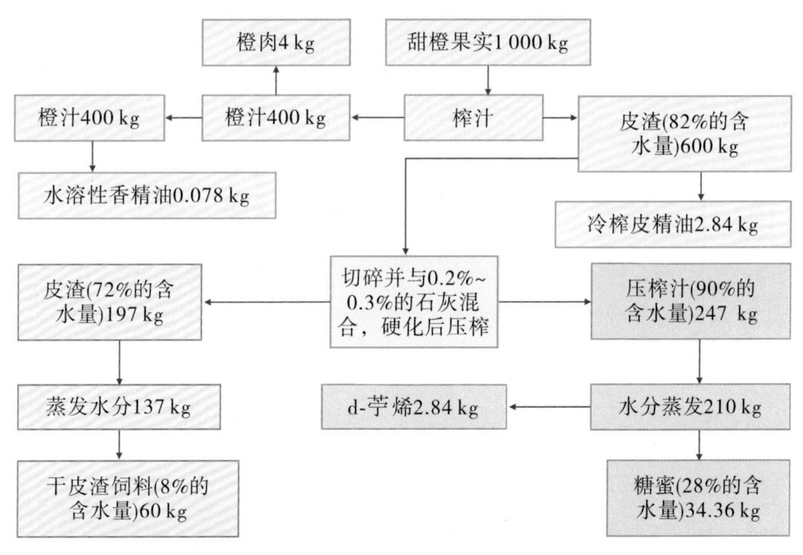

图 12-13 甜橙的几种副产品产率(源自 Kesterson 等，1976)

胶、类黄酮、类柠檬苦素、膳食纤维、种仁蛋白和种子油等。只有充分实现综合利用，柑橘厂才能充分利用资源、获得更好的经济效益，并减少污染、保护环境。柑橘副产品的种类很多，限于篇幅，这里只介绍 2 种产品及其生产方法。

1. 柑橘果肉

柑橘果肉一般指从一次性榨得的柑橘鲜汁中回收的果肉。榨汁时，有相当数量的果肉被榨入果汁中，此时果汁含有大约 25%的果肉。在用旋分机去掉杂质后，经过粗滤(用精制机，即螺旋榨汁机)从果汁中分离出大约 50%的果肉，如果客户要求低果肉含量的果汁或果汁需要浓缩，还需要将粗滤过的柑橘汁中的果肉微粒分离出来，此工序可用离心机或筛网更细的精制机完成。通过第二次过滤分离，可以将果汁中的果肉含量降到 5%以下。粗滤可分离出相当于榨汁用果重量 4%～5%的果肉，第二次过滤离心机可分离出相当于果实重量 1%～2%的果肉。柑橘果肉的用途十分广泛，可用于带肉果汁或果汁饮料、果酱、膳食纤维的制作，也可以进一步回收果肉中的糖分等制作糖浆(蜜)，用作原料或发酵产品基质等。果汁加工中果肉回收的工艺流程如图 12-14 所示。

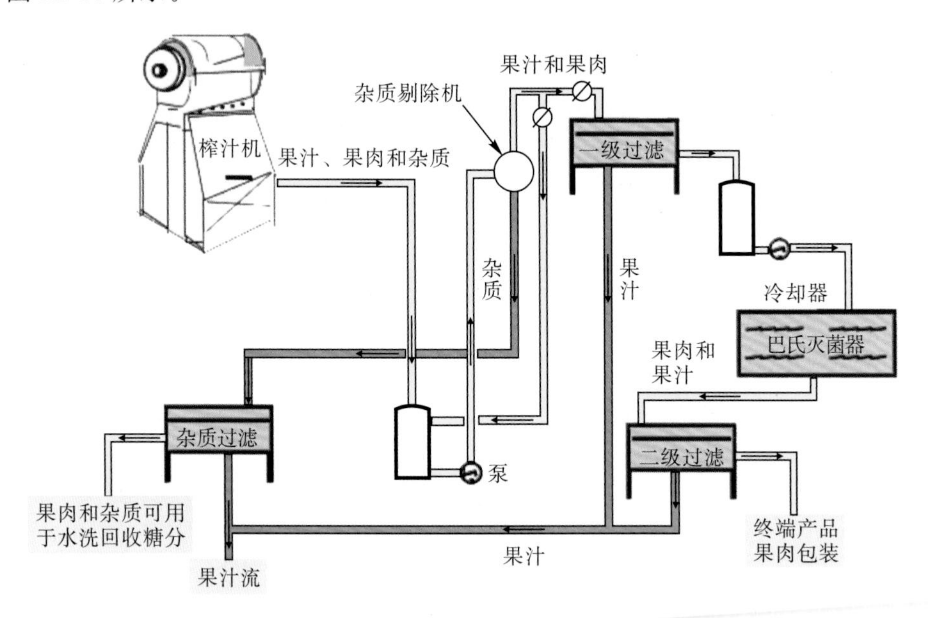

图 12-14 柑橘榨汁过程中果肉的回收流程(源自 JBT 公司)

2. 冷榨柑橘皮精油

冷榨法获得的柑橘皮精油的品质优于蒸馏法获得的。在加工工艺中是否用石灰液浸泡果皮，会影响所获得的冷榨柑橘皮精油质量。新鲜柑橘皮直接冷榨制得的精油品位较高，市场价格是蒸馏油的 1 倍。国外在现代化果汁生产线(如意大利的 Bertuzzi 设备)的榨汁前一道工序，采用磨油分离法制得柑橘皮精油。

1)工艺流程

冷榨柑橘皮精油的工艺流程如图 12-15 所示。

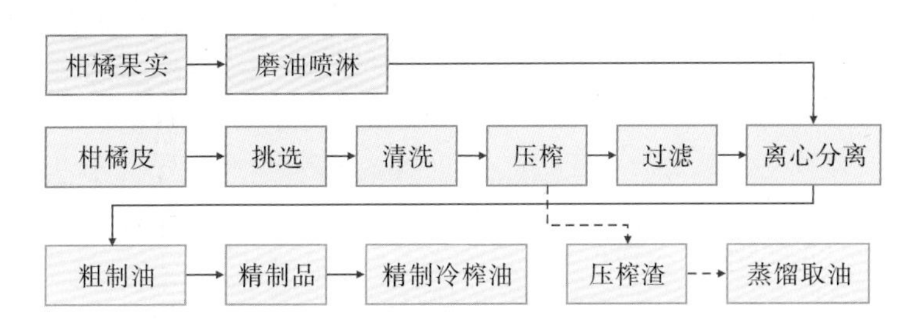

图 12-15　皮精油提取工艺流程(吴厚玖 绘)

2)关键工序操作要点

(1)压榨或磨油。该工序关系到精油的出油率。柑橘皮清洗后直接冷榨的工艺，压榨工序采用三辊锥齿压榨机。原浙江黄岩香料厂受甘蔗压榨机的启发发明了三辊锥齿压榨机，主结构由 3 个表面有锥齿的辊组成，称为顶辊、前辊、后辊，其间距可以调节。柑橘皮进入压榨机后，外果皮的油胞在锥齿的压榨下破碎，高压水冲洗出精油，呈油水混合态被收集。为了提高出油率，可采用两机串联进行二次压榨。送入压榨机的柑橘皮应保持湿润，以使外果皮细胞吸水膨胀、油胞易被压破。如果柑橘皮比较干燥，则榨出的精油易被柑橘皮的海绵层吸收，降低出油率。从压榨机出来的残渣残留有一定量的精油，可蒸馏回收。

目前甜橙和柠檬的皮精油基本上都是用弗阿那式型滚筒式磨油机或 JBT(原 FMC)全果榨汁机提取的，也有少数用传统的磨油机如爱文娜式转鼓式磨油机提取。JBT 全果榨汁机采用瞬间分离原理，压破油胞后用水将皮精油洗脱出来。另外两种磨油机磨破油胞后也是用水将皮精油冲洗出来。这三种磨油机的效率均很高。

(2)过滤。从压榨机下方收集的油水混合液带有柑橘皮碎屑，在采用整果磨油的情况下，这种碎屑更多，甚至使油水混合液具有一定的黏稠性。因此，要进行多次过滤，或沉淀后再过滤，以提高离心分离工序的效率。

(3)粗分离。采用高速离心机对油水混合液进行油水分离，DKY-366 型高速离心机的处理能力是 1 000 kg/h。不同品种柑橘的油水混合液及不同的压榨方式，分离时应选用不同的分水环。分离完毕、停止加料后，应让离心机空转 2～3 min，同时用大量的清水冲洗，将机内黏附的油冲出。收集冲出的带有精油的水，作为压榨机的喷淋用水，循环使用。在油水混合液中加 2%的氢氧化钠及少量硫酸钠，可加大混合液中油、水的比重差，增强分离效果，也可提高油水混合液的 pH 值，减少酸性介质对精油的不良影响。离心分离工序得到的油品是粗制油。

(4)精分离。粗制油的含油量可达到 80%左右，需要经过进一步的离心分离得到高纯度的皮精油。精分离时可以加入无水硫酸钠，再进行离心分离得到精制油。由于皮精油中含有果蜡，需要进行脱蜡处理，方法是将精制油在 −18℃温度条件下静置 15 d 至数月，使果蜡沉析分离。目前有一种果蜡快速分离机，可瞬时冷冻皮精油，并将沉析的果蜡过滤掉。

第三节　柑橘加工技术发展趋势

科学技术的发展和人类新的需求，是驱动柑橘加工技术创新的两翼。例如，膜分离技术中超滤膜的发展已成功用于柑橘汁的澄清和常温去菌；反渗透膜的发展将成功用于柑橘汁的常温浓缩；正在发展中的超高压灭菌技术也将用于几乎所有柑橘加工制品的常温灭菌；微波灭菌、干燥和提取技术将有助于柑橘加工产品和副产品生产的高效节能；超声波和微波助提技术将大大提高柑橘果实有效成分的提取率，甚至改写柑橘果实有效成分的含量；EVOH 塑料杯和封盖机的出现，迎来柑橘罐头和果酱类制品的包装“革命”，等等。另一方面，当人们喜欢带肉果汁的时候，便开发出果粒橙之类的产品；当人们注重健康，便加快了柑橘功能性产品的开发和皮渣的资源化利用。21 世纪发达国家的 NFC 橙汁消费量已占橙汁总量的 50%以上，2019 年 11 月中国饮料工业协会颁布了我国 NFC 橙汁的质量标准，代表了果汁产业的发展方面。柑橘加工技术发展的最终目的，就是为人类提供多样化、满足不同需求的高品质、低成本的柑橘产品。

我国目前仍然是一个以鲜食、宽皮柑橘为主的柑橘大国，尽管今后将向加工品消费，特别是橙汁消费的方向发展，但是这需要相当长的时间。立足现状，以鲜食品种为原料，制作“类似鲜食”的“全果罐头”和“速冻橘片”也许是不错的选择。此外，发展我国特色品种，如金柑和柚类加工产品及其加工技术，也是时代赋予我们的任务。一方面注重消费市场的需求，另一方面还要从现有原料的实际情况考虑，这是现实柑橘加工产品和技术发展的基础。

参考文献

[1]Robert J B. Handbook of citrus by-products and processing technology[M]. New York:

John Wiley & Sons INC，1999.

[2]Philip E S，Harvey T C，Steven N. Tropical and Subtropical Fruits[M]. Florida：Ag-Sciences INC，1998.

[3]K H Can Baser，Gerhard B. Hand book of essential oils-Science，Technology and Application，edited，CRC Press，600，Broken Sound Parkway N W Suite 300，Boca Raten，FL 33487-2742，2010.

[4]Nagy S，Chen C S，Shaw P E. Fruit juice processing technology[M]. Florida：Ag-Science INC，1993.

[5]Krehl W A. The role of citrus in health and disease，Gainesville，A University of Florida Book，The Unicersity Presses of Florida，1976.

[6]Redd J B，HendrixD L，Hendrix C M. Quality control manual for citrus processing plants. Vol II，processing and operating procedures，blending techniques，formulating，citrus mathematica and costs. Florida：AgScience INC，1992.

[7]Steven N，Shaw P E，Veldhuis M K V. Citrus science and technology. Vol. 1 and 2，Connecticut，The AVI Publishing Company，INC，1977.

[8]United Nations Commodity Statics Database，2018，2019.

[9]FAOSTAT-Essential Oils：orange，lemon，peppermint，resinoils，others，2017.

[10]Foodnews，Agranet，2017.

[11]叶兴乾，刘东红. 柑橘加工与综合利用[M]. 北京：中国轻工业出版社，2005.

[12]单杨. 柑橘加工概论[M]. 北京：中国农业出版社，2004.

[13]吴厚玖. 柑橘加工及综合利用技术[M]. 重庆：重庆出版社，2007.

[14]程绍南. 我国柑橘罐藏产业的发展历程和展望、中国罐头十年志[Z]北京：中国罐头工业协会(内部发行)，2005.

第十三章　柑橘设施栽培与观赏柑橘

柑橘起源于热带亚热带地区，主要生长或被种植在气候温暖的地区，我国主要分布在北纬33°以南、海拔800 m以下的亚热带地区。低于0℃的温度会危害柑橘生长，甜橙在－4℃、温州蜜柑在－5℃时即会受到冻害，温度在－9℃以下时，大部分种类柑橘的植株会被冻死。在高纬度柑橘产区，低温冻害是影响柑橘生产的重要环境因素。温室、塑料大棚和薄膜覆盖等栽培设施，可以有效地保护柑橘树免受低温危害。同时，设施栽培能更加有效地调节或控制温度、光照、土壤和水分等环境条件，为果树的生长提供显著优于田间栽培的条件，不仅能避免自然灾害的危害，也能有效地改善果树的生长条件，提高产量和品质，并能更方便有效地人为调节果实的成熟采收期或实现其他生产目标，提高生产经济效益。

柑橘是常绿植物，树形优美，花量大，香气宜人，果实橙红亮丽、大小形状各异，是观树、观花和观果兼备的园艺植物。柑橘作为观赏植物进行栽培有悠久的历史，是世界许多国家广泛用于城市园林、绿化、庭园种植观赏及作为盆栽或盆景种植的重要植物。

第一节　柑橘设施栽培的历史与现状

果树的设施栽培始于300年前西欧的葡萄保护地栽培，至19世纪末20世纪初，利用玻璃温室栽培葡萄在比利时、荷兰等国已形成规模。随着机械工程和环境自动化控制技术的发展，世界各国的果树设施栽培面积逐步增加，在20世纪70年代末形成高潮。目前，果树设施栽培在日本、意大利、荷兰、加拿大、比利时、罗马尼亚、澳大利亚、新西兰、美国、韩国、中国等国家较多，其中，日本是世界上果树设施栽培面积最大、技术最先进的国家。目前世界各国用来进行设施栽培的果树达35种，其中落叶果树12种，以草莓面积最大，葡萄次之，近年来，桃、李、杏等核果类果树的设施栽培发展迅速，成为主栽品种。目前世界果树设施栽培朝向专业化和规模化的方向发展，包括专用品种的选育，大型和规模化的设施，高度自动化、智能化、能更精确监控和模拟生态条件的环境控制系统，以及无土化的栽培方式。能使果树生长在温、光、水、肥、气等各种因素综合协调的条件下。

柑橘的设施栽培主要集中在日本和韩国，这两个国家的柑橘设施栽培发展较早，是目前世界上面积最大、技术最先进的国家。日本全国的柑橘设施栽培面积达 6 000 hm^2，占其柑橘栽培总面积的 10%。栽培设施以加温型大棚为主，按加温时间的不同，常分为两大类：一类是早期加温型，11 月上旬至 12 月开始加温，果实可在 5 月中旬至 7 月上市；另一类是普通加温型，12 月中旬至 1 月上旬开始加温，果实在 7 月中旬至 9 月上市。韩国是全球第二大柑橘设施栽培国，2011 年柑橘温室栽培面积约有 297 hm^2（明显少于 2002 年高峰时的 516 hm^2，主要原因是油价上升抬高了加温成本），占柑橘栽培总面积的 1.4%，产量为 1.8 万 t。由于设施栽培的应用，韩国几乎实现了柑橘鲜果的周年供应。

我国早在 1 600 多年前就有应用简易设施防御柑橘冻害的记载。西晋张勃撰写的《吴录》中就提到用覆盖和包裹的方法防御柑橘冻害，之后历代书籍对此类方法均有描述，其中以明朝徐光启撰写的《农政全书》中对覆盖物的种类和方法记载最为详细。搭棚法和风障法防寒的措施在 500 年前的农书中也有记载。目前我国柑橘设施栽培主要应用于早熟温州蜜柑、晚熟椪柑和一些优质杂柑等品种上，大部分设施栽培分布在纬度较高、冬天较易出现冻（冷）害的地区。除典型的温室大棚设施外，以简易覆膜栽培为主的简易设施栽培，因其低成本和效果明显得到了广泛的应用，已成为提高经济效益和社会效益的一种发展模式。设施栽培的主要目的是利用设施和辅以其他技术措施促使柑橘提早开花，从而达到果实的提前成熟、提早上市；或是使柑橘果树延迟开花，果实延迟成熟、延迟采收，从而推迟上市。还有一些简易设施用来保护晚熟柑橘越冬及进行避雨栽培，通过避雨控湿和减轻低温影响来提高果实品质和减少越冬落果。虽然我国柑橘设施栽培起步较晚，但近年来发展很快。上海设施栽培温州蜜柑使单产和品质大幅提高，江西南丰蜜橘的设施栽培（温室大棚）使坐果率大幅度提高，成熟期提前了 40 d，浙江临海的加温温室栽培的温州蜜柑是我国成熟期最早的柑橘。四川盆地的仁寿、彭山、金堂等地有较大面积的柑橘简易设施栽培，利用薄膜覆盖树冠来防冻避雨。所栽培的清见、不知火橘橙和脐橙等品种，越冬落果率大幅度减少，品质提高，在翌年 3～5 月鲜果上市，经济效益十分突出。广西融安、阳朔的金柑、荔浦的砂糖橘，大棚栽培，在冬季盖膜，避雨、防冻效果突出，使金柑和砂糖橘能延迟采收，可溶性固形物增加，避免了果实成熟时因阴雨造成的裂果，明显地提高了品质，形成了特色地方品牌。

2～4 月是避雨、越冬栽培温州蜜柑的采收上市期，3～5 月是避雨栽培的晚熟杂柑类的采收上市期，而 5～10 月是加温及无加温设施温州蜜柑的采收上市期。

第二节 设施条件下的生态及生理变化

栽培设施能有效地改善柑橘生长环境的光、温、水等条件，调节柑橘的生长发育，提早或延迟开花结果，扩大柑橘的种植范围，延长鲜果供应期。无论是温室、塑料大棚还是简易覆盖，都能形成一个独立的、有益于柑橘生长的小气候环境。

一、设施对栽培环境的影响

保温防寒是设施栽培的最基本功能，栽培设施在提高积温方面效果显著。我国早在 1 600 多年前就有利用覆盖和搭棚及风障法等防御柑橘冻害的记载。从西晋张勃撰写的《吴录》到清朝陈扶摇等的著作中都有这方面内容的记述，其中明朝徐光启的《农政全书》和邝瑶的《便民图纂》等著作中对覆盖物和搭棚的种类和方法有详细的记载。据马志澄等(1980)的实验，冬季用草包裹柑橘树干能提高离地面 20 cm 高处的最低气温 1℃左右，减少 2℃的温度日较差；在柑橘园土壤表面盖砻糠和砻糠灰，冬季可分别提高地表下 5 cm 处的土温 2～3℃和 1～2℃。在大棚内加地面砻糠覆盖提高温度的效果更为明显，在冬季和早春可以保持较高的气温和土温，防止低温冻害，促进橘树的生长发育，使日南 1 号特早熟温州蜜橘提早成熟 22 d。搭棚覆盖主要用于苗床和幼龄柑橘树，在上海长兴岛地区的 12 月上、中旬，搭棚覆盖可以提高 2℃的最低气温，有效地防止冻害；用芦苇蒲苞在迎风面搭成 4 m 多高的风障也有很好的防风保温效果，风障棚内的夜间地面温度可比对照高 4～5℃。

在塑料大棚内，从 9 月 15 日至翌年 1 月 15 日，有效积温可以比露地提高 50%，日平均气温高 4.3℃，11 月以后气温可达到 11.5℃。棚内的最高气温比露地平均高 6℃，其中 12 月大棚内外温差较大，平均在 10℃以上，最大可达 18℃。棚内的最低气温比露地平均高 2.6℃，而且气温越低，棚内外的温差越大。玻璃温室对温度的影响更为明显，以平均物候期计算，塑料大棚栽培比露地在枇杷的平均物候期可提前 1 周左右，玻璃温室栽培则可提前 1 个月左右，且花期能提早 40 d 左右。柑橘是喜温植物，其生长的临界温度分别是 12℃和 40℃。一般柑橘要求≥10℃的年积温为 4 500～8 000℃，高温有利于柑橘的生长发育，同一品种在积温高的条件下一般含糖量高、酸度低、着色好，果实中纤维素含量也低，口感较好。因此，设施栽培能通过提高积温来有效地改善柑橘果实的品质。

栽培设施对空气相对湿度的影响也非常明显，设施内空气湿度总体高于设施外，一般设施内的空气相对湿度要比露地高 10%，而且土壤湿度也能得到有效的控制。水分对柑橘树的生长发育尤其是果实的膨大及品质的构成影响很大，柑橘生长要求的土壤相对含水量是 60%～80%，空气的相对湿度以 75%～82%为宜。在适宜的气候条件下，柑橘生长良好，果皮光滑，色泽鲜艳，味多汁甜。柑橘果实在膨大期如遇长期干旱会导致缺水、生长发育受阻、果实干瘪、可溶性固形物偏少；如果果实迅速膨大期至成熟期降水过多，果汁含量会增多，但可溶性固形物的含量会降低，使风味变淡，同时还影响果实的贮藏性。

设施栽培能有效地对空气和土壤的温度和湿度进行调节，使柑橘生长在一个良好的温湿度环境中，从而提高果实品质。

二、设施栽培对柑橘生长发育的影响

设施栽培能使柑橘的物候期比露地栽培明显提早，如温室栽培的早熟温州蜜柑的花期比露地栽培的提早约 30～40 d，花期也明显延长，达 30 d 左右，且开花不整齐，盛花期不明显，表现为春、夏、秋梢开花时期不一致，结果母枝为春梢先开花、其次为夏梢、秋梢，最后是晚秋梢。温室内气温比较稳定，又无降雨的影响，为柑橘开花坐果创造了良好的条件，因此其坐果率高，但果实的发育过程较长，从谢花后子房膨大到果实成熟约需 170～180 d。由于温室内的光照条件较露地差，柑橘叶片大而薄，光合作用要弱一些。加上开花坐果率高，消耗养分多，因此在果实生长期间枝梢抽生相对较少，而果实采后抽梢明显增多，且多旺长。

大棚栽培的南丰蜜橘坐果率非常高。到 4 月 30 日总平均坐果率达 65.6%，最高坐果率 75%，最低坐果率 46.3%。而露地栽培的南丰蜜橘坐果率平均只有 5%的柑橘花芽分化需要经过一定的低温休眠诱导，若达不到所需的低温条件，果树没有通过自然休眠，即使在设施条件下都不能使其正常地萌芽、开花，即使有时出现萌芽、开花，但花期不整齐、持续时间长、坐果率低，从而影响产量。但柑橘是喜温植物，对诱导花芽分化的温度条件要求不是非常严格，在生理起点温度(12.5℃)以下时，柑橘就能进入相对休眠状态，促进花芽分化。另外，低温并不是促进柑橘花芽分化的唯一条件，适度的干旱也可以导致柑橘果树进入休眠，从而有效地促进其花芽分化。由于设施栽培可以对温度和土壤水分进行控制，因此，可以根据气候条件，在设施内利用温度或水分对柑橘进行花芽分化调控。

三、设施栽培对果实品质的影响

在不同的设施条件下，不同遗传背景的柑橘品种在光合作用及糖的积累上表现有所不同。纽荷尔脐橙可溶性糖积累的高峰期在露地、塑料大棚、玻璃温室内的出现时期通常分别是 7 月、10 月、10 月，设施内峰值较大；国庆 1 号温州蜜柑可溶性糖积累的高峰期分别为 10 月、9 月、10 月，设施内的峰值水平较低。在以上 3 种栽培条件下 2 个柑橘品种光合速率的日变化均呈双峰曲线，均出现光合“午休”现象，在 14 时均达全天最低水平，此时的光合速率以塑料大棚条件下最高、玻璃温室次之、露地最低。设施条件较露地有效地缓解了光合作用“午休”的程度。品种不同缓解程度不同，纽荷尔脐橙对外界环境影响更敏感，采用设施栽培对其的缓解程度更大。

设施内国庆 1 号温州蜜柑春梢的海绵组织与栅栏组织的厚度均显著高于露地，在露地条件下叶片的紧致度显著高于玻璃温室。露地条件下纽荷尔脐橙春梢的栅栏组织较发达，而设施条件下海绵组织较发达，特别是在玻璃温室条件下，其海绵组织异常发达。夏梢的表现和春梢明显不同，纽荷尔脐橙夏梢在露地条件下的栅栏组织及上表皮组织的厚度均显著低于设施条件下；露地条件下国庆 1 号温州蜜柑夏梢的栅栏组织、海绵组织、叶片的紧致度、上表皮和下表皮的厚度均显著低于设施条件下。

温室和大棚等设施由于可以有效地对水分进行调节控制，更有利于改善柑橘果实的品质。设施内控水后龟井温州蜜柑的葡萄糖、果糖含量均高于同时期设施外的果实。在果实成熟后期进行控水，和露地比较，龟井温州蜜柑和纽荷尔脐橙的葡萄糖和果糖含量显著增加，使得总糖含量增加，而总酸明显下降。设施栽培的柑橘果实中蔗糖、葡萄糖和果糖含量均明显增加，尤其以果糖增加更明显，而可滴定酸含量较低，从而使固酸比明显升高，内在品质提高。同时，对于延迟采收，控水能显著降低浮皮率。塑料大棚类设施方便对水和温度等条件进行调控，能够显著提高果实的内在和外观品质，促进果实完熟，而且简单易行、便于推广，是进行柑橘完熟、优质化栽培的新模式。

对于晚熟柑橘，树冠薄膜覆盖越冬能明显地提高果实品质，王振兴等(2009)在四川眉山对塔罗科血橙和脐橙进行了树冠薄膜覆盖果实留树越冬和室内常温果实贮藏的比较试验，塔罗科血橙室内常温贮藏至翌年 3 月，可溶性固形物仅有 9.5%，而树冠薄膜覆盖留树到翌年 3 月的果实可溶性固形物高达 12.9%；正常成熟期为 12 月的眉山 9 号脐橙延迟到翌年 3 月采收，果实可溶性固形物含量比贮藏果高 1 个百分点。树冠薄膜覆盖留树越冬后的柑橘果实不仅内在品质好、口感佳，而且外观品质也远好于同期的贮藏果。对于晚熟柑橘，设施栽培对果实色泽的亮度没有影响，但可明显地促使果实向红橙色转变，果皮色泽指数增加，果实的外观品质得到明显提高。

温室栽培柑橘最大的优点是果实成熟期提早。龚洁强(2002)等人的研究指出，在浙江台州市黄岩区，如从 11 月下旬至 12 月上旬开始加温，温室栽培的温州蜜柑可在翌年 7 月成熟，在 12 月中、下旬开始加温则于翌年 8 月成熟。始加温时间越早其果实着色越好。温室栽培的温州蜜柑果实呈扁圆形，果皮较薄，果肉橙红色，汁多味甜。温室栽培的早熟柑橘果实最大的缺点是着色较差，主要原因是果实成熟期正值 7～8 月，气温高、昼夜温差小，不利于果实褪绿着色。且温室内光照强度逊于露地，对果实着色不利。

设施栽培能有效解决柑橘果实的裂果问题，果皮偏薄的砂糖橘、红美人、南丰蜜橘等柑橘品种极易因成熟期的阴雨而产生裂果，一旦果皮开裂，果实极易腐烂，失去商品价值。据调查，露地栽培的南丰蜜橘的裂果率一般在 12%～20%，裂果严重的可高达 80%以上，而大棚栽培的南丰蜜橘几乎没有裂果，裂果率在 0.5%以下。

第三节　柑橘设施栽培

所谓设施栽培，是指利用温室、塑料大棚及薄膜覆盖等控制环境的方法，通过改变或控制果树生长发育的环境因子达到果树的生产目标的栽培方式。柑橘设施栽培的形式可以分为简易设施和高级设施两大类。避雨棚、保温棚、树冠覆膜，以及地膜覆盖等都属于简易设施栽培类，而玻璃日光温室、薄膜日光温室、薄膜日光大棚等具有很强的环境调节功能的则属于高级设施类。图 13-1 至图 13-5 是几种柑橘设施栽培的实景图。柑橘设施栽培的主要目的是避免不利环境因素的影响、调节熟期和防控病虫害等。

一、抵御不良环境因素

柑橘是喜温植物，果实安全越冬对于栽培晚熟柑橘至关重要。设施栽培能有效地防止低温对果实的伤害，减少落果，提高果实品质。用于此类生产目的的栽培设施主要有塑料薄膜大棚和树冠薄膜覆盖。柑橘的薄膜大棚设施栽

图 13-1 树冠覆膜(赵晓春 摄)

图 13-2 简易钢架大棚(赵晓春 摄)

图 13-3 永久性大棚(赵晓春 摄)

图 13-4 控温玻璃温室(赵晓春 摄)

图 13-5 地膜覆盖(赵晓春 摄)

培是国内外柑橘生产的新型栽培方式，其建设成本较低，可根据经济条件灵活配置相关设备，提高对环境因子的调控能力。利用薄膜大棚等设施，能改变或控制包括光照、温度、水分、二氧化碳浓度和土壤条件等在内的柑橘的生长发育环境，从而达到增加产量、提高品质的目的，是近些年来在柑橘生产上发展很快的设施栽培方式。宁波市是浙江省温州蜜柑的主产区，地理位置处于柑橘栽培的北缘地带，柑橘生产受自然气候的影响非常明显，当地优良柑橘品种象山红因成熟期较晚，在果实尚未完全成熟时，常因遇低温气候条件而不得不提早采收，严重影响了果实的品质和商品性。利用钢管结构轻型塑料大棚作保护设施进行栽培，能够显著促进果实完熟，提高象山红、宫川温州蜜柑等果实的内在和外观品质，提高果品的经济价值。

即使在没有辅助加温的条件下，大棚也能有效地保持棚内温度，防止果实受冻。一般情况下，最低气温棚内比露地高 1～5℃。棚内外的地温差异则更大，在 12 月中、下旬至翌年 2 月中旬的年最低温度时期，棚内的最低地温要比露地高近 10℃。在增加辅助加温装置及棚内增套中、小棚并结合地膜覆盖的条件下，调控温度的效果更为明显。

柑橘是我国种植面积最大的果树，在许多生产条件较为落后的地区，薄膜大棚栽培的生产成本依然偏高。在冻害较轻或发生较少的地区，一些临时的简易防冻措施的效果也不错，如在树冠覆盖稻草、薄膜和遮阴网等，这也可看作是简易的设施栽培，其成本显著地低于薄膜大棚栽培。李家棠(2004)对江西赣州市的脐橙园所做的调查表明，树冠覆盖稻草的方法在当地使用最为普遍，成本也非常低，但防冻效果不太理想。主要弊端：一是无法将整株果树的树冠盖住，裸露部分仍然会遭受冻害；二是碰到下大雨时需要将稻草取下，以免造成被草压住的叶片因受雨水浸泡而腐烂，淋湿的稻草因重量的增加还可能压断枝梢，天晴后又要重新盖上，操作麻烦。树冠覆盖薄膜的方法需要搭建简易棚架，成本较高。而且中午气温高时须掀开两头，让棚内的空气对流降温，否则会因温度高萌发冬梢，揭膜降温增加了劳动力的投入。覆盖遮阴网在 3 种防冻方式中效果最好。从调查情况看，2003 年冬在同一地方，处于同样低洼地势的果园，采用前述 2 种方式防冻的果园均受到不同程度的冻害，部分或大部分叶片脱落，而用遮阴网防冻的果园几乎丝毫无损。赣南脐橙的冻害在多数情况下是由剧烈变温而不是单纯的极端低温造成的，遮阴网虽然在霜冻之夜不能明显地提高网内树体的温度，但它能降低白天树体的温度，减少温差，缓解剧烈变温，减慢解冻速度，从而达到防冻的显著效果。因此，选用防冻设施栽培方式时，除考虑成本及操作的便易性等因素外，更应考虑采用的方法是否符合当地冻害发生的具体情况。

低温是造成晚熟柑橘落果的主要原因，许多柑橘产区由于冬季出现低温天气导致落果，严重时造成果实冻害，丧失商品性。不同类型的设施均能有效地降低冬季落果率，即使是简易设施，也能减少冬季落果。王振兴等(2009)在四川的调查表明，树冠覆盖措施能减少柑橘冬季落果，但薄膜覆盖的效果明显好于遮阴网覆盖和稻草覆盖。2008 年对金堂、仁寿和彭山等县几个乡镇的清见和不知火橘橙的调查表明，树冠薄膜覆盖的落果率只有 2%～

8%，而遮阴网覆盖、稻草覆盖和对照则分别为 20%～25%、35%～40%和35%～70%。

温室(图 13-6)或薄膜大棚等高级栽培设施虽然效果突出，但设施建设投入太大，生产成本高，目前难于大面积应用。树冠覆膜方法简单可靠、经济适用，且效果明显，非常适宜在四川等地区大面积推广。

图 13-6 温室育苗(赵晓春 摄)

除了以上几种简易覆盖设施栽培方式，还有一些地面覆盖的栽培方式也有保温防冻的效果，如橘园畦面覆盖薄膜或砻糠，能在冬季和早春保持较高的地温，可有效地防止低温冻害，促进柑橘树的生长发育。地面覆盖结合树冠薄膜覆盖或大棚设施，增温保温的效果更显著。

二、熟期调节

通过对光照和温度的控制提早或延迟柑橘采收，是柑橘设施栽培的主要目的之一。自然生长柑橘的采收期主要在 10 月至翌年 3 月，利用设施栽培可在一定程度上调节柑橘的成熟时期，极早上市或晚上市的柑橘有比较好的经济效益。以此为目的的栽培设施主要是塑料大棚。设施栽培能有效提高温度，从而提高积温。与露地栽培相比，塑料大棚栽培的柑橘平均物候期可提前1 周左右，玻璃温室栽培则可提前 1 个月左右，且花期能提早 40 d 左右。在江西抚州市，大棚栽培的南丰蜜橘能提早 40～50 d 成熟。设施栽培条件下，可以通过对温度和水分的调控来延长采收期。大棚栽培的温州蜜柑，采收期可延迟到 12 月至翌年 1 月。

与保温效果类似，大棚与地面覆盖和树冠覆膜等方法结合可极大地提高对温度的调控能力，从而更有效地调节采收期，延长柑橘鲜果的上市时间。简易栽培设施也能对成熟期进行有效的调节。刘春荣等(2008)的研究发现，橘园畦面覆盖12 cm厚的砻糠＋树冠薄膜覆盖，能保持冬季和早春较高的气温和土温。如果是畦面覆盖砻糠＋双膜(或三膜，即大棚内增套中、小棚)覆盖栽培，提高气温、土温的效果更为明显，可有效地防止低温冻害，促进橘树的生长发育。栽培的日南1号特早熟温州蜜橘可提早22 d成熟。而且这种方式不需要消耗能量进行加温，成本仅为加温型设施栽培的1/20，甚至更低。

三、病虫害防控

柑橘是木本多年生果树，容易遭受多种病虫为害。其中嫁接传染性病害，如柑橘黄龙病、黄脉病、茎陷点型衰退病、碎叶病、裂皮病等，对柑橘生产为害很大，特别是黄龙病能对柑橘造成毁灭性为害。黄龙病、黄脉病、衰退病由昆虫进行传播，果树感染后没有有效的药剂可以治疗。推广应用无病苗木是防控嫁接传染性病害的最有效方法，也是防止其他检疫性病害如溃疡病等扩散传播的最重要手段。为了保证良种苗木在繁育过程中不受虫传病害的感染，在无病苗木繁育过程中需要将母本园、采穗圃和种苗圃都安排在温室或网室等设施内，和外界隔离，以避免昆虫和病菌进入。

设施栽培由于改善了环境条件，可减少一些病虫害的发生。大棚栽培的南丰蜜橘由于避开了雨水，切断了疮痂病的传播途径，使南丰蜜橘疮痂病的发病率显著降低，防病效果明显，优果率显著提升，单产、商品果率的提高极为显著。

四、观光采摘

随着人们生活水平的不断提高及现代农业技术的推广应用，观光农业在我国得到了迅速发展，以大型温室为主要栽培设施的观光、采摘兼用的园艺温室在很多城市及城市近郊大量出现。柑橘四季常绿，树形美观，果实外观漂亮、美味可口，是观光采摘的优良果树。柑橘的适宜生长温度在12～32℃之间，多数品种在低于3℃的条件下开始受冻，－3℃以下树体会被冻死。用于柑橘观光采摘的温室需要有较好的加温装置，特别是在冬季温度较低的地区。因为需要同时考虑柑橘生产和采摘的经济功能，以及园林布局的景观效果，因此观光采摘温室的建设成本明显高于其他类型的设施栽培，对温、光、水等生长条件的控制也更加严格。观光采摘温室可以有效利用不同品种开花结果的时差，使人们在一年中的大部分季节都能观赏到漂亮的花果景观，品尝到鲜果的美味。

柑橘观光温室(图 13-7)通常采用连栋温室的形式，其可以提高温室的空间利用率、功能及观光效果。根据经济条件、地理位置及服务对象及方式等配置不同的设施，可以实现自动化、智能化的管理。即使在北方严寒的冬季，大型温室中都可以栽培柑橘，室外寒风刺骨、冰天雪地，室内橘树枝繁叶茂、花果飘香、景观优美，无疑会是冬季观光休闲的好去处。

图 13-7 观光温室(赵晓春 摄)

五、设施栽培中常见的问题

1. 高温

设施栽培的主要方式是利用温室、塑料大棚及覆盖薄膜等方法将柑橘种植在一个相对封闭的保护环境下。在晴朗天气条件下，设施内极易积累热量、产生高温。特别是树冠覆盖薄膜，由于薄膜离树体太近甚至可能接触树叶，高温会灼伤叶片和幼嫩枝条，要注意覆膜和去膜的时机，要在晴朗天气的白天揭膜降温。温室和大棚内的温度过高，会对柑橘的生长发育造成不良影响。在晴天的白天应打开门窗或揭开四周的薄膜通风降温，也可在棚内安装通风降温设备控制温度。

2. 病虫害

和普通柑橘园相比，设施栽培条件下的生态环境发生了明显的变化，病虫害的种类和发生情况也有相应的变化。设施条件下温度和湿度均相对较高，对一些病虫害的发生较为有利。有报道指出，在设施栽培条件下，红蜘蛛和蚜虫等短生育期害虫的发生较早、较快，需及时防治。由于温、湿度较高，跗线螨、粉虱、灰霉病、炭疽病和树脂病等病虫害较易发生。通过在春季加强修剪清园及进行药剂防治，保温前药剂清园，及时及早药剂防治等措施可对设施栽培条件下的病虫害进行有效防治。

第四节　观赏柑橘

一、历史与现状

柑橘四季常绿，枝干苍翠、树形清秀挺拔，花朵洁白高雅、气味芬芳、沁人心脾，果实形状各异、色泽橙红亮丽，形、色、香兼备，不仅是一个重要的果树作物，也是一个有极高观赏价值的园林植物，在世界许多国家都被广泛用于城市园林绿化、庭园种植观赏及作为盆栽或盆景种植材料。我国是柑橘最主要的起源地，把柑橘作为观赏植物进行栽培已有悠久的历史。柑橘作为庭院及围篱的种植早在西晋时期就有记载，西晋文学家潘岳(247—300年)的《闲居赋》中有“长杨映沼，芳枳树篱”之句。《蜀都赋》中也提到了“家有盐泉之井，户有橘柚之园”，可见柑橘在当时已作为园林植物广为种植。到南北朝时期，庭院柑橘已成为文人墨客吟诗作赋的重要素材。中国古典园艺学专著，清初陈淏子所著的《花镜》中对金橘、香橼和佛手的观赏价值做了详细描述。高士奇(清)撰写的《北墅抱瓮录》中记述了佛手、香橼、橘、橙、金柑和酸橘等多种柑橘类植物在园艺观赏上的用途。

几千年来，我国农业一直是以家庭为经营单位的小农经济，柑橘大多以庭院种植为主，既点缀了风景，也给农户带来了经济收入。在我国历史上，南方许多地区，家庭经营的柑橘业，或庭园栽培柑橘，曾经非常发达，并形成了很多特色产区，为农民带来了巨大的经济利益。对于普通农户来说，庭院柑橘主要是一种经济作物，观赏性是其次要的功能，但对于许多经济富裕的家庭来讲，柑橘是一种极为重要的园林观赏植物。在庭园中栽培柑橘，春天可以赏花，夏至秋末冬初可品尝甜美的果实，而且柑橘树一年四季都是青翠悦目的，为庭园增添了无限的生机。

近年来我国的柑橘生产逐渐走向产业化，传统的以生产水果为目的的庭院柑橘在快速消失，而随着我国经济的不断发展、人民生活水平的提高，人们对观赏果树、观赏柑橘的需求越来越大，观赏性庭院柑橘和盆栽柑橘日益流行，特别是集观赏和园林于一体的观光农业形成了一门新兴产业。观赏柑橘的生产也逐渐形成了规模化。橘因与吉祥的“吉”谐音，加上果实金黄，挂果期长，能在春节期间观赏，青枝绿叶配上满树金黄的果实，平添了几分喜庆吉祥之气，深受广大群众的喜爱。在广东和浙江等省份，每年都有几十万盆的金柑、四季橘和佛手等盆栽观赏柑橘上市，取得了很好的经济效益和社会效益。

二、观赏柑橘的类型

柑橘的种类繁多，树形、枝叶及花果类型众多，花期也存在差异。多数柑橘一年开一次花，如宽皮柑橘、橙和柚类；也有一年开多次花的，如金柑、枳；还有的可常年开花，如柠檬。柑橘挂果期长，不同种类柑橘果实的成熟期也不同，几乎一年四季都有果实成熟。因此，在气候适宜的地方，通过多种柑橘的搭配种植，可使庭园里常年保持青翠悦目、花香怡人、金橘满枝。

柑橘花香果艳，花、果、叶均具观赏价值。但因栽培空间等因素的要求，观赏柑橘需要选择植株矮小、枝叶优美、挂果性好、果形美观、果实色泽鲜艳亮丽、观赏期长的品种。柑橘类植物种类繁多，存在很多变种、杂种和变异，它们形态、特性多样，很多品种具有很高的观赏价值。常见的观赏品种有金柑、佛手、四季橘、温州蜜柑、柠檬、红橘等。

1. 金柑

金柑(*Fortunella*)(图 13-8)，也称金橘，为柑橘亚科金柑属植物，用于观赏栽培的有 4 个种，即金豆(*Fortunella hindssi* Swingle)、金弹(*Fortunella*

图 13-8 金柑(赵晓春 摄)

classifolia Swingle）、罗纹金柑（*Fortunella japonica* Swingle）和罗浮金柑［*Fortunella margarita*（Lour.）Swingle］。金柑四季常绿，高1～3 m。枝密生，节间短，无刺，叶较小，果实有球形（金豆和金弹）和长椭圆形（罗纹和罗浮），果实长度或直径在5 cm以下。其中的金豆，果实大小如豌豆，是柑橘类植物中果实最小的种。金柑果皮光滑，成熟时为金黄色，夏季开花，秋冬果熟，挂果期长，非常适合盆栽观赏，是观赏栽培柑橘中最早、最多、最具观赏价值的种类。

2. 佛手

佛手［*Citrus medica* var. sarcodactylis（Noot）Swingle］（图13-9）又名九爪木、五指橘、佛手柑，是柑橘中枸橼的一个特殊变种，果实在成熟时由于各心皮分离，形成细长弯曲的果瓣，状如手指，故名佛手。佛手主产于闽、粤、川、苏、浙等省，在长期的栽培过程中，演变出了一些果型大小各异的品种，如广佛手、川佛手、金佛手，均有很高的观赏价值。浙江金华的佛手最为著名，被称为“果中之仙品，世上之奇卉”，雅称“金佛手”。佛手叶色泽苍翠、四季常青，成熟的佛手果实颜色金黄、香气四溢，而且挂果时间长，可达3～4个月，甚至更长，能长期观赏。佛手还寓意吉祥、幸运，是观赏植物中的精品。

图13-9　佛手（江东 摄）

3. 四季橘

四季橘（*Fortunella obovata* Tanaka）（图13-10）又叫月月橘，是金柑与橘的杂交种。树姿直立，枝叶稠密，四季能开花，故名四季橘。小花单朵或2～3朵顶生或腋生，洁白芳香。成熟果实为橙色或浓橙色，圆形或扁圆形，单果重15～20 g，挂果量大，是上佳的观叶观果植物，也是制作盆景和盆栽的极好材料。四季橘还寓意大吉大利、吉祥如意。四季橘还有个花叶变种，叶片上分布有乳黄色斑块或斑纹，有些果实的颜色也呈黄绿相间。

图 13-10　**四季橘**（赵晓春 摄）

4. 温州蜜柑

温州蜜柑（*Citrus unshiu* Macf.）（图 13-11）属宽皮柑橘类，在我国广为种植。原产于浙江的黄岩、温州一带，又称无核橘。据史书记载，温州栽培柑橘已有 2 400 多年历史。温州蜜柑抗逆性强、适应性广、挂果性好，果实外形美观、色泽橙红亮丽，果肉细嫩汁多、果味甜蜜清香，是观花观果、品尝果实的极佳品种。

图 13-11　**温州蜜柑**（赵晓春 摄）

5. 柠檬

柠檬[*Citrus limon*（L.）Burm. f.]（图 13-12）为常绿小乔木，嫩叶和花都带紫红色，果长圆形或卵圆形、淡黄色，顶端有一个宽而短的乳头状突起，气味芳香浓郁。柠檬通常周年开花，四季花果同树，可以同时观赏到花和从绿到黄不同熟期的果实。柠檬的变种中有花叶花果的类型，叶片和果实上有白、淡黄色相间的不规则斑块，具有很高的观赏性。

图 13-12　柠檬（赵晓春 摄）

6. 朱橘和红橘

朱橘（图 13-13）和红橘（图 13-14）同属橘类（*Citrus reticulata* Blanco），原产中国，是人类最早种植的柑橘类植物，在数千年的栽培历史中形成了许多优良的品种。朱橘和红橘为常绿小乔木，枝小细密，树形美观，果实扁圆，硕果累累，果皮光滑、颜色鲜艳，观赏价值很高。朱橘和红橘还较耐寒，适应性强。朱橘果皮朱红至橙红色，果通常较小，主要分布在长江中下游，是种植纬度最北的柑橘。红橘果大红或深红色，果皮光亮，果形较扁，较朱橘大，多分布在长江偏南地区。这两类橘的许多品种都有非常高的观赏价值。

图 13-13　朱橘（赵晓春 摄）

图 13-14　红橘（赵晓春 摄）

7. 澳指檬

澳指檬（*Microcitrus australasica*）（图 13-15）原产澳大利亚，是柑橘属的近缘属植物，灌木或乔木，枝条细软披垂，澳指檬的果实非常特殊，是类似手指一样的细长果型，有青、绿、黄、红、橙及紫等不同系列的颜色，有非常高的观赏价值。澳指檬的汁胞短而圆，形似鱼子酱，有红、黄、绿等颜色，有强烈的独特香气，色、香、味（酸）俱佳，被称为柠檬鱼子酱。野生澳指檬的变异非常大，不同种群的果实在大小、形状和颜色上有很大的差异。近年来通过和宽皮柑橘进行杂交，选育出了许多汁胞大、颜色多样、产量高、更容易栽培的品种。

图 13-15 澳指檬(赵晓春 摄)

三、观赏柑橘的栽培模式

1. 容器栽培

容器栽培又称盆栽，是观赏柑橘的重要栽培方式。盆栽柑橘(图 13-16)可根据不同的需要更换栽培容器，以适应不同人群的品位及不同环境的要求。盆栽柑橘可摆放在厅堂、居室、庭院、阳台等地方，有极高的观赏性。由于受到空间限制，盆栽柑橘要定期更换盆土、经常松土，以利于根系生长。盆栽柑橘的用土要选用有机质含量高、疏松透气的营养土，一般两年更换一次盆土。盆栽柑橘可通过控制后期生长、对枝干进行环剥等措施进行促花。由于盆栽柑橘较易落花落果，因此需要加强肥水管理，控制枝条生长，并可在盛花期或盛花末期喷施生长调节剂保花保果，以提高观赏价值。

2. 城市园林和庭院栽培

柑橘四季常绿、种类繁多、花香果美，有很高的观赏性。柑橘作为重要的

图 13-16 盆栽柑橘(赵晓春 摄)

园林果树，在我国已有 2 000 多年的栽培历史。近年来我国城市化进程迅速，城市园林绿化在维持生态、美化城市和改善环境方面的重要作用得到了体现。柑橘作为常绿果树，可在住宅小区、公园、风景区的绿化美化中扮演重要的角色，其不仅能形成景观美化效果，还可配合其他植物组成生态植物群落。用于城市园林和庭院美化的柑橘主要是入地种植，其栽培管理与果园的类似，但更注重树的造型和种植布局。

3. 观光农业

观光农业是一个新兴的农业产业分支，是一种以农业和农村为载体的新型生态旅游业，其中以作物种植为主的观光种植业是观光农业的一个重要类型。柑橘不仅四季常绿、种类繁多，果型大小、色彩各异，而且挂果期长，成熟期几乎覆盖全年各个时期，全年均可观果采摘，是南方种植观光业的重要果树。柑橘观光园除作为生态旅游观光、休闲娱乐、采摘和鲜果供应等外，还可作为柑橘生产的核心示范区，集农业示范、农业技术培训、休闲观光、餐饮娱乐及农业文化为一体，实现文化、现代农业技术、旅游休闲等元素的有机结合，引导地方柑橘产业的发展。

参考文献

[1]王新根，陈定友，雷克森，等. 柑橘防冻措施气象效应研究初报[J]. 中国柑橘，1980，9(4)：1-5.

[2]王艳. 设施条件下柑橘生物学特性及生理反应的初步研究[D]. 武汉：华中农业大学，2007.

[3]王振兴，彭良志，曹立，等. 四川盆地柑橘简易设施栽培果实留树越冬效果调查[J]. 中国南方果树，2009，38(2)：14-16.
[4]王振兴，彭良志. 柑橘设施栽培研究进展[J]. 南方农业，2009(1)：57-60.
[5]文焕然. 从秦汉时代的柑橘荔枝地理分布大势之史料来初步推断当时黄河中下游南部的常年气候[J]. 福建师范学院学报，1956(2)：1-18.
[6]方波，彭抒昂，盛文磊，等. 温州蜜柑设施延迟栽培条件下的果实品质变化[J]. 湖北农业科学，2009，48(10)：2469-2473.
[7]刘善文. 柑橘设施栽培对土壤理化性质和果实品质的影响分析[J]. 农技服务，2017，34(19)：38.
[8]吴雪珍，王登亮，刘春荣，等. 柑橘春见在衢州的引种表现及设施栽培技术[J]. 浙江农业科学，2019，60(06)：889-891.
[9]方旅人. 秦汉、三国、晋、南北朝柑橘史考[J]. 农业考古，1989(2)：270-276.
[10]刘春荣，郑江程，杨海英，等. 节能型柑橘设施栽培技术研究[J]. 浙江农业科学，2008(1)：19-22.
[11]许丽萍. 几种植物生长调节剂对盆栽柑橘的保果效应[J]. 福建果树，2001(4)：10-11.
[12]孙华阳. 安徽柑橘史考[J]. 浙江柑橘，1986(1)：38-39.
[13]李家棠. 脐橙防冻用遮阳网效果好[J]. 中国南方果树，2004，33(6)：6.
[14]吴文明. 日本柑温室栽培现状与研究进展[J]. 浙江柑橘，2011，28：21-22.
[15]何天富. 柑橘学[M]. 北京：中国农业出版社，1999.
[16]何斌，于钟平，石健泉. 观赏柑橘的栽培技术[J]. 广西园艺，2002(5)：20-22.
[17]张林. 温州蜜柑越冬设施栽培技术研究[D]. 武汉：华中农业大学，2009.
[18]夏丽桂. 莲都区柑橘大棚延后采收栽培技术[J]. 浙江柑橘，2015，32(03)：14-15.
[19]周开隆，叶荫民. 中国果树志・柑橘卷[M]. 北京：中国农业出版社，2010.
[20]钱皆兵，胡美君，陈子敏，等. 塑料大棚栽培"象山红"柑橘叶片的光化学效率与果实品质研究[J]. 中国南方果树，2005，34(6)：2-4.
[21]黄寿波. 我国古代柑橘冻害的防御方法[J]. 农业考古，1989(2)：282-286.
[22]黄振东，黄西斌，王海琴，等. 设施栽培下影响柑橘果实外观质量的病虫害发生情况调查与分析[J]. 中国南方果树，2008，37(5)：23-25.
[23]黄国林，肖志远，李建权，等. 柑橘设施栽培现状与发展趋势[J]. 湖南农业科学，2013(8)：123-125.
[24]夏丽桂. 柑橘设施栽培现状及效益浅析[J]. 农业开发与装备，2014(12)：64.
[25]龚洁强，王立宏，徐建国，等. 柑橘温室栽培研究[J]. 浙江农业科学，2002(6)：278-280.
[26]曾朗，蔡柏龄，朱晓云，等. 南丰蜜橘设施栽培技术研究[J]. 中国南方果树，2004，33(3)：13-14.
[27]蔡柏龄，曾朗，朱晓云，等. 南丰蜜橘设施栽培遏制疮痂病发生[J]. 中国南方果树，2004，33(3)：16.
[28]梁启全. 东北地区柑橘观光采摘型设施栽培技术[J]. 农业工程技术(温室园艺)，2012(5)：52-53.

第十四章　柑橘信息技术与机械化管理

农业信息技术、精准农业和农业机械化是现代农业技术的重要组成部分，可为传统农业技术升级改造、增长方式改变等发挥重要作用，加快优质、高效、生态、安全的生产步伐。因此，也是我国果树产业现代化发展的重要方向。

第一节　柑橘信息技术

农业信息技术，即利用信息采集、存储、传递、处理等技术，对农业生产、经营管理、战略决策过程中的自然信息、经济信息和社会信息进行分析处理，为农业研究者、生产者、经营者和管理者提供科学的技术咨询、辅助决策、信息共享和自动调控等的总称。主要通过计算机技术和遥感技术(RS)、地理信息系统(GIS)、全球卫星定位系统(GPS)等，实现实时、低成本、快速地获取生产信息，高效科学地管理数据，以及支持空间分析和科学决策。

国外农业信息技术始于20世纪中叶，其应用发展主要体现在4个方面：①数据库与网络体系构建。②信息技术与农业生产全面结合的精准农业。③覆盖农业种养殖业等的农业专家系统。④利用计算机虚拟现实技术、仿真技术、多媒体技术构建的数学模型模拟重现技术。近年来，农业信息技术开始了从简单的信息服务技术体系向智慧农业方向的深入发展。

我国对柑橘信息技术较为系统的研究与实践起步较晚，但近年来对柑橘植株的营养生理、光合生理、水分生理、品种识别、产量估测、果实品质等生命信息，果园土壤的营养空间分布差异，果园土壤的养分、水分、生态等非生命信息的实时无损检测技术进行了探索，精准施肥、优质化采收辅助决策等技术的创新及果园智能机械的创制等进展显著。随着以计算机、通信、遥感和自动控制等为特征的信息技术的发展，以及柑橘产业向集约化、专业化和国际化方向的发展，信息技术将逐渐渗透柑橘产前预测、产中管理与果品流通营销等各环节，特别是果实品质分级技术日臻完善，并开始在一些水果分级包装线上集成应用。这些信息技术的创新应用，提升了管理技术的科学性和精准性，明显降低了生产成本，提高了综合效益。由于果树信息技术研发起步较晚、投入不足，尽管有较多研发成果不断呈现，但规模化推广应用尚待时日。本节主要介绍柑橘信息技术的一些研究进展，并对相对成熟的技术和装备的应用技术做简要介绍。

一、柑橘园土壤、叶片营养的光谱检测技术

柑橘园土壤和叶片的营养检测分析是实现科学精准施肥的依据。目前，营养元素含量的检测分析主要依赖于大量样本的采集与实验室化学分析，其过程较为烦琐，化学试剂消耗量大，获取结果的周期较长，难以满足柑橘生产管理对土壤养分与叶片营养诊断结果的时效性需求。因此，探索建立实时高效的营养诊断技术与装备，成为我国柑橘信息技术发展的重要内容之一。

（一）土壤营养光谱检测

20 世纪 60 年代，国外学者就对土壤养分含量与土壤光谱特征进行了研究，发现土壤有机质在近红外光谱区域具有与有机化合物几种官能团相关的特征纹迹，表明土壤养分含量的不同会在不同光谱区域产生独特的光谱响应。

近年来，国内利用光谱分析技术结合人工神经网络等非线性建模方法，开展了土壤养分含量预测研究，构建的一些土壤养分含量预测模型和方法显示出较好的应用前景。以我国北方潮土为试材，进行基于 BP 神经网络算法的有机质含量和全氮含量的估测模型研究，结果显示土壤有机质和全氮含量预测精度分别达到了 0.854 和 0.808。借鉴植被光谱分析方法，通过系统分析 350～2 500 nm 波段范围的高光谱反射率与不同类型土壤有机质含量的关系，筛选出可大幅提高预测精度的两波段差值光谱指数，即由可见光 554 nm 与近红外二倍频区 1 398 nm 光谱反射率的一阶导数光谱，组合而成的两波段导数差值指数 DI(D554，D1398)，对多种不同类型土壤的有机质含量均有较好的预测精度。就不同谱区而言，近红外波段和中红外波段光谱对土壤氮、磷、钾的响应有一定的差异；采用近红外光谱和中红外光谱波段的偏最小二乘法(partial least square，PLS)支持向量机建模，对氮含量的预测效果均较好，而对磷和钾的预测则以中红外波段的效果更好。

中国农业科学院柑橘研究所(以下简称柑橘所)通过对三峡库区柑橘生产基地多点土壤样本的采集与分析，筛选出不同类型紫色土部分微量元素含量

较好的光谱预处理方法及其 PLS 预测结果：遂宁组、蓬莱镇组、夹关组和自流井组紫色土的铁、锰、锌含量对高光谱预测的响应均较明显，尤其是遂宁组和蓬莱镇组土壤的铁含量，其验证集相关系数 r 分别达到了 0.913 和 0.905，且均方根差相对较低。

以江西万安县脐橙园的土壤为样本，华东交通大学通过开发的一个模块化的小型土壤养分检测装置和 CARS-PLS 预测模型，对土壤氮、磷、钾和有机质等养分的含量进行实时检测，其精度基本可以满足农业生产的需求。

土壤营养的实时光谱诊断包含布点采样、样品制备、光谱采集、模型建立等。首先对采样区域合理布点，采集点要充分体现土壤养分空间分布的差异，并且注意避开施肥穴位置。对采集的土壤进行去杂和取样后，按照土壤分析的制样方法进行样本制备、风干和过筛备用。土壤粒径对土壤养分的光谱预测精度有明显的影响，要使光谱信息更精确地反演土壤营养状况，需要保证土壤样本粒径适宜的大小和均匀性，以及待测土壤样本适宜的厚度。为满足光谱检测对土壤物理状态的特殊要求，从田间采集、室内风干，要求供检测样本全部通过 60 目尼龙筛，以此获得粒径均匀的土壤是用于近红外光谱测定的必要条件。由于土壤水分在近红外波段的吸收系数较高，会对土壤中一些营养元素的预测精度产生影响，因此，在采集光谱数据之前，应先将土壤样本置于烘箱中，在 50℃条件下烘干至恒重，装入铝盒，将土表刮平整，立即放入样品测定承载台，用自带光源光谱检测仪采集土壤光谱信息。光谱数据采集完毕后，再对样本进行化学检测，获得营养元素含量的实测值，以光谱数据和实测值进行特征光谱和预测模型筛选，进而研究开发针对不同土壤营养元素含量的光谱预测技术。

（二）叶片营养光谱检测

果树叶片营养诊断结果是评价植株营养丰缺的重要依据。由于营养状况不同，果树叶片可能在形状、色泽、组织结构、生化组分等方面呈现差异，这些差异都可导致叶片光谱表现出吸收波形的差异，从而为作物营养状况的光谱检测技术发展提供了可能。在过去几十年的研究中，有关农作物营养元素含量光谱预测技术的研究主要集中于水稻、玉米、小麦、棉花和蔬菜等 1 年生作物，随着光谱技术的发展，基于光谱理论与分析方法的作物生长与营养信息监测技术已拓展到柑橘、苹果等果树作物上。近年来，在基于叶片、植株冠层和果树群体光谱信息等的营养诊断技术研究中，有关柑橘叶片氮含量光谱诊断技术的研究较多。

以锦橙为试材，采集成熟春梢叶片的反射光谱信息，对反射光谱进行一阶微分变量标准化预处理，运用 PLS 与交叉验证回归建立的氮素含量定标模型，其建模相关系数和预测相关系数分别达 0.94 和 0.92，且建模和预测均方根差及标准差都非常低。在可控条件下，对栽培的锦橙幼树采集叶片多光谱图像，用 Photoshop 软件提取叶片图像颜色特征参数，并对其进行数学变换和归一化处理后，与叶片氮素常规化学分析测定值进行相关分析和回归模型建立，所建模型的预测精度达 0.84。采集经不同氮肥水平处理的甜橙叶片高光谱反射值，以高光谱数据或其变换形式，在主成分分析(PCA)降维的基础上，利用支持矢量回归算法(SVR)建立高光谱多元表达和氮素含量间的回归关系，所获得的测试集预测值和常规化学分析测定值间的决定系数 R^2 为 0.973 0，平均相对误差为 0.903 3，均方误差为 0.090 343。与其他多元回归分析比较，主成分分析结合矢量回归算法的建模方法对氮素含量的预测性能更佳且更稳定。

在果园植株尺度上进行氮素等营养诊断技术的探索与实践中，柑橘所采用八旋翼飞行器(UAV)搭载 11 个波段的多光谱遥感系统，获取了距地面 100 m 高度的哈姆林甜橙植株冠层的遥感信息，用以比对分析基于多元散射校正(MSC)和标准正态变量(SNV)等光谱预处理及原始光谱的 4 种模型对植株冠层氮素、叶绿素 a、叶绿素 b 和类胡萝卜素含量预测精度的影响。试验结果表明，通过标准正态变量光谱预处理与多元线性回归(MLR)算法建模(表 14-1)，对果园植株冠层叶片氮素、叶绿素 a 和叶绿素 b 含量的预测集相关系数(R_p)分别达 0.803 6、0.806 5 和 0.810 7，预测均方根误差(RMSEP)分别为 0.136 3、0.042 7 和 0.024 3；而在标准正态变量光谱预处理基础上的最小二乘法支持向量机(LS-SVM)建模对冠层类胡萝卜素含量的预测效果更优，R_p 值达到了 0.853 5，RMSEP 值仅为 0.011 7。由此可知，利用机载多光谱图像信息有可能为规模化、大面积柑橘园植株营养状况的近地遥感高效监测提供新的途径。

表 14-1 柑橘园植株氮素和光合色素含量的最佳预测模型

不同组分	建模方法	光谱预处理方法	R_c	RMSECV	R_p	RMSEP
全氮	MLR	SNV	0.8040	0.1710	0.8036	0.1363
叶绿素 a	MLR	SNV	0.8430	0.0595	0.8065	0.0427
叶绿素 b	MLR	SNV	0.8241	0.0289	0.8107	0.0243
类胡萝卜素	LS-SVM	SNV	0.8746	0.0131	0.8535	0.0117

资料来源：刘雪峰、吕强、何绍兰等，《遥感学报》，2015 年第 6 期。

与氮素相比，柑橘叶片中磷、钾含量的光谱预测技术研究报道较少。采用手持式光谱辐射仪(field spec hand held)采集锦橙植株冠层光谱数据，进行导数降维、平滑(savitzky-golay)、多元散射校正、消噪、归一化和变量标准化等光谱预处理后，再与当年生春梢营养枝叶片的磷素常规化学分析测定值运用 PLS 及内部交叉验证法进行建模和验证分析，结果显示所建模型对锦橙叶片磷含量的预测能力和预测稳健性均较佳：校正模型相关系数为 0.90，偏差(Bias)为 2.45E−10，且 RMSEC 和 RMSEP 均最小，模型检验预测的决定系数 R^2 也达 0.85。利用高光谱反射数据进行罗岗甜橙叶片磷含量的预测分析研究，在对原始反射光谱数据进行几种预处理的基础上，采用 PLS 及 SVR 等多元回归分析算法进行柑橘叶片磷含量建模预测，其校正集和测试集决定系数分别达 0.905 和 0.881，均方根误差仅为 0.004 和 0.005，平均相对误差为 0.026 4 和 0.030 8。

控制施肥条件下，在可见一近红外光谱波段 400～1 000 nm 区域，叶片原始光谱反射强度随钾含量下降而呈下降趋势，尤其是在 750～1 000 nm 区域，不同施钾水平植株叶片的反射光谱特征的差异最明显。通过反射光谱二阶微分与叶片钾含量构建偏最小二乘法回归模型，其预测相关系数达 0.82，RMSEP 仅为 0.003 8，偏差绝对值最小(−2.34E−05)，表明了利用叶片光谱信息预测锦橙叶片钾素含量的可行性；通过对氮、磷、钾精确控制施肥处理的盆栽单系枳砧蓬安 100 号锦橙的可见一近红外光谱信息采集，建立的反射光谱一阶微分氮含量定标模型、冠层原始反射光谱 4 个主成分的二阶倒数叶片磷含量预测模型、反射光谱二阶微分叶片钾含量定标模型，均获得较高的预测精度，为形成具有较高预测精度的甜橙叶片氮、磷、钾含量光谱检测技术的建立奠定了基础。

利用光谱信息建立预测模型可反演柑橘叶片和冠层的营养状况，需要注意的是样本的代表性和可靠性。在实践中对植株单叶进行测定时，叶片样本宜在树冠不同部位老熟春梢、夏梢或秋梢上采集；而冠层光谱宜采集果园不同部位植株冠层外围中上部的光谱数据；并与 6～8 月龄春梢营养枝叶片养分的实测值建立相关关系，进而构建形成针对性较强的诊断技术体系。

(三)果树花器营养及花量的光谱预测

花器是果树重要的生殖器官，其生长发育较整齐，花朵之间的组织成熟度较一致，组织遗传稳定性相对较好，是用于营养诊断的良好试材。以线扫描方式对柑橘盛花期花朵进行高光谱图像扫描，并以不同阈值间隔和适宜的灰度值进行柑橘花朵高光谱图像有效光谱数据提取，建立基于 Unscrabler 平台的柑橘花钾素含量偏最小二乘法预测模型，根据不同模型的预测相关系数和均方根误差筛选出较优的有效信息提取技术参数，进而应用该有效光谱数据，以 Matlab 平台分别采用区间偏最小二乘法(interval partial least square, iPLS)，以及基于联合区间偏最小二乘法(synergy interval partial least square, siPLS)建立钾素含量预测模型，并确定柑橘花钾素含量预测的特征光谱波段或波段组合。结果表明，以 400～1000 nm 全波段反射光谱对钾素营养进行预测，其校正集相关系数 R_c 和均方根误差 RMSECV 分别为 0.908 3 和 0.124 9；而以特征波段区间或波段组合建模预测所获得的 R_c 均更高，RMSECV 均更小，尤以 4＋5＋6 特征波段组合光谱信息对柑橘花钾素含量的预测效果最佳，其 R_c 和 RMSECV 分别为 0.954 7 和 0.089 0。因此，将 30 个未参与校正集建模的柑橘花样本作为预测集进行钾素营养预测，表 14-2 显示，以 4、5、6 三个波段组合反射光谱预测柑橘花钾素营养的 R_p 最高(0.885 5)，RMSEP 最小(0.161 9)，明显优于 400～1 000 nm 全波段以及其他光谱波段区间和光谱波段组合所建的预测模型，表明 4＋5＋6 波段组合反射光谱 siPLS 预测模型具有较好的准确性和稳定性。

表 14-2 不同波段光谱的 siPLS 模型预测结果比较

光谱波段(组合)	变量数	主成分数	校正集		预测集	
			R_c	RMSECV	R_p	RMSEP
4(558.17～612.16 nm)	70	12	0.928 8	0.111 9	0.776 1	0.191 5
4＋6	141	12	0.946 6	0.096 2	0.781 7	0.191 2
4＋5＋6	211	13	0.954 7	0.089 0	0.885 5	0.161 9
2＋4＋6＋8	281	11	0.931 6	0.108 8	0.762 8	0.206 3
400～1 000 nm	759	14	0.908 3	0.124 9	0.811 6	0.177 5

资料来源：刘艳丽、何绍兰等，《果树学报》，2014 年第 6 期。

该方法不但有效提高了花器钾素含量估测精度，而且可显著减少建模所用的变量数，从而缩短运算时间，提高模型的运算效率。

对苹果高纺锤形植株进行花量预测，发现植株单位面积花量与冠层光谱反射率在紫外－可见光波长(308～700 nm)呈极显著正相关。基于全波长，采用 The Unscrambler v 9.7 软件平台中提供的 SG、SNV、1st Der、2nd Der、Normalize、SG-Normalize 等 6 种光谱预处理方法，以 SG-Normalize 预处理光谱建立 PLS 模型对植株单位面积花量的预测效果最好，校正集(R_c)和预测集(R_p)决定系数分别为 0.894 和 0.859，均方根误差(RMSEC、RMSEP)为 0.079 和 0.097；而采用 x-LW 法提取预测植株花量的特征波长，建立 PLS、BPNN 和 LS-SVM 模型，分析结果以 LS-SVM 模型的预测效果较好，R_c 与 R_p 均较高，达 0.939 和 0.909，均方根误差(0.063、0.095)较其他模型也最小，可见其用于苹果植株单位面积花量预测的综合效果最优。

二、柑橘园精准施肥技术

土壤营养空间分布的变异性普遍存在，而丘陵山地柑橘园不同部位的土壤母质、土层厚度、土壤肥力等空间分布的差异性更为明显。由于土壤母质、土层厚度、土壤肥力等空间分布的差异，也是导致果园不同部位植株营养状况差异的重要原因，因此，施肥应针对果园不同区域或不同植株的营养状况及其需求的不同，实施分区变量的精准施肥作业，才能在实现最小的肥料投入和最大的施肥效益回报的同时，减少面源污染和施肥成本。精准施肥包括营养诊断、模型计算、因树或因地块变量及智能施肥机械自动实现变量作业的施肥等环节。

（一）柑橘园营养分布空间变异的可视化技术

地统计学方法与GIS技术相结合是目前研究土壤养分空间分布现状的最常用方法。该方法能较准确地对土壤特性的空间属性进行描述和归类，为土壤环境背景值制图，快速直观地了解土壤养分空间分布状况和土壤养分的分区管理等提供技术支持，指导栽培者对果园土壤养分进行精准高效的管理。

柑橘园土壤营养分布现状图的制作，一般包括柑橘园土壤样本采集、土壤养分测试、数据插值和养分空间分布图制作等步骤。土壤样本采集是土壤分析的关键环节，在果园实地采集土壤样本时，需要按照地形、地貌特征科学合理布点，以最少样本数量最大限度地反映土壤营养在果园空间上的差异性。同时，还应在采样时同步记载每一采样点的GPS信息。土壤样本采集、制作和化学分析等，可按照标准化实验手册所示的方法进行。

空间插值是利用已采集样点的地理信息属性对未测点进行推演模拟和数据插值，形成不同面积单元的面状数据。因此，空间插值结果是研制土壤营养空间分布图的重要前提。较为常见的插值分析方法有反距离法插值和克里金插值，以及样条函数法、局部多项式法等。柑橘园土壤营养空间分布图的制作，一般利用GIS软件平台，输入土壤采样点的地理信息数据，通过定义插值边界及插值养分，选择合适的插值方法，确定边界内待插值点搜索类型及新插值点数等，最后进行插值计算，从而生成所定义边界范围的土壤养分空间分布图。

建于平地或缓坡的柑橘园，土壤营养空间变异较小，而植株产量是影响其营养状况和施肥需求的重要参数，因此变量精准施肥主要根据不同植株产量的差异进行。美国、巴西等国通过产量自动记录车，在果实采收时记录每株树的实际产量，再根据每株树的地理信息自动生成果园产量分布图，以此引导变量精准施肥作业。佛罗里达大学研究建立的一套系统，通过拖拉机牵引土壤电导传感器在果园行间连续读取土壤电导值数据，并将其直接转换成有机质含量。或通过车载光谱成像系统，在果园行间读取冠层叶片光谱信息再换算成植株营养成分含量，结合差分 GPS 精确定位，便可自动实时生成果园(果树)营养分布现状图进行精准施肥作业。

我国柑橘园大多分布于丘陵山地，橘园土壤背景和养分含量的空间分布差异较大，不同区域土壤的 pH 值、有机质、交换性铝和全氮含量等均达到显著性差异，且相对高程的显著性差异与土壤肥力空间的分布格局较一致。在制作营养分布空间变异图时，应在了解整个园区地理地貌特征和土壤营养条件的基础上，合理制定分布于不同山头底部、中部(山腰)、顶部等适宜位点及合理数量的采样规划图，然后同步采集采样点的 D-GPS 定位数据(经纬度和海拔等地理信息)，采集土壤及叶片样本，再根据土壤和叶片常规分析测试结果和采样点精确定位信息，通过软件系统插值自动生成丘陵山地果园土壤营养分布现状三维图，以不同色泽显示果园不同区域或位点的土壤营养状况。图 14-1 是柑橘所为江西万安县制作的柑橘园土壤养分差异化分布现状图，从图中不同色泽可清楚地了解到该果园不同部位土壤营养空间分布的差异。

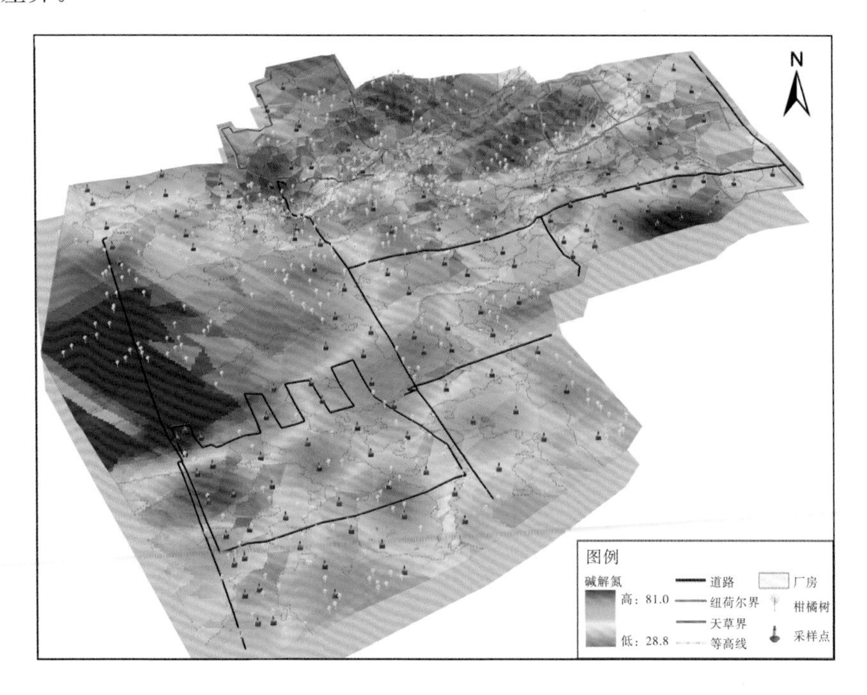

图 14-1 万安县葡萄柚园土壤氮素含量分布现状图(易时来提供)

（二）变量施肥处方图

果园的精准施肥，是以最少的施肥量最大限度地满足果树植株对营养的需求，因此在获得果园营养水平的空间变异信息后，还需将其转换成所需施肥量的空间差异信息，生成变量施肥处方图用于实施精准变量施肥作业。

在获得柑橘园土壤养分空间分布现状图的基础上，将各采样点土壤营养或叶片营养含量的分析测试数据导入精准施肥决策支持软件系统，自动做出营养丰缺和施肥量需求判断，以不同色泽显示出果园不同部位或植株的施肥量，生成果园精准变量施肥处方图，实现精准施肥决策结果的可视化，从而引导栽培者根据处方图对不同地块的果树进行变量施肥作业。变量施肥技术充分考虑了不同区域果树对营养需求的差异，可对每一单株的施肥量做出精准判断，因此，比常规施肥方式更为节省肥料，且不同肥料的配比更为合理和更有针对性，使得植株吸收得更充分，环境污染更小，施肥成本更低，产量和品质更为理想。我国已研发出多项精准变量施肥决策支持系统，其中氮肥变量施肥处方图已在上海崇明岛规模化农场服务于生产。

（三）变量施肥装备

由于对施肥的控制方法不同，变量施肥的最终实现方式可分为基于处方图的机械化变量施肥和基于传感信息的实时控制机械化变量施肥。基于处方图的机械化变量施肥，是由变量施肥处方电子图提供精准变量施肥信息，根据不同地块区域或果树单株的施肥需求，由施肥机械自动对果树单株定位后，直接从处方图读取该位点的施肥量指令，再通过控制系统有针对性地自控定量投放肥料。基于传感信息的实时控制机械化变量施肥，是智能施肥机在果树行间行走过程中，根据土壤养分传感器获取的营养水平实时传感信息，智能推算出施肥指标，再由自动定量控制系统定量投放肥料，实现对不同地块区域或果树单株的精准施肥，美国俄克拉荷马州立大学研制的基于氮素光学传感器的定量施肥机即属于这一类精准施肥智能装备系统。

近年来，国内外变量施肥装备的研制发展迅速，新型机械和装备不断呈现，大幅提升了施肥的作业效率，减轻了作业者的负担。美国已商品化生产的变量施肥机有 John Deere 公司的变量撒肥机、Case 公司的变量施肥播种机等，日本 Hatsuta 公司制造了基于地图的固体肥料稻田变量撒施机，法国研发的“女骑士”肥料撒播变量控制系统大量应用于各种类型的离心式肥料撒播机，德国 Amazone 公司开发的麦类作物实时自动变量追肥机也在生产中投入使用。北京农业信息化工程技术研究中心研发的果树精准变量施肥作业车，可在果园行间行走时自动对靶识树、自动读取处方图（map-based）和自动变量抛撒颗粒肥和液体肥，生产实践中显示出施肥量误差较小、供需空间一致性较好、自动化程度高等优点，能够满足基于处方图的自动变量施肥作业的需求(图 14-2)；吉林大学开发的基于脉宽调制技术的小型无人机精确喷雾系统和基于多源遥感信息融合的精确喷雾决策系统，可对喷雾系统进行较精确的变量控制，从而进行无人机行进方向上的精准变量喷雾施肥。

针对我国南方山地果园复杂多变的地形对施肥的特殊要求，柑橘所与石家庄鑫农公司联合研发的小型灵巧、安全便捷、自动定位、变量控制、性价比高、操作简单的开沟施肥机(图 14-3)，可实现定位开沟、变量施肥、肥土混匀和覆土整平等多个作业环节一体化自动完成功能，特别是在果园大量施用有机肥的情况下，此机械非常适用，可自动将有机肥与土壤混合均匀、回填，大幅减少了施肥用工，降低了劳动强度，提高了施肥效率。

图 14-2 柑橘园自动定位定量抛撒施肥机

(邓烈 摄)

图 14-3 柑橘园自动定位开沟施肥机

(邓烈 摄)

三、柑橘园精准水分管理技术

水分亏缺对柑橘产量和品质造成的损失及影响在所有非生物胁迫中占比极大，而我国南方山地柑橘园常常面临不同程度的干旱胁迫。在受到干旱胁迫之前，是否能对柑橘园干旱逆境状况和柑橘植株水分丰缺状况等做出实时、无损监测预警，从而实现柑橘园信息化精准水分管理，对果树优质高效栽培具有重要意义。以色列、美国等已研发出较为先进的果园智能滴灌系统，可实现基于土壤水分传感器信息的精准节水灌溉。对于柑橘园灌溉技术，我国也开展过较多研究与实践，其水分监测和实时灌溉技术已有广泛应用，促进了旱区农业的发展。

（一）柑橘水分逆境诊断技术

1. 柑橘叶片含水量的光谱监测

关于植物水分状况的诊断方法有多种，一般包括气孔导度、叶水势、冠层温度和蒸腾速率等。近年来，又提出了冠层温度变异法、参考温度法、冠层—气温差法（SDD）和作物缺水指标法（CWSI）等方法，但这些诊断方法都受到环境状况的强烈影响，测定和分析过程较复杂。光谱技术以其简便、实时、精准和无损等特点，成为获取农田生物信息和环境信息的重要手段，已用于小麦、葡萄、棉花等叶片的含水率检测。近年随着光谱技术的发展，对柑橘叶片含水量的光谱诊断技术也进行了一些有益的探索。

柑橘所通过对水分胁迫下柑橘叶片光谱响应特征的研究，筛选出了柑橘叶片水分逆境的特征光谱，并利用特征光谱建立了叶片的相对含水量预测模型。叶片的相对水分含量与1 400 nm光谱反射率呈极显著相关，其光谱反射率反演计算的叶片含水量平均值为66.355 8%，与实测叶片相对含水率平均值63.906 1%的相对误差为3.833 2%，由反射光谱吸收峰深度（D）反演计算的叶片相对含水率平均相对误差为1.420 5%，由吸收峰面积反演计算的平均相对误差为5.586 0%。三者的相对误差均未超过10%，采用反射光谱吸收峰深度反演计算的叶片相对含水率其相对误差最小。这表明通过1 400 nm光谱反射率、吸收峰深度和吸收峰面积反演叶片含水率是可行的，并以1 400 nm光谱吸收峰深度反演模型为最佳。华中农业大学构建的柑橘叶片含水率的光谱指数法模型，在柑橘叶片含水率与反射光谱之间显示出较高的相关性，模型预测值与实测值的相对误差小于10%。

2. 柑橘植株茎流监测技术

蒸腾作用是植物耗水的主要方式，植物体内由于蒸腾作用引起的木质部内的向上液流即为树体茎流。利用茎流监测系统可实时获取植株水分输导状况，这对科学判断树体水分丰缺与合理灌溉、有效节约利用水资源都有重要意义。使用针插式茎流计（包括热脉冲速率茎流计、热扩散速率茎流计）时，在柑橘园有代表性的位置选择柑橘植株，在树干上、下两个适宜的位置安装精密电极，通过测定两电极间的温度差，可计算出水分流动所带走的热量，推演出树干导管中的液流速度，进而实现对植株水分供求平衡状况的预测。

对日变化和同期的气象变化对柑橘植株茎流影响进行的研究表明，柑橘树液流速率与太阳净辐射、大气温度、土壤温度呈正相关，与大气相对湿度、瞬时风速呈负相关。柑橘所对重庆生态条件下的柑橘植株茎流动态变化和影响因子进行了研究，试验结果表明，太阳辐射和空气湿度等均与柑橘树干液流呈良好的相关性，建立了相关程度较高的回归模型，为开发构建旱情预测软件系统奠定了基础。

3. 果园土壤墒情监测预警

土壤墒情，即土壤中的含水量状况。在果树生长发育期间，果园土壤墒情常是影响果园获得高产、高效益的重要因子。在降雨量偏少或遇到干旱天气时，灌溉成为改善土壤水分状况和满足植株对水分需求的最有效的方法。因此，开展果园土壤墒情监测技术研究，及时了解适宜的灌溉时间和灌溉量，对植株的生长发育具有至关重要的作用，对发展灌溉农业有着十分重要的意义。

国内外农业、环保等领域广泛应用土壤水势实时监测传感器系统进行土壤水分含量实时自动监测。自动气象站系统配置的水分传感器(图 14-4)或专门的土壤水分监测系统(图 14-5)，大多是通过在土壤中间隔一定距离埋入的 2 个电极，测得两者的电阻值，自动传送至远程监控管理系统，再根据土壤水分含量和土壤电阻之间的相关性实时模拟计算出土壤相对含水量，从而实现土壤含水量的实时监测和旱情预警。这类技术平台系统和装备目前已较为成熟，被广泛用于农业土壤墒情监测。近年设计研发的基于 ZigBee 无线传感器网络(wireless sensor network，WSN)的土壤墒情监测信息化管理系统，形成了低功耗的智能传感器节点和 ZigBee 无线传感器网络相结合的系统，可实现对传感器的自动部署、数据自组织、自动传输和远程信息管理与共享，为温室、果园等区域的精准水分管理，实现节能节水管理和优质高效生产等提供决策依据。

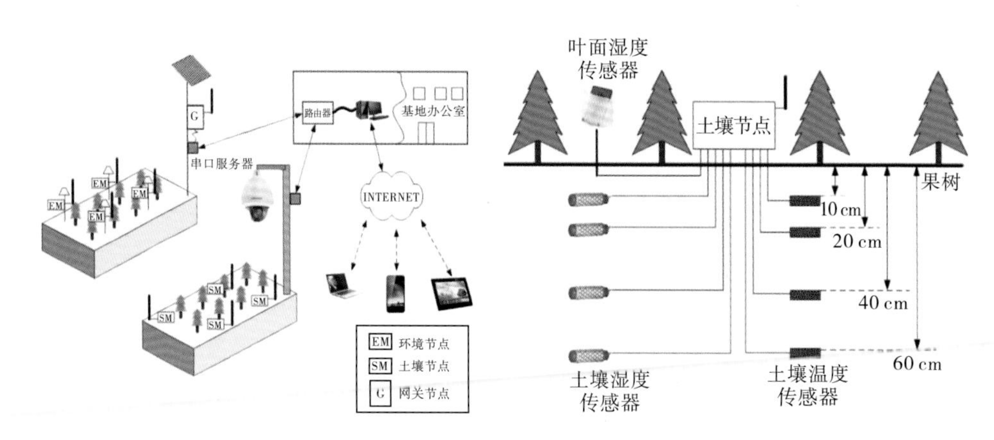

图 14-4 自动气象站系统及布局示意图　　图 14-5 水势实时监测系统及布局示意图

随着农业遥感无人机技术的发展，通过无人机采集土壤光谱图像信息以监测土壤墒情的技术，更适合于大面积土壤的高效监测。对采用近地遥感技术通过土壤光谱图像信息监测土壤墒情的数据处理和建模预测技术进行研究，建立的基于局部灰度匹配的图像拼接算法、无人机图像几何校正算法、聚类分析算法的图像分割模型等无人机土壤墒情遥感预测技术，显示了较好的预测精度。但从目前的研究与实践来看，由于该方法受土壤质地、容重、地面粗糙度、地面植被等因素的影响比较明显，对深层土壤水分的实用化监测技术开发还有待进一步研究。

柑橘所研发的柑橘水分实时监测与旱情预警系统(图 14-6)，可根据果园生态信息传感器获取的实时信息，进行信息的自动远程传输、集成、远程管理、报表输出、信息共享、干旱逆境判定，从而实现在线预警服务，并可为田间灌溉、防霜防冻等装置的科学控制提供依据。

图 14-6 柑橘水分实时监控与旱情预警系统(邓烈提供)

(二)信息化变量灌溉技术

以色列、美国和法国等已开发出可用于果树需水信息探测的树干茎流传感器和土壤水分状况传感器及信息传输系统和管理系统等，并开发出多种基于实时信息的智能灌溉控制系统。当植株或土壤缺水指标达到某一临界值时，计算机控制系统会自动启动灌溉系统或通过作业区电磁阀启动灌溉作业；当传感器信息显示土壤或植株恢复到所需水分保障状况时，便会自动关闭灌溉系统或某一区域的电磁阀，达到依据田间传感器信息进行自动决策和控制灌溉的目的。

我国柑橘园大多位于丘陵山地，土壤墒情和植株水分状况存在较大的空间变异，因此，柑橘园宜采用基于土壤水分传感器信息实施自动分区的变量灌溉。首先通过在丘陵坡地有代表性的位点合理设置土壤墒情监测点，在监测点安装相关信息采集设备进行土壤墒情监测，当采样点区域土壤水分含量达到某一临界值时，计算机决策系统可自动报警；通过土壤墒情分区变异规律和预测模型的研究筛选，可及时模拟出不同小区的土壤墒情预测值，插值生成园区水分含量分布图，进而计算和生成分区变量灌溉处方图，通过控制指令自动启动灌溉系统并实施分区域的精准变量滴灌或喷灌作业，在尚未安装滴管或喷灌系统的果园，也可进行人工精准变量灌溉。近年重庆忠县国家农业(柑橘)科技示范园区、海升集团部分柑橘生产基地等建立的基于实时信息的智能控制灌溉系统，可进行不同作业区旱情指数空间变异的分区变量灌溉。

目前需要进一步进行在丘陵山地复杂地形条件下，园地水分状况空间分布图与灌溉量决策处方图的研究开发，尤其是基于小尺度的分区变量灌溉处方图及变量灌溉控制系统的研发，以满足复杂地形果园对精准灌溉和节水灌溉的需求。

四、柑橘园优质采收决策支持技术

及时获取果实品质发育进程、成熟时期和柑橘园产量等信息，有助于规模化果园适时采收、销售、物流和加工等计划的制定，从而提升柑橘园的产销协调能力与管理水平。

(一)果实品质非损伤检测技术

自 20 世纪 90 年代以来，近红外光谱技术因其快速、无损、简便、准确率高等优点被广泛应用于苹果、桃、板栗、杏、李、梨、猕猴桃、葡萄、柑橘等果实品质的无损检测。日本利用近红外光谱技术最早实现了果实糖度的在线无损监测；华中农业大学利用小波消噪后研究近红外光谱模型，建立的柑橘果实维生素 C 含量无损快速定量分析技术，预测值与标准值的相关系数

R 达到 0.9574。

我们采用可见—近红外光谱技术，通过对测样距离、探测光源、光谱预处理方法等的探索，建立的基于哈姆林甜橙和奥林达夏橙光谱信息的果实可溶性固形物(TSS)、可滴定酸(TA)、维生素C含量和果皮色差指数(CI)等多个品质指标的PLS预测模型，其预测值和实测值相关系数达0.98以上(表14-3)。在此基础上柑橘所与企业联合开发的手持式多功能光谱检测仪，可用于柑橘果实品质的田间无损检测。近年浙江大学、华东交通大学、国家农业信息化工程技术研究中心等对此类装备的创新集成也取得突破，江西绿萌科技控股有限公司、北京福禄特科技发展有限公司和国家农业智能装备工程技术研究中心等研发的果蔬品质无损检测分级包装生产线，可对柑橘果实大小、色泽和风味等进行实时无损分等分级。

表14-3 哈姆林甜橙和奥林达夏橙果实品质主要参数的光谱检测

品种	参数	光谱波长/nm	光谱预处理方法	预测模型	R
哈姆林甜橙	TSS	400～1 000	移动平均平滑法+多元散射校正	PLS	0.9970
	TA	400～1 000	标准归一化+移动平均平滑法	PLS	0.9989
	Vc	400～1 000	多元散射校正	PLS	0.9949
	CI	400～1 000	多元散射校正+移动平均平滑	PLS	0.9836
奥林达夏橙	TSS	400～1 000	多元散射校正+移动平均平滑	PLS	0.9949
	TA	400～1 000	多元散射校正+移动平均平滑	PLS	0.9936
	Vc	400～1 000	多元散射校正	PLS	0.9844
	CI	400～1 000	多元散射校正+移动平均平滑	PLS	0.9869

资料来源：毛莎莎、曾明、邓烈等，《基于光谱技术的柑橘果实内在品质检测及成熟期预测模型研究》，西南大学研究生学位论文，2010年。

(二)产量预测技术

对果园产量进行实时估测，是实施科学管理和制定营销或加工计划的重要依据。遥感估产是基于作物特有的波谱反射特征，用传感器获得的光谱信息反演作物的生长信息(如LAI、NDVI等)，并建立这些生长信息与产量之间的关系，模拟推演出作物产量的一种新型测产技术。近年来国内研究人员运用单时相、多时相光谱估产模型，以及与农作物生长表型等信息结合的复合估产模型，对水稻、小麦、苹果等进行了遥感估产技术研究。国内外对柑橘信息化测产技术也进行了较多探索，大多应用颜色特征、超声波、航空图像等技术手段进行信息采集和预测。日本东京农工大学的研究人员利用航空高光谱图像和BP神经网络技术，分析柑橘产量与不同季节树冠的平均光谱反射率的关系，发现5月所采集的柑橘植株光谱图像和柑橘产量之间的相关性明显。浙江大学运用机载高光谱成像仪，在不同生长季节获取柑橘树体的高光谱图像，其建立的基于PLS的多元线性回归（MLR）和人工神经网络（ANN）产量预测模型，也发现以5月的高光谱信息具有最优的产量预测效果，而PLS-MLR模型比PLS-ANN模型具有更好的稳定性和一致性。柑橘所与中国农业大学进行了基于数码照片和图像处理技术的柑橘园估产技术研究，采用阈值分割法对冠层图像进行处理，再计算图像的柑橘果实个数、柑橘果实部分总周长、柑橘果实部分总面积等参数与产量之间的相关关系，在此基础上，研发出基于数码照片图像处理技术的柑橘园估产软件系统。利用该系统进行果树和果园估产，不需要专门的设备，信息获取和运算过程较为简便，只需在果园获取代表性样本单株的数码照片，导入柑橘园估产软件系统，通过提取冠层柑橘果实个数信息，输入果园面积、株行距、冠层体积和该品种果实平均单果重等信息，即可自动估测出单株产量（个数或质量）、单位面积产量和果园总产量等，具有良好的应用前景。

（三）果实成熟期预测技术

不同柑橘品种其果实发育和成熟过程具有自身的特殊规律，也受当年气温、日照、降雨等气象因子的显著影响，这些因子会不同程度地影响果实品质的发育和成熟进程。柑橘所以汁用加工甜橙为试材，分别研究建立生长发育期果实可溶性固形物含量、固酸比等与果实发育积温、果实成熟发育天数与积温的关系的回归模型，该模型对果实成熟所需天数的预测其决定系数达0.987 3。该技术在重庆忠县新立镇汁用加工原料生产基地对哈姆林甜橙进行了验证试验，其成熟期预测结果与采用常规化学分析测试的结果非常吻合。

在对果园产量、果实品质预测和成熟期推衍技术研究的基础上，柑橘所研发的基于盛花期光谱信息和果实生长期积温的优质采收决策支持系统（图14-7），在提前输入5月样本光谱信息后，由软件系统自动获取田间气象传感器逐日温度数据，再自动进行成熟期预测结果的动态调整，以逐渐提高预测精度。该系统还建立了基于果园多源信息系统的柑橘产区优质采收智能决策规划图自动生成模块，自动生成果园总产量、不同品种产量及其果实品质、成熟期、采收进度等信息一览表或报表，可为生产、销售和加工等各环节提供查询和网络共享。

由于相同品种在不同产区可能出现果面色泽、油胞粗细、果皮厚薄和果实风味等方面的差异，会对果实光谱采集质量和果实成熟期预测精度带来一定的影响。因此，基于光电技术的果实分级和果实品质光谱分析技术，在应用上应充分考虑这些因子的变化可能带来的检测精度差异，进行针对性的光谱筛选和模型构建，形成适应性更好的果实成熟期预测技术，进一步提高该技术的针对性和精确性。

图 14-7 柑橘采收决策服务平台(郑永强 提供)

五、果园信息化装备与服务系统

(一)柑橘多功能光谱仪

针对叶片叶绿素和氮素含量、果实可溶性固形物和可滴定酸含量等的便携式光谱检测分析仪，以及果实品质在线检测设备等已实现商业化生产。但针对柑橘叶片或土壤多种营养元素及含水量、柑橘果实内在品质和缺陷等指标参数的检测，特别是可以对多种指标参数同步实时检测的多功能光谱检测设备仍有待研发。柑橘所利用已有的近红外分析仪装置，通过对柑橘多产地、多品种的叶片和土壤营养与水分含量、果实内在品质主要参数等的实时检测技术的研究，筛选出针对性较强的光谱信息采集技术、特征指纹波段和波段组合、光谱预处理技术及预测模型等，探索适用于柑橘叶片和土壤营养诊断、果实内在品质等多项指标的实时无损近红外分析检测技术。目前开发出与之配套的应用程序和人机对话界面，形成了基于近红外光谱技术的多功能柑橘光谱检测仪硬件和软件系统，基本可实现一种设备对多种检测对象和多种检测指标的实时检测(图 14-8)。华东交通大学建立的基于 1 000～1 700 nm 波长光谱信息的赣南脐橙园土壤有机质含量预测模型，预测相关系数(R_p)为 0.801，RMSEP 为 0.779，在此基础上研发的果园土壤有机质便携式检测仪可用于赣南脐橙园土壤有机质含量的快速检测。

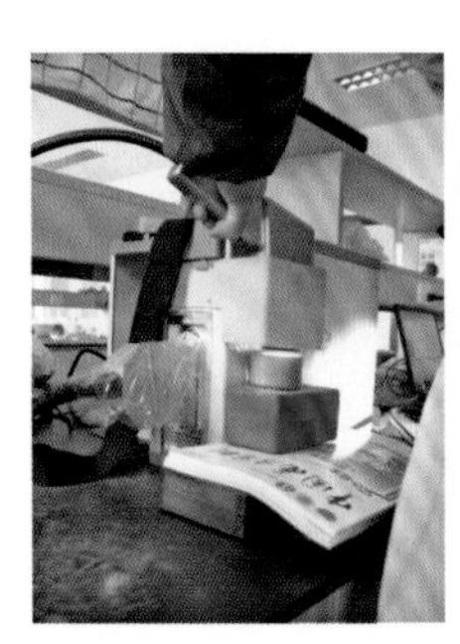

左：土壤营养检测；右：果实品质非损伤检测

图 14-8　柑橘多功能光谱检测仪(易时来 摄)

(二)信息化服务车

为解决柑橘产区分散、农村网络人才缺乏等问题，以及满足产区对营养和旱情实时诊断、品种识别和品质检测、技术培训和远程咨询服务等的需求，柑橘所利用光谱检测系统、环境检测传感器、视频系统、远程信息服务平台等技术和软硬件系统的合理组合，研发的果园信息化服务车(图 14-9)，可在果园现场实施对土壤、植株营养与旱情的实时诊断，品种识别和果品检测，有针对性地开展技术培训和远程技术咨询等服务。

图 14-9　果园信息化服务车(邓烈 摄)

（三）产业区划信息化服务系统

产业区划是信息服务系统开发应用的一个重要方面。我国研发的基于GIS、GPS等的柑橘栽培区域适宜性评价技术，可以在进行土壤属性、地形、气候和交通条件等影响柑橘生产的多个因子分析的基础上，对柑橘产业布局和生产能力进行自然适应性评价和经济可行性评价，最后得出综合评价结果。例如，浙江黄岩地区柑橘栽培适应性评价咨询系统，以地图直观呈现了柑橘栽培适宜性评价咨询结果。

通过对数字高程模型的地形分析，建立的基于坡度、坡向、坡位等信息的避冻因子计算技术，采用GIS技术进行空间叠置分析，对福建永泰县枇杷栽培适宜生态区域进行筛选，并通过与当地产业布局实际情况的比对验证显示出较高的相似性。

以柑橘、枇杷等为研究对象，以年极端最低气温为主导因子，研究划分出与产业实际分布情况较一致的福建漳州市果树适宜栽培区域的区划图，为漳州地区果树栽培与发展提供了依据。重庆市农委和西南大学研发的基于GPS和GIS的重庆市柑橘产业发展规划及其地理信息系统，已被用于重庆市柑橘产业科学合理布局的引导、产区查询与信息化技术服务。

（四）品种识别与产地溯源

根据植物不同遗传个体的组织结构和生化组分可能存在一定差异的原理，以柑橘属不同种类和品种的叶、花、果等为样本，利用傅立叶变换近红外光谱仪采集光谱数据，对光谱数据进行不同方法的预处理和特征光谱筛选，初步建立了柑橘属植物的快速分类和鉴定识别技术。对18个柑橘属植物花器的光谱信息进行了聚类分析，其分类结果和形态学、生物化学、细胞学与分子生物学等的研究结果基本一致，其中甜橙类、酸橙类、宽皮柑橘类、枸橼柠檬类的代表性品种聚类准确率达到100%，表明傅立叶变换近红外光谱技术结合单因素方差分析和Tukey's HSD多重比较可用于柑橘属植物的鉴定和亲缘关系研究。

植株或苗木的品种识别在品种纯度鉴定和品种识别上具有重要应用价值。通过采集4个柚类品种成熟叶片的可见－近红外光谱信息建立的LS-SVM模型，对于柚类品种识别区分具有较高的效率与准确性。

相同品种栽培于不同产地，其果实品质和风味受生长环境如温度、湿度、光照及土壤等因素的影响较大，因此果实的外观和内在质品均因产地的地理和生态环境不同而呈现差异。在17个脐橙产区，选择有代表性的、约10年生的成年果园采集纽荷尔脐橙果实，每个果园分别采集成熟鲜果样本100个，利用Sup NIR-1500近红外分析仪采集果实赤道部和肩部表面以及果汁滤液的近红外反射光谱，光谱波长范围为1 000～2 499 nm。采用主成分分析(PCA)

法对原始光谱数据进行预处理，提取近红外光谱的特征信息以降低数据集维度和噪声，以遗传算法(GA)-支持向量机(SVM)模型对果汁近红外反射光谱进行产地识别的精度达到了89.717%，优于单一的人工神经网络模型和支持向量机模型；该模型用以对果实赤道部表面的反射光谱进行分类，其识别精度(80.00%)仅次于果汁滤液，但优于果实肩部表面反射光谱。可见，利用果汁光谱进行脐橙产地识别具有较高的精度，而利用果实赤道部的反射光谱进行产地果实非损伤性分类识别也具有可行性。利用可见一近红外光谱技术可较好地对脐橙果实产地进行溯源，同时对促进栽培区域布局优化、果品优质生产、食品安全管理和名特优品牌保护与市场培育等都具有良好的科学与实践意义。

六、柑橘病虫监测与预警技术

随着信息技术的发展，农业病虫害监测预警技术也得以较快发展。马铃薯晚疫病信息化预测预报技术及相关信息化服务平台的创新应用，为经济有效地防控此病的蔓延和减轻病害损失提供了重要保障，使得该技术在世界各国马铃薯产区得以广泛推广应用。在柑橘产业中，食蝇是国际性的检疫性害虫，时常对产业造成巨大的经济损失和市场风险。华南农业大学设计开发的橘小实蝇成虫动态监测系统，将无线传感器网络技术作为信息感知和传输载体，通过合理部署节点天线高度，可实现数据的稳定传输和对网络覆盖区域内橘小实蝇成虫发生数量及环境气象变化的远程实时监测，为后续进行区域性橘小实蝇成虫的动态变化规律以及与气候变化关系等的研究提供了技术支撑。华中农业大学以DYMEX和ArcGIS技术，分析气候变化下柑橘实蝇在我国适生区的变化趋势，采用ASP.NET、Silverlight、ArcGIS Server、SQL Server等，建立了基于WebGIS的柑橘实蝇监测预警系统，该系统证明冷胁迫指数是制约食蝇适生区变化的重要影响因子，并做出了2020年柑橘大实蝇适生区北界将移至北纬35.26°，橘小实蝇适生区分布北界将移至北纬33.01°的预测，目前该系统已成为柑橘实蝇预警信息的发布平台。

在病害监测预警方面，应用信息技术对柑橘黄龙病进行了早期诊断和鉴别的研究与实践。以主成分分析和特征波段所建LS-SVM模型，对建模集和预测集识别的正确率均达96%以上，表明高光谱图像分析技术可较为准确、快速地识别出感染黄龙病的叶片(表14-4)。

通过对衰退病等的光谱识别技术研究，建立的基于柑橘叶片光谱信息的衰退病识别技术具有较好的识别精度(表14-5)，为柑橘病害诊断和预警提供了新方法，也为衰退病遥感监测技术的建立奠定了基础。

表 14-4　全波段和特征波段 LS-SVM 黄龙病预测模型分析结果

光谱波段	叶片类型	建模集			预测集		
		识别数		正确率/%	识别数		正确率/%
		正确	错误		正确	错误	
全波段PCs(10)	CKG&CKY	83	2	97.6	29	2	93.5
	HG&HY	92	3	96.8	28	1	96.6
特征波段	CKG&CKY	85	0	100	30	1	96.8
	HG&HY	93	2	97.9	28	1	96.6

注：PCs(10)为加入主成分分析并选择前 10 个主成分因子作为模型输入变量，CKG为健康树绿色叶片，CKY 为缺素症黄化叶片，HG 为黄龙病植株上的绿色(尚未黄化)叶片，HY 为黄龙病植株黄化叶片。资料源自参考文献[42]。

表 14-5　柑橘衰退病(CTV)染病叶片识别结果

光谱波段/nm	特征波段数量	识别模型	样本类型	识别情况		正确率/%	识别精度/%
				健康	CTV		
400～1 000	42	BPNN	健康	15	0	100.00	100.00
			CTV	0	60	100.00	
		LDA	健康	15	0	100.00	100.00
			CTV	0	60	100.00	
		MD	健康	15	0	100.00	100.00
			CTV	0	60	100.00	
760～1 000	41	BPNN	健康	15	0	100.00	100.00
			CTV	0	60	100.00	
		LDA	健康	15	0	100.00	100.00
			CTV	0	60	100.00	
		MD	健康	15	0	100.00	100.00
			CTV	0	60	100.00	
405，424，920，947，957，972，978，980，998	9	BPNN	健康	13	2	86.67	93.33
			CTV	3	57	95.00	
		LDA	健康	12	3	80.00	96.00
			CTV	0	60	100.00	
		MD	健康	13	2	86.67	97.33
			CTV	0	60	100.00	

资料来源：郭冬梅、邓烈等，2015，Intelligent Automation and Soft Computing Vol. 21，No. 3，1-15。

利用光谱技术探讨柑橘黄龙病快速检测方法，以快速检测识别黄龙病发生情况，可为及时销毁果园带病植株、防止病情蔓延提供依据。柑橘所从江西寻乌县柑橘园采集了纽荷尔脐橙未发病植株的绿色叶片和已发生黄龙病症状植株的黄化叶片，先分别采集供试叶片表面和背面的高光谱数据，再应用PCR技术测得叶片的黄龙病感染情况，通过光谱预处理技术、特征光谱和最佳预测模型筛选，以9点平滑(9-point smoothing)预处理光谱建立的最小二乘法支持向量机预测模型，对校正集和验证集叶片样本的黄龙病识别率均分别达到100%和92.5%。

柑橘所研发的柑橘害虫预测预报系统，主要是基于多年气象(降雨、温度和相对湿度)观测数据建立的，由气象数据分析、虫害模型分析、Web数据浏览等三大部分组成，将Web技术、植保知识、柑橘病虫害知识、专家经验、人工智能技术、地理信息系统(GIS)和决策支持系统(DSS)等方面的功能有机结合起来，对柑橘害虫的发生情况进行实时监测、诊断和预警。系统采用B/S结构，由数据层、应用层、用户层等组成(图14-10)。可实现对矢尖蚧、红蜘蛛等发生的自动预测预报和信息发布共享，进而引导栽培者进行有效防控。

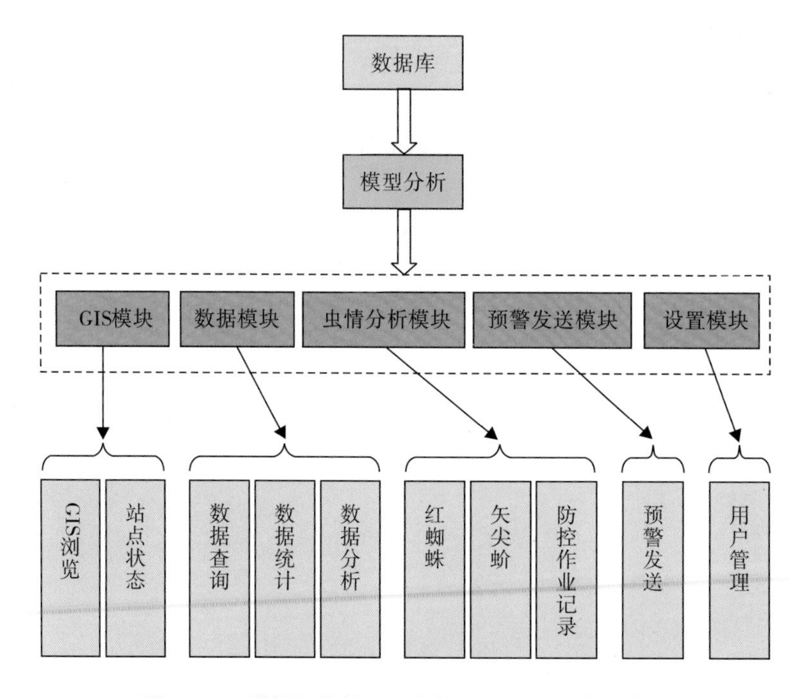

图14-10 柑橘红蜘蛛、矢尖蚧预测预报系统设计图

第二节 柑橘园喷雾与运输机械

柑橘田间生产，从建园、栽植、施肥、病虫害防控、灌溉、除草、果枝修剪到果品采摘与运输等，环节很多，如果以人工作业为主，则劳动强度大、生产效率低，环境与果品质量也难以保证。因此，在柑橘生产中，如果使用机械装备，不仅能够大大降低果农的劳动强度、改善柑橘生产条件、提高果品品质、保护环境，而且还能解决水果生产带来的劳动力季节性短缺的问题，保证柑橘产业的可持续发展。在中国，90％的柑橘种植在丘陵山地上，实现柑橘生产机械化是一个挑战。但面对中国城镇化步伐的加快，农村青壮年劳动力快速减少的实际情况，为解决柑橘生产劳动强度大、劳动力缺乏等问题，提高柑橘生产的减灾与抗灾能力，增加果农收入和降低果农的劳动强度，推进柑橘产业的可持续发展，柑橘生产机械化势在必行。

一、喷雾机械

在柑橘生产管理中，喷雾施药仍然是进行病虫害防治的重要手段。果园喷雾机按喷雾方式分类有：药液直接加压式喷雾，农药原液和水独立计量、加压与混合式喷雾，风送式喷雾，对靶喷雾，静电喷雾，超低量喷雾和航空喷雾等。按结构方式分类有：背负式喷雾机，担架式喷雾机，手推式喷雾机，自走式喷雾机，拖拉机牵引式和悬挂式喷雾机，车载式喷雾机，隧道式循环喷雾机，雾滴回收式喷雾机，仿形喷雾机，管道恒压喷雾系统，遥控电动喷雾机和自动喷雾机等。按驱动方式分类有：手动式喷雾机，蓄电池驱动喷雾机，电力驱动喷雾机，汽油机驱动喷雾机，柴油机驱动喷雾机，拖拉机动力输出驱动喷雾机等。

1. 担架式喷雾机

该式喷雾机的驱动装置和药液泵安装在担架式的机架上(图 14-11)，药桶放置在喷雾机旁边，由汽油机或电动机驱动。喷雾作业时，从药液泵出液口引出 1 条或 2 条胶管，胶管的另一端连接喷枪进行喷雾，要搬动喷雾机时需 2 人用手抬着机架进行转移。可以连接长胶管拖引至果园中进行喷雾作业，但长的胶管牵拖起来比较费劲。

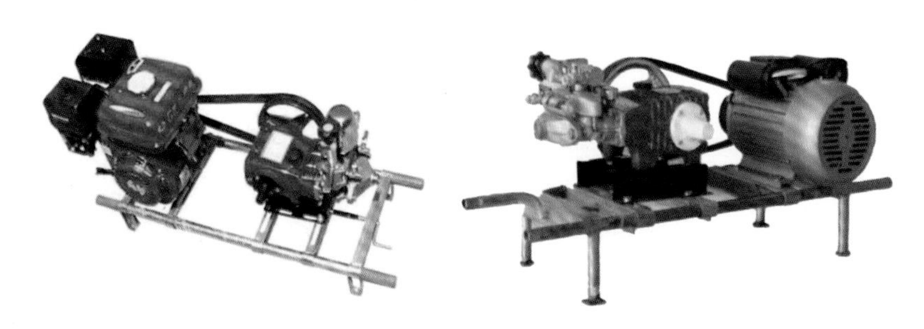

汽油机驱动　　　　　　　　　　　　电动机驱动

图 14-11　担架式喷雾机(源自产品介绍)

2. 手推式喷雾机

该式喷雾机是利用人力推行的喷雾机，由汽油机、药液泵、药液箱、卷带机构、喷枪和行走装置等组成(图 14-12)。其工作原理同担架式喷雾机，其转移由单人手推即可，但不易在山地果园等地推行。作业情况类似担架式喷雾机，而且该式机的卷管架使得喷雾软管收放自如。

图 14-12　手推式喷雾机(源自产品介绍)

3. 自走式喷雾机

自走式喷雾机的行走是自带动力的，行走机构和药液泵的驱动使用同一动力源(图 14-13)。除行走方式不同外，其工作原理与手推式喷雾机相同。在平地果园使用起来较方便。对于山地果园，自走式喷雾机只能停放在果园的路边，靠人力牵引软管行走进行喷雾。

4. 车载式喷雾机

车载式喷雾机是一台独立的喷雾机，由动力源、药液桶、药液泵、喷雾软管和喷枪等组成(图 14-14)，该式喷雾机可放置在各种车辆上，车辆运载喷雾机到喷雾地点作业。其喷雾作业状况与自走式喷雾机相似。

图 14-13 **自走式喷雾机**(源自产品介绍)

图 14-14 **车载式喷雾机**(源自产品介绍)

5. 风送式喷雾机

果园风送式喷雾机不像一般喷雾机仅靠药液泵的压力使药液雾化，而是借助风机产生的强大气流将液化的雾滴进一步破碎，并吹送至果树的各个部位。风机产生的高速气流有助于雾滴穿透茂密的果树枝叶，并促使叶片翻动，使得果树枝叶各个部位都能均匀附着药液。风送式喷雾机具有受外界自然风影响较小、喷雾质量好、省药、省水和高效等优点。

传统的风送式喷雾机有两种，一种是轴向进风、径向出风，呈辐射状喷雾，用于一般的果园施药(图 14-15)；另一种是轴向进风、轴向出风，喷筒似炮塔，主要用于果树、林木等远程或高程喷雾(图 14-16)。也有新型的风送式喷雾机，根据果树的形状，喷筒被制作成适合果树施药的形状或制成可弯曲和组装的管状，以实现有效喷雾。

图 14-15 **风送式喷雾机**(洪天胜提供)

图 14-16 **炮塔式风送喷雾机施药**(梁良提供)

图 14-16 展现的是广东风华环保设备股份有限公司生产的炮塔式风送喷雾机在江西赣州山地柑橘园进行防控木虱(柑橘黄龙病的传播媒介)的喷雾作业场景。在赣州山地柑橘园的山顶或山脚普遍修有供机械行走的道路，该喷雾机可在山顶或山脚行走进行喷雾。炮塔式喷筒的喷雾端有环状布置的喷头，

喷筒的另一端安装风机。启动时风机先工作，然后再启动药液泵，药液从喷头喷出后呈雾滴状，遇高速气流后进一步雾化，分布到柑橘树中。炮塔式喷筒可根据需要旋转，俯仰角可调，这些操作(包括喷雾机的启动与停机等)都可由遥控或手控装置完成。该式喷雾机的特点是射程远、雾滴细且穿透性强、工作效率高。

6. 植保无人机

植保无人机是用于农林植保作业的无人驾驶飞行器，简称无人机。植保无人机由飞行平台(固定翼、单旋翼和多旋翼)、导航飞控和喷雾装置组成。按动力源分，可分为油动无人机和电动无人机两种机型。油动无人机由燃油发动机提供动力，电动无人机则由电池提供动力。油动无人机常见的有单旋翼(直升机)(图 14-17)，电动无人机常见的有固定翼、单旋翼(直升机)和多旋翼(图 14-18)。多旋翼又分为四轴、六轴和八轴等。无人机通过地面遥控或导航飞控实现喷雾作业，可以喷施叶面肥、植物生长调节剂等。我国的植保无人机发展很快，无人机在柑橘园喷雾的技术也在试验、示范与应用中。

图 14-17 单旋翼油动植保无人机(源自宇辰网)

图 14-18 多旋翼电动植保无人机(洪添胜提供)

7. 管道恒压喷雾系统

对于山地果园，常规喷雾机械进入作业较难，果园管道喷雾技术对此是一个很好的解决方案。它通过在地下埋设喷药管道，用药液泵加压将药液输送到果园管道中，可驱动多个喷枪同时喷药。为避免转移时带来的喷雾压力的波动，国家柑橘产业技术体系机械化研究室华南农业大学团队，研制了山地果园管道恒压喷雾系统(图 14-19；资料来源：宋淑然，阮耀灿，洪添胜，等. 果园管道喷雾系统药液压力的自整定模糊 PID 控制[J]. 农业工程学报，2011，27(6)：157-161)。

管道恒压喷雾系统的首部由变频器、变频电动机、药泵、压力变送器、恒压控制器(图 14-19 中虚线框内部分)组成，果园地下管网由管道、阀门、胶管和喷枪等组成。

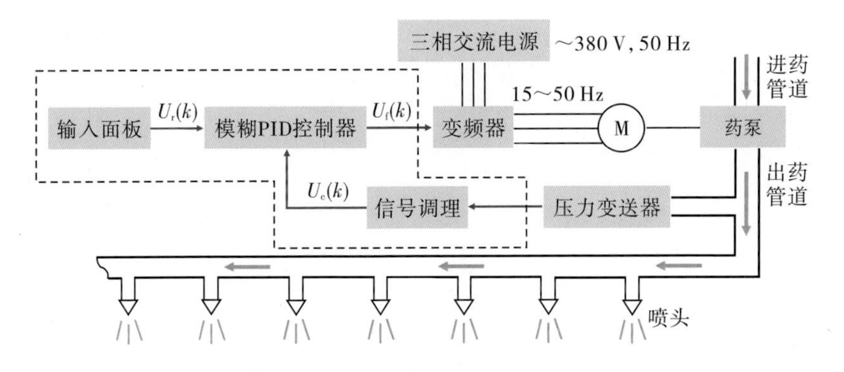

图 14-19 管道恒压喷雾系统组成原理

恒压喷雾系统工作时，压力变送器实时采集管道中药液的压力，根据控制决策计算出控制量输入到变频器，控制变频器输出的频率。通过实时检测管道药液压力，并将药液压力变化的信息反馈到控制装置，形成一种闭环反馈控制，达到调节变频电动机和药液泵的转速，从而实现管道中喷雾压力恒定的目的。管道恒压喷药设施如图 14-20 所示，管道恒压喷雾控制面板如图 14-21 所示。

图 14-20 管道恒压喷雾设施示意图
（源自参考文献[41]）

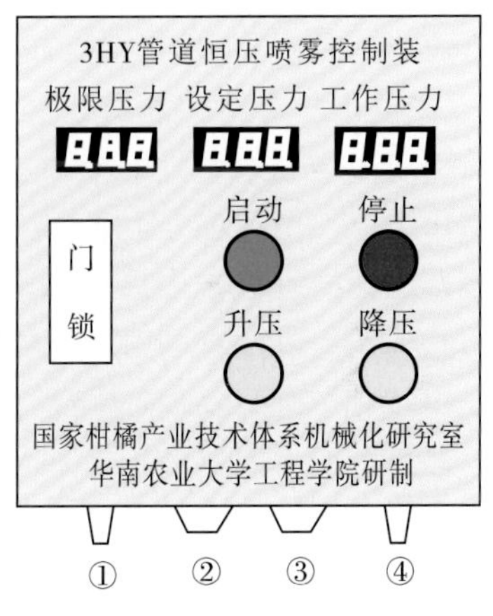

图 14-21 管道恒压喷雾控制面板
（源自参考文献[41]）

8. 遥控电动喷雾机

为减轻山区小果园喷雾作业的劳动强度，可用遥控单相电动喷雾机作业。操作人员通过遥控器远距离控制电动喷雾机的启动与停止，从而降低劳动强度，并且安全、高效。

华南农业大学国家柑橘产业技术体系机械化研究室研制的遥控电动喷雾

机由遥控器、控制箱、单相电动机和药液泵等组成(图 14-22)。电动机通过控制箱与市电相连，电动机的启动和停止由喷雾人员用遥控器远距离控制，最大遥控距离为 370 m。

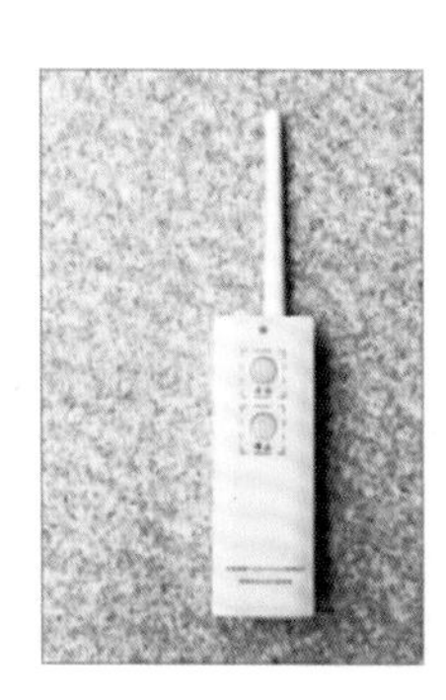
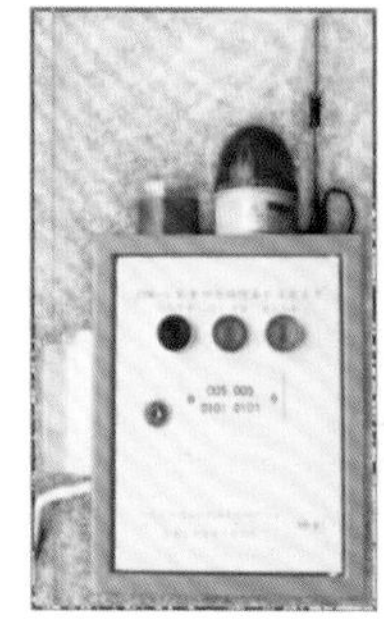

图 14-22　遥控电动喷雾机(源自参考文献[40])

9. 其他形式的喷雾机

(1)对靶喷雾机。它是在喷雾机上由一套靶标识别和喷雾控制系统构成。根据靶标识别系统探测到的果树情况，喷雾控制系统控制对应的喷头完成定向喷雾，通过有靶标的喷头开启、无靶标的喷头关闭，达到精确喷雾、减少农药浪费、有效控制污染的目的。

(2)静电喷雾机。静电喷雾机是在普通喷雾机上增加一套静电产生装置，使喷头与作物之间形成一个静电场。从喷头喷出的带有电荷的雾滴在静电场力的作用下，做定向运动而被作物吸附。雾滴的命中率高、分布均匀、沾附牢固、飘移损失小，因此提高农药的使用效果、降低农药的施用量，减少果品的农药残留以及农药对环境的污染。

(3)轨道导向自动喷雾机。轨道导向自动喷雾机也是一种无人驾驶喷雾机，但与上述无人驾驶喷雾机不同，它是利用地面简易轨道进行导向的。无人操作的喷雾作业对于降低施药人员的劳动强度、保护施药人员、提高施药效率和效果都具有重要意义。

二、山地果园运输机械

平地果园，只要果树间距足够，就可使用拖拉机、皮卡车和其他轮式运输机。但山地果园，坡陡、立地条件差，常规运输机械难以运行，人力、畜力运输劳动强度大、效率低。因此有必要研制山地果园运输机械。

(一)山地果园自走式单轨运输机

山地自走式单轨运输机的特点是轨道占地小、转弯半径小、适应地形与爬坡的能力强，在山地果园可以形成上下或循环的单轨运送系统，除运送肥料和果品外，还可搭载喷雾机等机具进行作业，实现运输机的综合利用。

1. 汽油机驱动的单轨运输机

日本开发的多用途山地果园自走式单轨运输机，用小型汽油机驱动，能在果园进行喷药、施肥和运送果品等作业。

我国台湾地区研制的汽油发动机驱动的单轨运输机，无人驾驶，采用手动或电动启动方式。运行中采用人工一杆停车与制动的方式，实现运输机在轨道任何位置上停车与制动。在轨道的始点和终点安装有停车限位装置，可实现运输机在端点自动停车与制动(图 14-23)，可在山地果园和茶园应用。

图 14-23 汽油机驱动的单轨运输机(洪添胜提供)

国家柑橘产业技术体系机械化研究室华中农业大学团队研发的山地果园自走式单轨运输机，使用 7.5 kW 的汽油机驱动，由传动装置、离合装置、驱动装置、制动装置、主机架、防脱轨防侧倒装置、带齿单轨道和拖车等组成，轨道的啮合齿位于轨道的上方(图 14-24、图 14-25)，最大爬坡 45°，装载质量 500 kg，最小转弯半径 4 m，运行速度为 0.6～0.8 m/s。

2. 蓄电池驱动的单轨运输机

华南农业大学国家柑橘产业技术体系机械化研究室与广东振声智能装备有限公司共同研发的山地果园自走式电动单轨运输机(图 14-26)由单轨道、电驱动牵引车(简称牵引车)和拖车三大部分组成。轨道通过轨道支撑架沿果园山坡铺设，啮合齿节在轨道下方，牵引车和拖车骑跨在轨道上方，拖车与牵引车通过连接机构连接。牵引车包括主机架、电动机、蓄电池、传动装置、导向夹紧轮、制动器和控制系统等，拖车主要由车架、防侧倒装置和位于拖车底部的 4 个滚轮组成，防侧倒装置和滚轮通过螺栓与拖车连接在一起。

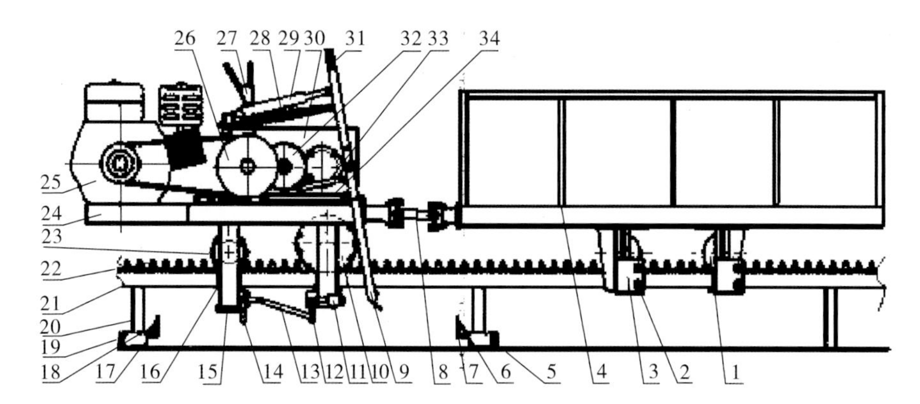

1. 拖车从动轮；2. 夹紧轮调节螺栓；3. 夹紧轮调节板；4. 拖车架；5. 可移动撞桩固定装置 1；6. 单向翻板拉簧 1；7. 单向翻板 1；8. 连接万向节；9. 弧形钩；10. 驱动总成；11. 勾轮装置；12. 解锁撞点 1；13. 连杆；14. 解锁撞点 2；15. 连杆机构复位拉簧；16. T 形夹紧轮；17. 单向翻板 2；18. 单向翻板拉簧 2；19. 可移动撞桩固定装置 2；20. 轨道支脚；21. 轨道；22. 齿带；23. 车头从动轮；24. 车头主机架；25. 汽油机；26. 离合器总成；27. 挡位操纵机构；28. 离合刹车拉簧；29. 缓冲气缸；30. 减速箱；31. 离合刹车操纵杆手柄；32. 刹车毂机构；33. 刹车拉杆；34. 离合拉杆

图 14-24 汽油机驱动的单轨运输机结构示意图(源自参考文献[21])

图 14-25 汽油机驱动的单轨运输机运送柑橘(张衍林、李善军 提供)

牵引车以锂电池为动力源，控制系统控制直流电动机，电动机上的链轮通过主动链条将动力传递给减速器的主链轮，减速器的副链轮通过从动链条将动力传递给驱动链轮；驱动链轮通过驱动轮轴与主驱动轮相接，主驱动轮采用圆周分布的圆柱滚子与轨道齿条相啮合，随驱动链轮一起转动，带动牵引车行走。牵引车主机架前后两端安装有行程开关，轨道两端安装了辅助停车

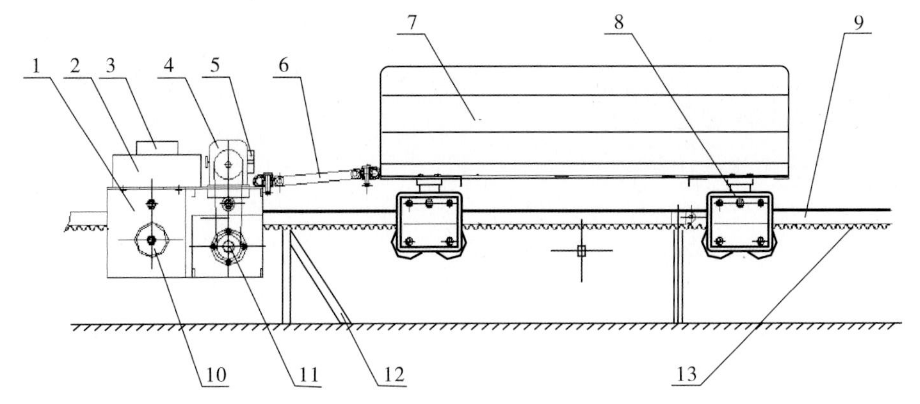

1. 牵引车；2. 电池箱；3. 控制装置；4. 减速器；5. 制动器；6. 连接机构；7. 拖车；8. 防侧倒装置；9. 单轨道；10. 导向夹紧轮；11. 传动装置；12. 轨道支撑架；13. 轨道齿条

图 14-26 电动单轨运输机结构示意图(源自参考文献[54])

挡板，当即将行走至轨道两端时，安装在车体上的行程开关触碰挡板，行程开关的通断向牵引车控制系统发出制动信号，控制电动机断电和电磁式失电制动器实现制动。控制系统可接收来自牵引车上的按键或遥控器的控制信号，根据该信号控制直流电动机的启停、正反转以及电磁式失电制动器的制动和解除等工作。该电动自走式单轨运输机的运行速度为 0.5～0.6 m/s，最大爬坡为 30°，装载质量为 200 kg。图 14-27 是该运输机在山地运送柚果作业的情景。

图 14-27 电动单轨运输机在运送柚果(洪添胜、李震提供)

山地果园电动自走式单轨运输机的轨道铺设灵活，转弯半径小，可实现循环式运送。用锂电池电动机代替内燃机驱动，操作方便，无污染，可实现远距离遥控。牵引车两边分别设有 3 个按钮手动实现前进、停止与后退功能，也可以在轨道两端实现自动停车。

(二)山地果园牵引式电动单轨运输机

为了解决在无运输道路、坡度大的陡峭山地果园的果品、肥料等的运送问题，国家柑橘产业技术体系机械化研究室华中农业大学团队研发了山地果园牵引式电动单轨运输机。该运输机的总体结构由控制系统、卷扬机、钢丝绳、拖车和轨道等组成(图 14-28)。运输机的电动机功率为 5.5 kW，运行速度 0.6～0.8 m/s，在坡度为 45°的条件下的装载质量为 600 kg，可以通过遥控器控制运行，遥控距离为 300 m，亦可通过手动方式控制运行，其作业情景见图 14-29。

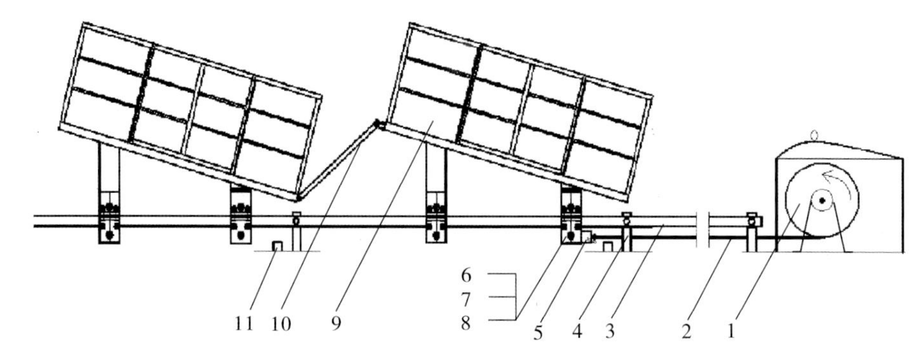

1. 卷扬机；2. 钢丝绳；3. 轨道；4. 站脚；5. 防钢丝绳断安全装置；6. 行走轮；7. 夹紧轮；8. 夹紧轮间隙调节装置；9. 车厢；10. 连接杆；11. 钢丝绳托轮

图 14-28 牵引式电动单轨运输机示意图(源自参考文献[64])

图 14-29 牵引式电动单轨运输机在运送柑橘(张衍林、李善军提供)

(三)山地果园牵引式双轨运输机

由国家柑橘产业技术体系机械化研究室华南农业大学团队研发，由广东振声智能装备有限公司生产的山地果园牵引式双轨运输机，分为两种类型，一种是单向牵引式(图 14-30)，它可实现大坡度的上下坡，直道或弯道运行；另一种是双向牵引式(图 14-31)，其可实现大坡度和小坡度的上下坡，直道或弯道运行。该运输机适用于山地果园中运送肥料和果实等，也可搭载喷雾机和果枝修剪机等进行作业，还可以应用于山地林果园、茶园和油茶园等其他作物的物品运送作业，实现运输机的综合利用。

1. 单向牵引式双轨运输机

单向牵引式双轨运输机(图 14-30)的驱动装置包括电动机、电磁制动器、减速箱和圆柱形卷筒等，载物滑车由车架、行走轮、防翻轮、钢丝绳单导向装置和断绳制动装置等组成。可按坡型特征将轨道铺设成固定转弯型、变轨型和可拆装型，钢丝绳导向装置和断绳制动装置设置在载物滑车的车底。该机可实现上下坡、直道或弯道运行，变轨式运输机可实现一套驱动装置和滑车在多条轨道上分时使用，节约建设成本，增加物品运送的覆盖面积。拆装式运输机轨道制成 3 m 一段，以方便移动和保管，可在多个地方使用，提高利用率。不使用时可在库房中保管，支撑脚高度可方便调整，脚掌能仿形和容易固定，同时易实现产品的产业化生产。该运输机可通过手控或远程遥控装置控制载物滑车的运行与停止，达到货物定点装卸的目的，使用方便，可利用两端点的行程开关或自动感知方法实现两端点自动停车。

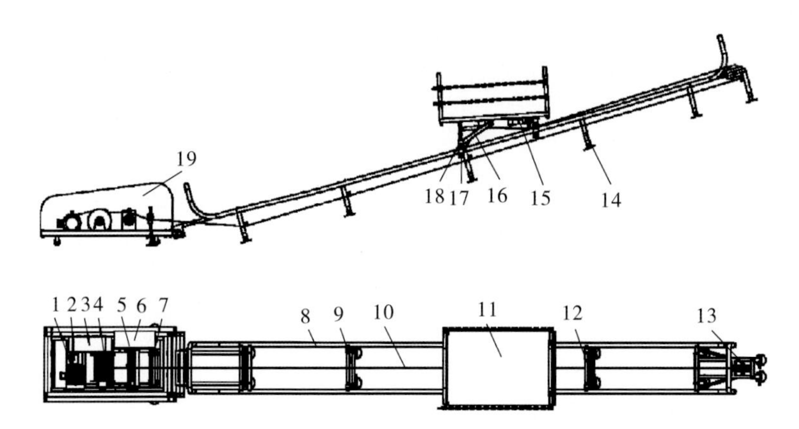

1. 电动机；2. 电磁制动器；3. 减速箱；4. 卷筒；5. 钢丝绳排序装置；6. 控制箱；7. 钢丝绳张紧装置；8. 轨道；9. 托辊；10. 钢丝绳；11. 载物滑车；12. 轨道横梁；13. 滑轮；14. 支撑柱；15. 导向杆；16. 制动杆；17. 防翻轮；18. 承重轮；19. 罩盖

图 14-30 单向牵引式双轨运输机结构示意图(源自参考文献[54])

山地果园单向牵引式双轨运输机的主要技术参数见表 14-6。

表 14-6 单向牵引式双轨运输机主要技术参数

参数名称	数 值
电动机额定功率/kW	2.2(3，5.5)
电动机转速/(r/min)	1 400
减速机总传动比	36.6
卷筒转速/(r/min)	44.64
驱动装置尺寸(长×宽×高)/mm	1162×864×715
卷筒直径×长度/mm	165×360
驱动装置质量/kg	186(186，200)
轨道宽度/m	0.6
装载箱尺寸(长×宽×高)/mm	1 450×780×780
载物滑车质量/kg	85(85，85×2)
承重轮与防翻轮轮距/mm	108
前后承重轮轮距/mm	825
最大爬坡度/(°)	40
爬坡最大装载质量/kg	300(350，600)

资料来源：参考文献[54]。

2. 双向牵引式双轨运输机

双向牵引式双轨运输机如图 14-31 所示，驱动装置包括电动机、电磁制动器、减速箱和鞍形卷筒等，载物滑车由车架、行走轮、防翻轮和钢丝绳双导向

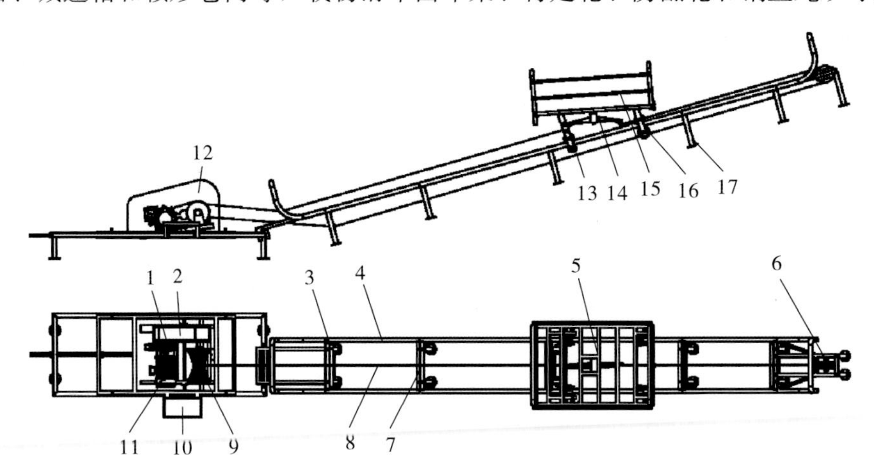

1. 电磁制动器；2. 减速箱；3. 地辊；4. 轨道；5. 载物滑车；6. 滑轮；7. 轨道横梁；8. 钢丝绳；9. 鞍形卷筒；10. 控制箱；11. 电动机；12. 罩盖；13. 防翻轮；14. 钢丝绳双导向装置；15. 载物滑车；16. 承重轮；17. 支撑柱

图 14-31 双向牵引式双轨运输机结构示意图(源自参考文献[54])

装置等组成。钢丝绳双导向装置设置在载物滑车的车底，轨道与单向牵引式双轨运输机固定转弯型轨道一致，可实现大、小坡度水平、转弯和爬坡运载肥料和果品等货物。可利用遥控器实现远程遥控运输机，也可以在控制箱的控制面板上进行手动控制，在轨道两端点实现自动停机。

牵引式双轨运输机在山地果园运送果品、肥料和搭载喷雾机等的作业情景如图 14 32 至图 14-35 所示。

图 14-32　单向牵引式双轨运输机（单滑车）运送柚果（洪添胜提供）

图 14-33　单向牵引式双轨运输机（双滑车）运送脐橙（洪添胜提供）

图 14-34　单向牵引式双轨运输机搭载喷雾机作业（洪添胜提供）

图 14-35　双向牵引式双轨运输机运送肥料（洪添胜提供）

参 考 文 献

[1]Al-Abbas A H, Swain A H, Baumgardner M F. Relating organic matter and clay content to the multispectral radiance of soils[J]. Soil Science, 1972, 114(6): 477-485.

[2]安晓飞，李民赞，郑立华，等. 土壤水分对近红外光谱实时检测土壤全氮的影响研究[J]. 光谱学与光谱分析，2013，33(3)：677-681.

[3]岑益郎，宋韬，何勇. 基于可见/近红外漫反射光谱的土壤有机质含量估算方法研究[J]. 浙江大学学报，2011，37(3)：300-306.

[4]陈祯. 基于近红外光谱分析的土壤水分信息的提取与处理[D]. 武汉：华中科技大学，2010.

[5]段洁利，李君，卢玉华，等. 变量施肥机械研究现状与发展对策[J]. 农机化研究，2011，33(5)：245-248.

[6]顿文峰. 柑橘主要实蝇害虫的适生区变化趋势分析及预警系统的建立与应用[D]. 武汉：华中农业大学，2013.

[7]冯巍. 加速发展山地农业单轨运输车械化的探讨[J]. 林业机械与木工设备，2009，50(4)：35-37.

[8]Guo Dongmei，Xie Rangjin，Qian Chun，et al. Diagnosis of CTV-infected leaves using hyperspectral imaging [J]. Intelligent Automation & Soft Computing，2015，21(3)：269-283.

[9]宫少俊，宋坚利. 隧道式循环喷雾机发展研究[J]. 北京农业，2007(3)：55-58.

[10]洪添胜，杨洲，宋淑然，等. 柑橘生产机械化研究[J]. 农业机械学报，2010，41(12)：105-109.

[11]洪添胜，张衍林，杨洲，等. 果园机械与设施[M]. 北京：中国农业出版社，2012.

[12]洪添胜，苏建，宋淑然，等. 一种具有安全装置的山地果园货运系统 ZL201210270262. 0. [P]. 2014-11-12.

[13]洪添胜，罗瑜清，李震，等. 一种电动式山地果园单轨运输车的控制装置及控制方法 ZL201210337259. 6. [P]. 2015-04-29.

[14]黄双萍，洪添胜，岳学军，等. 基于高光谱的柑橘叶片氮素含量多元回归分析[J]. 农业工程学报，2013，29(5)：132-138.

[15]黄双萍，洪添胜，岳学军，等. 基于高光谱的柑橘叶片磷含量估算模型实验[J]. 农业机械学报，2013，44(4)：202-207.

[16]贾科进，王文贞，杜太行，等. 基于 ZigBee 无线传感器网络的土壤墒情监测系统[J]. 节水灌溉，2014(3)：69-71.

[17]蒋璐璐，张瑜，王艳艳，等. 基于光谱技术的土壤养分快速测试方法研究[J]. 浙江大学学报，2010，36(4)：445-450.

[18]李金梦，叶旭君，王巧男，等. 高光谱成像技术的柑橘植株叶片含氮量预测模型[J]. 光谱学与光谱分析，2014，34(1)：212-216.

[19]李善军，刘辉，张衍林，等. 单轨道山地果园运输机齿条齿形优选[J]. 农业工程学报，2018，34(6)：52-57.

[20]李松伟，邓烈，何绍兰，等. 基于小尺度的山地柑橘园土壤有效磷空间分布状况研究[J]，果树学报，2014，31(1)：45-51.

[21]李学杰，张衍林，张闻宇，等. 自走式山地果园遥控单轨运输机的设计与改进[J]. 华中农业大学学报，2014，33(5)：117-122.

[22]李勋兰. 柑橘光谱数据库建立及应用研究[D]. 重庆：西南大学，2015.

[23]李勋兰，易时来，邓烈，等. 高光谱成像技术的柚类品种鉴别研究[J]，光谱学与光谱分析，2015，35(9)：2639-2643.

[24]Li Xunlan，Yi Shilai，He Shaolan，et al. Identification of pummelo cultivars by using Vis/NIR spectra and pattern recognition methods[J]. Precision Agriculture，2016(1)：365-374.

[25]Liao Qiuhong，Huang Yanbo，He Shaolan，et al. Cluster analysis of citrus genotypes using near-infrared spectroscopy[J]. Intelligent Automation & Soft Computing，2013，19：347-359.

[26]廖秋红，何绍兰，邓烈，等. 基于近红外光谱的纽荷尔脐橙产地识别研究[J]. 中国农业科学，2015：48(20)：4111-4119.

[27]林芬芳. 不同尺度土壤质量空间变异机理、评价及其应用研究[D]. 杭州：浙江大学，2009.

[28]刘滨凡，王立海. 单轨车的发展及在我国林业中的应用[J]. 森林工程，2008(1)：25-27.

[29]刘辉，李善军，张衍林，等. 自走式单轨道山地果园运输机力学仿真与试验[J]. 华中农业大学学报，2019，37(8)：114-122.

[30]刘雪峰，吕强，邓烈，等. 柑橘植株冠层氮素和光合色素含量近地遥感估测[J]. 遥感学报，2015，19(6)：1007-1018.

[31]刘燕德，熊松盛，刘德力，等. 基于 Vis-NIR 光谱的果园土壤有机质便携式检测仪研究[J]. 中国农机化学报，2015，36(4)：263-265.

[32]刘艳丽，何绍兰，吕强，等. 柑橘花钾素营养的高光谱表征[J]. 果树学报，2014，31(6)：1065-1071.

[33]刘颖，王克健，邓烈，等. 基于冠层高光谱信息的苹果树花量估测[J]. 中国农业科学，2016，49(18)：3608-3617.

[34]卢耀武，张辉，陈盛银，等. GIS 技术在果树适宜种植区域选择中的应用[J]. 地理空间信息，2009，7(4)：127-129.

[35]罗瑜清，洪添胜，李震，等. 山地果园电动单轨运输机控制装置的设计[J]. 西北农林科技大学学报(自然科学版)，2016，44(3)：227-234.

[36]Menesatti P，Antonucci F，Pallottino F，et al. Estimation of plant nutritional status by Vis-NIR spectrophotometric analysis on orange leaves[J]. Biosystems Engineering，2010，105(4)：448-454.

[37]毛莎莎. 基于光谱技术的甜橙果实内在品质检测及成熟期预测模型研究[D]. 重庆：西南大学，2010.

[38]毛莎莎，曾明，邓烈，等. 基于光谱分析的奥林达夏橙可溶性固形物无损检测模型研

究[J]. 果树学报，2011，28(3)：508-512.

[39]欧阳玉平，洪添胜，苏建，等. 山地果园牵引式双轨运输机断绳制动装置设计与试验[J]. 农业工程学报，2014，30(18)：22-29.

[40]宋淑然，李琨，孙道宗，等. 山地果园植保技术与装备研究进展[J]. 现代农业装备，2019，40(5)：2-9.

[41]Song Shuran，Sun Daozong，Xue Xiuyun，et al. Design of pipeline constant pressure spraying equipment and facility in mountainous region orangery[J]. IFAC Papers On-Line，2018，51(17)：495-502.

[42]王克健. 柑橘黄龙病光谱检测与柑橘木虱 UAV 防控技术探索[D]. 重庆：西南大学，2018.

[43]Wang Kejian，Guo Dongmei，ZhangYao，et al. Detection of Huanglongbing(citrus greening) based on hyperspectral image analysis and PCR，Front[J]. Agr. Sci. Eng，2019，6(2)：172-180.

[44]汪懋华. 精细农业[M]. 北京：中国农业大学出版社，2011.

[45]汪懋华，赵春江. 数字农业[M]. 北京：电子工业出版社，2012.

[46]吴仁烨，陈家豪，徐宗焕，等. 漳州果树种植适宜性区划的 GIS 应用[J]. 福建农林大学学报(自然科学版)，2009，38(4)：366-370.

[47]汪志涛，易时来，邓烈，等. 蓬莱镇组紫色土光谱特征及其碱解氮预测方法研究[J]. 中国南方果树，2011，45(2)：23-27.

[48]汪志涛. 重庆地区不同母质紫色土部分营养元素含量及其光谱预测研究[D]. 重庆：西南大学，2016.

[49]文韬，洪添胜，李立君，等. 基于无线传感器网络的橘小实蝇成虫监测系统设计与试验[J]. 农业工程学报，2013，29(24)：147-154.

[50]夏俊芳，李小昱，李培武，等. 基于小波变换的柑橘维生素 C 含量近红外光谱无损检测方法[J]. 农业工程学报，2007，23(6)：170-173.

[51]熊松盛. 果园土壤养分可见近红外光谱检测方法研究[D]. 南昌：华东交通大学，2015.

[52]徐丽华，谢德体，魏朝富，等. 紫色土土壤全氮和全磷含量的高光谱遥感预测[J]. 光谱学与光谱分析，2013，33(3)：723-727.

[53]杨勇，张冬强，李硕，等. 基于光谱反射特征的柑橘叶片含水率模型[J]. 中国农学通报，2011，27(2)：180-184.

[54]杨洲，洪添胜. 山地果园运送装备[M]. 北京：中国农业出版社，2016.

[55]易时来，邓烈，何绍兰，等. 锦橙叶片氮含量可见近红外光谱模型研究[J]，果树学报，2010，27(1)：13-17.

[56]易时来，邓烈，何绍兰，等. 锦橙叶片钾含量光谱监测模型研究[J]. 中国农业科学，

2010，43(4)：780-786.

[57]易时来，邓烈，何绍兰，等．应用多光谱图像技术进行锦橙叶片氮含量监测[J]．植物营养与肥料学报，2012，18(1)：176-181.

[58]易时来，邓烈，何绍兰，等．基于冠层光谱的锦橙叶片磷素营养监测研究[J]．核农学报，2013，27(2)：225-230.

[59]赵春江．精准农业研究与实践[M]．北京：科学出版社，2009.

[60]张虹，程耀．果树发展规划的决策支持系统[J]．果树学报，1988，(4)：46-49.

[61]张辉，张伟光，林新坚，等．基于GIS的闽东地区晚熟果树生态区域选择方法之实现[J]．中国农学通报，2006，22(3)：396-399.

[62]张娟娟，余华，乔红波，等．基于高光谱特征的土壤有机质含量估测研究[J]，中国生态农业学报，2012，20(5)：566-572.

[63]张璇，卢志红，邓烈，等．水分胁迫条件下柑橘叶片特征光谱响应研究[J]．中国南方果树，2009，38(3)：1-6.

[64]张俊峰，张衍林，张唐娟．遥控牵引式单轨运输机的设计与改进[J]．华中农业大学学报，2013，32(3)：130-134.

[65]郑立华，李民赞，潘娈，等．基于近红外光谱技术的土壤参数BP神经网络预测[J]．光谱学与光谱分析，2008，28(5)：1160-1164.

[66]郑永强，邓烈，何绍兰，等．一种柑橘果实优质化采收决策的方法及系统[J]．中国，ZL 201410190977．4，2017-7-7.

[67]朱航．基于多源遥感信息融合的作物营养状况监测与喷洒控制系统的研究[D]．长春：吉林大学．2011.

第十五章　柑橘文化建设

我国是柑橘类水果的重要起源中心，在长期的传播过程中，繁衍产生了众多种类类型。柑橘甜酸多汁、风味宜人、营养丰富，兼具多种功能性成分，具有较高的药用和保健价值。同时，在长期的柑橘生产和利用中，积淀了深厚的柑橘文化，体现在言志、审美、食药、民俗等若干方面。柑橘文化成为中华农耕文明中不可或缺的组成部分。

第一节　柑橘的营养保健功能

栽培的柑橘类水果主要为芸香科(*Rutaceae*)柑橘属(*Citrus*)、金柑属(*Fortunella*)的常绿植物，其种类繁多、外形美观，甜酸多汁、清香爽口、风味醇厚，果实中除了含有糖分等热量成分外，还含有丰富的有机酸、氨基酸、维生素、矿物质、膳食纤维，以及具有生物体调节功能的类胡萝卜素(carotenoid)、黄酮类化合物(flavonids)等植物性二次代谢产物，其果实的肉、皮、核、络均可入药，这些物质既可为人体的生命活动提供基本的能量和营养，又具有较高的药用和保健价值(表15-1、表15-2、表15-3)。

表15-1　柑橘与几种主要食品的热量与营养成分含量(以100 g食品计)

食品名	热量 /kJ	水分 /g	蛋白质 /g	脂质 /g	膳食纤维 /g	碳水化合物 /g	维生素C /mg
甜橙	197	87.4	0.8	0.2	0.6	10.5	33
蜜橘	176	88.2	0.8	0.4	1.4	8.9	19
金柑	231	84.7	1.0	0.2	1.4	12.3	35
柠檬	147	91	1.1	1.2	1.3	4.9	22

续表

食品名	热量/kJ	水分/g	蛋白质/g	脂质/g	膳食纤维/g	碳水化合物/g	维生素C/mg
柠檬汁	109	93.1	0.9	0.2	0.3	5.2	24
柚(文旦)	172	89	0.8	0.2	0.4	9.1	23
苹果	218	85.9	0.2	0.2	1.2	12.3	4
大白菜	63	94.5	1.5	0.3	1.1	1.6	28
番茄	80	94.4	0.9	0.2	0.5	3.5	19
粳米(标一)	1613	13.7	7.7	0.6	0.6	76.8	—
猪肉(肥瘦)	1659	46.8	13.2	37.0	—	6.8	—

数据来源：《中国食物成分表》，2019年。

表15-2　柑橘果实营养成分含量每(100 g)可食部分平均值

成分名称	含　量	成分名称	含　量	成分名称	含　量
热量	214 kJ	硫胺素	0.08 mg	钙	35 mg
蛋白质	0.7 g	核黄素	0.04 mg	镁	11 mg
脂肪	0.2 g	烟酸	0.4 mg	铁	0.2 mg
总糖	11.5 g	维生素C	28 mg	锰	0.14 mg
膳食纤维	0.4 g	维生素E	0.92 mg	锌	0.08 mg
柠檬酸	0.7 mg	维生素A	148 μg	铜	0.04 mg
类胡萝卜素	890 μg	钾	154 mg	磷	18 mg
视黄醇	86.9 μg	钠	1.4 mg	硒	0.3 μg

数据来源：《柑橘的营养与保健功能》，2014年。

表15-3　柑橘果肉中各类氨基酸成分含量(单位：mg/100 g)

成分名称	含　量	成分名称	含　量	成分名称	含　量
异亮氨酸	15	亮氨酸	23	赖氨酸	24
含硫氨基酸(T)	12	甲硫氨酸	5	半胱氨酸	7
芳香族氨基酸(T)	27	苯丙氨酸	15	酪氨酸	12
苏氨酸	13	色氨酸	2	缬氨酸	18
精氨酸	58	组氨酸	8	丙氨酸	20
天冬氨酸	79	谷氨酸	44	甘氨酸	16
脯氨酸	82	丝氨酸	20		

数据来源：《柑橘的营养与保健功能》，2014年。

一、柑橘的营养特性

与大多数水果一样，柑橘果实以水分含量居多(约占90%左右)，同时含有易被人体吸收的糖类、有机酸，人体不能合成、每日不可或缺的维生素，以及重要的矿物质。

(一)糖类

柑橘甜味的主要成分是糖类，以蔗糖、葡萄糖、果糖等可溶性糖为主，含量一般随着果实的成熟而提高。糖分的组成比例依果实的成熟程度、果实种类的不同有着十分复杂的差异。柑橘果实从生长发育到成熟的过程中，通常淀粉含量逐渐减少、还原糖(葡萄糖、果糖)逐渐增加，而某些种类则是蔗糖逐渐增加、还原糖的比率逐渐下降。在采收后的完熟过程中仍有较大的变化。全糖中，蔗糖占50%以上的为蔗糖型；还原糖占50%以上的为还原糖型，其中葡萄糖为主的为葡萄糖型，果糖为主的为果糖型。依此分类，适期采收后温州蜜柑为蔗糖型。

糖是柑橘的主要营养成分，也是柑橘果实品质的重要指标，糖还是有机酸、类胡萝卜素和其他营养成分及芳香物质合成的基础原料。柑橘多数品种属于蔗糖积累型，果实积累的可溶性糖大部分为蔗糖，其次是葡萄糖和果糖。果实成熟时这三种糖的构成比例，形成了不同品种特定的甜度和风味。这三种糖的甜度以果糖最高，葡萄糖的甜味为蔗糖的70%，果糖是葡萄糖的两倍。研究表明，酸甜适口、风味鲜美的柑橘不仅需要适当含量的糖和酸，而且还需要含有较多的氨基酸，特别是带有甜味的脯氨酸和4-氨基丁酸，才能使其美味发挥出来。

糖又称碳水化合物，包括蔗糖、葡萄糖、果糖、半乳糖、乳糖、麦芽糖、淀粉、糊精和糖原等。在这些糖中，除了葡萄糖、果糖和半乳糖能被人直接吸收外，其余的糖都要在人体内转化为葡萄糖后才能被吸收利用。糖的主要功能是提供热量，每克葡萄糖在人体内氧化产生约17 kJ的能量，人体所需要的70%左右的能量由糖分提供。此外，糖还是构成组织和保护肝脏功能的重要物质，长期缺糖会导致出现注意力下降，大脑营养失调等问题。同时，柑橘的含糖量越高，其玉米黄质的含量就越高，抗癌功效也就越好。

葡萄糖、果糖以游离状态广泛存在于植物体中，两者结合生成蔗糖，葡萄糖是纤维素、淀粉、苷类等的组成成分。蔗糖是光合作用的直接产物，也能由单糖间接合成。三种糖分的甜度不同：果糖在糖类中甜度最强，为葡萄糖的两倍多；蔗糖次之；葡萄糖更次之，但风味最好。各种果实的风味不同，与其糖分的种类及其所占比例不同有关。

（二）有机酸

有机酸的种类很多，在各种水果中广泛分布（表 15-4）。柑橘类果实的有机酸含量多在 0.3%～2.0%，香橙在 2.5%～4.5%，柠檬的 6%～7%是含酸量极高的种类。与可溶性糖类一样，有机酸也是决定果实风味的重要成分。柑橘类果肉中的有机酸主要是柠檬酸，食用柑橘的柠檬酸被人体吸收后可使体液呈弱碱性，使得肠道内的酸碱度保持平衡，有利于燃烧体内的脂肪，防止体内酸性物质的蓄积，保持细胞的活性化和年轻化，保持肌肤的白嫩。柠檬酸不仅可作能量代谢物质，而且可与钙离子结合生成一种可溶性络合物，从而缓解钙离子促进血液凝固的作用。医学证明，常饮用鲜柠檬汁可防治糖尿病、高血压、心肌梗死等疾病。

表 15-4　柑橘与几种果实的主要有机酸

果　实	酸度/%	主要有机酸
温州蜜柑	0.8～1.2	柠檬酸(90%)，苹果酸
葡萄柚	1.0	柠檬酸(90%)，苹果酸
香橙	2.5～4.5	柠檬酸(95%)，苹果酸
柠檬	6～7	柠檬酸(95%)，苹果酸
枇杷	0.2～0.6	苹果酸(50%)，柠檬酸
葡萄	0.6	酒石酸(40%～60%)，苹果酸
桃	0.2～0.6	苹果酸，柠檬酸
苹果	0.2～0.7	苹果酸(70～95%)，柠檬酸

数据源自参考文献[8]。

柠檬、香橙等富含维生素 C 和各种酸性物质，热量低，且具有很强的收缩性，因此有利于防治心血管动脉硬化并降低血液黏度，对于消减和溶解脂肪有显著效果。经过适当的调配，柠檬是一种非常有效的减肥物质，特别适用于清肠、减肥。柠檬酸具有温和爽快的酸味，因此普遍用于制作各种饮料和食用海鲜时的调料，对改善食物的感官性状，增强食欲和促进体内钙、磷物质的吸收消化大有裨益。享有“西餐之王”美誉的柠檬还具有很强的杀菌作用，再加上柠檬的清香气味，可用其制作凉菜和调味品，不仅美味爽口，也能增进食欲。柠檬酸的另一重要作用是能加快皮肤角质的更新，防止和消除皮肤色素沉着，有助于皮肤中黑色素的剥落、毛孔的收缩、黑头的溶解等，令皮肤柔软、舒适，肤色清新、纯净，因此常用于乳液、乳霜、洗发液、美白用品、抗老化和抗青春痘用品等的制作。

果实有机酸的pH值大多在2.8～4.5之间，果汁中含有多种有机酸与金属离子，其间结合生成多种盐类，具有缓冲作用。这些盐类的结合紧密度不同，使酸味的刺激强弱发生微妙的变化。此外，酸不仅仅呈现为一种味道，还有抑制腐败菌的繁殖，防止脂类的氧化分解、螯合金属离子等作用，具有稳定果实品质的作用。

柑橘类的有机酸以柠檬酸为主，另有少量苹果酸、草酸和酒石酸。柑橘中的柠檬酸、酒石酸等给人以良好爽快的口感。柑橘果实的含酸量在不同品种之间差异较大，除柠檬、香橙等种类外，多在0.3%～2.0%之间。一般有机酸在果实发育的早期生成，果实生长期间酸明显增加，随着果实的膨大和成熟酸浓度趋于下降，果肉完熟期，糖分达到最高，减酸停止。在果实贮藏过程中，酸味逐渐减少。鲜食柑橘的果汁中，如果含酸高、含糖低，风味就差。如果两者均低，果汁则淡而无味，风味不佳。果实酸含量与贮藏性能等密切相关。中晚熟的柑橘品种大多需要经过一段长短不同时间的贮藏，风味改善后，才是最佳食用期。

（三）维生素

柑橘果实富含多种维生素，脂溶性维生素主要是维生素A、维生素E和维生素P等，水溶性维生素主要是维生素B_1、维生素B_2和维生素C等，是人们增进健康、补充营养、摄取维生素的重要来源。

1. 维生素C

水溶性的维生素C，又称抗坏血酸，是果实中摄取的主要维生素。维生素C摄入不足，会引起维生素C缺乏病等多种疾病，导致牙龈易出血、对不良环境的抵抗力下降、易患感冒、伤口出血不易止住，严重时会导致贫血。

柑橘果实中的维生素C含量非常高，比苹果、梨、葡萄等要高出几十倍。在柑橘类水果中，维生素C含量最高的是柚子，其次是甜橙、柑类和橘类（表15-5）。人体每天约需补给50 mg维生素C，只需要食用60 g柚子或100 g甜橙或2个橘子即可满足。

表15-5 各种水果的维生素C含量

水果种类	维生素C含量/(mg/100 g)
杏、无花果、橄榄、椰子、核桃、李、枇杷、葡萄、苹果、西洋梨	0～5
梅、石榴、梨、桃、油桃、香蕉、樱桃、西瓜	6～10
菠萝、油梨、鸡蛋果、杧果、龙眼	11～20
金柑果肉、甜瓜、日本夏橙	21～30

续表

水果种类	维生素C含量/(mg/100 g)
温州蜜柑、椪柑、葡萄柚、甜橙、橘柚、来檬果汁	31～40
金柑、柚、橘橙、柠檬果汁	41～50
脐橙、金柑果皮、柠檬整果、草莓、猕猴桃、柿、完熟番木瓜	51～100
番石榴(270)、香橙果皮(150)、部分猕猴桃	101以上

数据来源：《柑橘的营养与保健功能》，2014年。

2. 维生素E

维生素E是脂溶性维生素，有很强的抗氧化作用，是一种很重要的血管扩张剂和抗凝血剂，能延缓细胞因氧化而老化，保持青春的容姿；供给体内氧气，使人体更有耐久力；和维生素A一同起作用，可抵御大气污染，保护肺脏，防止血液凝固，减轻疲劳，有助于减轻腿脚抽筋和手足僵硬的状况，降低患缺血性心脏病的风险。柑橘等水果是人体摄取维生素E的主要来源。陈力耕等分析了5种柑橘品种果实中维生素E含量的差异性，结果表明，总体上果皮中的维生素E含量要高于果肉中的含量。在比较的5个品种中，脐橙和胡柚果实中的维生素E含量最丰富，温州蜜柑和椪柑次之，柚子果实中的含量最少。果皮中的维生素E含量以脐橙最高，100 g果皮中含有1.28 μg维生素E，胡柚次之，柚子皮中的含量最低，100 g果皮中含有0.56 μg维生素E。果肉中的维生素E含量也是胡柚和脐橙最高，柚子果肉中的维生素E含量相对低，100 g果皮中含维生素E为0.126 μg(表15-6)。

表15-6 柑橘类果实的维生素E含量

种类	维生素E /(mg/100 g)	α-生育酚 (mg/100 g)	种类	维生素E /(mg/100 g)	α-生育酚 (mg/100 g)
金柑(全果)	3.0	3.0	葡萄柚	0.3	0.3
温州蜜柑	0.4	0.4	夏蜜柑	0.3	0.3
脐橙	0.3	0.3	柠檬(果汁)	0.1	0.1
伏令夏橙	0.3	0.3	柠檬(全果)	1.4	1.4

数据源自参考文献[8]。

3. 维生素P

柑橘果实中含有较多水溶性的维生素P，主要成分是橙皮苷和芦丁，由柑橘属生物类黄酮、芸香素和橙皮素构成，人体无法自身合成，必须从食物中摄取。维生素P具有强化血管壁、增强毛细血管渗透性、提高毛细血管抵抗性的作用，能预防高血压、中风和出血性紫斑，能增强毛细血管壁的弹性，防止瘀伤，有助于牙龈出血的预防与治疗，还能帮助治疗因内耳疾病引起的水肿、头晕等。维生素P能防止维生素C被氧化而受到破坏，它在维生素C的有效消化吸收上是不可缺少的物质。它能减少血管脆性，降低血管通透性，增强维生素C的活性，预防脑出血、紫癜等疾病。因此，兼含维生素C和维生素P的柑橘果实具有很高的营养价值。

柑橘的内果皮中，维生素P的含量较多，尤其是胡柚、甜橙中的含量更为丰富。药理实验证明，橙皮苷能使冠状动脉扩张，且持续时间较久。还能直接作用于血管平滑肌，有缓慢的降压作用。患有高血压和冠心病的人，常吃橘子或橘皮煎剂是极其有益的。橘络内有含较多的芦丁，能使人的血管保持弹性和密度，减少血管壁的脆性和通透性，防止毛细血管渗血，预防高血压患者发生脑出血及糖尿病患者发生视网膜出血。吃橘子时不要剥掉橘络，而是要将其与橘瓣一同吃下为佳。

荷兰及芬兰有研究显示，人们若摄取足够的维生素P，可以降低1/3心血管疾病的死亡率，也可以降低癌症的罹患率，尤其是肺癌。

4. B族维生素

B族维生素共有9种，主要包括维生素B_1（硫胺素）、维生素B_2（核黄素）和维生素B_3（烟酸），平均每100 g柑橘果肉中分别含有这三种维生素0.08 mg、0.04 mg和0.4 mg，虽然它们在柑橘果实中的含量不高，但其作用却不可小觑。

维生素B_1被称为精神性的维生素，这是因为维生素B_1对神经组织和精神状态有良好的影响。缺乏时的初期症状有疲乏、淡漠、食欲差、恶心、忧郁、急躁、沮丧、腿麻木、心电图异常等，还可引起多种神经炎症和脚气病等。经常食用柑橘，摄入足够的维生素B_1对于人体的健康十分有益，特别是喜欢抽烟、喝酒、吃糖的人群更需要增加其摄入量。

维生素B_2又称核黄素，参与体内生物氧化与能量代谢，与碳水化合物、蛋白质、核酸和脂肪的代谢相关，可以提高肌体对蛋白质的利用率，促进生长发育，具有保护皮肤毛囊黏膜及皮脂腺的功能，同时也是肌体组织代谢和修复的必需营养素，具有强化肝功能和调节肾上腺素的作用。缺乏它，体内的物质代谢紊乱，出现口角炎、皮炎、舌炎、脂溢性皮炎、结膜炎和角膜炎等。

维生素B_3或维生素PP也称作烟酸，又名尼克酸、抗癞皮病因子，能促进消化系统的健康，减轻胃肠障碍，使皮肤更健康，预防和缓解严重的偏头疼，促进血液循环，使血压下降。成人每日维生素B_3的摄入量一般不能低于13 mg，孕妇及哺乳期妇女应当增加摄入量。

（四）矿物质

柑橘果实中还含有较多的矿物质，以灰分表示的话含量约占1%左右，含量较多的矿物质有钾、钙、镁、磷、铁等，其中钾和钙与人体健康的关系密切。矿物质能调节细胞的渗透压和亢进能力，能健全骨骼、牙齿和神经组织，并能起到调节人体内酸碱平衡的作用。

钾有置换体内钠的效果，当摄入的钾较多时，可有效抑制因钠过量而导致的高血压。在运动前食用适量的柑橘，可以减轻肌肉过热或肌肉痉挛现象的发生。

钙是人体骨骼和牙齿发育与健康必不可少的矿物质。富含钙质的橘类水果，可以补充因工作、生活等压力导致的钙质流失，以达到保持骨骼健壮，延年益寿的效果。

陈力耕等对胡柚、柚子、脐橙、椪柑、温州蜜柑 5 个柑橘品种果皮、果肉中的 13 种矿质元素进行了测定，以钾的含量最高，其中胡柚果实中的其他 4 种大中量元素的含量也要比其他品种略高一些。在微量元素铁、铜、锌、锰、硼、镍中，铁的含量最高，镍的含量较少。5 个品种中，以胡柚果实中的矿质元素含量较为丰富。

二、柑橘的保健成分

从柑橘果实中（幼果、果皮、果汁、种子）提取分离具药理作用的活性物质，在国内外受到关注。研究表明，柑橘果实中至少有 3 大类物质，即类胡萝卜素（carotenoid）、黄酮类化合物（flavonids）及柠檬苦素类（limonoids），抗癌作用已被认定，其中从上述 3 类物质中分离获得并鉴定的番茄红素（lycopene）、柚皮素（naringenin）和柠檬苦素等活性物质具有抗癌作用。此外，香豆素也是防癌的有效成分。美国防癌协会将甜橙、番木瓜、猕猴桃等水果，与花椰菜、胡萝卜、洋葱等蔬菜放在同一组，有关资料见表 15-7。

表 15-7 温州蜜柑对人体具有保健作用的成分

保健作用	成 分
致癌抑制	β-隐黄质，橙皮油素（auraptene），苧烯（limonene），诺米林（nomilin），维生素 C
抗衰老	维生素 A，维生素 C，维生素 E，β-胡萝卜素，橙皮苷，柚皮苷，矿物质
预防感冒	脱氧肾上腺素（synephrine），维生素 C，维生素 A，类黄酮

续表

保健作用	成　分
调整消化机能	果胶，膳食纤维
控制高血压	钾
美容护肤	维生素 C，柠檬酸，果胶
安神	萜类化合物(香气成分)
预防中风	橙皮苷
防止维生素 C 缺乏病	维生素 C，橙皮苷
促进钙吸收	柠檬酸

(一)类黄酮

含氧杂环化合物的类黄酮(flavonoid)是植物体内广泛存在的水溶性天然色素，是对人体健康有着积极作用的天然活性物质，多以糖苷的形式存在，种类很多，目前已发现 4 000 多种。在柑橘中以黄烷酮(flavanone)、黄烷醇(flavonol)和黄酮(flavone)3 种化合物为主，其中又以属黄烷酮的橙皮苷、柚皮苷的含量最为丰富。葡萄柚、文旦、温岭高橙、日本夏橙等的苦味主要是柚皮苷，存在于果皮与果肉中。其含量随果实的成熟而逐渐减少。同一种类的果实，其苦味物质含量依产地、品种(品系)、砧木种类的不同而有所差异，还与贮藏、加工等有关。柚皮柑的苦味感量是 20×10^{-6}(20 mg/100g 水溶液)，50 mg 以上即呈较强苦味，果汁中一般要求不超过 30 mg。柑橘中的类黄酮化合物见表 15-8。

表 15-8　柑橘中主要的类黄酮化合物

英文名	中文名	类 别	分 布 情 况
hesperidin	橙皮苷	黄烷酮	枳含量为 0，其他品种基本都有
naringenin	柚皮素	黄烷酮	含量很少
narirutin	柚皮素-7 糖苷	黄烷酮	柠檬中含量较少
naringin	柚皮苷	黄烷酮	主要存在于柚类和橘类
eriocitrin	圣草枸橼苷	黄烷酮	大部分柑橘中都有
neoeriocitrin	新北美圣草苷	黄烷酮	柠檬和甜橙中含量较少
neohesperidin	新橙皮苷	黄烷酮	柚类中较多
poncirin	枳苷	黄烷酮	杂柑类中较多
neoponcirin	新枳苷	黄烷酮	大部分柑橘中都有

续表

英文名	中文名	类别	分布情况
kaempferol	三柰素	黄酮	存在于金柑属中
diosmin	洋芫荽苷	黄酮	存在于柠檬和橘类中
isorhoifolin	异野漆树苷	黄酮	少部分柑橘中有较少含量
neodiosmin	新洋芫荽苷	黄酮	个别品种中有
heptamethoxy flavones	七甲氧基黄酮	黄酮	大部分柑橘有较少含量
natsudaidain	夏酸柑素	黄酮	柠檬和甜橙中较多
nobiletin	柑黄酮	黄酮	大部分柑橘有较少含量
tangeritin	橘黄酮	黄酮	大部分柑橘有较少含量
sinensetin	橙黄酮	黄酮	大部分柑橘有较少含量
luteolin	毛地黄黄酮	黄酮	存在于金柑属中
rhoifolin	野漆树苷	黄酮	主要存在于柚类和杂柑类
rutin	芦丁	黄酮醇	主要存在于甜橙和柚中

数据来源：《柑橘的营养与保健功能》，2014 年。

目前已从柑橘中鉴定出的类黄酮化合物有 60 多种，其中以黄烷酮最丰富，高度甲氧基化的黄酮含量虽然很低，但其生物活性却相当强，特别是在抗癌活性方面尤为明显。

柑橘类黄酮物质在抗癌防癌中，作为抗氧化剂和紫外线吸收剂，使 DNA 的损伤(初始阶段)、肿瘤生长(发展阶段和增殖阶段)得到缓和或抑制。柚皮苷和芦丁能保护质粒 DNA 免受紫外线的损伤。研究发现，类黄酮的衍生物高良姜素对淋巴细胞进行体内和体外实验时，具有抑制染色体畸变的作用。此外，黄酮醇对肿瘤增殖有抑制作用。体外研究表明，柑橘类黄酮对人体多种肿瘤细胞，如骨髓癌细胞、淋巴癌细胞、卵巢癌细胞、前列腺癌细胞及扁平癌细胞有抑制增殖作用，能抑制纤维肉瘤细胞 DNA 的合成。柑橘类黄酮通过抑制细胞的移动性对癌细胞的扩散起到一定的抑制作用。

柑橘类中的橙皮苷、芦丁的衍生物，如洋芫荽苷或羟乙基芸香苷，对毛细血管的内壁发生作用，降低其通透性并消除水肿。对长期静脉血压偏低的患者和糖尿病患者来说，羟乙基芸香苷能提高毛细血管血量和改善血液循环而使红细胞狙击降低。洋芫荽苷能显著降低静脉血量、静脉膨胀和减少静脉排空时间，并影响水肿作用和局部缺血引起的对外透性。

黄酮中的柑黄酮(nobiletin)、橘黄酮(tangeritin)和橙黄酮(sinensetin)被

证明有降低血沉、部分通过诱导细胞毒素对淋巴组织坏死的减少而抑制HL-6G白血病细胞生长和具有溶解癌细胞的作用。柚皮苷(naringin)和橙皮苷(hesperidin)可以抑制致癌或艾滋病基因RNA转录酶的活性。同时黄酮类化合物具有对活性氧自由基的清除和对老年疾病的防治功效，在维持人的循环系统正常功能方面起着特殊作用，有利于预防人的机体免疫力下降与器官的提前老化，这在当前也是备受关注的。

(二)类胡萝卜素

脂环族化合物中的类胡萝卜素(carotenoid)是一类重要的呈黄色、橙红色或红色的天然色素的总称。柑橘类果实中含有丰富的脂溶性类胡萝卜素，不仅能赋予果实鲜艳的色彩，而且在预防疾病、清除自由基、提高免疫力和延缓衰老等保护人类健康方面也能起到重要作用，是天然类胡萝卜素提取源之一，在人体内能转化为维生素A(表15-9)。

表15-9 柑橘中胡萝卜素的主要种类

英文名	中文名	类　别
α-carotene	α-胡萝卜素	胡萝卜素类
β-carotene	β-胡萝卜素	胡萝卜素类
γ-carotene	γ-胡萝卜素	胡萝卜素类
lycopene	番茄红素	胡萝卜素类
zeaxanthin	玉米黄素	叶黄素类
crytoxanthin	隐黄质	叶黄素类

早期的研究指出，富含类胡萝卜素的果蔬食物有降低患癌的风险(Machlin等，1995)。陶俊等(2003)应用HPLC技术分析了我国53个柑橘品种资源的6种类胡萝卜素成分——叶黄素、玉米黄素、β-隐黄质、α-胡萝卜素、β-胡萝卜素和番茄红素的含量。结果表明，柑橘果皮和果肉中均以叶黄素、玉米黄素、β-隐黄质为主，β-胡萝卜素含量较低，α-胡萝卜素极低，参试品种中番茄红素仅在红肉脐橙的果肉中检测到。不论果皮还是果肉均以宽皮柑橘类中的类胡萝卜素含量最高，柚类最低，这表明宽皮柑橘具有较高营养保健价值(表15-10、表15-11)。在宽皮柑橘中，果肉以积累β-隐黄质为主，果皮中的β-隐黄质与叶黄素含量接近。与果肉相比，柑橘果皮中单位鲜重的叶黄素、玉米黄素、β-隐黄质的含量分别为果肉的2.5～15倍，是柑橘果实中主要类胡萝卜素的集聚部位。

表 15-10 温州蜜柑果肉的类胡萝卜素

类胡萝卜素		佐藤温州	红土桥温州
英文名	中文名		
β-carotene	β-胡萝卜素	3.9%	7.3%
crytoxanthin	隐黄质	72.2%	58.3%
cis-crytoxanthin	顺式隐黄质	11.5%	18.7%
zeaxanthin	玉米黄质	2.6%	3.2%
mutatoxanthin	玉米黄质	3.2%	3.1%
luteoxanthin violaxanthin	黄体呋喃素 紫黄质	5.0%	7.8%
neoxanthin neocrome	新黄质 新色素	1.6%	1.6%
total carotenoid	总类胡萝卜素	1.58 mg%	1.66 mg%

注：12 月 15 日采收(梅田等，1971)。%为个成分占总类胡萝卜素的比率，mg%，是指每 100 g 果肉中总类胡萝卜素的含量。数据源自参考文献[8]。

表 15-11 温州蜜柑果汁中 β-隐黄质的含量

分析样品	β-隐黄质含量/(mg/100 mL)
7 倍温州蜜柑浓缩汁	9.00
70%温州蜜柑汁	0.78
6 倍伏令夏橙浓缩汁	0.20

注：引自日本静冈县柑橘试验场试验报告，1998 年。

红肉品种柑橘主要包含番茄红素、β-隐黄质、ζ-胡萝卜素和 β-胡萝卜素，黄肉品种柑橘主要包含 β-隐黄质、ζ-胡萝卜素和 β-胡萝卜素。温州蜜柑中 β-隐黄质的含量是甜橙、葡萄柚的数十倍，抗癌功效是 β-胡萝卜素的 5 倍。研究表明，果肉红色主要是由于番茄红素的积累引起的，果肉黄色主要是番茄红素转化成 β-胡萝卜素和 β-隐黄质的结果。柑橘果肉中呈红色的色素，除了血橙是花青素外，其他品种均为番茄红素。类胡萝卜素主要在果皮中积累，果肉中的积累较少。有研究表明，光照对体内类胡萝卜素生物合成基因的表达有很大的影响。类胡萝卜素分子结构中含有多个共轭双键，能有效抵制自由基的活性，从而减少其对细胞遗传物质和细胞膜的损伤；能增强免疫系统中细胞的活力，抵御自由基对肌体中蛋白质、脂质和核酸等的侵害。

番茄红素和隐黄质被证明对预防消化道癌有重要意义。隐黄质比 β-胡萝卜素具有更高的抗癌活性，在预防皮肤癌、大肠癌方面有明显效果。成年人每天吃一两个橘子，就有一定的防癌效果和抑制脂肪肝的作用。类胡萝卜素还是补充维生素 A 较为安全的方法，隐黄质具有极强的抗氧化效果并且可以在体内转化为维生素 A。维生素 A 对维护视力健康、机体组织再生具有决定性的作用。近期的研究表明，隐黄质可有效阻止一些癌细胞的形成，有效预防骨质疏松，尤其对中老年妇女的骨密度低下具有抑制作用。研究发现，柑橘中的β-隐黄质具有抗衰老、防止体内的 DNA 因氧化而受损，而且能够遏制脑部脱氧核糖核酸的氧化。

临床及流行病研究结果表明，β-胡萝卜素的摄入量与肺癌的发生率有显著关系，可以降低消化道的肿瘤发生，高摄入量与宫颈癌、乳腺癌的低发生呈正相关，其对癌肿的抑制作用是由于β-胡萝卜素可以增强细胞间的信息传进，能够借动恢复细胞间的联系而终止癌细胞生长，有效地阻止癌细胞的扩展。

此外，柑橘中丰富的类胡萝卜素和维生素可提高抗氧化能力，经过协同作用，可使动脉不易产生内膜增厚现象，不易沉积低密度脂蛋白，可预防肝脏疾病和动脉硬化。也有研究发现，喝柑橘汁可以降低慢性病毒性肝炎患者罹患肝癌的危险。在欧洲，经对 1 万多名各类癌症患者食用柑橘类水果的频率和数量的调查，并与非癌症患者比较，结果表明，消化系统癌症和上呼吸道癌症患者食用柑橘类水果的量明显少于非癌症者。

（三）膳食纤维

膳食纤维包括多糖、低聚糖、木质素和相关的植物物质，它们不能被人体的小肠分泌物所消化，但能被大肠内菌群完全或部分发酵。柑橘果实中含有大量的诸如果胶、愈创胶、卡拉胶和庚炔等膳食纤维，尤其是在包括囊瓣壁和橘络的囊瓣中，可被肠道细菌的酶发酵降解，使结肠内的酸碱度适宜，促进肠道中有益菌群的生长和增殖，抑制有害腐败菌的生长并减少有毒发酵产物的形成。同时，柑橘膳食纤维具有高持水性，能在胃肠道中吸收大量的水分，使粪便体积增大，导致结肠内径变大，从而不易形成憩室。膳食纤维还可降低血清中低密度脂蛋白的浓度，从而预防高脂血症的发生。同时，有助于延缓和降低餐后血糖和血清胰岛素水平的升高，改善葡萄糖耐受量曲线，维持餐后血糖水平的平衡与稳定。

膳食纤维既可促进肠道蠕动，缩短粪便在结肠内的停留时间，增加粪便的排放量，而且对结肠内的食物残渣发酵后产生的许多有毒的代谢产物，包括氨（肝毒素）、胺（肝毒素）、亚硝胺（致癌物）、苯酚和甲基苯酚（促癌物）等具有吸附螯合作用，使致癌物质在结肠内的浓度降低，减少有毒物质对肠壁的刺激。此外，膳食纤维对游离型雌激素有良好的吸附作用，能降低体内雌激素的浓度，从而对预防乳腺癌有一定的作用。

动物实验证明，橘络中含有一种食物纤维——庚炔，有抑制淀粉酶形成中心脂肪的作用，能够抑制血液中胆固醇的升高，具有分解脂肪和抑制人体吸收脂肪的功能。

（四）芳香物质

柑橘具有芳香气味，从中医角度看，可以化湿、醒脾、避秽、开窍。

（五）果胶

果胶是一种天然的酸性多糖物质，存在于柑橘类的果皮和果肉内。很多研究表明，果胶有助于降低男性前列腺癌的复发，使前列腺细胞产生前列腺特定抗原（PSA）的时间变长。还有研究表明，一种改良的柑橘果胶能减缓肿瘤的进展和转移，阻断炎症反应，有助于防止血管纤维化，治疗血管硬化。水溶性的低分子柑橘果胶在强碱性条件下经过高温处理后，能与恶性表型的细胞亲和黏附，特异性杀伤并清除突变细胞。从天然柑橘果胶中提取并经特殊技术处理获得的纯小分子的柑橘果胶粉，能维持和恢复抗癌化疗患者的白细胞数量，使其维持和恢复体重，明显改善食欲，增强免疫功能及调节免疫系统紊乱，减轻抗癌化疗药物的毒性反应，迅速减轻患者的内脏负担，使抗癌药物的正面作用得到肯定，有对癌细胞靶向性的黏合作用。

柑橘果胶的用途非常广泛，可用作胶凝剂、稳定剂、增稠剂、悬浮剂、乳化剂等。每吨柚子可得 300 kg 的果皮，可为制取果胶提供充足的原料。

（六）香豆素

香豆素是广泛分布于植物界中的次生代谢物质，常与生源密切的桂皮酸、黄酮类、木脂素等伴生广泛分布于高等植物中，已从芸香料柑橘属植物中分离出多种香豆素类化合物。

柑橘中所含有的香豆素是目前已被科学家充分肯定的抗癌物质。研究结果表明，香豆素的抗癌功能形成途径主要有：通过解毒酶的作用使癌物质解毒，与癌物质拮抗，抑制其代谢的活性化。这两方面的作用主要在癌的起始阶段产生抑制效果。

（七）柠檬苦素

柠檬苦素是存在于芸香料和楝科植物中的三萜类次生代谢产物，也是引起柑橘类果汁苦味的主要物质，迄今已分离到柠檬苦素类化合物 50 多种。其中常见的有柠檬苦素（limonin）、诺米林（nomilin）、脱乙酰诺米林（deacetylnomilin）、黄柏酮（obacunone）、诺米林酸（nomilinic acid）等，它们都是具有呋喃环的三萜类化合物，以种子中的含量较高，果皮中的含量较少（0.01‰～

0.05‰)，柑橘果实可食部分的含量为100～200 mg/kg。研究表明，类柠檬素葡萄糖苷也有抗癌作用，常饮柑橘汁具有很好的保健抗癌效果，1杯200 mL的橙汁约含64 mg的类柠檬素葡萄糖苷。

近年研究表明，柠檬苦素能抑制多种癌细胞的生长，其中包括白血病、宫颈癌、乳腺癌、肝癌、小肠癌、口腔癌和胃癌等。利用小白鼠进行的试验结果表明，柠檬苦素能诱发和激活解毒酶谷胱甘肽转移酶(glatathiomes-transferase)的活性，从而抑制苯丙-2-芘所诱发的肿瘤的形成，也能抑制因7,12-二甲基苯并蒽诱发的肿瘤的形成(方正茂，2010)。

研究还发现，柠檬苦素类除以上作用外，还具有抗氧化活性、抗菌性、抑制艾滋病病毒、降低胆固醇、明显利尿、改善心脑血管循环及改善睡眠、抗病毒、调节细胞色素等作用。在鲜柑橘汁中，诺米林是一种抗癌活性很强的物质，它能使致癌化学物质分解，抑制和阻断癌细胞的生长，使人体内除毒酶的活性成倍提高，阻止致癌物对细胞核内的损伤，保护基因的完好。

第二节　柑橘文化与未来愿景

一、柑橘文化的产生

作为以农耕文化为主导的文明古国，果树的栽培与消费影响着我国经济、科学、技术的进程，也影响着民族品格、文学艺术、社会风俗的变迁，并积淀汇聚成一种狭义文化学意义上的精神文化类型。梳理、研究、升华、弘扬这种衍生于产业的文化类型，对于产业发展、民众教化、社会文明的意义重大。

据历史文献记载和现代科学研究，目前我国大规模产业化栽培的水果中，除苹果与葡萄原产欧洲外，柑橘、香蕉、梨、桃、荔枝、龙眼都原产中国，栽培历史都在2 000年以上，其中柑橘的栽培历史最为久远。《尚书·禹贡》中记载："扬州……厥包橘、柚，锡贡。荆州……包匦菁茅。"按西汉孔安国、唐孔颖达等人的注释，小的称橘，大的称柚。在夏代时(约公元前2070—前1600年)，扬州、荆州均产橘和柚，并都列为当时的贡税之物，荆州产者较佳，列为年年贡税，而扬州的则只有得到命令时才贡税。由此可知，我国柑橘栽培历史有文字记载当在4 000年左右。以后的古代典籍《庄子》(公元前4世纪作品)、《周礼》(约公元前3世纪作品)、《山海经》(约公元前3世纪作品)、《吕氏春秋》(公元前3世纪作品)、《韩非子》(公元前3世纪作品)、《淮南子》(公元前2世纪作品)、《尔雅》(公元前2世纪作品)、《史记》(公元前1世纪作品)等已有较多关于柑橘的记载与描述，可见周、秦及以后时期，随着社会经济文化的发展，我国南方柑橘栽培已经比较发达。

但是要在一个农耕产业中衍生出一种影响人们精神世界的文化，显然需要一番复杂的演进过程和某些特别的历史机缘。由柑橘产业衍生出的柑橘文化，首先应归功于屈原。屈原，名平，又名正则，字灵均。生于公元前340年，卒于公元前278年，时62岁，战国末期楚国丹阳(今湖北秭归)人，为楚武王熊通之子屈瑕的后代。官至楚国左徒，三闾大夫，忠事楚怀王，屡遭排挤，35岁开始流放生涯。怀王被诱去秦，囚死秦地，顷襄王继位，听信谗言，屈原仍被流放。公元前278年，秦将白起率军破楚，屈原终感理想无望，投汨罗江而亡。

屈原在中国传统文化中地位高卓。一则被公推为中国第一大诗人，中国文学奠基鼻祖，开文体“楚辞”先河，一生存世作品23篇，分集于《九歌》《九章》《离骚》《天问》《招魂》之中，对中国文脉的内涵与样式影响深远；二则被公认为中国第一伟大爱国者，其忠贞爱国、忍辱不屈的人格魅力穿越两千多年，仍令今人无限景仰。据民俗资料，在华夏大地上各族人民的传统民俗节会有300余个，其中与纪念历史人物有关的节会有10余个，但几乎为某一民族独有，只有端午节却为大多数民族共祭屈原且相传至今，家喻户晓、妇孺皆知，甚至流传于日本、朝鲜及东南亚地区。其实端午节的起源与屈原并无关系，早在周代，就有五月五日“蓄兰为沐”的习俗，旨在预防疾病、祛邪除恶、祈求吉祥。屈原本人也有“浴兰汤兮沐芳华”诗句。但自秦后，划龙舟、吃粽子等祭祀屈原的习俗逐渐广为流传，使端午节演化成了祭祀屈原五月五日投汨罗江自尽的传统民俗节会。在中国传统文化发展的长河中，北方文化远比南方文化势大力宏，然而南方的一介文士却盖过北方的儒学泰斗孔孟而独占中国民俗节会一席重地，足见屈原的底蕴与分量。

屈原作《橘颂》为柑橘文化构筑起了宏砖巨柱。《橘颂》是《九章》九篇中的一篇，全诗36句：

后皇嘉树，橘徕服兮。受命不迁，生南国兮。深固难徙，更壹志兮。绿叶素荣，纷其可喜兮。曾枝剡棘，圆果抟兮。青黄杂糅，文章烂兮。精色内白，类任道兮。纷缊宜修，姱而不丑兮。嗟尔幼志，有以异兮。独立不迁，岂不可喜兮？深固难徙，廓其无求兮。苏世独立，横而不流兮。闭心自慎，终不失过兮。秉德无私，参天地兮。愿岁并谢，与长友兮。淑离不淫，梗其有理兮。年岁虽少，可师长兮。行比伯夷，置以为像兮。

《橘颂》将柑橘栽培历史久远、品系种类纷繁、食药用途广泛、树花叶果优美等自然禀赋汇聚、凝练、升华，进而给予高品位的人格借喻，其蕴涵的审美意向和价值观念使我国柑橘文化在农作物专门文化的百花园中一开始就处于一种“一览众山小”的地位，并一直充当着我国传统主流文化演进的重要角色。自此，柑橘便蕴含了志士仁人“独立不迁”、热爱祖国的丰富文化内涵，为人们所歌咏和效法，所以宋刘辰翁又称屈原为千古“咏物之祖”，《橘颂》开我国咏物言志之滥觞。

二、柑橘文化的构架

通过历史的梳理与解析，我们可以发现，柑橘文化经屈原的《橘颂》隆重奠基之后，伴随着我国柑橘产业的曲折延续，主要在言志、审美、食药、民俗等四大领域不断拓展积淀，进而构成了现在的基本格局。

1. 作为人格喻象的柑橘文化

屈原将柑橘作为人格喻象，开文学咏物言志先河，加上后人续充，为柑橘及橘事赋予了鲜明高尚的人格意义：

“受命不迁”的爱国情怀。屈原《橘颂》开篇“受命不迁”“南国”“深固难徙”“壹志”等文字首先借柑橘的地域特性喻指了诗人自己崇尚、坚持并具有的忠贞不贰、坚贞不屈的爱国情怀。

“绿叶素荣”的淡雅情趣。《橘颂》接下来“绿叶素荣”“青黄杂糅”“精色内白”等文字借柑橘的叶、花、果，整体观感多姿而朴素，多彩而不妖等形貌特质寄寓了诗人自己追求的既多彩多姿，又平和淡雅的人生情趣。

“横而不流”的独立风骨。《橘颂》再下来“廓其无求”“苏世独立”“横而不流”“梗其有理”等文字借柑橘四季常绿、傲寒结实、众果匿迹唯我独存的熟期特性喻指诗人自己赞赏与践行的挺傲自强，独立耿直的处世风骨。

“秉德无私”的高尚情操。《橘颂》最后以“闭心自慎”“终不失过”“秉德无私”“愿岁并谢”“行比伯夷”等文字借柑橘长期固守贫瘠土地，贡献社会民生的产业特点喻指诗人自己所追求的自律克己、无私奉献的理想精神。

屈原《橘颂》通过咏橘强烈地抒发了自己“爱国”“淡雅”“独立”“奉献”的人格追求，对后世文人士大夫及普通老百姓的人格范式影响深远。

“怀橘遗亲”的感恩之心。西晋陈寿的《三国志·吴志·陆绩传》中载：“绩年六，于九江见袁术。术令人出橘食之。绩怀三枚，临行拜辞术，而橘坠地。术笑曰：‘陆郎做客而怀橘，何为耶?’绩跪对曰：‘是橘甘，欲怀而遗母。’术曰：‘陆郎幼而知孝，大必成才。’术奇之，后常称说。”这段故事后来成为孝敬父母的著名典故，历代文学作品常以“怀橘”或“陆橘”词句表现。元代郭居敬辑录古代24个孝子的故事，编成《二十四孝》，其中一则即为“怀橘遗亲”。

“橘井泉香”的济世精神。在古代弘扬医德的著名典故中，“橘井泉香”“杏林春暖”“悬壶济世”等几则故事影响深远。“橘井泉香”最早见于西汉刘向的《列仙传》和晋代葛洪的《神仙传》。讲的是湖南郴州有一个叫苏耽的放牛娃修仙得道的故事。仙去前他对母亲说：“明年天下疾疫，庭中井水，檐边橘树可以代养。井水一升，橘叶一枚，可疗一人。”来年果有大疫，远近悉求其母治疗，皆以赖井水与橘叶而治愈。至今湖南郴州市东北郊苏仙岭上的苏仙观、飞升石、鹿洞，以及市内第一中学内的橘井，都是纪念苏仙的遗迹。济世思想源于《论语》中的“博施于民，而能济众”，是儒家文化的核心内容之一。

2. 作为审美源泉的柑橘文化

柑橘栽培历史悠久，分布地域广阔，品种繁复多样，茎叶常绿千姿，花朵素雅馥郁，果实形色各异，一直也是极佳的观赏植物。从《诗经・秦风》到屈原《橘颂》以后的两千多年中，柑橘与橘事一直是历代文人骚客的审美重点之一，涌现出了大量品赏赞美柑橘与橘事的诗词歌赋，是我国文学的重要审美源泉。湖南省园艺研究所黄仲先等编著的《柑橘诗词选注》(中国农业出版社，2012 年版)，就选录了先秦到清代 521 位文人留世的有关柑橘主题或佳句的诗词歌赋共 820 余篇。其中不乏历代的文学巨匠，如中国文学泰斗屈原，汉魏六朝的司马相如、曹植，唐代的王维、王昌龄、孟浩然、李白、杜甫、韩愈、柳宗元、刘禹锡、白居易、杜牧、李商隐等，宋代的范仲淹、欧阳修、苏轼、黄庭坚、陆游、辛弃疾等，可谓璀璨浩瀚。

3. 作为食药宝库的柑橘文化

按植物分类，凡结“柑果”的植物统称为“柑橘”。柑橘类水果包括橘、柑、橙、柚、金柑、枳、枸橼、柠檬等。通常也把同属芸香科、柑橘亚科但不是柑橘属的，在我国广东、福建、广西作为水果栽培的黄皮(果实非“柑果”)当成柑橘类水果。

虽然早在屈原时代，中国枸橼就由波斯输入到雅典栽培，但国外规模利用柑橘的时间较晚。唐代，日本从我国引进橘、香橙；1150 年阿拉伯人将枸橼、酸橙、柠檬和柚输入西班牙；明代，日本从我国引进温州蜜柑在鹿儿岛、长岛栽培；约 15 世纪后半期，甜橙从我国南方输入葡萄牙等地中海沿岸，后又传到拉丁美洲和美国；19 世纪初，宽皮柑橘输入欧洲；1892 年美国从我国引进椪柑。

据文献记载，我国先秦时期的柑橘产地大约主要有现在的湖南、湖北、四川、重庆、江苏、浙江，河南也有柑橘生产。汉魏六朝时期柑橘已经形成收入甚丰的产业，“千树橘”的投入约“一匹绢”，收入约“千匹绢”，约合二十斤黄金。此期间政府在柑橘主要产区如蜀地(四川)阆中、严道(荥经县)，巴地(重庆)、鱼腹(奉节县)、朐忍(云阳县)还设置了管理贡橘和官营橘园的橘官。此后，柑橘类水果与我国人民生活的联系日益密切。人们最早利用柑橘应该是鲜吃，先为果腹充饥，后变尝鲜品味。

按“食药同源”的说法，柑橘是食物，当然也可以是药物。东汉到三国时期的《神农本草经》中开始有柑橘入药的记载。“上经橘柚：味辛温，主胸中瘕热逆气，利水谷，久服去臭，下气通神。一名橘皮，生川谷。”“中经枳实：味苦寒，主大风在皮肤中，如麻豆苦痒。除寒热结，止痢，长肌肉，利五脏，益气轻身。生川泽。”南北朝陶弘景的《名医别录》中对柑橘的药性进行了更详细的阐述。

汉魏六朝时期人们对柑橘加工已开始探索。东汉应邵的《风俗通》中记载有橙皮做的“酱齑”；西晋嵇含的《南方草木状》中记载有最早的枸橼蜜饯的加工情景：“钩缘子，形如瓜，皮似橙而金色，胡人重之。极芬芳，肉甚厚，白如芦菔。女工竞雕镂花鸟，渍以蜂蜜，点燕坛。巧丽妙绝，无与为比。”清朝赵学敏1786年所撰《本草纲目拾遗》中介绍各地橘饼制造品质的不同：“闽中漳泉者佳。名麦芽橘饼。圆径四五寸。乃选大福橘蜜糖酿制而成。干之。面上有白霜。故名。肉厚味重。为天下第一。浙制者乃衢橘所作。圆径不及三寸。且皮色暗黑而肉薄。味亦苦劣。出塘栖者为蜜橘饼。味差胜。然亦不及闽中者。又兴化出金钱橘饼。乃取金橘制成。小如钱。明如琥珀。消食、下气、开嗝。”

利用柑橘酿酒，古代当早已发明。宋代苏轼的《洞庭春色赋》中明确提到了柑橘酿酒：“安定郡王以黄柑酿酒。谓之洞庭春色。色、香、味三绝。”并有“散腰足之痹顽”，让人“醉梦纷纭”的功能。

现在，柑橘除传统的鲜食、糖点、酿酒、药用外，还在果汁、罐头、香料、功能成分提取等方面得到了广泛的利用，而且对其的加工利用还在持续拓展中。

4. 作为民俗载体的柑橘文化

民俗是一个地域的民众创造、共享、传承的风俗生活习惯，是人们在生产生活中所形成的一系列物质的、精神的文化现象，具有普遍性、传承性和变异性。民俗对于一个地域文明的特色品味、优劣高下具有深远意义。中国柑橘栽培已有约4 000年，橘事已深深融入各产地老百姓的劳动与生活之中。

谐音和寓意是我国“吉言”“吉兆”的重要表达方式，柑橘蕴含的“甘美吉祥”“丰饶与富足”“吉祥如意”“大吉大利”“幸福美满”等寓意早已积淀于南方各地民俗文化之中。宋代苏轼的《黄甘陆吉传》中取“柑”与“甘”同音和“橘”与“吉”近音。清代李调元在《卍斋巢录》中讲“皆借吉为橘，今蜀音犹然，粤东呼皆曰吉，凡相馈遗橘，写橘为桔”。相传宋高宗赵构建炎四年(1130年)元宵节在江苏海门取“桔者，吉也”的兆头发明橘灯放海以求吉祥，使元宵节时在水域中放橘灯以求吉祥的习俗在浙江、江苏一带柑橘产地风靡一时，至今不息。

因为柑橘的“甘”和“吉”的寓意，柑橘在江、浙、闽、粤、台等地民间的年节、嫁娶、礼赠中扮演着重要的角色。

近20年，随着中国柑橘产业的快速发展，各产区以县、地(市)为区域，以“赏花”“采果”“观光”等为主题，并结合当地风土人情展示的“柑橘节”“橘花节”广泛举办，或豪华，或质朴，或热烈，或平和，各有千秋、精彩纷呈。这标志着可以汇纳丰厚内容的我国柑橘集会文化开始兴起。

三、柑橘文化的发展

产业文化对于一个产业的自身发展和整个社会的文明进步的意义不言而喻。在我国历史上，产业文化的典范当数茶文化。比照茶文化，对于柑橘文化的发展应有教益。

当下中国柑橘和茶的栽培面积分别约为220万 hm^2 和186.7万 hm^2，均为世界第一。二者同是起源于西南地域，同有数千年栽培历史，同属我国南方山区的重要经济作物，同样早年走出国门影响着世界。不过现在市面上，百元一斤的柑橘极为罕见，千元一斤的茶叶却并不少见。虽说这种类比不尽科学，因为食用部分一为果实、一为制作加工以后的叶，但中国柑橘产业综合的发育深度、经济效益、社会效益远低于茶产业应是不争的事实。究其原因，有人讲柑橘卖的是汗水，而茶卖的是文化。

其实论文化启蒙，柑橘比茶还早。讲栽培史，柑橘约4 000年，茶约3 000年。2 300年前战国时期的伟大诗人屈原创作出中国文学史上第一首咏物诗《橘颂》，充分显现了当时柑橘文化的辉煌，而那时的茶还是“养在深闺人未识”的状态。就在屈原的时代，中国枸橼由波斯输入到雅典栽培；1150年阿拉伯人将枸橼、酸橙、柠檬和柚输入西班牙；约15世纪后半期，甜橙从我国南方输入葡萄牙；19世纪初，宽皮柑橘又输入欧洲，在马耳他和意大利南部广泛栽培。茶叶走出国门要晚很多，公元4～5世纪，中国茶最早到了朝鲜(古高丽国)，明代嘉庆、万历年间传入欧洲和沙俄，19世纪末期中国茶叶、茶树、茶种才先后传入印尼、印度、乌干达和马来西亚等国。

时光荏苒，潮起潮落。柑橘和茶的文明进步也许在唐宋期间就有了此消彼长。唐陆羽于公元760年出版了7 000余字的世界第一部茶学专著《茶经》，418年后，南宋韩彦直也出版了6 000余字的世界第一部柑橘学专著《橘录》，而且两部经典所涉及的产业广度与内涵应该是《茶经》高于《橘录》。是否这里的差异正是以后柑橘和茶不同际遇的肇始？

到了现在，我们随意走进一家书店，关于“茶文化”的书籍总会有数个版本，而关于柑橘的书籍最多只有一些“栽培技术”之类的小册子。我们还不难发现，柑橘业界人士能够了解屈原及《橘颂》的可谓凤毛麟角，而在茶业界甚至社会民间，上到专家高官，下至街头巷尾的普通茶客，讲起茶文化都是口若悬河。是否这样的差异正是柑橘和茶两个产业发育阶段的不同？

比照柑橘与茶的文化格局当足以令人深思。虽然按一般规律，产业自身和社会文明进步的需求必然会导引产业文化的发展，但业界自觉水平的高下肯定会影响产业文化发展的高下。相信在新的时代精神感召下，柑橘界同仁将会自觉自强，继承先辈创造的“人格喻象，审美源泉，食药宝库，民俗载体”等四位一体的柑橘文化格局，继续发掘、凝练、梳理、创新，展现柑橘文化的内涵和风貌，并汇聚社会各方力量共谋柑橘文化发展大计，共同创造柑橘文化的辉煌。

参考文献

[1]叶静渊. 中国农学遗产选集. 柑橘(上编)[M]. 北京：中华书局，1958.
[2]杨月欣. 中国食物成分表标准版(第 2 册)[M]. 北京：北京大学医学出版社，2019.
[3]周开隆，叶荫民. 中国果树志·柑橘卷[M]. 北京：中国林业出版社，2010.
[4]黄仲先. 柑橘文化[M]. 北京：中国农业出版社，2012.
[5]黄仲先. 柑橘诗词选注[M]. 北京：中国农业出版社，2012.
[6]陈力耕. 柑橘的营养与保健功能[M]. 南宁：广西科学技术出版社，2014.
[7]叶兴乾. 柑橘加工与综合利用[M]. 北京：中国轻工业出版社，2005.
[8]伊藤三郎. 果实的科学[M]. 东京：朝仓书店，1992.
[9]祝渊，陈力耕，胡西琴. 柑橘果实膳食纤维的研究[J]. 果树学报，2003，20(4)：256-260.
[10]陶俊，张上隆，徐建国，等. 柑橘果实主要类胡萝卜素成分及含量分析[J]. 中国农业科学，2003，36(10)：1202-1208.

索　引

（按汉语拼音排序）

G

H

J

K

T

W

X

Y

Z